Benoît Jellimann

Impresión 3D FDM

La guía completa de la impresión 3D

ISBN: 978-2-409-04536-3
Edición original: 978-2-409-03637-8

Ediciones ENI
P° Ferrocarriles Catalanes, 97-117, 2a pl. of. 18
08940 Cornellá de Llobregat (Barcelona)

Tel: 934 246 401
Fax: 934 231 576

e-mail : info@ediciones-eni.com
http://www.ediciones-eni.com

Autor: Benoît JELLIMANN
Edición española: Anna SÁNCHEZ LASIERRA
Colección **La Fábrica** dirigida por Émilie VILLETORTE

Para poder acceder durante un año
a la versión online de este libro,
envíenos su justificante de compra a

librodigital@ediciones-eni.com

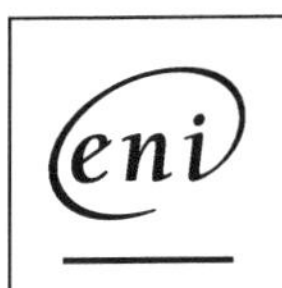

Prólogo

Este libro está dirigido a todo el mundo. Si está empezando, le ayudará a descubrir el mundo de la impresión 3D por deposición de filamento de plástico fundido y le guiará en la elección de su impresora 3D. Si ya es un usuario experimentado, en este libro encontrará todo lo que necesita para mejorar sus proyectos de impresión, consejos profesionales sobre el cuidado y mantenimiento de sus impresoras y un capítulo completo sobre el diagnóstico de piezas defectuosas. Si es usted un profesional que utiliza la impresión 3D como parte de su actividad principal, este libro será un verdadero memorando que lo ayudará a preparar e imprimir sus diseños 3D. Si es profesor o formador, encontrará un recurso para mejorar sus clases y hacer que la impresión 3D sea lo más accesible posible. Si es padre, encontrará consejos y experiencias prácticas para guiar a sus hijos en el descubrimiento de la impresión 3D, una tecnología maravillosa que es tan educativa como instructiva. Si es un maker, o simplemente alguien a quien le gusta desmontar cosas, modificarlas, darles otros usos, reciclarlas o mejorarlas, este libro le proporcionará las claves que necesita para dominar todo el proceso de impresión 3D y llevar sus proyectos a buen puerto.

No es necesario tener ningún conocimiento especial para enfrentarse a este libro. Cuando se es nuevo en la impresión 3D, se necesita una buena dosis de paciencia, curiosidad y tiempo libre para comprender el mundo de una impresora 3D, su vocabulario, el entorno más adecuado y la multitud de posibilidades de impresión usando filamentos a veces complicados de imprimir.

Este libro está diseñado para guiar a los principiantes paso a paso en el mundo de la impresión 3D con filamento fundido, utilizando los tipos más comunes de impresora y el software de preparación de impresión 3D Ultimaker Cura. Por lo tanto, este libro puede leerse de forma cronológica. Si ya está familiarizado con estas tecnologías, puede ir directamente a los capítulos que le interesen para leer o releer solo determinados pasajes o secciones clave.

El primer capítulo presenta la historia de la fabricación aditiva. Es posible que haya oído hablar de esta tecnología recientemente, aunque lleva muchos años desarrollándose. Esto le ayudará a comprender por qué esta tecnología es cada vez más popular y cuáles son los retos de cara al futuro.

El segundo capítulo se dirige a principiantes aficionados y profesionales, y destaca las necesidades de los futuros impresores 3D tanto desde el punto de vista profesional como de la fabricación aditiva personal. Si no posee una impresora 3D o está pensando en adquirir una nueva, este capítulo le guiará en función de sus necesidades.

El tercer capítulo trata de los primeros pasos con una impresora 3D de filamento fundido. Este capítulo está diseñado para ayudarle a entender de qué está hecha una impresora 3D, los distintos componentes que la integran y el vocabulario que es preciso aprender cuando se es nuevo en este campo.

El cuarto capítulo se dirige a todos los impresores 3D, ya sean principiantes o experimentados, porque se refiere al montaje y la calibración mecánica de su impresora. Esta parte es la base de toda buena impresión 3D. Si esta base no esté perfectamente establecida, es imposible prosperar con una impresora 3D.

El quinto capítulo le guiará a través de su primera impresión 3D con el software Ultimaker Cura. Este capítulo actúa como una verdadera plataforma de lanzamiento para los principiantes que quieren imprimir rápidamente y analizar sus primeras impresiones. También puede servir como recordatorio para los usuarios experimentados de impresoras 3D y como transición a Ultimaker Cura desde otro software de corte.

El sexto capítulo trata de la calibración avanzada de la impresora. El objetivo de este capítulo es optimizar el rendimiento de la impresora para aumentar la calidad de las piezas impresas. Esta calibración es electrónica y está basada en software. En este capítulo, aprenderá a comunicarse con su impresora para optimizar sus parámetros mediante el software Pronterface.

¿Sabía que una primera capa de mala calidad es la causa común de más de la mitad de las impresiones 3D fallidas? El séptimo capítulo está íntegramente dedicado a la importancia de esta famosa primera capa, para que cada vez que imprima sea perfecta y no afecte en absoluto al buen funcionamiento de sus impresiones 3D.

El octavo capítulo se titula Cuidados y mantenimiento. Muy pocos fabricantes de impresoras 3D hablan de estos dos temas tan importantes para mantener la calidad de sus impresiones y la vida útil de su impresora 3D. El mantenimiento y el cuidado son dos criterios clave que le convertirán en un verdadero impresor 3D que domina su máquina. También aprenderá cómo desatascar su cabezal de impresión y cuándo cambiar la boquilla.

Las impresiones 3D se realizan sobre una superficie de impresión. Esta superficie no siempre es la más adecuada para los materiales que está imprimiendo. Si tus impresiones tienen problemas para adherirse a la plataforma o se despegan durante la impresión, el noveno capítulo le guiará para mejorar la adherencia de sus impresiones 3D.

Los capítulos décimo y undécimo se centran en la preparación de piezas con el software de corte Ultimaker Cura. El décimo capítulo le familiarizará con los principales parámetros que debe dominar entre la multitud de parámetros de impresión disponibles en Cura. Al final de este capítulo, sabrá qué parámetros adaptar para cada tipo de pieza: rígida, blanda, flexible, estanca, etc. El undécimo capítulo, por su parte, se especializa en la optimización de los parámetros de los soportes de impresión, que a menudo son una pesadilla de eliminar en el posprocesado. Al final de este undécimo capítulo, sabrá cómo adaptar la configuración de los soportes para garantizar que sean fáciles de retirar y que las piezas se reproduzcan sin problemas, sea cual sea el material de impresión utilizado.

El duodécimo capítulo le guiará a través de los muchos materiales que se pueden imprimir. Como principiante en la impresión 3D, probablemente empezará con PLA, PETG o ABS. Este capítulo le llevará a los límites técnicos de lo que puede producir una impresora 3D de sobremesa con filamentos que alcanzan temperaturas de extrusión de hasta 280 °C. Por supuesto, cada material tiene sus propios requisitos particulares, que se explicarán en esta parte del libro.

El capítulo decimotercero es un capítulo práctico. En él encontrará diagnósticos para los problemas de impresión más comunes con los que se puede enfrentar. Para cada uno de ellos, encontrará una foto que le ayudará a identificar rápidamente el problema visible en sus impresiones. Se sugieren varias soluciones para que pueda remediar rápidamente los distintos problemas de renderizado que pueda encontrar en una impresión 3D.

El decimocuarto capítulo de este libro es una introducción a la multiextrusión. Una vez que domine la impresión monofilamento, le resultará fácil pasar a la impresión multifilamento. Este capítulo le mostrará las soluciones técnicas disponibles en el mercado para producir piezas utilizando varios materiales, así como la configuración necesaria en su software de corte para hacer un uso inteligente de los procesos de multiextrusión.

El decimoquinto capítulo está dedicado a la solución OctoPi, que no es otra cosa que el software OctoPrint utilizado en una Raspberry Pi. Actualmente es una de las mejores soluciones para controlar su impresora 3D de forma remota, dentro de su propia red local o desde el exterior. En este capítulo, aprenderá paso a paso cómo instalar y configurar OctoPrint en una Raspberry Pi 3 para su impresora 3D.

Finalmente, el último capítulo está dedicado al posprocesado de piezas impresas en 3D. Después de todo, ¿qué mejor que embellecer sus creaciones impresas en 3D utilizando los procesos de alisado y pintura? En este último capítulo se examinan los distintos métodos de postratamiento y pintura.

Prólogo

Capítulo 1
Historia de la fabricación aditiva

Capítulo 2
¿Qué impresora 3D elegir? ¿Para qué necesidades?

Capítulo 3

Primeros pasos con mi impresora 3D

Capítulo 4
Montaje y calibración mecánica

Capítulo 5
Hacia la primera impresión 3D

Capítulo 6

Calibración electrónica de la impresora 3D

Capítulo 7

La importancia de la primera capa

Capítulo 8

Cuidados y mantenimiento

Capítulo 9

Mejorar la adherencia de las impresiones

Capítulo 10
Optimizar los ajustes de impresión

Capítulo 11

Gestión de soportes de impresión

Capítulo 12

Bobinas y materiales

Capítulo 13

Diagnóstico de piezas defectuosas

Capítulo 14
Introducción a la multiextrusión

Capítulo 15
Controlar su impresora 3D a distancia con OctoPi

Capítulo 16
Posprocesado de piezas impresas en 3D

Capítulo 1

Historia de la fabricación aditiva

1. Los años 80: la génesis de la impresión 3D

Los primeros intentos de impresión 3D se remontan a 1980, de la mano del Dr. Hideo Kodama, quien desarrolló un método de producción por capas creando el precursor de la estereolitografía (SLA) con un proceso de solidificación de resina capa a capa mediante una lámpara UV.

La primera patente sobre «fabricación aditiva» fue presentada el 16 de julio de 1984 por tres franceses: Jean-Claude André, Olivier de Witte y Alain le Méhauté, para la empresa Cilas Alcatel. Esta patente no dio lugar a ninguna invención, ya que no surgieron oportunidades comerciales. Ese mismo año, un estadounidense llamado Charles W. Hull patentó la tecnología de estereolitografía SLA (*StereoLithography Apparatus*).

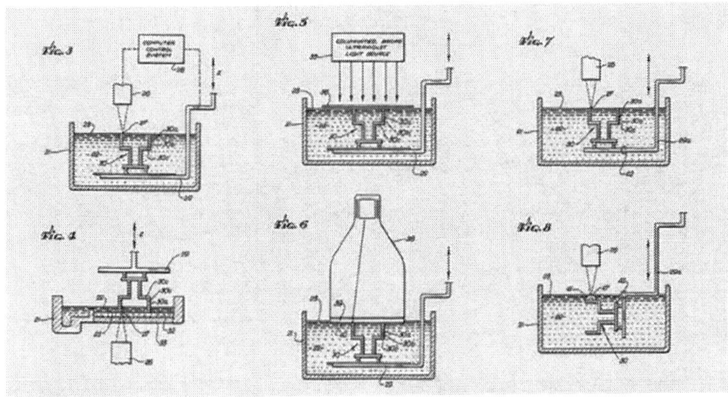

Planos de la patente de Charles W. Hull en 1984 (fuente: https://www.3dsystems.com/)

Fue esta patente la que dio origen al nombre de la extensión de archivo de impresión .STL (STereolithography Layers). Esta patente es utilizada por 3D Systems, que ahora es un gigante en la fabricación de impresoras 3D, cofundada por Chuck Hull. En 1987, 3D Systems anunció la SLA-1, la primera impresora 3D SLA. La empresa lanzó su segunda impresora 3D un año después, en 1988: la SLA-250. La primera impresora 3D disponible comercialmente fue, por tanto, una impresora 3D SLA de polimerización de resina líquida.

La SLA-1, una impresora de resina que necesita un ordenador para funcionar (fuente: https://www.3dsystems.com)

Al mismo tiempo, en 1988, en la Universidad de Texas, Carl Deckard registró una patente para la tecnología de sinterización selectiva por láser (SLS, *Selective Laser Sintering*). Esta técnica consiste en fundir polvo mediante un potente láser.

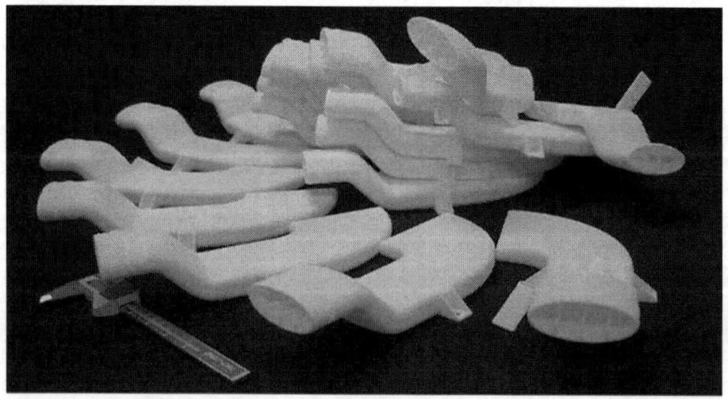

Tecnología de sinterizado láser (SLS) de 3D Systems (fuente: https://www.3dsystems.com)

Y, de nuevo en 1988, el año que marcó un hito en la génesis de la fabricación aditiva, Scott Crump, cofundador de Stratasys Inc, competidor de 3D Systems, empezó a trabajar en una patente para la tecnología FDM (*Fused Deposition Modeling* o modelado por deposición fundida), que permite depositar filamento de plástico fundido capa a capa.

En menos de una década nacieron las tres principales tecnologías de fabricación aditiva.

2. La década de 1990: los fundamentos industriales

En 1990 se fundó EOS GmbH en Alemania. La empresa desarrolló el primer sistema EOS Stereos para la producción de aplicaciones de impresión 3D. Hoy en día, EOS es famosa por su calidad de fabricación, en particular por su tecnología de sinterizado selectivo por láser (SLS) para plásticos y metales.

En 1992, Stratasys patentó finalmente la tecnología FDM (*Fused Deposition Modeling* o modelado por deposición fundida), lo que le permitió comercializar las primeras impresoras 3D de deposición por hilo para uso profesional e individual.

Entre 1992 y 2000 surgieron muchas empresas en el campo de la fabricación aditiva, con tecnologías muy diferentes entre sí. Entre ellas cabe citar el desarrollo de la tecnología MCP de Arcam y la SLM (Selective Laser Melting), que hoy se utiliza en las industrias aeroespacial y automovilística. La tecnología de impresión por inyección de tinta del MIT pasó a manos de ZCorp cuando esta desarrolló el Binder Jetting. Esta técnica dio lugar a la Z402, una impresora 3D que produce modelos pulverizando un aglutinante hecho de agua, yeso en polvo y almidón.

En los años 90 también se desarrollaron herramientas CAD (diseño asistido por ordenador) para la impresión en 3D. Algunos investigadores médicos empezaron a combinar la medicina y la impresión 3D, allanando el camino a numerosas aplicaciones, como la fabricación de prótesis 3D y los primeros experimentos de impresión 3D orientados al diseño de órganos artificiales.

3. Los años 2000: una década de innovación

El año 2000 supuso un trampolín para la bioimpresión en 3D. Se imprimió en 3D el primer riñón funcional. Estos riñones se probaron en el laboratorio con ratones y la tasa de rechazo fue muy baja. Pasarían trece años antes de que se realizara el primer trasplante en un paciente humano.

Fue también en 2000 cuando se desarrollaron las nuevas aplicaciones de impresión 3D en hormigón. Ya se había investigado en los años 60, pero se abandonó por falta de fondos y tecnología. La tecnología en cuestión es la D-Shape, que permite imprimir en 3D imitaciones de hormigón, un material similar a la piedra. No fue hasta 2008 cuando los constructores invirtieron en máquinas de gran formato capaces de producir pequeñas casas en menos de 24 horas.

El año 2004 fue muy importante en la historia de la impresión 3D individual: se produjo el nacimiento del RepRap Project (Replication Rapid prototyper), un proyecto de código abierto que consistía en reproducir una impresora 3D utilizando esta última. Para este proyecto se adoptó la tecnología FDM. La popularidad del proyecto RepRap fue tal que contribuyó en gran medida a popularizar la cultura maker.

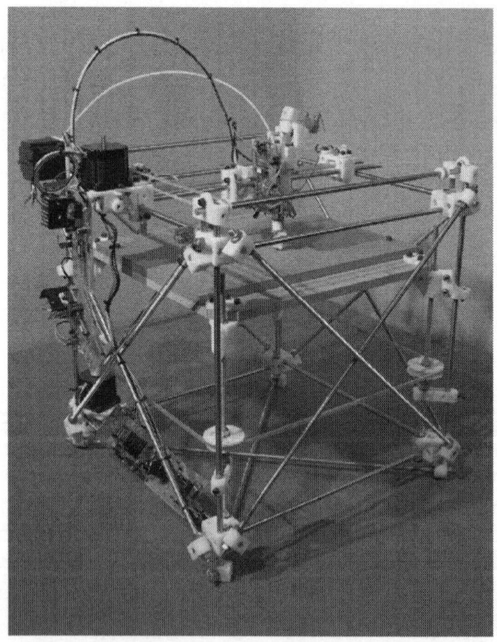

Impresora RepRap en su primera versión Darwin (fotografía bajo licencia GFDL)

En 2007, el cirujano Guido Grappiolo imprimió en 3D la primera prótesis de cadera. Esta prótesis de titanio impresa tiene una estructura celular regular y hexagonal que imita la morfología del hueso. Diez años después, se calcula que se han impreso más de 100 000 prótesis en todo el mundo. La democratización de la tecnología ha permitido reducir los costes de producción, y los escáneres 3D, cada vez más precisos, han hecho posible crear prótesis a medida para los pacientes.

El año 2009 fue crucial en la democratización de la tecnología de impresión 3D FDM. La patente, en manos de Stratasys hasta entonces, pasó a ser de dominio público, lo que allanó el camino para una considerable bajada del precio de las impresoras 3D y una oleada de innovación en este campo. A partir de ese momento, la fabricación aditiva iba a gozar de mayor visibilidad en los medios de comunicación.

4. La década de 2010: la democratización

En 2010 se creó el primer automóvil impreso en 3D. La estructura principal se imprimió íntegramente en 3D. Muchos actores de la industria se están interesando por la fabricación aditiva, encabezados por los fabricantes alemanes BMW y Audi.

Strati, el primer automóvil funcional impreso en 3D

En 2011, la Universidad de Cornwell diseñó una impresora 3D capaz de imprimir alimentos. La NASA fue el primer cliente interesado en esta tecnología, con el objetivo de facilitar el transporte de alimentos en el espacio.

Dentro del proyecto RepRap se han diseñado varios tipos de impresoras FDM. Algunos colaboradores del proyecto decidieron crear impresoras de terceros inspiradas en estas impresoras RepRap. El resultado fue la Prusa i3, diseñada por Joseph Prusa en 2012. Esta impresora de código abierto será un escaparate institucional para muchos fabricantes de impresoras 3D.

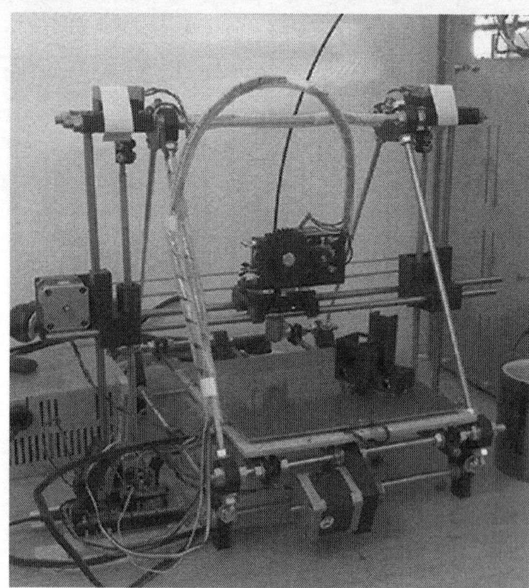

La Prusa Mendel desarrollada en el marco del proyecto RepRap

En 2014, la NASA llevó una impresora 3D al espacio para crear el primer objeto impreso en 3D fuera del planeta Tierra.

Entre 2015 y 2020 se produjeron numerosas innovaciones médicas: impresión en 3D de tejidos, órganos y prótesis a bajo coste. El primer corazón artificial funcional se imprimió en 2019.

Cada día se desarrollan numerosos materiales de impresión 3D para satisfacer las necesidades del sector médico (polímeros para prótesis, órtesis y guías quirúrgicas), la industria de la construcción (impresión de piedra y hormigón), las industrias aeroespacial y del automóvil (metales y aleaciones) y para la impresión 3D de prototipos (polímeros, resinas, ceras y metales).

5. La década de 2020: ¿qué le depara el futuro a la impresión 3D?

En la última década, el presupuesto mundial para la investigación en fabricación aditiva ha crecido de forma constante, hasta convertirse en uno de los mayores presupuestos de investigación del mundo. Los sectores más importantes son la impresión 3D médica, la bioimpresión 3D de órganos y tejidos y la impresión 3D para la industria de la construcción. Le siguen de cerca las tecnologías de fabricación industrial SLM y SLS para optimizar la producción de piezas para los sectores aeroespacial y automovilístico.

Por ejemplo, la impresión 3D se utiliza ahora para miniaturizar y aligerar los motores de Fórmula 1 con el fin, entre otras cosas, de optimizar la relación potencia-peso del vehículo y el consumo de combustible. Y ahí es exactamente hacia donde se dirige la industria del automóvil. Lo mismo ocurre en la industria aeronáutica, donde el objetivo es crear nuevas piezas más ligeras e igual de resistentes mediante la impresión 3D, con el fin de reducir el consumo de combustible de los aviones.

Aun así, el sector de la impresión 3D ha experimentado un fuerte descenso de la actividad en 2020 y 2021, debido principalmente a la crisis sanitaria de la covid-19. Dado que la mayoría de los componentes de una impresora 3D (motores paso a paso y componentes electrónicos) se fabrican en China, la producción mundial de impresoras 3D ha caído drásticamente.

Sin embargo, el periodo posterior a la crisis está tomando forma poco a poco, con una recuperación de la actividad económica mundial y la reanudación de la investigación aplicada con tecnologías de impresión 3D.

Lo que está siempre de actualidad es el campo de la medicina, donde el objetivo final es poder solucionar la escasez mundial de donaciones de órganos mediante la bioimpresión para 2030-2035. Muchos laboratorios de todo el mundo trabajan actualmente en estas soluciones.

Capítulo 2

¿Qué impresora 3D elegir? ¿Para qué necesidades?

1. Tecnologías aditivas que responden a necesidades específicas

La fabricación aditiva está representada por no menos de cuarenta tecnologías diferentes. Es posible imprimir una amplia gama de materiales: desde la impresión 3D de metales como el oro, el bronce y el cobre hasta la impresión 3D de polímeros plásticos, de materiales de construcción como el hormigón, e incluso la impresión mediante el depósito de células capa por capa para bioimprimir pieles y órganos. Esta última tecnología representa un área muy especial de la fabricación aditiva conocida como bioimpresión 3D.

El resto de este capítulo tratará de las tres tecnologías más utilizadas en la fabricación aditiva, excluida la bioimpresión. Se trata de dos tecnologías de impresión 3D de polímeros y una tecnología de impresión 3D de polímeros y metales.

1.1 Impresión 3D FFF/FDM/DFF (deposición de filamento fundido)

Cuando se mencionan las palabras «impresión 3D», la impresión 3D FFF/FDM suele ser la primera imagen que viene a la mente. Esta tecnología de impresión 3D, desarrollada por Stratasys en 1988, es la más utilizada hasta la fecha. Consiste en la deposición de filamento termoplástico fundido o hilo fundido.

Este proceso se conoce por tres siglas:

- Impresión 3D FDM, de *Fused Deposition Modeling* (modelado por deposición fundida). Se trata del nombre registrado por Stratasys, el principal fabricante mundial de impresoras 3D. Aunque la patente registrada por Stratasys en 1988 sobre las impresoras 3D FDM expiró en 2009, el nombre FDM sigue perteneciéndole.
- Impresión 3D FFF, de *Fused Filament Fabrication*. Es el término elegido por el proyecto RepRap para designar las impresoras 3D que depositan filamento termoplástico fundido. Todo el mundo puede utilizar la denominación FFF.
- Impresión 3D DFF, de deposición de filamento en fusión. Es el término español para la impresión 3D FFF, pero apenas se utiliza.

Principio

El proceso FFF implica la extrusión de un material polimérico que se empuja a través de una boquilla de impresión. En la mayoría de los casos, el material adopta la forma de una bobina de filamento. Antes de la boquilla de impresión, una rueda de extrusión empuja el filamento hacia la boquilla. La boquilla se calienta lo suficiente para fundir el polímero. El material fundido se deposita en un lecho de impresión y, a continuación, en las capas inferiores de la pieza que se está imprimiendo. Esto es impresión 3D capa por capa. La altura de la capa es la que define la precisión de impresión de la pieza.

Impresora 3D FFF en proceso de impresión

Este libro trata sobre la tecnología FFF.

1.2 Impresión 3D SLA (fotopolimerización)

La impresión 3D SLA, también conocida como «impresión 3D con resina líquida», es el método de fabricación aditiva moderno más antiguo. SLA son las siglas de *StereoLithography Apparatus* (aparato de estereolitografía). Fue esta tecnología la que dio nombre a los archivos STL, de STereoLithography o STereolithography Layers.

La estereolitografía consiste en fotopolimerizar material mediante la proyección de luz. Este material es principalmente resina líquida, que se solidifica cuando se expone a una longitud de onda específica durante un tiempo determinado.

Principio

Existen tres categorías de impresoras 3D SLA:

- **Impresoras láser SLA**: un láser escanea la resina capa por capa para solidificar el material por polimerización. Esta técnica tiene la ventaja de ser muy precisa. Está limitada por la precisión del haz de luz, que es muy fino. Los líderes en este campo están representados por la compañía FormLabs.
- **Impresoras DLP**: estas impresoras utilizan el principio de retroproyección. Al igual que los retroproyectores DLP, la imagen se proyecta sobre una pantalla. Detrás de esta pantalla se encuentra la resina, que se polimeriza con la luz del proyector. La ventaja es que toda la capa se polimeriza al mismo tiempo. La imagen 2D de la capa se proyecta sobre la resina. La precisión dependerá de la resolución del proyector. Cuanto mayor sea la resolución, menos «píxeles» aparecerán en la pieza (llamados vóxeles en 3D). Para eliminar esta representación voxelizada, es necesario un posprocesado.
- **Impresoras de cristal líquido LCD**: aunque estas impresoras se conocen como impresoras SLA o DLP (lo que puede confundir a algunas personas), en realidad son impresoras LCD SLA. El principio es sencillo: se hace pasar un chorro de luz ultravioleta a través de una pantalla LCD. Esta pantalla actúa como un filtro, permitiendo que la luz ultravioleta pase o no, dependiendo de la «imagen» que esté mostrando. Cuando la luz pasa, se produce la polimerización. La precisión está vinculada a la resolución de la pantalla LCD, a su número de DPI. Cuanto mayor sea el número de DPI, mayor será la capacidad de la impresora para afinar los detalles. La ventaja de esta tecnología es su bajo precio, teniendo en cuenta que ofrece la misma precisión y velocidad que una impresora DLP.

Objeto impreso en una impresora LCD SLA

Las impresoras SLA son famosas por su gran precisión, de hasta µm. Sin embargo, es difícil encontrar impresoras de gran formato asequibles. Es más, las resinas son mucho más caras que las bobinas de filamento en la impresión 3D FFF. Este tipo de impresora es muy popular en la industria dental para fabricar guías quirúrgicas, coronas, retenedores y prótesis dentales.

1.3 Impresión 3D SLS (sinterización de polvo)

SLS es el acrónimo de *Selective Laser Sintering* o sinterizado selectivo por láser. Esta tecnología se basa en la fusión de material en forma de polvo. Esta fusión tiene lugar cuando el material se expone a un láser de alta potencia. El láser calienta y fusiona las pequeñas partículas de polvo de polímero. El polvo sin fundir sirve de soporte para la pieza.

Principio

Un tanque lleno de polvo de polímero deposita una capa de polvo en una bandeja. A continuación, esta capa se expone a un potente rayo láser. Allí donde pasa el rayo, el material se funde. Como el polvo suele ser muy fino, este proceso permite una gran precisión en la producción de piezas con geometrías complejas. Además, las piezas se generan sin necesidad de soporte, ya que el polvo sin fundir actúa como soporte. El material más utilizado con el proceso SLS es el nailon. Este polímero tiene excelentes propiedades mecánicas, ya que es ligero, resistente y flexible.

El proceso SLS se utiliza a menudo para la creación de prototipos funcionales y la producción en serie. Esta tecnología también puede utilizarse con polvo metalizado para producir piezas metálicas. Su único inconveniente es el acabado de la pieza, que es rugoso en lugar de liso. Para alisar las piezas es necesario un tratamiento posterior. Además, las máquinas SLS son muy caras y están diseñadas para la industria. Hay que pagar al menos 10 000 euros por este tipo de máquina.

2. Los distintos ámbitos de la impresión 3D

2.1 En el mundo industrial

En el mundo profesional, existen tres ámbitos principales de la fabricación aditiva: el prototipado rápido, el prototipado funcional y la producción industrial.

La creación rápida de prototipos es un proceso para producir modelos conceptuales básicos. Este tipo de prototipo se utiliza para validar las formas y dimensiones del objeto en desarrollo. En este caso, se utilizan impresoras 3D de sobremesa para la investigación y el desarrollo de un nuevo producto. Estas impresoras usan tecnologías de deposición de filamento o de fotopolimerización de resina líquida.

A continuación viene el prototipado funcional, que consiste en validar las funciones mecánicas del objeto. Las impresoras 3D de sobremesa pueden utilizarse para probar modelos a tamaño real o a escala. Este tipo de prototipado requiere una mayor precisión. Aquí se prefiere la fotopolimerización de resina líquida o la tecnología de sinterización de polvos.

Por último, el tercer ámbito se refiere a la producción industrial. El objetivo es producir un gran número de piezas con una elevada repetibilidad. Si el objeto es sencillo de fabricar, la estrategia adoptada consiste en crear un molde de inyección para producir una pieza de plástico moldeada. Esta es la técnica más común. Sin embargo, para piezas complejas o de producción personalizada, los fabricantes tenderán a preferir la impresión 3D por sinterización de polvo, que permite que el objeto tenga las mismas características mecánicas que una pieza moldeada. Además, gracias a la optimización topológica del material, es posible reforzar determinadas piezas mediante la tecnología de fabricación aditiva.

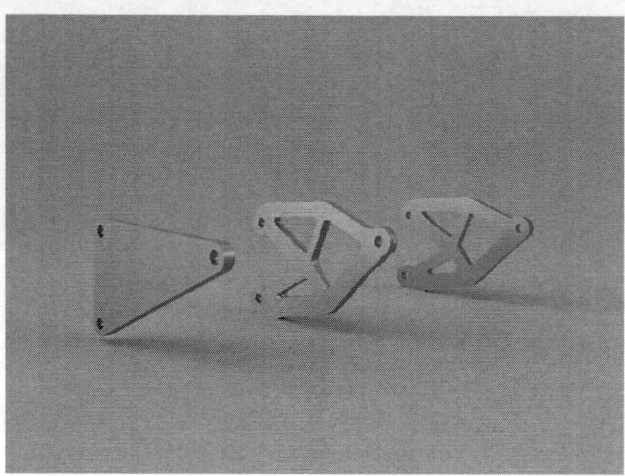

Optimización topológica de una pieza mediante el software de diseño Autodesk Fusion 360

2.2 En el mundo de los makers

El medio de los creadores o makers está estrechamente vinculado al mundo profesional de la fabricación aditiva. Existen dos ámbitos bien diferenciados: el técnico y el artístico. Pero esta no es la única variable que definirá la tecnología que hay que utilizar. La precisión de impresión y el tamaño del objeto son dos parámetros que también deben tenerse en cuenta para definirla.

En el medio técnico, el fabricante consumado buscará imprimir uno de sus propios diseños o una pieza mecánica funcional. La mayoría de las veces, una impresora 3D de filamento fundido hará el trabajo perfectamente. Si los requisitos técnicos exigen una mayor precisión, como la impresión 3D de engranajes pequeños y finos, entonces tendrá que optar por una impresora 3D SLA.

En el medio artístico, el fabricante o artista buscará imprimir un objeto decorativo o útil detallado. En el caso de un objeto grande, se preferirá la impresión 3D FFF. Para formatos pequeños (por ejemplo, figuritas, maquetas, etc.), es preferible la impresión 3D SLA.

3. ¿Por dónde empezar?

Si es nuevo en la impresión 3D, el mejor lugar para empezar es la impresión 3D FFF. Esta tecnología es de fácil acceso, asequible y no impone grandes restricciones de uso. Una vez que se haya decidido por la tecnología, el siguiente paso es elegir el tipo de impresora 3D que quiere. Entre las impresoras cartesianas y las impresoras 3D delta, con precios que oscilan entre 150 y 10 000 euros, no siempre es fácil orientarse.

3.1 ¿Impresora 3D cartesiana o delta?

Existen dos tipos de impresoras 3D: las cartesianas y las delta.

Impresora cartesiana

Las impresoras cartesianas funcionan sobre los tres ejes X, Y y Z. Los movimientos de la impresora son relativos a estos tres ejes. En las impresoras RepRap, como la Prusa i3, el eje X está representado por los movimientos del cabezal de impresión; el eje Y, por los movimientos de la plataforma, y el eje Z, por los movimientos del carro de impresión. El volumen de impresión es cúbico.

En las impresoras delta, los movimientos son angulares. Tres brazos montados sobre ejes verticales posicionan el cabezal de impresión en el espacio. El volumen de impresión es cilíndrico.

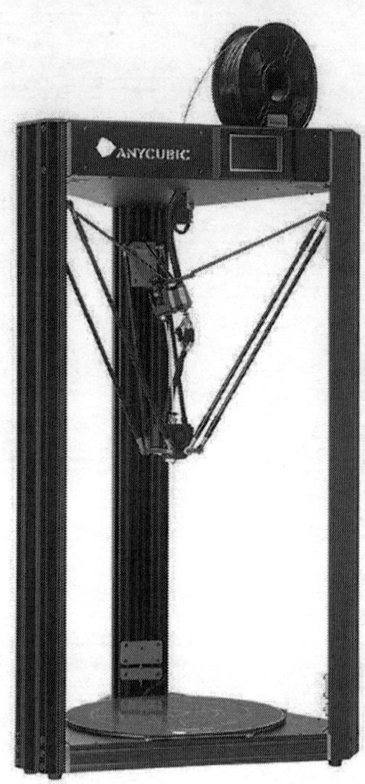

Impresora delta Anycubic Predator

Las impresoras 3D delta tienen la ventaja de ser rápidas y precisas cuando se trata de imprimir objetos artísticos, como figuritas, bustos o estatuas. Son muy útiles para objetos que se elevan mucho en el eje Z, ya que las impresoras delta transmiten pocas vibraciones a la pieza que se está imprimiendo. Sin embargo, no son las mejores en términos de repetibilidad para crear piezas mecánicas. La superficie de impresión, formada por un círculo, limita mucho las posibilidades de impresión. A menudo será complicado imprimir carcasas o determinadas piezas sencillas, como escuadras, si estas piezas no caben planas dentro del diámetro que permite la superficie de impresión.

Impresora RepRap Prusa Mendel

Las impresoras 3D más versátiles siguen siendo las cartesianas. Y también aquí destacan varias tecnologías:

- Impresoras tipo *RepRap Prusa*: el eje X corresponde al movimiento del cabezal de impresión; el eje Y, al movimiento de la plataforma, y el eje Z monta el carro de impresión que contiene el eje X. Este es el tipo de impresora más común y el más asequible. El mantenimiento de la impresora es bastante sencillo. Sin embargo, los movimientos de la plataforma transmiten vibraciones a la parte superior de las piezas altas y finas. Deberá considerar reducir la aceleración y la velocidad en estas piezas específicas.
- Impresoras de «plataforma descendente»: el cabezal de impresión se desplaza en el mismo plano representado por los ejes X e Y. La plataforma, que se desplaza a lo largo del eje Z, desciende a medida que avanza la impresión. Este tipo de impresora es más precisa que la *RepRap Prusa*.El chasis de la impresora suele ser más robusto y estable, ya que el diseño de la impresora es cúbico y no en forma de «T como en las impresoras RepRap. Este tipo de impresora está ampliamente representado por las marcas makerBot y Ultimaker. En el mercado de la impresión 3D, nos encontramos en un segmento mucho más caro: espere pagar al menos 1000 euros por este tipo de impresora.

- Impresoras 3D con sistema de «cinta transportadora». Recientemente lanzadas al mercado, son impresoras 3D distintivas con un pórtico de cabezal de impresión inclinado y una superficie de impresión en forma de cinta transportadora. El objetivo de este tipo de impresoras es poder imprimir piezas ad infinitum. Puede tratarse de piezas impresas en 3D muy largas, como vainas, tubos, etc., o de varias piezas impresas sucesivamente y recogidas al final de la cinta transportadora, como en una cadena de producción en una fábrica.

Ultimaker 2+

Impresora 3D con cinta transportadora: Creality PrintMill CR-30
(fuente: https://www.creality.com/)

3.2 ¿Impresora 3D en kit o ya montada?

Si quiere descubrir la impresión 3D con una primera impresora, es muy recomendable adquirir un kit de impresora 3D, para que pueda entender cómo funciona dicha impresora 3D en su totalidad. De este modo, podrá realizar mejor su mantenimiento y diagnosticar los errores de impresión. Esto le permitirá familiarizarse con todos los componentes de su impresora 3D.

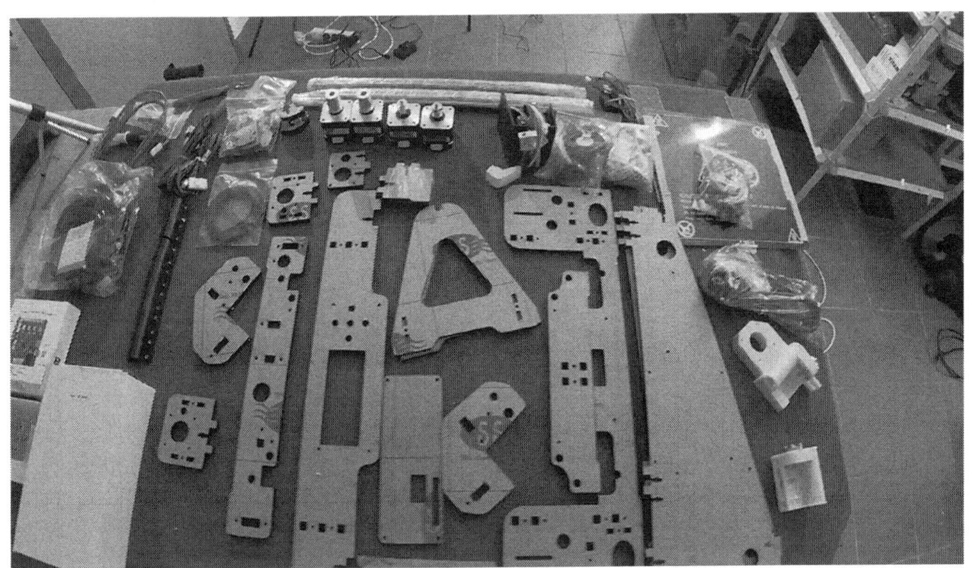

Montaje de un kit Anet A8

Observación

El montaje de una impresora 3D requiere paciencia y atención a los detalles. Dependiendo del tipo de impresora, el montaje puede llevar desde treinta minutos hasta varios días.

Si necesita una solución para imprimir piezas rápidamente, lo mejor es elegir una impresora 3D que venga montada y calibrada.

3.3 Estructura de la impresora 3D

La estructura de una impresora 3D determinará la rigidez de la máquina. Este criterio es muy importante a la hora de elegir una impresora 3D. Cuanto más rígido sea el chasis de la impresora, más se podrá incrementar la velocidad de impresión manteniendo una excelente calidad de impresión.

Por ejemplo, en una Anet A8, con un bastidor montado con placas acrílicas finas, se transmiten muchas vibraciones al bastidor y luego a la pieza. La velocidad máxima de impresión en este tipo de máquinas no debe superar los 80 mm/s para garantizar una buena calidad de impresión.

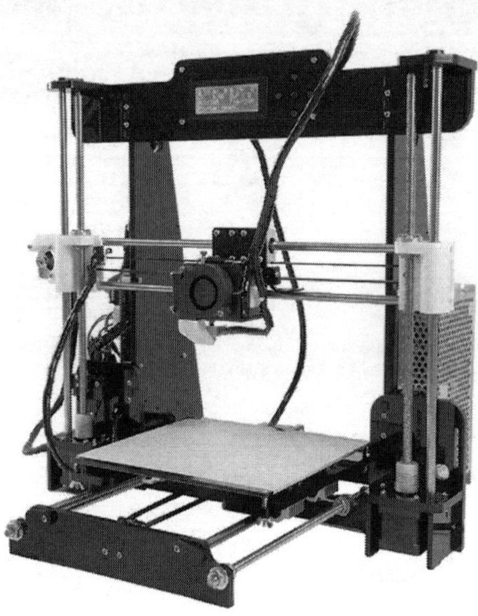

Anet A8

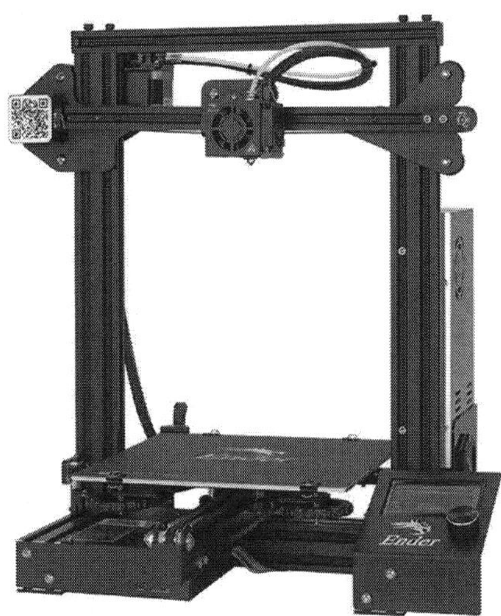

Creality Ender-3

A diferencia de la Anet A8, si se inclina por una impresora con estructura de perfil de aluminio, como las impresoras Creality, disfrutará de una estructura más sólida y estable. Aquí solo se transmiten vibraciones de alta frecuencia, lo que permite aumentar la velocidad de impresión a más de 100 mm/s.

Las impresoras profesionales cuentan con estructuras en forma de cubo, a menudo fabricadas con perfiles de aluminio, que garantizan uno de los mayores niveles de rigidez del mercado. Y es esta rigidez la que permite a estas máquinas imprimir a velocidades de entre 150 y 300 mm/s.

Impresora 3D francesa Dagoma DiscoEasy200

Observación

El tamaño de la impresora también influye en la rigidez. Tomemos como ejemplo la DiscoEasy 200 de Dagoma: puede imprimir a más de 100 mm/s con un chasis totalmente impreso en 3D. La estructura de la impresora está diseñada para transmitir muy pocas vibraciones. Lo mismo ocurre con la Prusa i3 MKS de Prusa Research.

3.4 Sistema de extrusión

Para poder imprimir con cualquier tipo de filamento, lo mejor es elegir un sistema de extrusión Direct Drive, que permite imprimir con filamentos complejos y filamentos flexibles. Este tipo de sistema de extrusión presenta la particularidad de tener el motor de extrusión en el carro de impresión (consulte el capítulo Primeros pasos con mi impresora 3D - apartado El tipo de sistema de extrusión).

Para aumentar la velocidad de impresión con un carro de impresión ligero, puede optar por un sistema de extrusión Bowden, cuyo motor de extrusión está desplazado con respecto al cabezal de impresión (consulte el capítulo Primeros pasos con mi impresora 3D - sección El tipo de sistema de extrusión). Sin embargo, puede que le resulte difícil imprimir con filamentos flexibles.

3.5 Advertencia sobre los volúmenes de impresión

En el mercado de la impresión 3D existen varios formatos de impresora, que corresponden a distintos volúmenes de impresión. La mayoría de las impresoras 3D domésticas ofrecen volúmenes de impresión cercanos a 20 x 20 x 25 cm. A veces, estos volúmenes pueden ascender a 30 x 30 x 40 cm, como es el caso de la famosísima Creality CR-10. Por encima de estos volúmenes, pasamos a las impresoras de «gran formato». Y cuanto mayor sea el volumen de impresión, mayores serán las vibraciones transmitidas a sus piezas y menos precisa será su impresión.

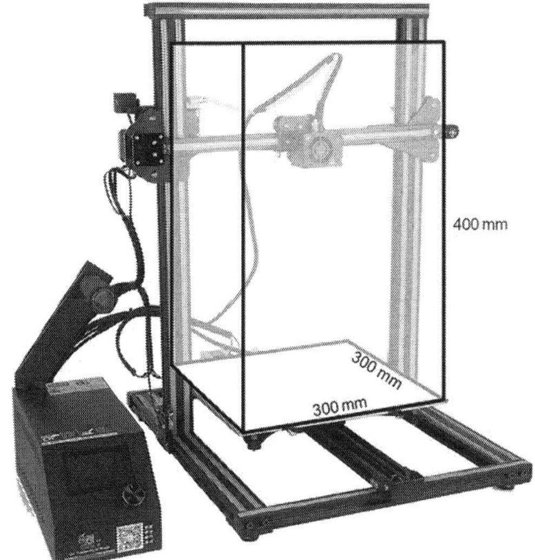

Volumen de impresión de una Creality CR-10

Para garantizar la calidad de impresión de estos grandes formatos, algunas características de la impresora deben evolucionar: nuevos carriles guía, nueva tecnología de cama calefactada (o cama caliente), nuevo tipo de estructura para el chasis de la impresora. Pero los fabricantes no siempre hacen este esfuerzo. Como resultado, acabamos teniendo impresoras de gran formato que producen piezas imprecisas y con dificultad para adherirse a la plancha de impresión.

Además, una impresora de gran formato también implica una gran superficie de impresión. Y cuanto mayor es el área de impresión, más difícil resulta igualar la temperatura de la cama calefactada.

Algunas empresas están especializadas en la impresión 3D de gran formato. Estas impresoras suelen ser muy caras. Sin embargo, es posible construir una impresora propia de gran formato, siempre que el trabajo de fabricación se lleve a cabo minuciosamente.

3.6 Cama calefactada y cámara de impresión regulada

He aquí una pregunta que se puede plantear al comprar una impresora 3D: ¿es necesario tener una cama calefactada en la impresora 3D? La respuesta es «no» para la mayoría de las impresoras 3D que imprimen principalmente en PLA. Al imprimir con PLA, la cama calefactada ayudará a que sus piezas se adhieran a la plataforma (también llamada cama o lecho) y, por lo tanto, facilitará la impresión, pero no es un elemento esencial.

Por otro lado, si quiere imprimir materiales distintos al PLA, la cama calefactada es esencial para que la primera capa de sus piezas se adhiera correctamente. Necesita una cama calefactada para imprimir filamentos como ABS, ASA o PET. La plataforma debe poder calentarse hasta 105-110 °C para permitir una impresión fácil de los filamentos más complejos. Algunas impresoras de gama alta permiten que la plataforma de impresión alcance los 130 °C.

Estas impresoras 3D de gama alta también incluyen impresoras con cámaras de impresión de temperatura controlada. Esto permite controlar la temperatura del entorno de impresión y es ideal para garantizar una buena unión entre capas de los filamentos más complejos, como el nailon o el polipropileno. Esta opción es una ayuda para la impresión de materiales complejos, pero no es obligatoria para la impresión 3D.

3.7 Especificaciones técnicas que deben comprobarse

Para las impresoras 3D domésticas y de oficina, hay una serie de especificaciones técnicas que deben comprobarse antes de comprar.

- Temperatura máxima de impresión: entre 260 °C y 320 °C. Por debajo de esta temperatura, la impresora no merece la pena. Muchas impresoras están limitadas por software a 260 °C, en un hardware que puede aceptar hasta 280 °C. Los filamentos más complejos imprimibles en impresoras domésticas imprimen a unos 260-270 °C.
- Velocidad de impresión: entre 60 y 300 mm/s. Estos valores son indicativos y no representan el rendimiento de la impresora. Puede ajustar este valor cuando configure sus impresiones 3D. El valor dado por el fabricante es el valor de velocidad máxima que, en su opinión, es más representativo de una buena calidad de impresión en su máquina.

- Precisión XY: entre 0,001 mm y 0,02 mm. La mayoría de los fabricantes indican el desplazamiento mínimo del cabezal de impresión en un paso de motor en los ejes en cuestión. Estas cifras no deben tenerse en cuenta, ya que esta precisión no corresponde a lo que la impresora es capaz de conseguir. Dependiendo del material utilizado, el hilo fundido tendrá tendencia a extenderse más o menos sobre la plataforma y, por tanto, a desbordarse. Además, en este libro realizaremos una calibración electrónica de la impresora, que nos dará una precisión relativa de +/- 0,01 mm.
- Precisión Z o grosor de la capa de impresión: entre 0,025 mm y 0,2 mm. Estos valores también deben tomarse con precaución, ya que todo dependerá del diámetro de su boquilla. Cuanto más fino sea el diámetro de la boquilla, menor será el grosor de la capa. Y cuanto más fino sea el grosor de la capa, más habrá que ajustar la calibración y el paralelismo de la impresora. Un grosor de capa fino no es necesariamente sinónimo de alta precisión. Es más importante fijarse en la tecnología de guiado utilizada por el eje Z. Las varillas trapezoidales son preferibles a las simples varillas roscadas, que provocan más juego y, por tanto, más imprecisión.
- Diámetro de la boquilla: entre 0,2 y 0,6 mm. Cuanto mayor sea el diámetro, más material pasará a través de su boquilla. Esto es muy útil si quiere imprimir más rápido. Sin embargo, con diámetros más grandes, perderá detalles finos. Por término medio, la mayoría de las impresoras están equipadas con boquillas de 0,4 mm, ya que este diámetro representa la relación perfecta entre velocidad de impresión y precisión. Las líneas más finas que el diámetro de la boquilla no serán tenidas en cuenta por el software de preparación de piezas (slicer) y, por tanto, no se imprimirán.
- El diámetro del filamento de entrada: este parámetro es esencial para determinar el tipo de bobina que va a comprar para su impresora 3D. Existen dos diámetros de entrada principales: 1,75 mm y 2,85 mm. La mayoría de los fabricantes de bobinas de filamento ofrecen filamentos con un diámetro de 1,75 mm para satisfacer las necesidades de la mayoría de las impresoras 3D domésticas.

3.8 Opciones

Algunas impresoras 3D disponen de opciones que facilitan la creación de piezas impresas en 3D.

- Pantalla de control: disponible en casi todas las impresoras 3D, la pantalla de control puede adoptar diversas formas, desde una pantalla de 2 * 16 caracteres hasta una pantalla táctil LED. Permite controlar la impresión en curso y configurar determinadas opciones de la impresora 3D, incluidas las de calibración.
- Acceso remoto: el acceso remoto a la impresora puede adoptar varias formas. La tecnología más común es el puerto USB, que permite la comunicación y la impresión desde un ordenador. Algunas impresoras pueden conectarse a la red local mediante un puerto Ethernet o una conexión Wi-Fi. Otras tienen un servidor web al que se puede acceder desde la red local, lo que permite supervisar las impresiones 3D en tiempo real desde una página web.
- Sensor de fin de filamento: este sensor es cada vez más habitual en las nuevas impresoras 3D. Simplemente, detiene la impresión 3D en curso cuando la bobina de filamento está vacía. De este modo, se evita que se pierda la impresión en curso cuando la impresora deja de recibir filamento.
- Segunda extrusión: algunas impresoras están equipadas directamente para la doble extrusión. Esto es útil para la impresión de dos colores o dos materiales, o para utilizar filamentos solubles para producir soportes.

3.9 Relación calidad-precio y asistencia

Existen diferentes segmentos de precios en los mercados de la impresión 3D doméstica y de oficina.

- Impresoras de menos de 150 euros: suelen ser impresoras 3D de pequeño volumen fabricadas con materiales de baja calidad.
- Impresoras de entre 150 y 500 euros: este es uno de los mayores sectores para la impresión 3D doméstica. Aquí encontrará numerosos actores de la impresión 3D. A estos precios, puede adquirir una impresora 3D de calidad para ensamblar usted mismo, pero no cabe esperar un buen servicio posventa.
- Impresoras de entre 500 y 1000 euros: en este sector encontrará las mismas tecnologías que en el anterior, ya sea en versión «gran formato» o «alta calidad». La Prusa i3 MK3S, por ejemplo, viene con materiales de gama alta (varillas guía rectificadas, motores paso a paso ensamblados en Europa, sensores propios, etc.). En esta gama de precios, puede esperar un nivel mínimo de soporte.

- Impresoras de entre 1000 y 5000 euros: este es el segmento de transición entre la impresión 3D doméstica y la profesional. En general, se trata de impresoras 3D cerradas en caja, con una estructura rígida y, a veces, con una plataforma abatible. Las marcas de este sector se centran en la calidad de sus impresoras, la autocalibración, la repetibilidad de la impresión, la precisión, la asistencia y el servicio posventa. Este es también el sector en el que encontrará software propietario para preparar sus piezas para la impresión.
- Impresoras de más de 5000 euros: se trata de impresoras 3D profesionales, a menudo suministradas con un contrato de mantenimiento. Este tipo de impresora 3D está pensado para la producción industrial o la creación de prototipos funcionales.

Observación

El hecho de que una impresora sea de bajo coste no significa que la calidad de impresión vaya a ser inferior a la de una impresora 3D de gama alta. La impresora de bajo coste requerirá más atención al detalle durante el montaje, calibración y tiempo de ajuste, y un poco de mantenimiento para garantizar un resultado profesional.

Capítulo 3

Primeros pasos con mi impresora 3D

1. Composición de una impresora 3D FFF

Existen diferentes tipos de impresoras FFF (*Fused Filament Fabrication*) en el mercado de la impresión 3D. Todas funcionan con el mismo principio: depositar filamento de plástico fundido capa a capa. Las capas añadidas forman el objeto que se va a imprimir. Veamos paso a paso cómo se descompone el proceso de impresión 3D.

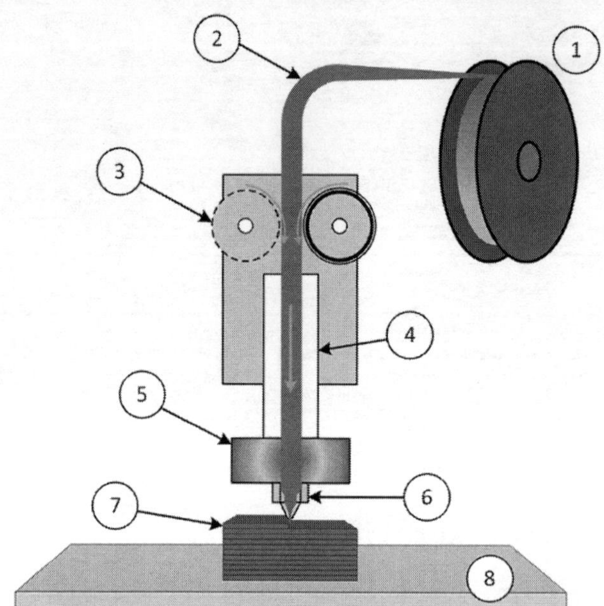

Proceso de impresión 3D paso a paso mediante deposición de filamento de plástico fundido

- **Paso 1**: se coloca una bobina de filamento de plástico de diámetro constante por encima de la impresora 3D. Se desenrollará durante la impresión.
- **Paso 2**: el filamento se introduce en el sistema de extrusión.
- **Paso 3**: el sistema de extrusión cuenta con un motor paso a paso y una rueda dentada para hacer avanzar o retroceder el filamento. Gracias a este sistema, la impresora puede gestionar con precisión la cantidad de material que se va a utilizar.
- **Paso 4**: el filamento pasa por una guía de filamento. A menudo se enfría con aire o agua antes de pasar a la siguiente fase, el bloque calefactor.
- **Paso 5**: el bloque calefactor funde el filamento de plástico.
- **Paso 6**: el filamento fundido es empujado por el sistema de extrusión a través de la boquilla, que tiene una salida de pequeño diámetro (a menudo entre 0,2 y 0,6 mm).
- **Paso 7**: el plástico extruido se deposita en capas finas definidas por la altura de capa dada en el software de segmentación de impresión 3D (3D slicer).

La primera capa de filamento fundido se deposita en una «plataforma» o «cama» (8), que a menudo se calienta para mejorar la adherencia de la pieza impresa. Paralelamente a estos pasos de extrusión del filamento, el cabezal de impresión o la cama se mueven a lo largo de los ejes X, Y y Z para depositar el material en el lugar previsto.

1.1 Los ejes de una impresora 3D

1.1.1 Impresoras cartesianas

Los ejes siempre se definen en términos de los vectores X, Y y Z. En la mayoría de las impresoras 3D, la plataforma se mueve sobre el eje Y. El eje X se rige por el movimiento del cabezal de impresión sobre el carro de impresión. Este mismo carro se eleva o desciende en el eje Z.

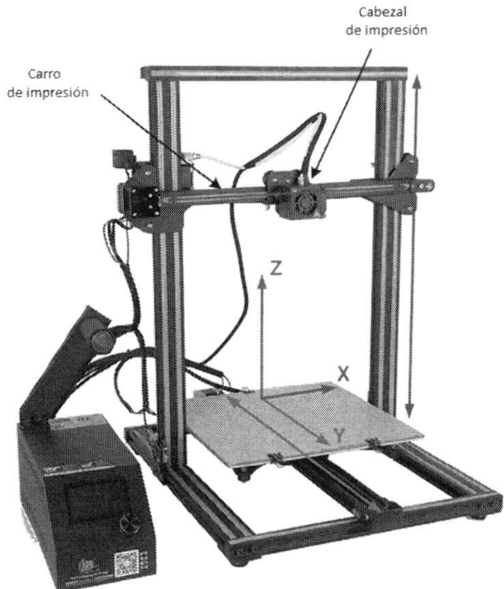

Los ejes de impresión en la Creality CR-10S (fuente: www.creality3d.shop)

En la imagen anterior, se muestra una representación de una impresora XYZ estándar con:

- Eje Z: subida/bajada del carro de impresión del eje X.
- Eje X: movimiento del cabezal de impresión sobre el carro de impresión.
- Eje Y: desplazamiento de la plato.

En otras impresoras, los ejes XYZ se respetan siempre, pero el carro de impresión permanece fijo en el eje Z. Es la plataforma la que se desplaza a la posición superior al inicio del trabajo de impresión y luego desciende para cada capa. De este modo, el carro de impresión realiza los movimientos X e Y sobre el pórtico situado encima del volumen de impresión.

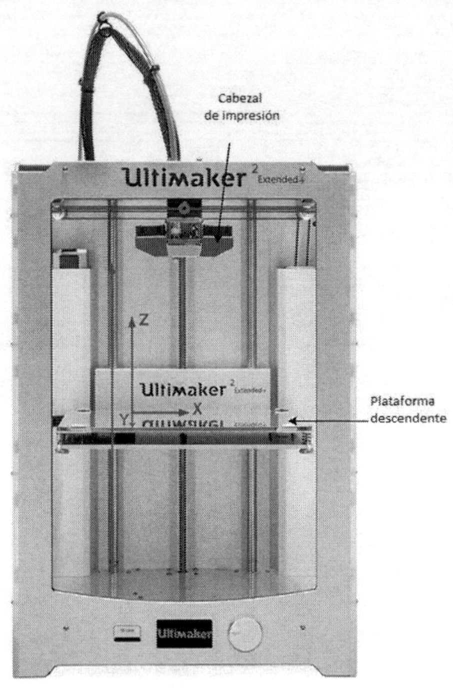

Las impresoras 3D Ultimaker son impresoras de bandeja abatible (fuente: www.ultimaker.com)

La ventaja de esta disposición es que las vibraciones de la impresora se transmiten menos a la pieza, lo que aumenta la precisión de impresión a la misma velocidad. Las impresoras con plataforma descendente suelen ser más caras que las impresoras estándar.

1.1.2 Impresoras delta

Las impresoras delta son impresoras cuyo cabezal de impresión se apoya en tres varillas. Las tres varillas están acopladas en sus extremos a un sistema de guías que eleva o baja cada varilla de forma independiente. Aunque el G-code generado es idéntico entre las impresoras 3D cartesianas y delta, el firmware interpreta las posiciones según un cálculo en un marco de referencia cilíndrico, y no en un marco de referencia ortonormal, como en las impresoras cartesianas.

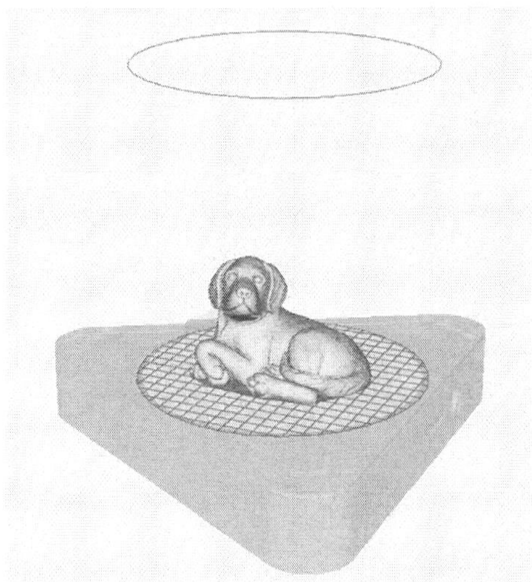

Preparación de un modelo 3D en una impresora Dagoma NEVA Magis delta en Cura

El volumen de impresión es, por tanto, cilíndrico en una impresora delta. La superficie imprimible de la plataforma está representada por un disco.

1.2 Tipo de sistema de extrusión

Existen tres tipos de sistemas de extrusión:

- el sistema Direct Drive;
- el sistema Bowden;
- el sistema Direct Drive remoto.

Los dos primeros sistemas de extrusión son los más utilizados. Cada uno tiene sus ventajas e inconvenientes.

El último sistema, menos utilizado, pretende aprovechar todas las ventajas de los dos primeros y reducir al mínimo los inconvenientes.

1.2.1 El sistema Direct Drive

Un sistema *Direct Drive* o *alimentador Direct Drive* es un sistema de extrusión con mecánica de accionamiento directo.

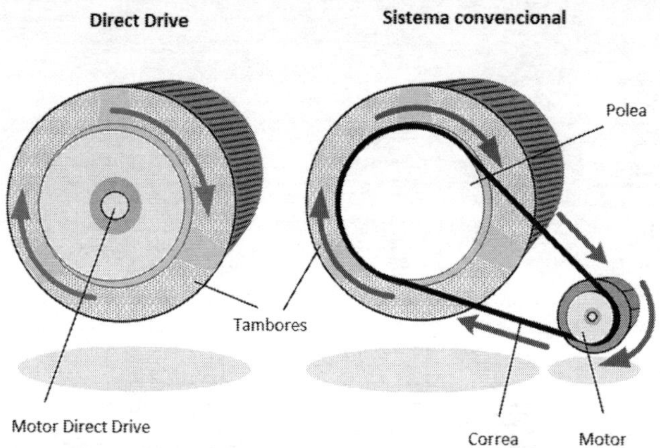

Diagramas de principio del funcionamiento Direct Drive en comparación con un sistema convencional, tomando como ejemplo una lavadora.

Esta tecnología se encuentra en los tambores de las lavadoras, donde el motor está directamente acoplado al tambor. De este modo, la lavadora puede prescindir de una conexión mecánica basada en una correa y una polea. Esto supone una ventaja en términos de mantenimiento. Sin embargo, las lavadoras Direct Drive necesitan un motor más potente para tener el par suficiente para impulsar el tambor.

Cabezal de impresión Direct Drive montado en una Anet A8

En impresión 3D, un sistema Direct Drive es un sistema de extrusión en el que el motor de extrusión está situado directamente en el cabezal de impresión. El filamento se empuja directamente a través del cabezal de impresión hasta la boquilla.

1.2.2 El sistema Bowden

Un sistema Bowden es un sistema mecánico con accionamiento a distancia mediante un cable que pasa por una funda. Esta tecnología fue inventada por Franck Bowden en 1902, cuando creó el cable Bowden para controlar a distancia, desde las manetas ubicadas en el manillar, los frenos de las bicicletas que vendía. Hoy en día, todos los cables de freno de nuestras bicicletas pasan por fundas para proteger y guiar los cables de freno, que no son otros que los cables Bowden.

Cable de freno Bowden en una bicicleta de carreras

En impresión 3D, un sistema de extrusión Bowden es aquel en el que el motor de extrusión (*feeder* en inglés) no está unido directamente al cabezal de impresión, sino desplazado respecto a dicho cabezal.

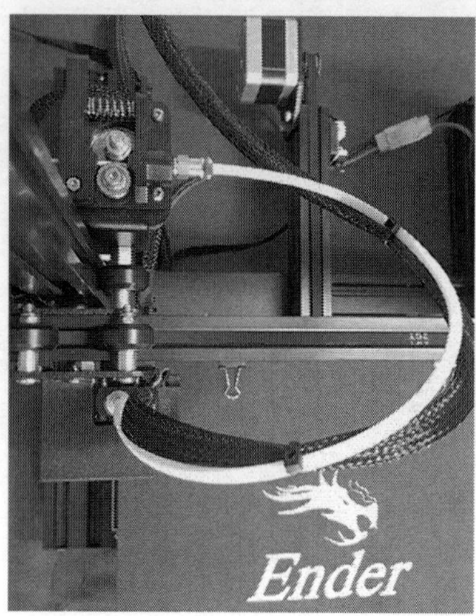

Sistema de extrusión Bowden instalado por defecto en una Creality Ender 3

El filamento se empuja hasta el cabezal de impresión a través de una funda, normalmente de teflón o PTFE.

1.2.3 Comparación Bowden/Direct Drive

¿Qué elegir entre un sistema Bowden o un sistema Direct Drive? De hecho, no hay una solución única. Todo depende de las necesidades del impresor. Un usuario que busque alcanzar altas velocidades de impresión y precisión preferirá un carro de impresión ligero y optará por la impresión Bowden.

Por otro lado, si el usuario desea imprimir cualquier tipo de filamento, en particular los filamentos más flexibles, se recomienda encarecidamente la impresión Direct Drive.

Bowden		Direct Drive	
Ventajas	– Carro de impresión ligero	– Carro de impresión pesado	**Inconvenientes**
	– Velocidad de impresión elevada	– Velocidad de impresión más lenta	
	– Aceleraciones más elevadas	– Aceleraciones débiles, inercia del peso del carro	
	– Cabezal de impresión menos voluminosa, ganancia de longitud de impresión en el eje o los ejes del carro de impresión	– Cabezal de impresión a menudo voluminosa, pérdida de longitud de impresión en el eje o los ejes del carro de impresión	
Inconvenientes	– Mayor riesgo de obstrucción	– Menor riesgo de obstrucción	**Ventaja**
	– Strining, formación de «hilos de ángel» elevada en caso de un inadecuado valor de retracción	– Valor de retracción débil, precisión más elevada en la retracción y la reanudación de la extrusión	
	– Compatible solo con filamentos rígidos y algunos semiflexibles (según longitud del tubo Bowden)	– Compatibilidad con todo tipo de filamentos	
	– Imposible terminar por completo un carrete de filamento; quedará la longitud del tubo de guía	– Posibilidad de terminar casi por completo un carrete; solo quedará la longitud tras la entrada del cabezal de impresión	

Lo importante aquí es recordar que las ventajas de una coinciden con las desventajas de la otra. En un taller 3D, es buena idea disponer de ambos tipos de impresora para satisfacer todas las necesidades posibles.

1.2.4 El sistema Direct Drive desplazado

El sistema de extrusión Direct Drive desplazado combina lo mejor de ambos mundos: la posibilidad mecánica de accionamiento directo del filamento con el desplazamiento del motor de extrusión para reducir el peso del cabezal de impresión.

El resultado es un sistema de accionamiento del filamento en el cabezal de impresión y un sistema desplazado de transmisión de la rueda de extrusión.

Direct Drive desplazado Zesty Nimble en Creality Ender 3 (fuente: www.zesty.tech)

En otras palabras, la rueda dentada de accionamiento del filamento se encuentra en el cabezal de impresión. El filamento es empujado directamente a través del cabezal de impresión hasta la boquilla. El motor de extrusión, en cambio, está desplazado. La transmisión a la rueda dentada se realiza mediante un tornillo sin fin protegido por una funda de teflón.

1.2.5 Sistemas de doble accionamiento

Los sistemas de doble accionamiento, llamados double gear extruder en inglés, pueden utilizarse en los formatos Bowden o Direct Drive. El principio del sistema es disponer de una rueda dentada doble para dirigir el filamento a través del sistema de extrusión. De este modo, el filamento se «engancha» con mayor fuerza. El par máximo aplicado al avance del filamento es mayor, lo que permite una mayor presión en la boquilla.

Este tipo de sistema garantiza una extrusión mejor y más consistente, menos obstrucciones en la boquilla y una mejor retención del filamento en el sistema de extrusión. Por otro lado, la boquilla de impresión se desgastará más rápidamente.

Sistema de doble accionamiento de filamento

Los líderes del mercado de la impresión 3D en el sector de la extrusión de doble accionamiento son el fabricante sueco BondTech, con el sistema BMG, y E3D-Online, con los sistemas Titan y Hemera. DyzeDesign, con sede en Quebec, ha lanzado recientemente el sistema DyzeXtruder, que también es de doble accionamiento.

1.3 Guía de los ejes

1.3.1 Motores paso a paso

Las impresoras 3D utilizan motores paso a paso para mover los ejes. Estos motores se denominan motores NEMA, en referencia a la National Electrical Manufacturers Association. Esta asociación, que reúne a una serie de fabricantes de componentes electrónicos de todo el mundo, tiene como objetivo definir estándares electrónicos para garantizar la intercompatibilidad de los sistemas electrónicos. Entre estos sistemas, se encuentran los motores paso a paso, ampliamente utilizados en máquinas CNC e impresión 3D. Se conocen como NEMAxx, donde «xx» corresponde al tamaño de la cara frontal del motor en décimas de pulgada. Un NEMA17 tendrá unas dimensiones de la cara frontal de 1,7 x 1,7 pulgadas, es decir, 43,2 x 43,2 mm.

Motor paso a paso NEMA17

Los motores más comunes en las impresoras 3D tienen características similares:

- Ángulo de paso del motor: 1,8° (es decir, 200 pasos/rev).
- Par de sujeción: entre 30 Nm y 80 Nm.
- Corriente nominal por fase: entre 1,2 A y 2,2 A.

El par de retención debe ser idealmente superior a 40 Nm para los motores de los ejes X e Y. Para el motor del sistema de extrusión, puede permitirse un valor inferior, entre 30 y 40 Nm si la impresora no tiene un sistema de accionamiento dual (ver la sección Sistemas de doble accionamiento, en este capítulo). Esto le permite utilizar un motor NEMA17 más pequeño y ligero en el sistema de extrusión.

1.3.2 Controladores de motores paso a paso

A diferencia de los motores de corriente continua (motores DC), que se controlan mediante la tensión de alimentación, los motores paso a paso bipolares utilizados en las impresoras 3D se controlan mediante una frecuencia de corriente. Esta corriente se envía alternativamente a dos polos situados en los motores paso a paso. Las corrientes inducidas en los polos generan campos magnéticos que permiten al motor rotar un paso. Cuanto mayor sea la frecuencia de la corriente alterna enviada a los dos polos, mayor será el número de rotaciones y la velocidad del motor.

Observación

Los motores paso a paso tienen la ventaja de ser mucho más precisos que los motores de corriente continua.

Para controlar esta frecuencia, y por tanto los movimientos del motor, las impresoras 3D utilizan controladores de motores paso a paso, denominados stepper driver en inglés.

El controlador A4988 es uno de los más utilizados.

Estos controladores suelen estar integrados en la placa electrónica de control de la impresora. También se pueden encontrar en forma de módulo adicional que se acopla a la placa electrónica. Entre estos controladores, se encuentran los drivers A4988 o DRV8825, que permiten ajustar la amplitud de la corriente media a través de las bobinas del motor mediante un pequeño potenciómetro colocado en el circuito impreso (ver capítulo Calibración electrónica de la impresora 3D - sección Ajustar la tensión Vref de los controladores de motores).

1.3.3 Amortiguadores del motor

En la categoría de accesorios para motores NEMA, encontrará los amortiguadores, comúnmente llamados dampers en inglés Estos amortiguadores reducen las vibraciones inducidas por los motores paso a paso en el chasis de la impresora 3D. Una membrana de goma separa el motor del chasis de la impresora 3D.

Amortiguador de motor montado en un NEMA17

La instalación de amortiguadores tiene sus ventajas y sus inconvenientes:

- Reducción del ruido de la impresora durante la impresión.
- Reducción de las vibraciones de alta frecuencia que pueden afectar a la calidad de la pieza.
- Aislamiento térmico del motor, que se calentará más durante impresiones 3D largas.
- Adición de un juego adicional a la guía de la correa, lo que puede provocar imprecisiones en algunos casos.

Este tipo de actualización de impresora 3D es ideal si desea imprimir en un entorno silencioso.

1.3.4 Transmisión por correa

Las ruedas dentadas se montan en el eje de los motores paso a paso. Estas ruedas dentadas pueden atornillarse o engarzarse en el eje del motor. Si las ruedas dentadas se atornillan, el eje del motor debe disponer de una sección plana para garantizar la posición correcta del tornillo.

Transmisión por correa GT2 con rueda dentada atornillada al eje del motor NEMA17

Estas ruedas dentadas tienen un formato GT2 para alojar una correa GT2. Una correa GT2 tiene un paso de 2 mm. La anchura de correa más común es de 6 mm. Estas correas suelen ser de caucho reforzado con fibra de vidrio o fibra de acero. Para garantizar una transmisión sin pérdidas mecánicas, es importante asegurarse de que la correa, acoplada al carro de impresión, esté perfectamente tensada.

1.3.5 Tensores de correa

Los tensores de correa son mejoras para impresoras 3D que ayudan a ajustar perfectamente las tensiones de las correas. El objetivo de estos tensores es permitir tensar la correa sin desmontar todo el sistema de transmisión por correa. Esto facilita el ajuste de la tensión de la correa apretando un tornillo o tensando un muelle. Los tensores de correa metálicos pueden adquirirse a determinados fabricantes. También se pueden imprimir en 3D.

Tensor de correa impreso en 3D en Creality CR-10

1.4 La placa electrónica de control

Es el cerebro de la impresora 3D. Todos los actuadores y sensores de la impresora 3D están conectados a esta placa. La mayoría de las veces, esta tarjeta puede conectarse a un ordenador para controlar la impresora desde él. Si la tarjeta tiene un controlador USB, la conexión será a través de un enlace serie. Si la tarjeta tiene un controlador Ethernet o Wi-Fi, significa que se puede controlar a través de una red local, o incluso a través de Internet si la configuración de la red lo permite.

En esta placa encontrará a menudo:

- 3 conectores para controlar el motor de cada eje (X, Y y Z).
- 3 conectores para los finales de carrera de cada eje (X, Y y Z).
- Al menos 1 bloque de terminales para alimentar el cartucho calefactor (a veces 2 para la doble extrusión).
- Al menos 1 conector para el sensor de temperatura del cabezal de impresión (a veces 2 para la doble extrusión).
- 1 regleta de bornes para alimentar una cama calefactada.
- 1 conector para el sensor de temperatura de la cama calefactada.
- Conectores de alimentación para ventiladores. Algunos pueden estar dedicados a la alimentación continua, mientras que otros están diseñados para variar la potencia de los ventiladores.
- Un puerto USB (el tipo de puerto USB varía de un fabricante a otro).

Existen varias placas de código abierto en el mercado de la impresión 3D:

- Placas RAMPS: *RepRap Arduino Mega Pololu Shield* Arduino MEGA based modular RepRap electronics. Esta placa deriva del Arduino MEGA con la integración de controladores de motores paso a paso y mosfets de potencia para el control del calentamiento.
- Placas Makerbase MKS-Gen, MKS-Base, MKS-SGEN (32 bits). Estas placas están inspiradas en las placas RAMPS y han sido popularizadas por muchos fabricantes de impresoras 3D.

Placa electrónica MKS-Gen

También existen placas propietarias diseñadas específicamente para gamas concretas de impresoras 3D (placas Creality, placas Prusa, placas Dagoma, etc.).

Algunas placas no tienen controladores de motor paso a paso, por lo que estos se deben comprar por separado e instalarlos uno mismo en la placa controladora. La ventaja es que se pueden cambiar fácilmente los controladores de motor en caso de avería, sobrecalentamiento o desajuste.

Tarjeta Duet3D de 32 bits conectada por Wi-Fi

El mercado de la impresión 3D se ha desarrollado en torno a placas de control de 8 bits. Hoy en día, cada vez se ven más tarjetas de 32 bits, que tienen la ventaja de trabajar con una RAM más grande y de poder ejecutar varias acciones simultáneamente. Esto es muy útil para ajustar ciertos parámetros durante la impresión y para trabajar con mayor precisión al imprimir.

1.4.1 El firmware

Todas las impresoras tienen un firmware integrado. Es algo así como un sistema operativo (como Windows, mac OSX...), pero para sistemas electrónicos. El firmware es la interfaz de comunicación que permite a la electrónica comunicarse con el resto de la máquina: motores, finales de carrera, sensores, etc.

El tipo de firmware también define las opciones disponibles en los menús de la pantalla. El firmware más utilizado hasta la fecha es Marlin. Tiene la ventaja de ser fácil de configurar para los desarrolladores. Así, cuando instale su propio firmware Marlin, puede elegir los menús que desee, añadir funciones, integrar scripts, mostrar su propio logotipo, etc.

Y por eso, de una impresora a otra, puede que las interfaces no tengan el mismo aspecto. Pero la base sigue siendo la misma, el G-code interpretado es el mismo.

Observación

El Anet A8 funciona con el firmware SkyNet3D, que es un derivado de Marlin. El Creality Ender 3 funciona con una versión de Marlin «limitada» a las funciones básicas. El Dagoma DiscoEasy 200 también funciona con una versión específica de Marlin, correspondiente a las conexiones electrónicas no estándar de la máquina.

También tiene la posibilidad de construir su propia impresora 3D con su versión personalizada de Marlin. Como la mayoría del firmware es de código abierto, los fabricantes están obligados a publicar las fuentes modificadas de su firmware derivado.

En competencia con Marlin, encontramos también Sprinter, Klipper, Repetier-Firmware, etc.

Asimismo, existen otros firmwares, como RepRap o Smoothieware, que se adaptan mejor a otro tipo de placas: las de 32 bits.

Para más información sobre el firmware disponible, consulte aquí:
https://reprap.org/wiki/List_of_Firmware

Observación

Tenga cuidado: algunas funciones están deshabilitadas/bloqueadas por el fabricante. Para desbloquear estas opciones, deberá reflashear la placa base con su propia versión. Asegúrese de que el firmware y la placa son compatibles antes de empezar.

1.4.2 La EEPROM de su impresora 3D

La placa electrónica de su impresora 3D tiene varias áreas de memoria, igual que un ordenador. Estas áreas permiten que la electrónica de la impresora funcione correctamente. Hay una memoria de solo lectura, donde se almacena el firmware de la impresora, y una memoria de acceso aleatorio, que se utiliza para recibir pilas de datos (comandos G-code, comunicación con la tarjeta SD o con un ordenador, etc.). En la memoria de solo lectura del firmware, hay una zona específica que contiene todos los parámetros relativos a la impresión, como la velocidad de impresión, el rendimiento, la aceleración por defecto, etc. Estos parámetros pueden ser fácilmente modificados por el usuario si el fabricante de la impresora autoriza el acceso de escritura. Esta zona se denomina EEPROM (*Electrically Erasable Programmable Read Only Memory*). Además, si tiene alguna duda sobre sus modificaciones, esta zona es fácilmente reseteable por la mayoría de los firmware, que almacenan la configuración por defecto.

1.4.3 Introducción al lenguaje G-code

El objetivo de este libro no es formarle en G-code, pero al menos sí ayudarle a comprender el principio de funcionamiento de G-code, que es el código máquina que entienden las impresoras 3D y las máquinas de control numérico.

G-code es el lenguaje interpretado por el firmware para dar órdenes a su máquina. Se utiliza en:

- ciertas funciones en la pantalla de su impresora;
- su ordenador en el caso de impresión PC<->impresora 3D;
- su ordenador en el caso de calibración PC<->impresora 3D;
- su Slicer 3D para crear su archivo G-code, que contiene: el start G-code, el G-code de impresión y el end G-code.

Algunas funciones de calibración no están disponibles en la pantalla de la impresora, por lo que a menudo es necesario conectar un ordenador a la impresora para enviar directamente los comandos de calibración.

Una línea de comandos G-code se descompone de la siguiente manera:

[Función llamada] [Parámetro 1][Variable1] [Parámetro 2][Variable2] [ParámetroX] [VariableX]...

Cada función tiene parámetros diferentes. Los parámetros pueden modificarse independientemente unos de otros. En algunos casos, cuando no se especifica un parámetro, se aplica el parámetro predeterminado de la impresora (como en los parámetros de movimiento: si no se especifica la aceleración, el movimiento se realizará utilizando el valor establecido en el firmware de la impresora 3D).

Las funciones que debe conocer son las de desplazamiento y posicionamiento. Todas estas funciones tienen en común la letra G. El punto y coma se utiliza para comentar el G-code; de este modo, la impresora 3D no tiene en cuenta el comentario.

Ejemplo de comandos de desplazamiento

```
G90; coordenadas en valor absoluto
G1 F1500; configuración de la velocidad de desplazamiento a 1500mm/minuto
G92 E0; reinicio del contador de extrusión de filamento
G1 X50 Y25.3 E22.4; desplazamiento lineal (G1) a la posición X50 Y25.3
mientras se realiza una extrusión de 22.4mm
```

Las demás funciones están representadas por la letra M. Entre ellas se incluyen los comandos de calentamiento, la ventilación, la calibración y la configuración de la impresora 3D.

Ejemplo de comandos de calentamiento, desplazamiento y ventilación

```
G90; posición absoluta
M106 S255; ventilación ON
M109 R100; esperar hasta que el bloque de calentamiento alcance 100°C
G29; aplanar la plataforma
M104 T1 S210; ajustar la temperatura a 210°C para el primer bloque de calentamiento
M107; detener la ventilación
G1 X100 Y20 F3000; posición en X100, Y20 velocidad 3000mm/min
G1 Z0.5; posicionar la boquilla en Z0.5
M109 S210; esperar hasta que el bloque de calentamiento por defecto esté a 210°C
```

Para más información sobre las funciones de G-code, puede consultar la documentación de G-code en el firmware Marlin aquí: http://marlinfw.org/meta/gcode/

Se le pedirá que utilice G-code más adelante en el libro, en particular durante la calibración electrónica de la impresora 3D y el ajuste la primera capa. Se explicarán todas las funciones que se den en ese momento.

2. Flujo de trabajo en impresión 3D

Para describir todo el proceso de creación de una pieza, desde el nacimiento de la idea hasta la impresión 3D, podemos utilizar el término inglés workflow, que se traduce por «flujo de trabajo».

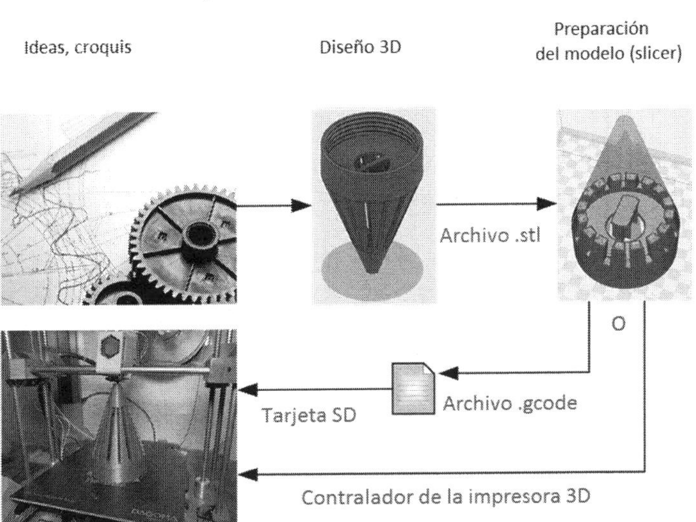

El workflow de la idea al primer prototipo 3D

El proceso de creación de un prototipo 3D, desde el nacimiento de la idea hasta la impresión 3D

En primer lugar, la idea de la pieza nace en papel o en la imaginación. A continuación, habrá que diseñar la pieza con un software de diseño 3D. Estas dos primeras etapas no son necesarias para aprender a imprimir en 3D, pero los impresores más creativos se aventuran con el diseño tarde o temprano.

Al final del proceso de diseño, el diseñador crea una *mesh 3D* o malla 3D de la pieza para transformarla en un formato que pueda utilizar un *slicer 3D* o cortadora 3D. A continuación, el modelo se prepara para su impresión en el *slicer*. Esta etapa se conoce como slice en inglés o segmentación (corte en capas) en español.

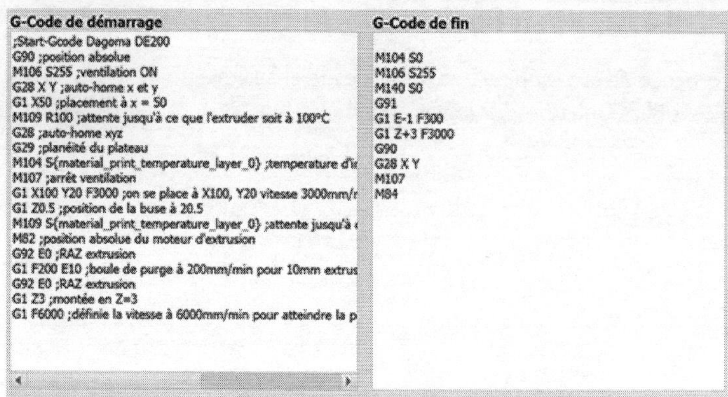

Ejemplos de inicio y de fin de archivos .gcode definidos en el slicer 3D

Una vez preparado el modelo y ajustados los parámetros de impresión, el slicer creará un archivo de máquina con numerosas líneas de código que serán descodificadas por la impresora 3D. Se trata del lenguaje G-code. Este código se envía directamente desde el slicer a la impresora 3D o se guarda en un archivo .gcode o .g que se coloca en la tarjeta de memoria de la impresora 3D.

2.1 El nacimiento de las ideas

A la hora de crear un proyecto 3D, hay varias aproximaciones posibles. Existen tres enfoques principales:

- El enfoque de ingeniería, en el que creamos un objeto, un producto, a partir de una necesidad. En este caso, es importante analizar las limitaciones y conocer las especificaciones del proyecto.
- Un segundo enfoque consiste en analizar lo que ya existe para reproducir un objeto o crear un objeto que se adapte al mundo real. En este caso, también se pueden utilizar fotos y escaneados 3D.
- Un último enfoque es el de la creación artística. Aunque igual de técnico, este último apela a la imaginación o a la representación de un personaje o una escena.

2.2 Diseño 3D

Una vez que se tiene la idea, hay que diseñar el objeto en 3D. Para ello se utilizan programas informáticos de diseño o modelado. También en este caso hay varios enfoques, con métodos de diseño que difieren de un de software a otro.

Por ejemplo, existen programas de diseño dedicados a objetos técnicos, en los que se trabaja con dimensiones, restricciones mecánicas y reglas geométricas cartesianas. Algunos de los más populares en el mundo de la impresión 3D personal son:

- Autodesk Fusion 360, de fácil acceso, completo y gratuito para creadores y estudiantes. Sin embargo, aún no está disponible en español, por lo que habrá que conformarse con el inglés. A pesar de ello, el vocabulario es bastante sencillo y los iconos son autoexplicativos.
- OpenSCAD, que tiene la ventaja de ser completamente gratuito y de código abierto. Este software permite hacer programación paramétrica, lo que significa que puede programar las dimensiones y parámetros de su pieza mediante fórmulas matemáticas. Es una herramienta útil para producir una serie de piezas de tamaño adaptable.
- FreeCAD, que también es gratuito y de código abierto. Permite la programación paramétrica, como OpenSCAD, pero también cuenta con herramientas de diseño gráfico y simuladores mecánicos, como Autodesk Fusion 360.
- SketchUp, que es bastante similar a Fusion 360, pero está disponible en español. Es más fácil de aprender. Sin embargo, la limitada funcionalidad de la versión gratuita frenará a muchos usuarios.

Luego encontramos el software de modelado artístico en 3D. Las herramientas de diseño son muy diferentes de las de los programas anteriores. Están especializados en la creación de personajes, decorados, esculturas en 3D, etc. Estos son algunos de los principales programas utilizados por los makers 3D:

- Blender, gratuito y muy completo. Es difícil familiarizarse con él, pero permite crear cualquier cosa en 3D. Blender se utiliza sobre todo para crear videojuegos y películas de animación.
- ZBrush es el software definitivo para crear objetos, formas y personajes de todo tipo. Compatible con la mayoría de las tabletas gráficas, ZBrush es el software de modelado utilizado por la mayoría de los diseñadores 3D. No es gratuito, pero puede incluirse con la compra de una tableta gráfica de gama alta.
- Sculptris es la versión gratuita de ZBrush. Sculptris permite esculpir con el ratón, como un escultor de arcilla. Puede dibujar caras, animales y personajes muy rápidamente. Este es el software para probar antes de pasar a ZBrush.

- MakeHuman, que es un software de código abierto. Es un generador de cuerpos humanos en 3D. Muy útil para conseguir las proporciones correctas del cuerpo humano. Además, los modelos 3D pueden exportarse a Blender, Sculptris o ZBrush.

Por último, para diseñar ocasionalmente objetos, piezas técnicas o personajes en 3D, también puede utilizar programas de modelado en línea. Cada vez hay más. La ventaja es que no hay que instalar nada: todo se ejecuta en el navegador web. He aquí algunos ejemplos:

- Autodesk TinkerCAD, que ofrece herramientas completas para la creación de prototipos y el aprendizaje, incluido el diseño de modelos 3D y placas electrónicas.
- Scultfab, que funciona según el mismo principio que Sculptris, todo en un navegador web.
- SelfCAD es un paquete de software en línea de pago que cubre gran parte del flujo de trabajo de la impresora 3D, con una herramienta de modelado 3D, un slicer e incluso la opción de realizar un seguimiento de la impresión 3D directamente en línea.
- Clara.io, que ofrece herramientas profesionales en línea. Clara.io permite renderizar escenas, objetos y personajes en 3D. Pero atención: se trata de una herramienta profesional que ofrece lo mejor en el mundo profesional. Algunos efectos especiales de gran éxito han sido creados utilizando las herramientas de Clara.io. Existe una versión gratuita limitada para probar las características de este servicio en línea.

Por supuesto, esta lista es solo una muestra del software disponible de forma gratuita para todo el mundo (aparte de ZBrush, que a veces viene incluido en equipos profesionales de diseño 3D).

2.3 Malla 3D

Una vez creado el modelo, hay que poder imprimirlo. Para ello, el modelo 3D debe exportarse en un formato que pueda prepararse para la impresión. Este formato adopta la forma de un archivo que contiene vectores matemáticos que forman polígonos. El paso del modelo 3D a un archivo exportable y utilizable se denomina mallado 3D o *mesh 3D* en español.

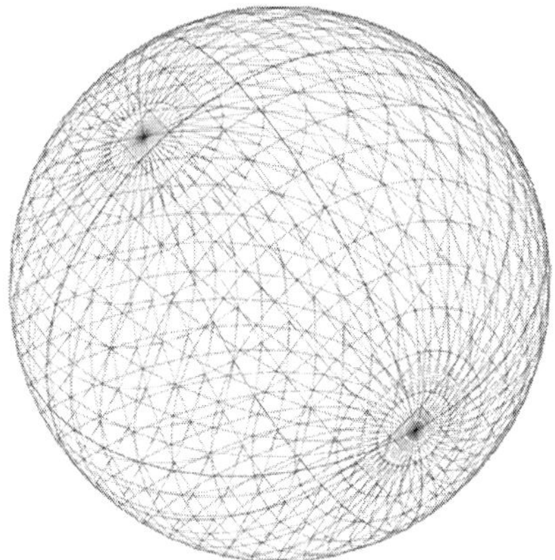

Una esfera con formato de malla que contiene 1520 polígonos

Estos polígonos forman el objeto en formato «wireframe». Cuanto mayor sea la resolución de la malla, menor será el tamaño de los polígonos formados por los vectores. Como resultado, la calidad de exportación será mayor y el archivo resultará más pesado de procesar. Por el contrario, si la resolución de exportación es baja, el tamaño de los polígonos será mayor, con lo que habrá menos polígonos. El archivo será más fácil de procesar por el ordenador, pero el modelo perderá calidad y precisión.

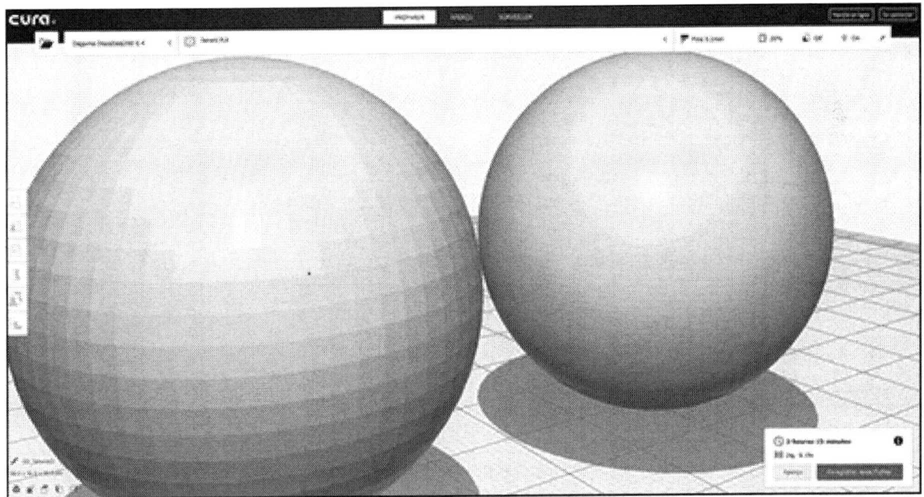

A la izquierda, una esfera en exportación 3D de baja resolución (3480 polígonos); a la derecha, una esfera en exportación de alta resolución (28 560 polígonos).

El archivo exportado puede tener una de las siguientes extensiones: .stl, .obj, .3mf, .x3d. En algunos casos (para .obj, .3md y .x3D), se soporta el color de las caras del objeto (y, por tanto, de los polígonos).

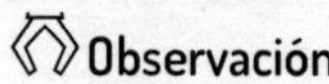

Observación

El archivo exportado puede contener varias piezas y objetos. No se recomienda exportar varias piezas en un solo archivo para utilizarlas en el proceso de corte en capas del slicer 3D. Es mejor guardar cada parte de un ensamblaje en archivos separados. Esto limitará el número de errores cometidos por el slicer.

2.4 Modelos 3D en la red

A menudo, es más fácil utilizar modelos que ya han sido pensados, diseñados y mallados como preparación para la impresión. Por eso, como creador e impresor 3D, es una buena idea echar un vistazo a los distintos bancos de modelos 3D disponibles en Internet. Hay muchos; algunos gratuitos, otros de pago o «premium».

Bases de datos generales:

- www.Thingiverse.com
- https://repables.com/
- www.GrabCAD.com (orientado a la modelización técnica)

Sitios de modelos premium de pago o gratuitos:

- www.MyMiniFactory.com
- www.Cults3D.com
- www.SketchFab.com (orientado a personajes y miniaturas)
- www.Pinshape.com
- www.YouMagine.com (pertenece a Ultimaker)

Mercados de compraventa de modelos 3D:

- www.3Dexport.com

Impresión 3D de código abierto:

- https://libre3d.com/ (creado por Adrien Bowyer, iniciador del proyecto RepRap)

Modelos para la investigación, la química y la medicina:

- https://3dprint.nih.gov (NIH 3D Print Exchange - U. S. Department of Health and Human Services)

Buscadores de modelos 3D:

- www.Yeggi.com

2.5 Transformación de mallas 3D en comandos numéricos

Una vez que obtenga el archivo de malla (en formato stl, obj, 3mf, x3d, etc.), tiene que preparar la pieza para la impresión 3D. Cada impresora es diferente, pero todas tienen algo en común: entienden un lenguaje de máquina llamado G-code.

Nuestras impresoras 3D imprimen capa por capa. Para ello, nuestro modelo de malla 3D debe dividirse en finas láminas. Aquí es donde entra en juego el slicer 3D. «Slicer» es una palabra en inglés que significa «rebanador» o «cortador». El slicer es el software que aceptará nuestro modelo de malla 3D y lo cortará en finas capas a una altura de capa específica.

A continuación, en función de los parámetros definidos en el software, como la temperatura de extrusión, la velocidad de impresión, las aceleraciones, el relleno de la pieza, los soportes, etc., el algoritmo del slicer generará nuestro archivo G-code. Este transformará la malla de una pieza en instrucciones de máquina, incluyendo comandos de movimiento en los diferentes ejes de la impresora, una instrucción de temperatura para la boquilla o para la cama calefactada, etc.

Este archivo G-code será entendido por la impresora y le indicará lo que debe hacer.

El slicer también insertará en el G-code el código específico que le hayamos ordenado ejecutar al inicio y al final de la impresión (el start G-code y el end G-code). Estos códigos sirven para inicializar correctamente la impresión al inicio (secuencia de aumento de temperatura, purga de boquillas, etc.) y para finalizar correctamente la impresión (detención del calentamiento, secuencia de refrigeración, presentación de la pieza al usuario, etc.).

Los parámetros de impresión del slicer rigen el tiempo de impresión, la cantidad de material utilizado y la calidad del acabado de la pieza.

2.6 Slicers para impresión 3D

De un slicer a otro, los parámetros son prácticamente idénticos. Lo que varía entre cada software es su generador de archivos de máquina o archivo G-code. Este generador utiliza un algoritmo de corte o segmentación que transforma la geometría de un modelo 3D en instrucciones de máquina según los parámetros proporcionados por el usuario. El conjunto de parámetros para una impresión determinada se denomina **perfil de impresión**.

Este perfil de impresión corresponde a una configuración para un material impreso y una impresora determinados.

Son **la gestión de los perfiles de impresión** y **el algoritmo de corte o segmentación** los que varían de un software a otro.

Con parámetros similares en varias slicers, se pueden obtener resultados diferentes en la misma impresora 3D. Sin embargo, la calidad general de impresión sigue siendo la misma para un perfil similar. Hoy en día, es difícil apreciar diferencias de calidad y rendimiento de un slicer a otro.

Estos son algunos de los slicers más comunes:

- **Ultimaker Cura**, un paquete de software publicado por Ultimaker que es compatible con todas las impresoras 3D que soportan el lenguaje G-code. Este software es gratuito, muy completo y ofrece perfiles adaptados a la gran mayoría de impresoras 3D del mercado. Está recomendado para todos los principiantes en impresión 3D.
- **Slic3r**, que es gratuito, de código abierto y compatible con la mayoría de las impresoras 3D. Slic3r se desarrolló en paralelo con el proyecto RepRap. Existen otras versiones de Slic3r, entre ellas Slic3r Prusa Edition, desarrollada por Prusa Research para la misma marca de impresoras.
- **Repetier**, también gratuito, se desarrolló durante el proyecto RepRap para impresoras que funcionan con Repetier-Host.
- **IceSL**, un slicer experimental desarrollado por Inria Nancy. IceSL ofrece opciones innovadoras, como la posibilidad de ajustar los parámetros de impresión solo en determinadas zonas de la pieza. Esto significa que puede ajustar el relleno, las paredes, los soportes, la velocidad de impresión, la temperatura, etc., solo en determinadas partes de la pieza. Tenga en cuenta que IceSL aún se halla en fase experimental.
- **Simplify3D** es un slicer profesional de pago. Ofrece gestión avanzada de perfiles de impresión y gestión multiherramienta, lo que permite utilizar hasta seis sistemas de extrusión. Pueden combinarse varios perfiles de impresión para imprimir una sola pieza.

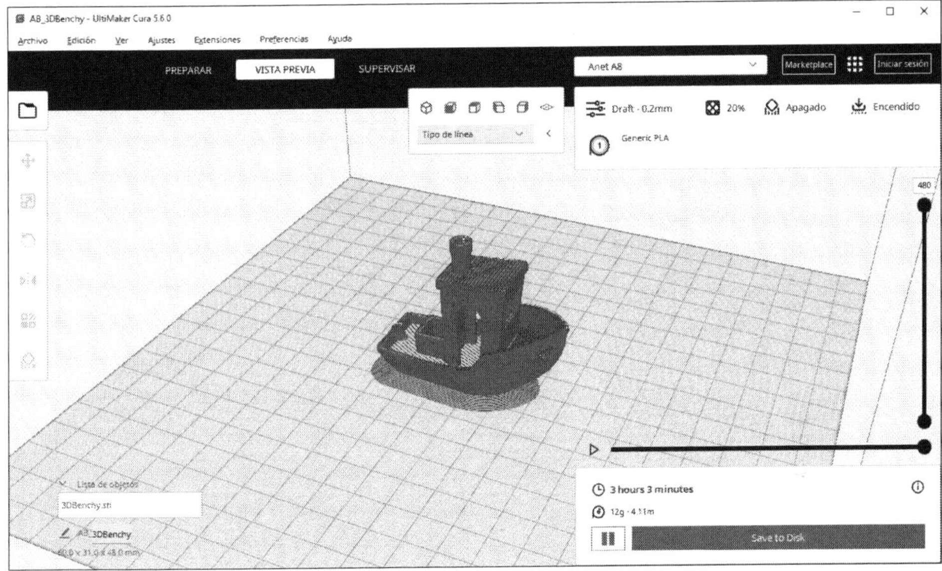

Ultimaker Cura será el software utilizado para ilustrar los parámetros de impresión en este libro.

Capítulo 4
Montaje y calibración mecánica

1. Puntos clave del montaje de su impresora 3D

Tanto si su impresora se entrega en un kit como si no, es importante comprobar ciertos puntos de montaje. Los grandes errores de impresión pueden deberse a un montaje incorrecto.

1.1 El primer error de los principiantes

Cuando recibe una impresora 3D, ya sea en un kit o ensamblada, su principal deseo es usarla lo antes posible. De hecho, la emoción es palpable entre todos los principiantes de la impresión 3D. El principal error que cometen es intentar montar la impresora 3D demasiado rápido.

Montar una impresora 3D requiere paciencia y atención a los detalles. En algunas impresoras, la estructura se ensambla en menos de diez minutos, mientras que en otras (las Prusa-Like) ¡puede llevar horas o incluso días! No tenga prisa y dedique tiempo a montar su impresora 3D.

En definitiva, cuando vaya a montar una impresora 3D en kit, asegúrese de que se toma el tiempo que necesita. Algunos ejemplos de tiempos de montaje:

- Creality CR-10: de 10 a 15 minutos aproximadamente.
- Creality Ender 3: de 30 a 45 minutos aproximadamente.
- Dagoma DiscoEasy 200: de 5 a 7 horas aproximadamente.
- Anet A8: 5 a 7 horas aproximadamente.
- Prusa i3 MK3: 10 horas aproximadamente.

1.2 Los puntos mecánicos clave

1.2.1 Paralelismo

Al montar su impresora, debe asegurarse de que su paralelismo, es decir, que todas las piezas que deben estar paralelas lo están efectivamente (chasis, ejes, varillas, etc.).

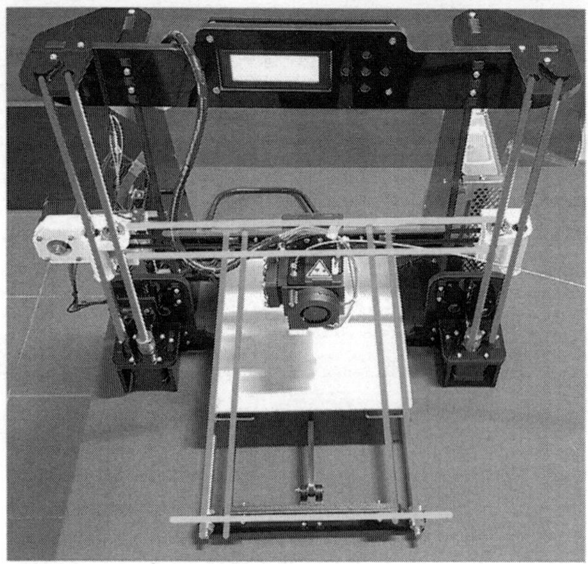

Los ejes guía son paralelos al chasis

1.2.2 Juego en los ejes

Las distintas partes móviles de su impresora 3D (cabezal de impresión o plataforma) deberían poder moverse fácilmente con la mano con la impresora apagada. Si no es así, significa que su paralelismo no es bueno y que un eje está forzando uno de los lados.

Las guías lineales no deben tener defectos en la superficie y en ningún caso deben estar curvadas.

Tuerca excéntrica bajo el eje X de una Creality CR-10

En las impresoras 3D que utilizan rieles en forma de V (como las impresoras Creality, Tevo, Anet E10, etc.), es necesario ajustar las tuercas excéntricas de los cojinetes de los rieles para controlar la presión de los rieles contra el perfil. Esto se hace para evitar cualquier juego no deseado en la plataforma, el carro de impresión o el perfil del eje X.

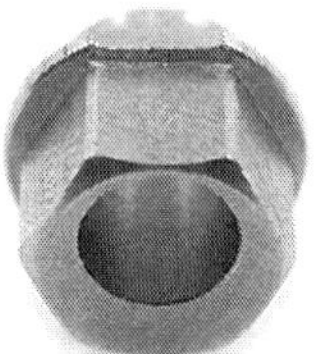

Una tuerca excéntrica

1.2.3 Tensión de las correas

Las correas deben estar suficientemente tensas durante el montaje. Las correas pueden aflojarse con el tiempo. Seguramente será necesario volver a tensarlas durante los ajustes de calibración mecánica. Más adelante veremos cómo utilizar tensores de correa para mantener la tensión de estas de forma eficaz.

1.2.4 Apretado de los tornillos

Al montar la impresora, no apriete demasiado los tornillos. Deje un poco de holgura para poder aflojarlos con facilidad. Esto facilitará el ajuste del paralelismo de la impresora. Una vez finalizado el montaje, recuerde apretar bien cada tornillo utilizando un destornillador manual. Recomendamos no utilizar un destornillador eléctrico para evitar dañar los orificios de los tornillos.

1.2.5 Montaje del cabezal de impresión

Los componentes del cabezal de impresión deben estar bien apretados entre sí para evitar cualquier fuga de filamento de plástico fundido.

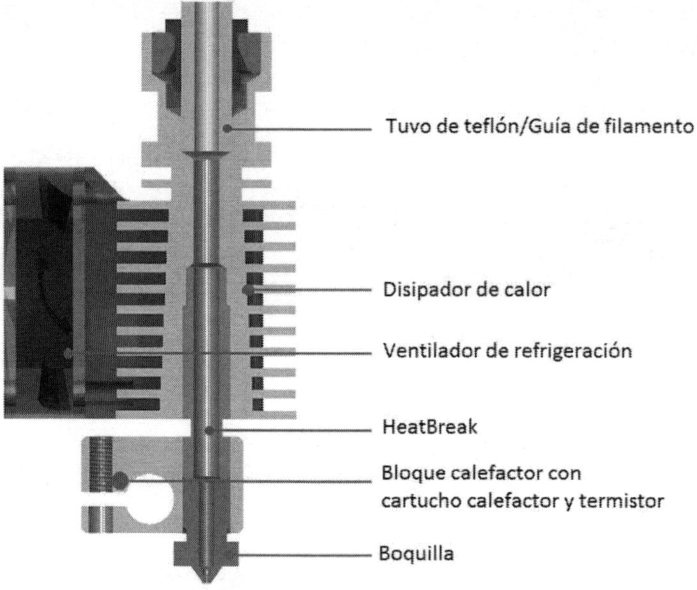

Vista en corte de un cabezal de impresión E3DV6

En el bloque calefactor, la parte entre el bloque calefactor y el refrigerador se sujeta directamente contra la tobera. Esta pieza se denomina heatbreak (literalmente, «disipador de calor») y sirve para evitar que suba demasiado calor hacia el refrigerador.

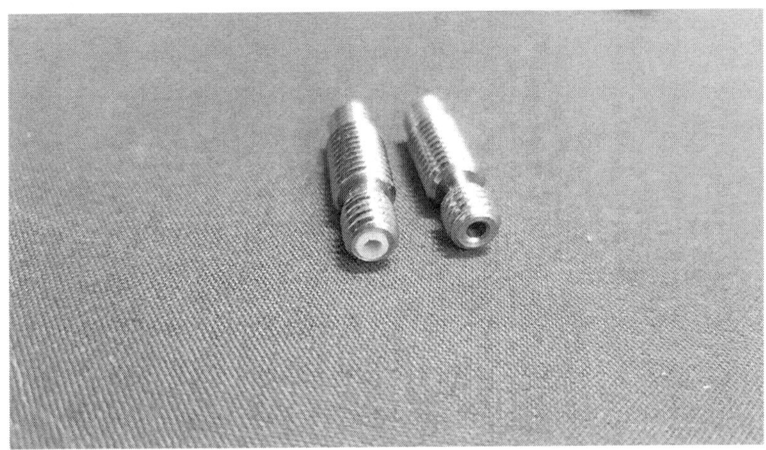

Heatbreak de PTFE a la izquierda; heatbreak de metal a la derecha

Algunos heatbreaks tienen un revestimiento de PTFE para mejorar el deslizamiento del filamento. Tenga en cuenta, no obstante, que el revestimiento de PTFE solo es compatible hasta 260 °C.

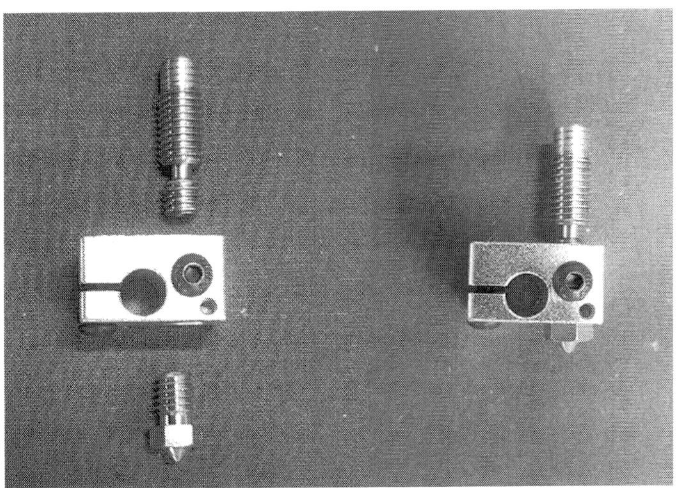

Colocación de una boquilla y un heatbreak en un bloque calefactor

Cabezal de impresión E3DV6 montado

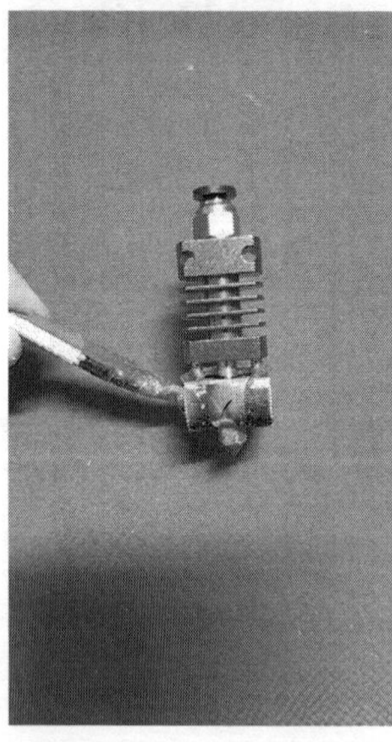

Cabezal de impresión MK8 montado

1.2.6 Sujeción en caliente de boquillas

Durante su primer montaje, apretará o volverá a apretar la boquilla en su bloque calefactor. Este apriete se realiza inicialmente en frío. Luego, para garantizar la estanqueidad de la boquilla, deberá darle una última vuelta de tuerca para apretarla en caliente a la temperatura máxima de impresión que permita su impresora 3D (generalmente entre 260 °C y 320 °C).

1.2.7 Cabezales de impresión de montaje rápido: E3D RapidChange Revo

E3D-Online ha lanzado recientemente un nuevo ecosistema de cabezales de impresión: los E3D Revo. Estos cabezales de impresión tienen la ventaja de contar con un único cuerpo central que actúa como cámara de refrigeración, heatbreak y boquilla. Este cuerpo puede montarse a mano, sin herramientas especiales, directamente en el sistema Revo Hemera (Direct Drive), Revo Six (que está llamado a sustituir al E3DV6) o Revo Micro (para impresoras 3D pequeñas).

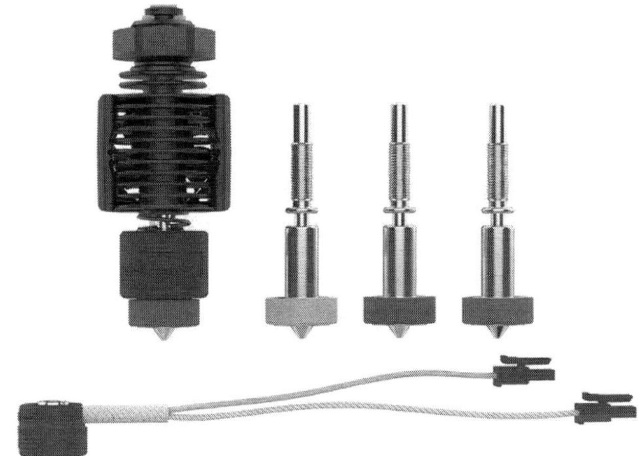

Cabezal E3D Revo Six y boquillas asociadas (fuente: E3D-Online.com)

La ventaja de estos cabezales de impresión es que se puede cambiar fácilmente la boquilla a mano para ajustar la finura de la impresión según sea necesario.

La desventaja reside en la elección y el precio de las boquillas. Solo están disponibles en latón, con diámetros que van de 0,25 a 0,80 mm. Como no se trata de simples boquillas, sino de todo un cuerpo que atraviesa el cabezal de impresión, el precio también es más elevado. Si imprime principalmente con filamento PLA y cambia con frecuencia el tamaño de las boquillas, la solución E3D Revo es la adecuada para usted.

1.3 Puntos eléctricos clave

1.3.1 Comprobación eléctrica de las conexiones

Una impresora 3D es una máquina eléctrica. Por lo tanto, presenta riesgos eléctricos. Le recomendamos que compruebe todas las conexiones de su impresora 3D antes de ponerla en marcha, incluso las conexiones del interior de su caja de control.

Bloque de bornes de una fuente de alimentación de impresora 3D con virolas en cada cable

Cuando imprima por primera vez, es importante que compruebe las conexiones denominadas «de potencia». Se trata de los cables conectados a los bloques de bornes que alimentan la cama calefactada y el cartucho calefactor del cabezal de impresión. Cuando se utiliza un bloque de bornes por cables, compruebe que el extremo del cable está engarzado con una virola. Si no es así, necesitará virolas y alicates de engaste para proteger la instalación. Las virolas garantizan el contacto eléctrico en el bloque de bornes y protegen de la oxidación el cobre de los cables.

Observación

Una impresora 3D, especialmente si es de «gama baja», puede tener malas conexiones eléctricas. Esto puede provocar un incendio más adelante. Los cables deben engarzarse con virolas y apretarse firmemente en los bloques de bornes específicos.

1.3.2 Identificación de la tensión de alimentación de entrada/salida

Una impresora 3D obtiene su energía eléctrica de su fuente de alimentación. Esta fuente de alimentación es un transformador que transforma la tensión doméstica (220 V CA en España) en CC de baja tensión.

En las impresoras 3D de venta internacional, encontrará un interruptor en el lateral del transformador que le permite alternar la tensión de entrada entre 110-115 V CA y 220-230 V CA. Cambie al voltaje de su instalación eléctrica doméstica. En Europa, esta tensión se conmuta a 220-230 V. Realice esta operación con la alimentación desconectada.

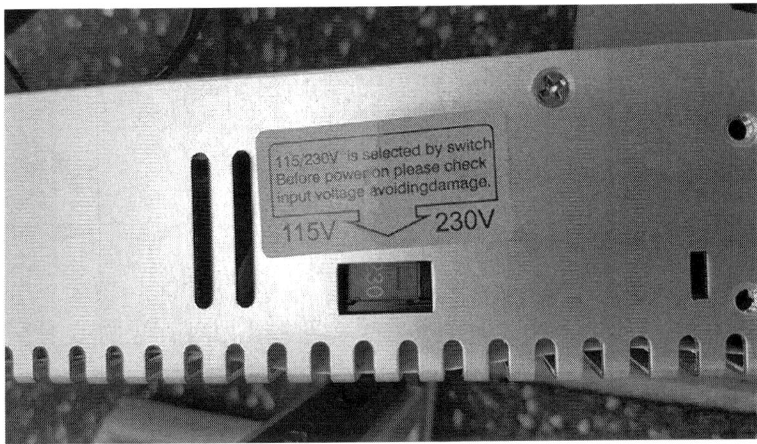

Interruptor en el lateral de una fuente de alimentación para pasar de 115 V a 230 V.

Aquí, el interruptor está en 230 V.

A continuación, conviene conocer la tensión de salida de su transformador para saber si su impresora 3D funciona con 12 V o 24 V. Esto le indicará qué tipo de cartucho calefactor, ventilador, cama calefactada, etc., está instalado en su impresora, lo que resulta muy útil a la hora de realizar operaciones de mantenimiento o actualizaciones.

2. Secuencia de retorno a la posición inicial de los ejes

Antes de pasar a la calibración mecánica, es necesario comprender la secuencia básica de cualquier impresora 3D: la secuencia de retorno a la posición inicial de los ejes.

Cuando se inicia un nuevo trabajo de impresión 3D, la impresora comenzará muy a menudo devolviendo los ejes a su posición inicial. Este «reset» de ejes está incluido en el G-code de inicio (**start G-code**) de todos los slicers 3D a través del comando **G28**. Esta secuencia es más comúnmente conocida como homing o secuencia Auto Home, que significa, literalmente, «volver a casa».

Esta secuencia es necesaria para que la impresora 3D localice la posición de cada eje. Durante el homing, los ejes se desplazarán hacia los distintos sensores de final de carrera para determinar los límites del volumen de impresión. A continuación, el firmware de la impresora puede inicializar la posición del cabezal de impresión y la plataforma. Cuando los sensores de final de carrera sitúan el cabezal de impresión fuera de la zona imprimible (es el caso de impresoras como la Anet A8), se aplican compensaciones de software a cada eje para definir el inicio de la zona de impresión. A continuación, se define el volumen en relación con los parámetros de la impresora introducidos en el slicer, que indican la longitud máxima, la anchura máxima y la altura máxima de la zona de impresión.

La secuencia de homing por defecto se solicita mediante el comando **G28**. Este comando inicia los retornos a la posición inicial de los ejes X, Y y Z, comúnmente conocida como homing X, homing Y y homing Z. Estas secuencias pueden ejecutarse de forma independiente mediante los comandos **G28 X**, **G28 Y** y **G28 Z**. En este caso, los valores X, Y y Z son parámetros del comando **G28**.

```
G28 ;auto home en los 3 ejes X, Y y Z
G28 X ;auto home solo en el eje X
G28 XY ;auto home en los ejes X e Y
G28 XYZ ;equivalente a G28
```

Observación

Para desplazamientos de los ejes de 0 mm, si la boquilla se encuentra en la posición absoluta X=147 Y=158 y Z=50, significa que la boquilla se encuentra a 147 mm de su posición en el sensor de final de carrera X, a 158 mm de su posición en el sensor de final de carrera Y y a 50 mm de la posición del sensor de final de carrera Z o del punto de sondeo del sensor incorporado en el carro de impresión. Estos valores son correctos solo si se ha realizado la secuencia de auto home antes del desplazamiento electrónico de los ejes.

3. Los tres pilares de la calibración mecánica

Independientemente del tipo de impresora 3D que tenga, deberá realizar una serie de ajustes que son esenciales para que su máquina funcione correctamente.

Pero antes de ajustar los parámetros de su impresora o de su software de corte, es importante proceder a la calibración básica, que yo llamo «los 3 pilares de una buena calibración de una impresora 3D». Si no se respetan estos pilares, es posible que sus ajustes futuros no sean correctos; podría estar buscando un problema donde no lo había.

Los pasos en orden son: el paralelismo (o alineación), la distancia boquilla-plataforma y el ajuste de la tensión de las correas.

3.1 Primer pilar: paralelismo

Antes de hablar de paralelismo, recordemos la noción de paralelo. Volvamos a los conceptos básicos de la geometría. En primer lugar, ¿qué significa paralelo? En geometría, se dice que dos rectas son paralelas cuando no tienen ningún punto en común. Van en la misma dirección y no se cruzan.

También se habla de planos paralelos cuando dos planos son paralelos entre sí. En la impresión 3D por deposición de filamento fundido, el plano representado por el movimiento de la boquilla en los ejes X e Y debe ser siempre paralelo al plano definido por la plataforma de impresión. Si este plano está inclinado con respecto a la plataforma, ¡la impresión se aplastará más por un lado y tenderá a despegarse por el otro!

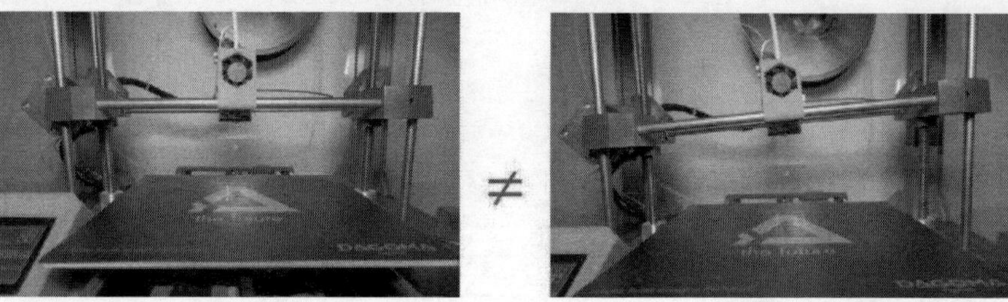

El paralelismo es el primer ajuste que se debe realizar en una impresora 3D; sin él, la corrección de la planitud de la plataforma mediante el sondeo en cuatro o nueve puntos se verá distorsionada si dispone de un sensor de nivel en el carro de impresión. Lo mismo se aplica a la impresión offset. Para que una impresora 3D esté correctamente paralelada, debe asegurarse de que el plano del carro de impresión es paralelo al plano definido por la plataforma de impresión.

Ejemplo en DiscoEasy200: el carro del eje X es paralelo a la plataforma

El ajuste suele realizarse a mano, girando uno mismo las varillas roscadas o apretando los tornillos de la plataforma. Durante el ajuste, también es aconsejable colocar el cabezal de impresión en el centro de la plataforma, unos centímetros por encima de ella.

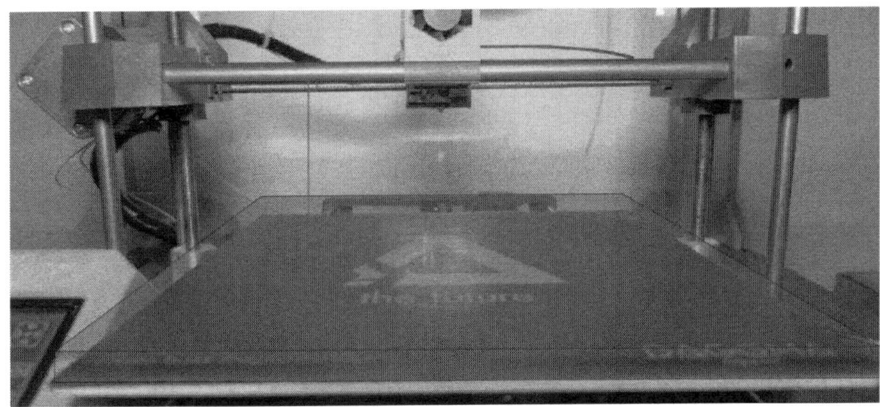

El carro está paralelo a la plataforma en todos los puntos

Para ello, basta con solicitar un retorno a la posición de origen y mover el eje Z ligeramente hacia arriba. Esto se puede hacer a través de G-code con el comando G28 o de la pantalla (si la impresora 3D tiene una).

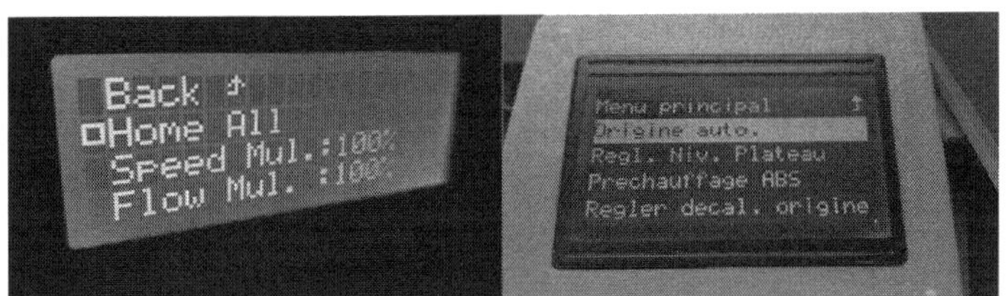

Retorno a la posición de origen del eje y restablecimiento de las posiciones

Dependiendo del tipo de impresora, firmware o pantalla de control, la función «Auto Home» tendrá diferentes nombres, como «Home All» en inglés.

3.2 Segundo pilar: la distancia entre la boquilla y la plataforma

En esta fase, es esencial comprobar que la distancia entre la boquilla y la plataforma es idéntica en Z=0 en todos los puntos de la plataforma.

Este procedimiento requerirá ajustar la altura de la plataforma o la altura del final de carrera en Z. Si la altura de la plataforma no es ajustable, es probable que la impresora disponga de un sensor de nivelación en el carro de impresión. Solo en este caso no es necesario el segundo pilar de la calibración mecánica; tendrá que realizar una calibración electrónica del offset (ver el capítulo Calibración electrónica de la impresora 3D - sección ¿Cómo ajustar el offset electrónico Z?).

Procedimiento de calibración

⇉ Limpie la salida de la boquilla calentándola y retirando cualquier plástico que esté en su extremo. También puede retirar el filamento del cabezal de impresión si está cargado con filamento.

⇉ Utilice la función **Auto Home** (G28) para volver a situar los ejes en el origen.

⇉ Compruebe que el valor de la posición Z es cero. Para ello, vaya a los comandos de movimiento de los ejes o introduzca el comando de G-code: G1 Z0.

⇉ Detenga la alimentación de los motores mediante la opción **Detener motores** o **Disable steppers** (M18 o M84). Si no encuentra la opción, puede apagar su impresora 3D.

⇉ Con la mano, coloque el cabezal de impresión en el centro de la plataforma.

Si la boquilla no pasa y golpea la plataforma, puede apretar los resortes que hay debajo de la plataforma para bajarla. Si eso no funciona, también puede elevar ligeramente el final de carrera en Z.

⇉ Ajuste la altura de la plataforma de modo que la distancia entre la boquilla y aquella sea de 0,1 mm. Para ello, puede utilizar una cuña de precisión de 0,1 mm o una hoja de papel.

El método con una hoja de papel bajo la boquilla

⇛ Para un buen ajuste, debe poder retirar la hoja de papel (con un poco de esfuerzo) sin poder empujarla entre la boquilla y la plataforma. Lo mismo se aplica a la cuña de precisión.

⇛ Una vez ajustado el centro de la plataforma, repita los pasos anteriores ajustando la altura de la plataforma en sus 4 esquinas y termine de nuevo en el centro.

Ajuste de la plataforma en 5 puntos

⇛ Una vez realizado el ajuste de 5 puntos, deberá revisar punto por punto para comprobar el ajuste. Para ello, vuelva a encender la impresora 3D, ejecute de nuevo Auto Home, compruebe que la posición Z está en 0 y, a continuación, apague los motores (M18 o M84) o apague la impresora.

⇛ Compruebe el ajuste en 5 puntos. Si el ajuste de la distancia no es bueno, reajuste la distancia entre la boquilla y la plataforma en cada punto. Por término medio, bastan de 2 a 3 pasadas por todos los puntos para conseguir un ajuste perfecto.

Una vez realizado este ajuste mecánico, puede empezar a imprimir y comprobar su primera capa. El resto del ajuste consistirá en la calibración electrónica (ver capítulo Calibración electrónica de la impresora 3D) y la corrección de la planitud si tiene un sensor Z en el carro de impresión (ver capítulo La importancia de la primera capa).

3.3 Tercer pilar: la tensión de las correas

Finalmente, vamos a hablar del último pilar de una buena calibración de una impresora 3D, que es la tensión de las correas. Si ha montado su impresora 3D, seguramente habrá tenido que tensar las correas guía. Resulta que, poco después del primer montaje, las correas tienen una molesta tendencia a aflojarse, lo cual es perfectamente normal. Las correas adaptan su posición al estar sometidas a una tensión mecánica de estiramiento, así que, muy a menudo, habrá que volver a tensar las correas después del montaje.

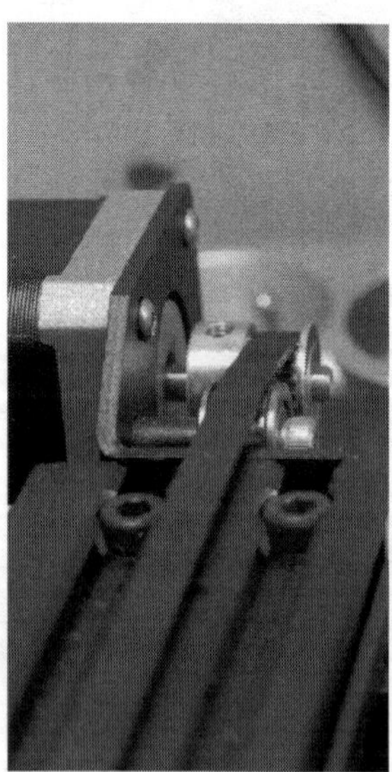

Correa montada sobre un eje de guía

La tensión de las correas tiene un impacto directo en la calidad de impresión de sus piezas, especialmente en términos de precisión de impresión en los ejes X e Y.

Si una correa está más tensa que la otra, la impresión de un disco tendrá forma ovalada en lugar de circular. Esto dará lugar a errores dimensionales en todas las piezas impresas.

En las impresoras RepRap o en kit suele ser bastante complicado tensar la correa de forma eficaz. En general, una de las primeras impresiones que se recomiendan en este tipo de impresoras es la de un tensor de correas para cada eje de la impresora.

Tensor de correas en el eje Y de una Creality CR-10

La finalidad de este tipo de objeto es tensar la correa de forma eficaz y precisa. Un cubo de calibración puede ayudarle a calibrar perfectamente la tensión de la correa para garantizar las dimensiones de las piezas impresas en los ejes X e Y. En esta fase, tense sus correas tanto como sea posible sin forzarlas. Más adelante veremos cómo optimizar electrónicamente la precisión de impresión (ver Calibración electrónica de la impresora 3D - Ajuste de la precisión X/Y).

Capítulo 5

Hacia la primera impresión 3D

1. ¿Qué entorno para su impresora 3D?

1.1 Condiciones para imprimir

Las condiciones para imprimir en 3D deben ser similares a las del almacenamiento de sus bobinas, es decir, un lugar:

- seco,
- protegido de la luz,
- protegido del calor,
- lejos de todos los productos químicos,
- lejos de todo material inflamable,
- con un espacio vacío alrededor de la impresora, para no obstaculizar el movimiento de los ejes.

También debe evitar colocar objetos junto a la impresora, ya que podrían caerse durante la impresión.

Un error que hay que evitar en la medida de lo posible es colocar la impresora en una sala de estar o en un lugar donde haya mucho tránsito. Esto es importante para la seguridad de las personas, en caso de imprimir con filamentos peligrosos para la salud, pero también para la calidad de impresión, que se verá afectada por las corrientes de aire.

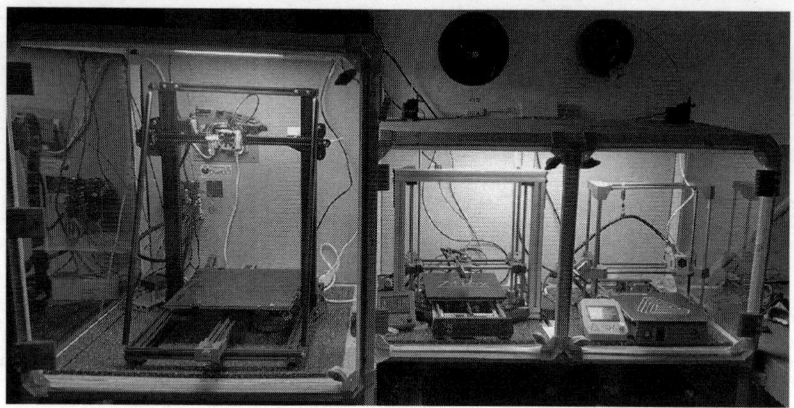

Carcasas caseras para tres de mis impresoras 3D

Para imprimir una multitud de materiales, el uso de una carcasa es obligatorio. Esta carcasa debe ser lo más hermética posible para evitar una mala adherencia entre capas en los filamentos más técnicos.

Si solo imprime en PLA o PETG, no necesita utilizar una carcasa.

1.2 La seguridad de las personas

La impresora 3D no es un juguete, sino una máquina-herramienta. Si está incorrectamente montada, o si uno de sus componentes tiene un defecto, la impresora 3D puede llegar a ser muy peligrosa.

Ya se han producido numerosos casos de plataformas quemadas e incendios originados en impresoras 3D.

Es aconsejable no colocar la impresora en una habitación que contenga productos peligrosos o inflamables, ya que esto podría acelerar la propagación del fuego si la impresora se incendiara.

La mejor manera de mantener a salvo su impresora 3D es colocarla en un sitio limpio, organizado y perfectamente ordenado.

Una impresora 3D es una máquina-herramienta, igual que una máquina CNC, por lo que no debe dejarse sin supervisión mientras imprime. Aunque es difícil pasarse horas delante o al lado de la impresora, sobre todo cuando se imprimen filamentos técnicos y peligrosos, se pueden implementar soluciones, como cámaras de vigilancia, detectores de humo y extintores.

Herramientas de impresión 3D a distancia, como Octoprint o Astroprint, permiten este tipo de supervisión remota.

Por último, si imprime con niños delante, debe saber que la impresión 3D es una actividad muy enriquecedora desde el punto de vista educativo. Sin embargo, los niños deben vigilarse cuando hay una impresora 3D por medio. Las piezas están en movimiento, el calentamiento de la plataforma y el elemento calefactor del cabezal de impresión pueden quemar la piel, y la impresora no incluye contramedidas contra los accidentes causados por las personas. Por lo tanto, permanezca atento. Lo mismo se aplica a las personas que no están familiarizadas con la impresión 3D.

Por último, tenga cuidado con las mascotas, que pueden hacerse daño e interrumpir un trabajo de impresión 3D en curso.

Observación

RECORDATORIO: la impresora 3D no es un juguete, sino una máquina-herramienta.

2. Instalación del slicer 3D: Ultimaker Cura

Este libro utiliza el software Ultimaker Cura para cortar modelos 3D y preparar impresiones 3D.

¿Por qué Cura y no otro?

Las razones para utilizar Cura aquí son relativamente sencillas. Este software es:

- gratuito,
- disponible en español,
- fácilmente accesible para los principiantes,
- personalizable para impresoras 3D más avanzadas,
- compatible con la mayoría de las impresoras 3D del mercado,
- en mejora constantemente con actualizaciones periódicas.

Para descargarlo, solo tiene que visitar el sitio web de Ultimaker en este enlace:
https://ultimaker.com/software/ultimaker-cura/

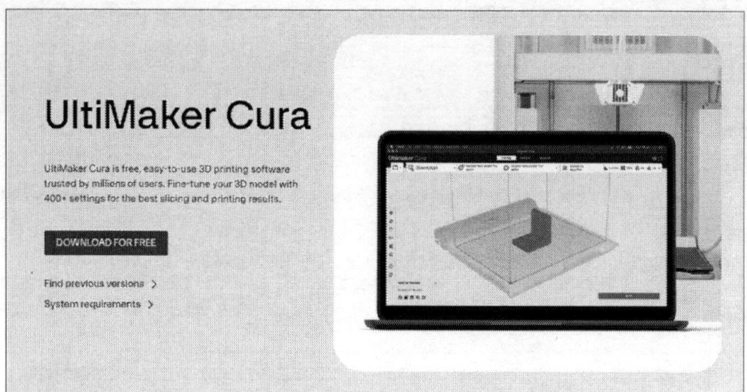

Las últimas versiones de Cura solo son compatibles con sistemas de 64 bits. Las versiones de Cura pueden evolucionar rápidamente. Sin embargo, los parámetros básicos de impresión permanecerán siempre invariables. Puede consultar la versión utilizada en este libro gracias al indicador de versión de la barra de título del software.

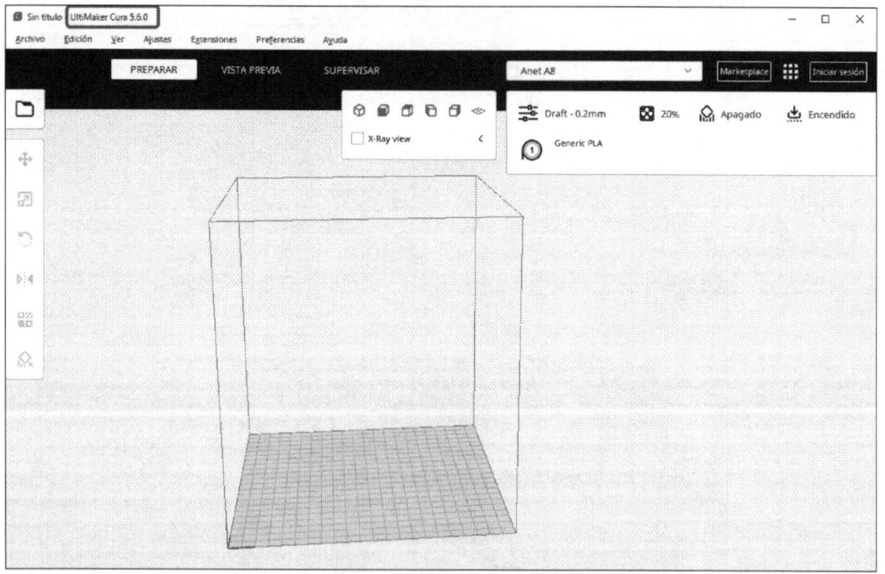

La versión se indica en la barra de título de Cura a lo largo del libro.

2.1 Windows

Esta sección sobre la instalación de Cura en **Windows** se basa en la versión 5.6.0 de Cura.

⇉ Elija el sistema operativo Windows para descargar el archivo de instalación de Cura.

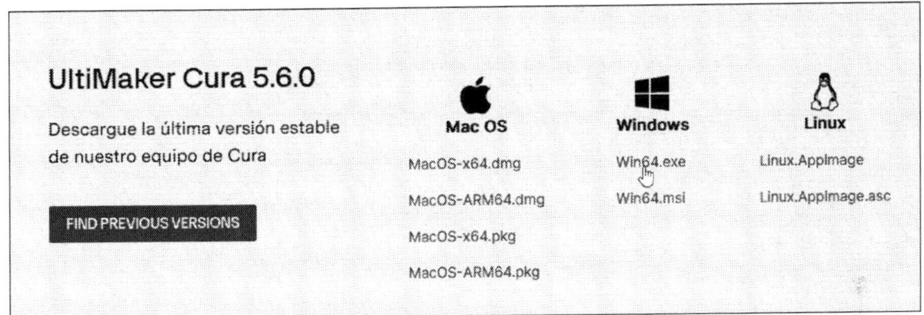

⇉ Cuando finalice la descarga, ejecute el archivo Ultimaker.Cura-5.6.x-win64.exe.

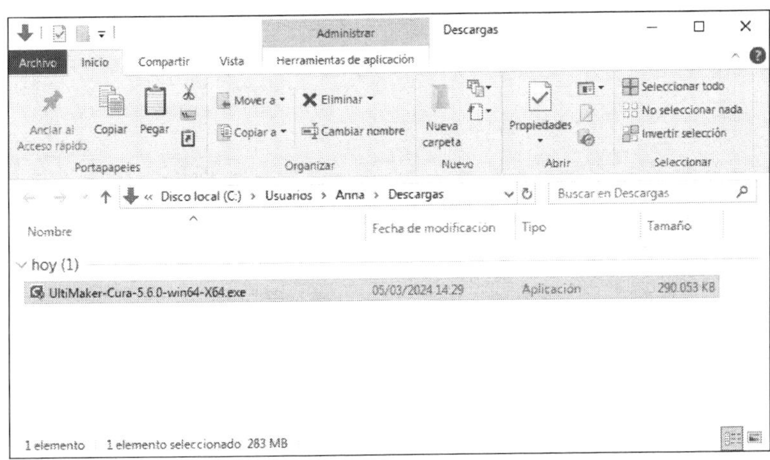

⇉ A continuación, haga clic en **Siguiente**.

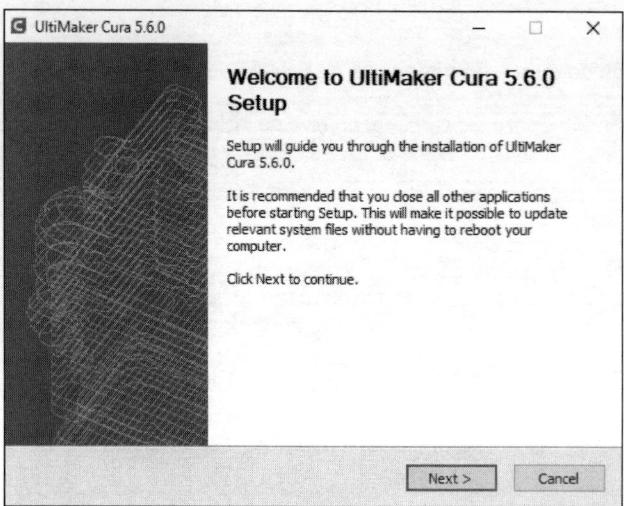

⇒ A continuación, haga clic en **I Agree**.

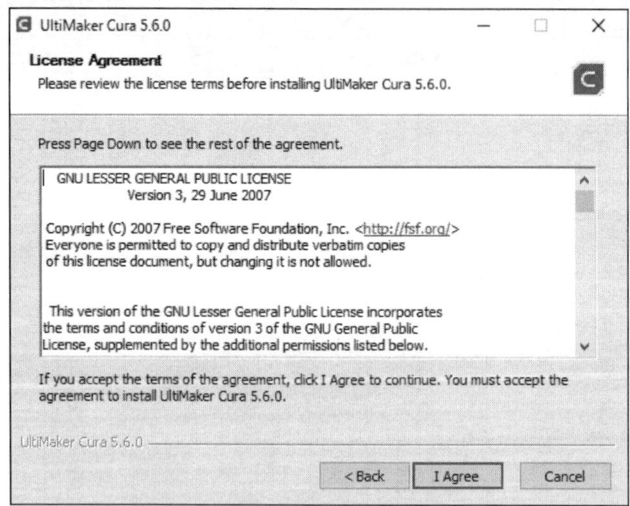

Aceptación del acuerdo de licencia

⇒ A continuación, elija el directorio de instalación y haga clic en **Siguiente**.

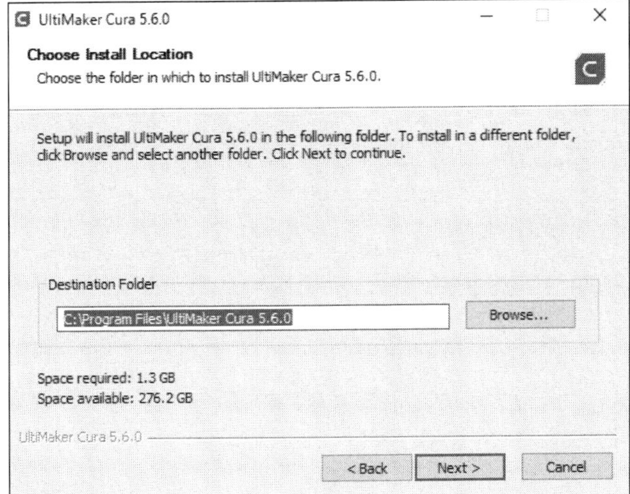

Selección del directorio de instalación

⇉ A continuación, seleccione la carpeta del menú **Inicio** en la que desea encontrar Cura y haga clic en **Siguiente**.

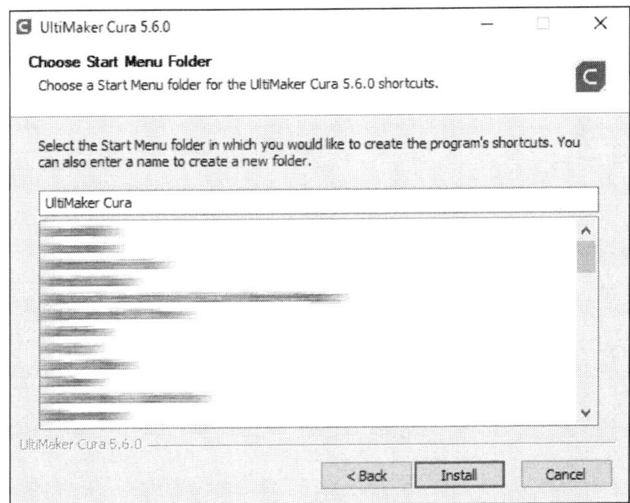

Seleccionar una carpeta del menú **Inicio**

⇉ A continuación, haga clic en **Install**.

Observación

Es posible que Windows le pida permiso varias veces para instalar los controladores para Arduino. Haga clic en Instalar cada vez.

⇒ Ya está. Finalmente, puede iniciar Cura marcando **Run Ultimaker Cura 5.6.x** y haciendo clic en **Finish**.

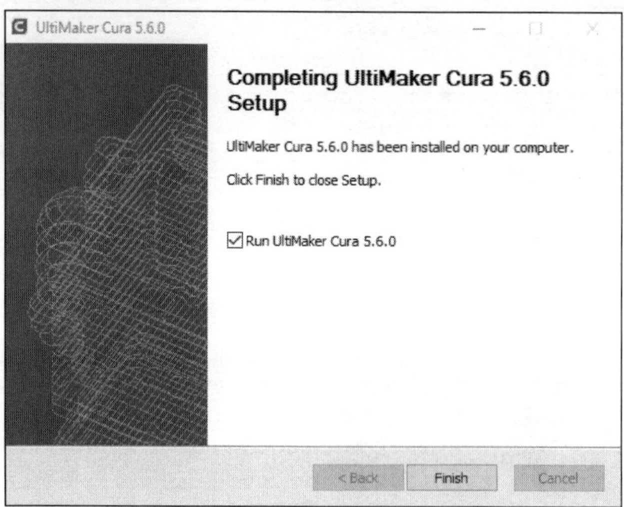

2.2 macOS

Observación

Esta sección sobre la instalación de Cura en macOS se basa en la versión 5.6.0 de Cura.

⇒ En la página de descarga de Cura, seleccione **Ultimaker Cura** para macOS.

Una vez completada la descarga, tendrá un archivo Ultimaker_Cura-5.6.x-NombreVersión.dmg en su carpeta de Descargas.

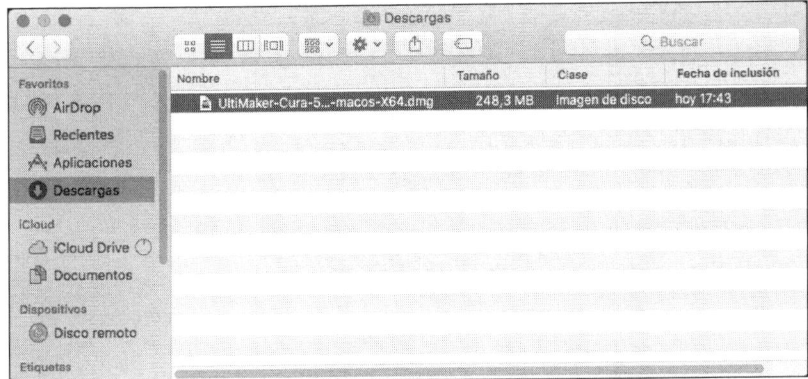

Archivo de instalación de Cura para macOS

⇉ Haga doble clic en el archivo descargado. Se abrirá el paquete .dmg.

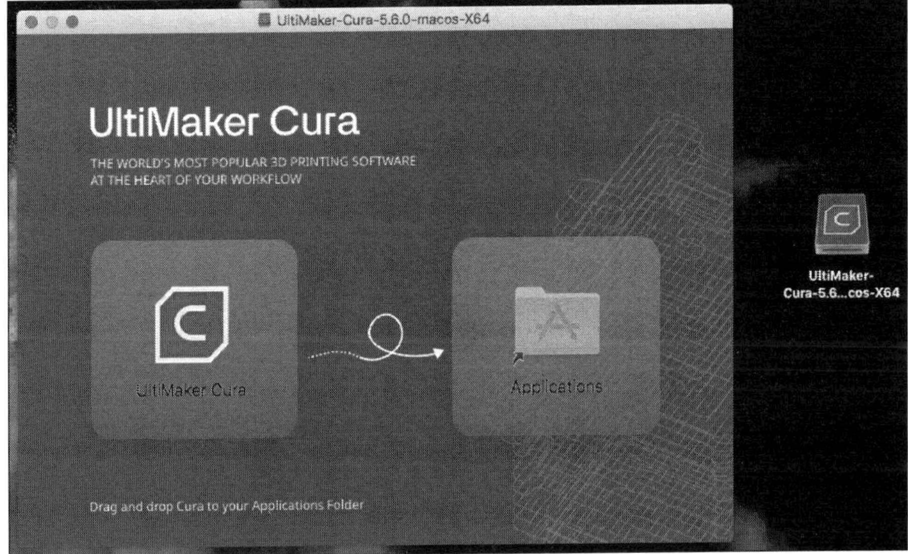

Abrir el paquete .dmg

⇉ Para instalar Cura en macOS, arrastre y suelte el icono de **Ultimaker Cura**.

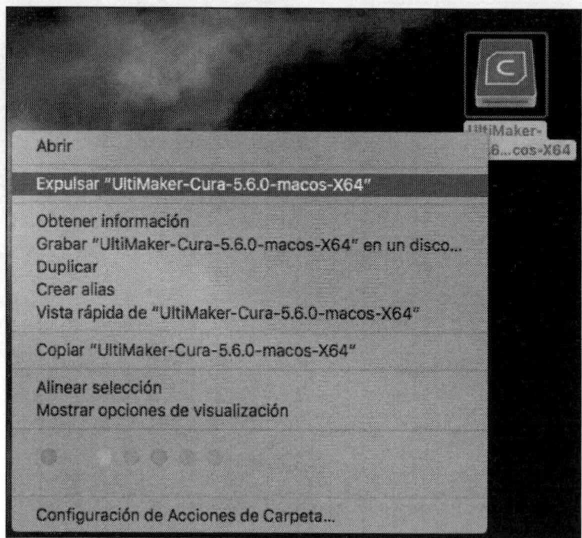

Expulsar la imagen .dmg

⇉ Una vez finalizada la instalación, puede expulsar el paquete .dmg haciendo clic con el botón derecho y seleccionando **Expulsar "Ultimaker Cura-5.6.x-NombreVersión"**.

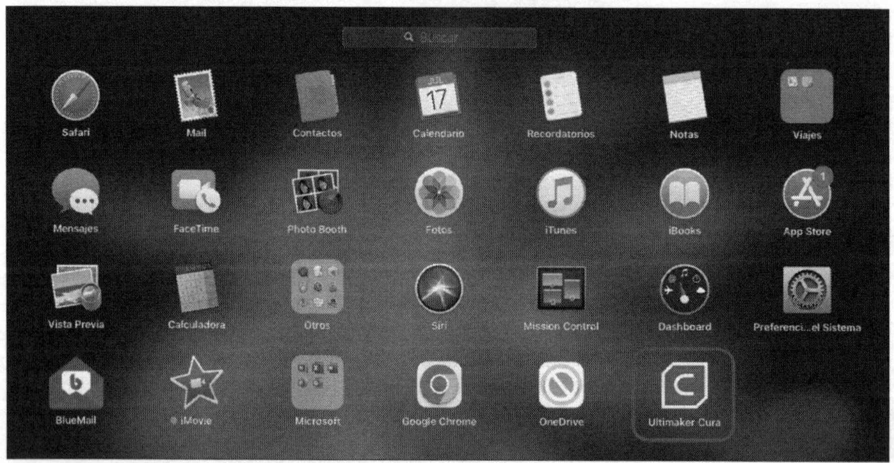

LaunchPad macOS

⇉ Entonces encontrará Ultimaker Cura en LaunchPad. Puede arrastrar y soltar el icono en el escritorio o en el dock del Mac.

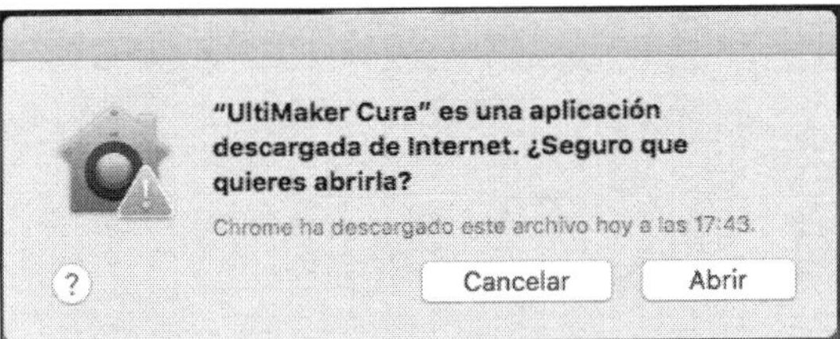

Primera ejecución de Ultimaker Cura en macOS

⇉ La primera vez que inicie Ultimaker Cura, aparecerá una advertencia de seguridad. Haga clic en **Abrir**.

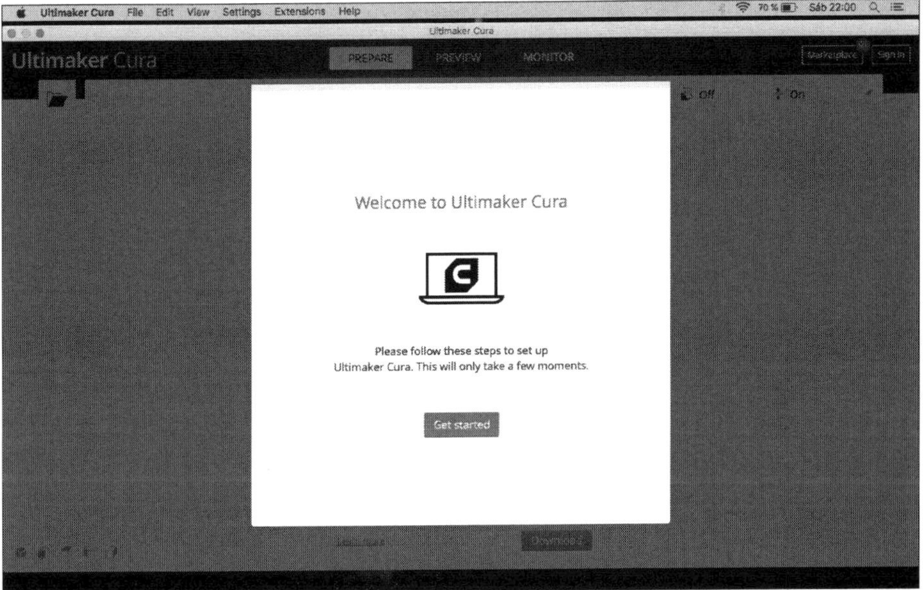

Cura se ejecuta en macOS

Cura ya está instalado en su Mac. Todo lo que queda por hacer es seguir los procedimientos que aparecen en pantalla y configurar la impresora 3D en el software (ver más adelante en este capítulo Configuración de la impresora 3D).

2.3 Linux

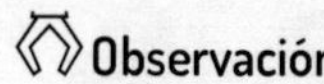

Observación

Esta sección sobre la instalación de Cura en Linux se basa en la versión 4.4.1 de Cura. Los pasos de instalación son los mismos para la última versión de Cura.

⇒ En la página de descarga de Cura, seleccione Ultimaker Cura para Linux. En este ejemplo, la distribución de Linux utilizada es Ubuntu 18.04.3 LTS.

A continuación, coloque el archivo descargado llamado Ultimaker_Cura-4.x.x.AppImage en algún lugar fácil de encontrar. Yo lo coloqué en el escritorio. El paquete AppImage contiene todo el software Ultimaker Cura, así como todas sus dependencias.

A continuación, tendrá que dar permiso al software para que se ejecute. Para ello, haga clic con el botón derecho en el archivo Ultimaker_Cura-4.x.x.AppImage y, a continuación, en **Propiedades**.

En la pestaña **Permisos**, marque el permiso para permitir que el archivo se ejecute como un programa.

Si trabaja desde un terminal, puede dar la autorización en tiempo de ejecución utilizando la extensión:

```
sudo chmod a+x
```

A continuación, simplemente haga doble clic en el archivo Ultimaker_Cura-4.x.x.AppImage para iniciar Cura. Todo lo que queda por hacer es seguir los procedimientos en pantalla y configurar la impresora 3D en el software (ver la sección Configuración de la impresora 3D, en este capítulo).

3. Configuración de la impresora 3D

3.1 Perfiles prerregistrados

Cuando inicia Cura por primera vez, no hay ninguna configuración de impresora instalada en su perfil. Por eso, la primera acción de Cura será pedirle que añada una impresora 3D a su configuración.

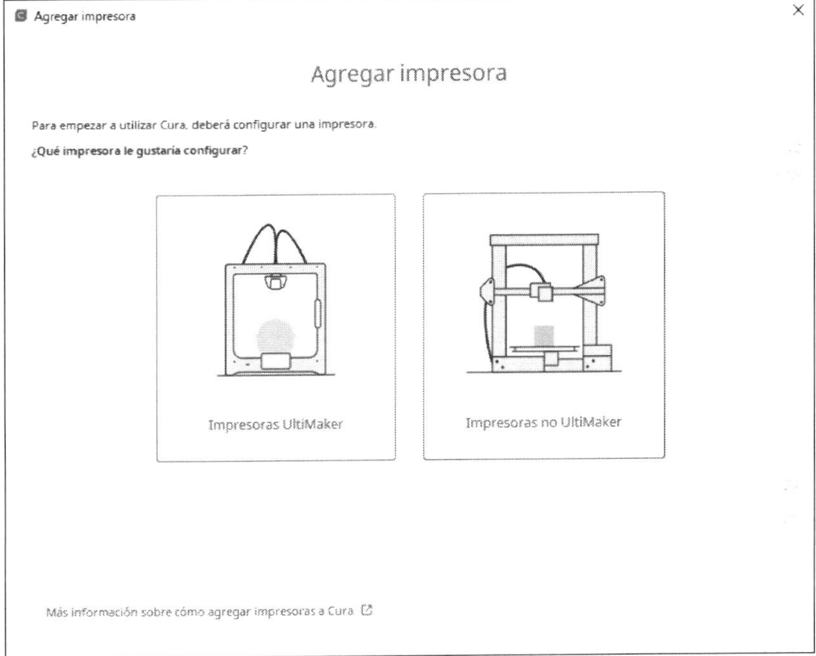

Añadir una impresora 3D

Puede elegir entre instalar **Impresoras UltiMaker** o **Impresoras no UltiMaker**. En el primer caso, se le pedirá que inicie sesión en UltiMaker Digital Factory. En este caso, hacemos clic en **Impresoras no UltiMaker**.

⇉ Si su impresora 3D no está en red, aparecerá en la lista de la pestaña **Agregar una impresora en red**; en caso contrario, haga clic en **Agregar una impresora fuera de red**.

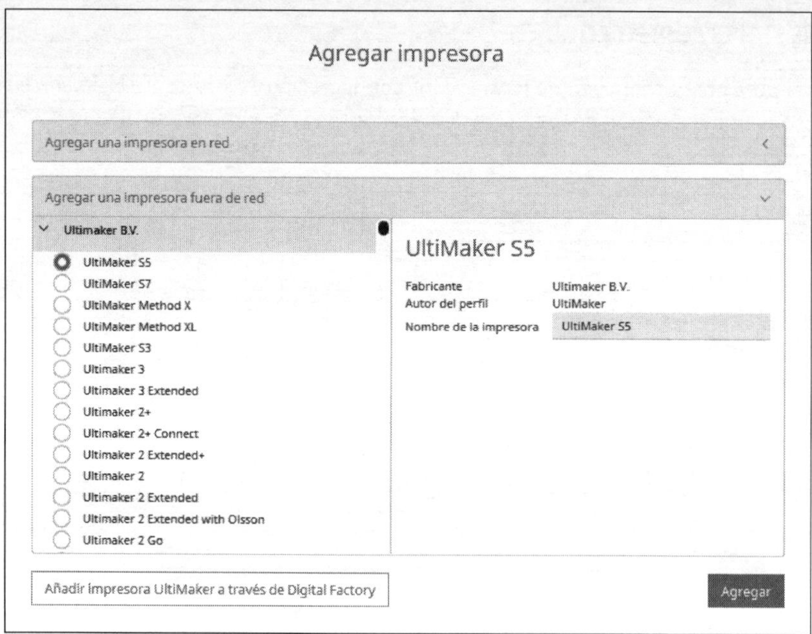

La pestaña de perfiles prerregistrados de impresoras 3D

En esta pestaña encontrará una gran cantidad de marcas de impresoras 3D. Cada marca tiene una subpestaña donde se enumeran los diferentes modelos de impresoras 3D de esa marca.

⇉ En la lista, elija la marca y el modelo de su impresora 3D. Si tiene varias impresoras 3D, puede añadirlas a su configuración.

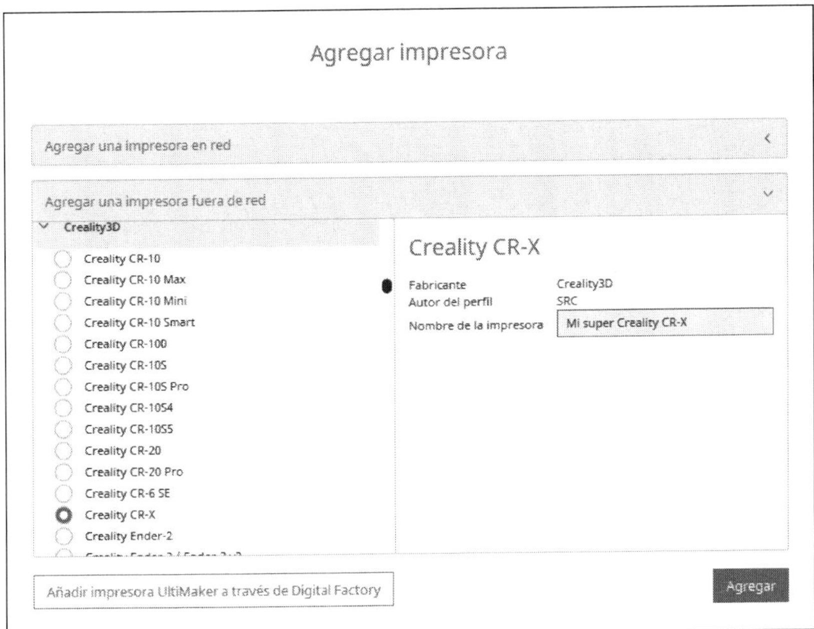

Seleccionar el perfil de impresora para importarlo a la configuración de Cura

⇛ Una vez que haya seleccionado su modelo de impresora 3D, puede darle un nombre. También puede dejar el nombre predeterminado de la impresora 3D. A continuación, haga clic en **Agregar**.

Observación

Si no encuentra la referencia de su impresora 3D en la lista, tiene dos opciones:

- Elegir un perfil de una impresora cercana a la suya (por ejemplo, el perfil de la Prusa i3 se corresponde aproximadamente con el perfil de la Anet A8).
- Elegir un perfil en blanco (ver el apartado Creación de un perfil en blanco)

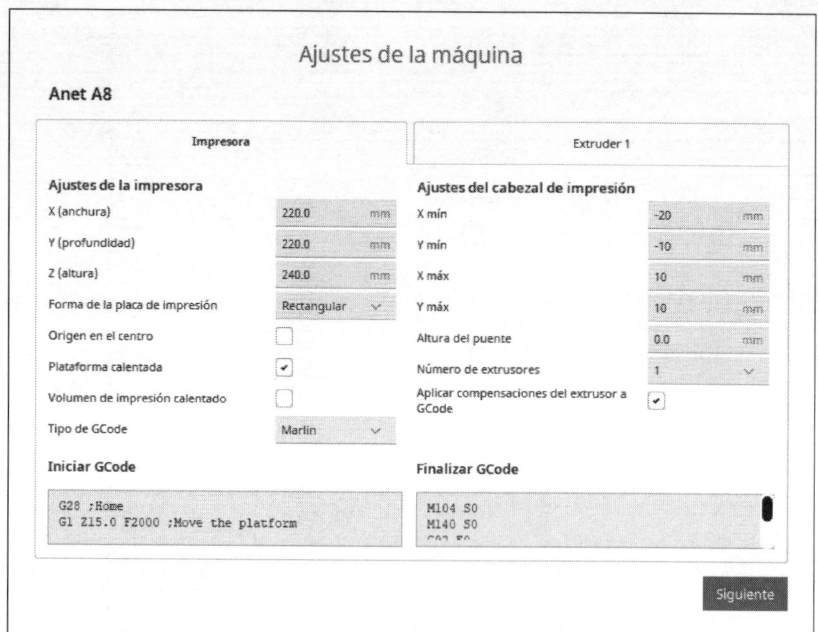

La configuración de la máquina que se acaba de añadir

⇉ Finalmente, una última ventana muestra la configuración del perfil para la impresora 3D que se está añadiendo. No hay nada más que agregar aquí, así que todo lo que tiene que hacer es clic en **Siguiente**.

3.2 Creación de un perfil en blanco

3.2.1 Perfil simple para extrusión

⇉ Si su modelo de impresora 3D no aparece en la lista de perfiles existentes, tendrá que crear un perfil en blanco. Para ello, en la pestaña **Agregar una impresora fuera de red** y en la subpestaña **Custom**, seleccione Custom FFF printer para introducir la configuración de una nueva impresora 3D.

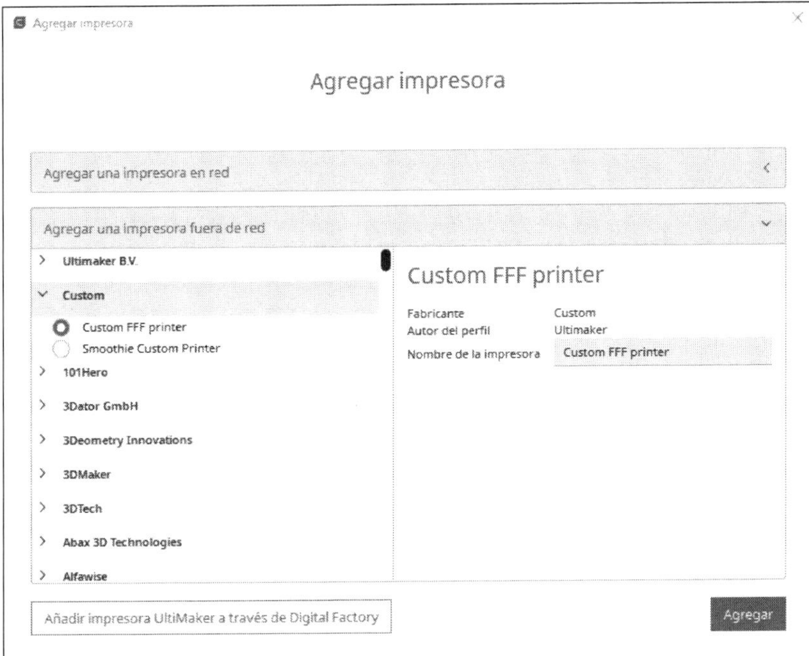

Añadir una impresora 3D con un perfil en blanco

⇉ No olvide dar un nombre a su impresora, cambiando la expresión **Custom FFF printer** si es necesario.

⇉ A continuación, haga clic en **Add**. La siguiente ventana muestra la configuración del nuevo perfil de impresora.

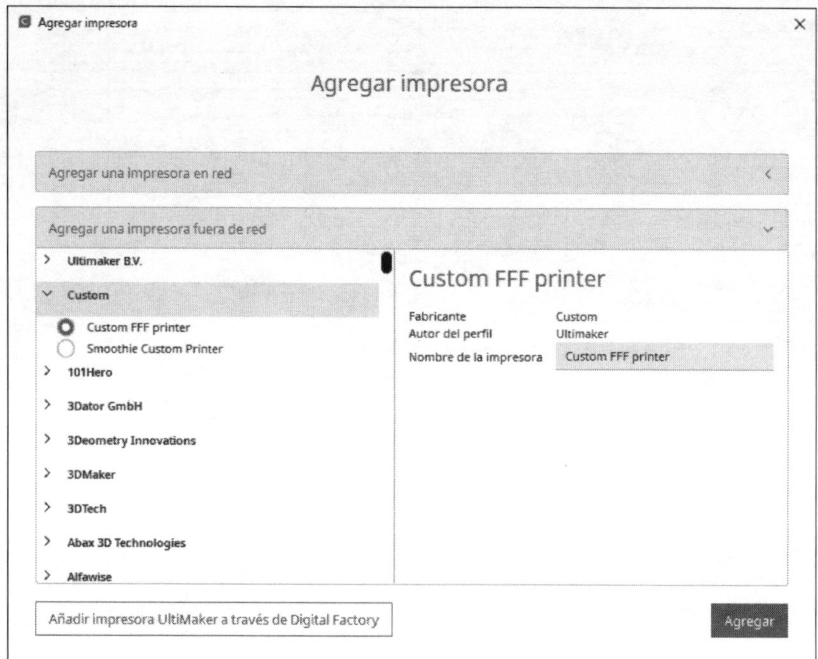

Configurar un nuevo perfil de impresora 3D

⇒ En esta nueva ventana, debe indicar las características de su máquina.

Ajustes de la máquina

- **X** (anchura): introduzca la anchura del volumen de impresión de su impresora 3D en milímetros.
- **Y** (profundidad): introduzca la longitud del volumen de impresión de su impresora 3D en milímetros.
- **Z** (altura): introduzca la altura del volumen de impresión de su impresora 3D en milímetros.
- **Forma de la placa de impresión**: si su impresora 3D es cartesiana, deje **Rectangular**. Si su impresora 3D es de tipo delta, introduzca **Elliptic**.
- **Origen en el centro**: define si el origen de los ejes X=0, Y=0 y Z=0 está situado en el centro de la plataforma en el firmware de la impresora 3D. La mayoría de las impresoras 3D trabajan con un origen en la esquina inferior izquierda y, por lo tanto, no tienen su origen en el centro. Si no lo sabe, deje esta casilla sin marcar.
- **Plataforma calentada**: marque esta casilla si su impresora 3D dispone de una cama calefactada (también conocida como «cama caliente»).

- **Volumen de impresión calentado**: marque esta casilla si su impresora dispone de un volumen de impresión termorregulado.
- **Tipo de GCode**: Las funciones de GCode pueden diferir ligeramente de un firmware a otro. Para ello, Cura necesita conocer el firmware fuente de su impresora. En la mayoría de los casos, será Marlin.

Ajustes del cabezal de impresión

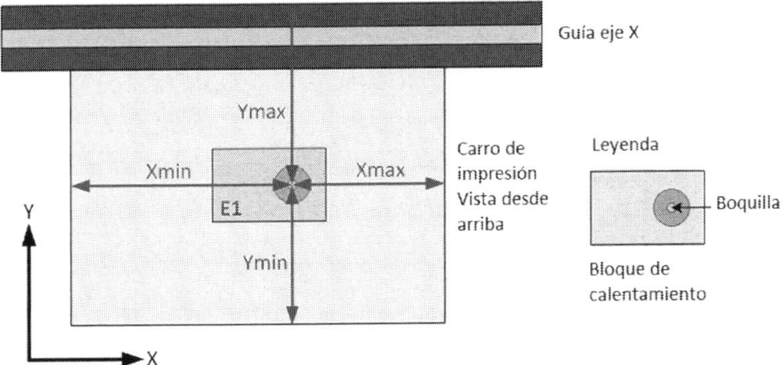

Medidas que hay que tomar para un carro de impresión con 1 salida de extrusión

- **X mín**: distancia entre la boquilla y el carenado del carro de impresión en el eje X en sentido negativo respecto a la boquilla.
- **Y mín**: distancia entre la boquilla y el carenado del carro de impresión en el eje Y en sentido negativo con respecto a la boquilla.
- **X máx**: distancia entre la boquilla y el carenado del carro de impresión en el eje X en sentido positivo respecto a la boquilla.
- **Y máx**: distancia entre la boquilla y el carenado del carro de impresión en el eje Y en sentido positivo respecto a la boquilla.
- **Altura del puente**:
  - Impresora con carro de impresión ascendente: fije la altura máxima del volumen de impresión (idéntica al valor **Z Height**).
  - Impresora con plataforma descendente durante la impresión: el valor corresponde a la altura del pórtico del cabezal de impresión con respecto a la plataforma cuando la boquilla está situada en Z=0.
- **Número de extrusores**: número de sistemas de extrusión.

- **Aplicar compensaciones del extrusor a GCode**: esta opción permite a Cura tener en cuenta los offsets configurados en los parámetros del extrusor. Deje esta casilla marcada por defecto.

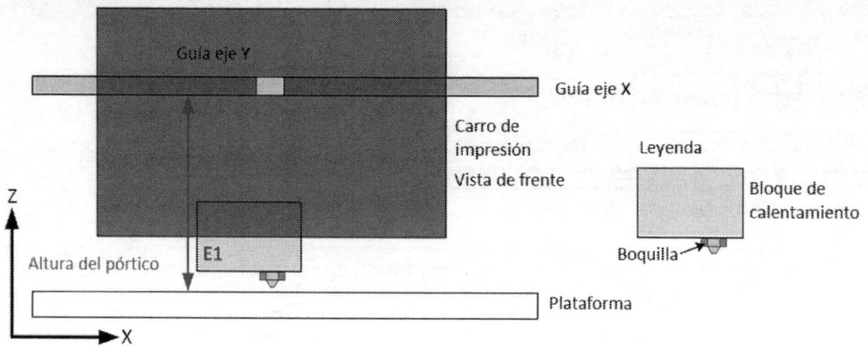

Medición de la altura del pórtico de una impresora con platina descendente (**Altura del puente**)

 **Observación**

Los parámetros de dimensionamiento del cabezal de impresión (X mín, X máx, Y mín, Y máx y la altura del pórtico) son utilizados por Cura para definir los límites de impresión, especialmente cuando se imprimen varias piezas en modo «1 pieza a la vez».

Iniciar GCode

Iniciar GCode representa el conjunto de funciones de GCode que se ejecutan al inicio de la impresión 3D. La secuencia predeterminada elegida por Cura es adecuada para todos los tipos de impresora 3D. Estas funciones pueden editarse posteriormente para modificar los siguientes elementos:

- La secuencia preparatoria de impresión (aumento de la temperatura, uso de una matriz de compensación, etc.).
- Una secuencia de purga del filamento.
- Ajuste de los parámetros de la impresora 3D.

Cada archivo de GCode generado en este perfil de impresora comenzará con el **Iniciar GCode**.

Finalizar GCode

Finalizar GCode representa el conjunto de funciones de GCode que se ejecutan al final de la impresión 3D. La secuencia predeterminada elegida por Cura es adecuada para todos los tipos de impresoras 3D. Estas funciones pueden editarse posteriormente para modificar los siguientes elementos:

- La secuencia de detención de la impresora (elevación del cabezal de impresión, secuencia de refrigeración de los inyectores y de la plataforma, presentación de la pieza, etc.).
- La visualización de determinadas características de la impresión, como el tiempo total de impresión, el número de capas impresas o un mensaje de felicitación.
- Ajuste de los parámetros de la impresora 3D.

Cada archivo de GCode generado en este perfil de impresora terminará con **Finalizar GCode**.

⇉A continuación, haga clic en la pestaña **Extruder 1**.

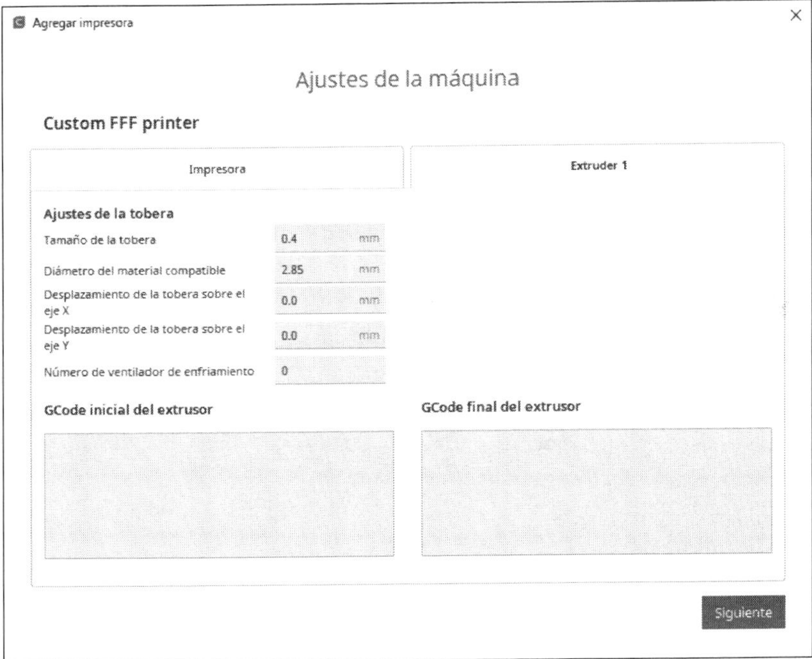

Pestaña **Extruder 1** en la configuración de una nueva impresora 3D

En esta pestaña, debe rellenar las características de su sistema de extrusión.

Ajustes de la tobera

- **Tamaño de la tobera**: diámetro de la salida de la boquilla del sistema de extrusión 1 de su impresora 3D.
- **Diámetro del material compatible**: diámetro del filamento que entra en la impresora. Los diámetros más habituales son 1,75 mm y 2,85 mm.
- **Desplazamiento de la tobera sobre el eje X**: para una sola extrusión, dejar este parámetro en 0. El resto de este capítulo explica los casos de extrusión múltiple.
- **Desplazamiento de la tobera sobre el eje Y**: para una sola extrusión, deje este parámetro en 0. El resto de este capítulo explica los casos de extrusión múltiple.
- **Número de ventilador de enfriamiento**: número del ventilador referenciado para el enfriado de la impresión en esta boquilla.

GCode inicial del extrusor

Se trata de las funciones de GCode que se ejecutan cuando se empieza a utilizar el sistema de extrusión 1. En impresoras de una sola extrusión, no se requiere **GCode inicial del extrusor**. Esta función es particularmente útil en máquinas de multiextrusión. Por ejemplo, se puede utilizar para añadir:

- precalentamiento de la boquilla,
- purga de la boquilla,
- limpieza de la boquilla.

GCode final del extrusor

Se trata de las funciones de GCode que se ejecutan al finalizar el uso del sistema de extrusión 1. En impresoras de una sola extrusión, no se requiere el **GCode final del extrusor**. Esta función es particularmente útil en máquinas de multiextrusión. Por ejemplo, se puede utilizar para añadir:

- calentamiento previo de la boquilla,
- purga de la boquilla,
- limpieza de la boquilla.

3.2.2 Multiextrusión con varias boquillas

Cuando una impresora 3D tiene varios sistemas de extrusión y cada sistema tiene un bloque de calentamiento independiente con una boquilla, la configuración de la impresora 3D difiere de la de una impresora 3D monofilamento.

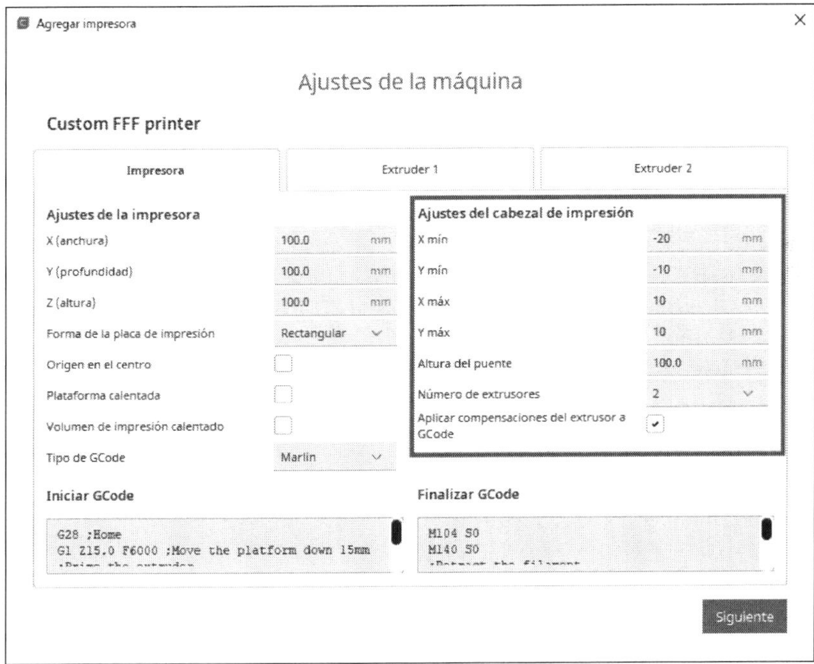

Configuración del cabezal de impresión para dos sistemas de extrusión

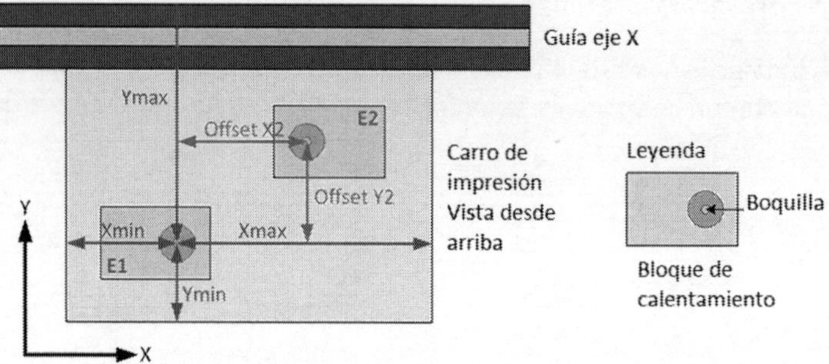

Pasos que hay que seguir para un carro de impresión de 2 salidas

Los parámetros X mín, Y mín, X máx e Y máx del cabezal de impresión se definen siempre en relación con la boquilla del sistema de extrusión 1. En el caso de un sistema de multiextrusión con varias boquillas, la posición de cada boquilla se referencia en relación con la boquilla del primer sistema de extrusión.

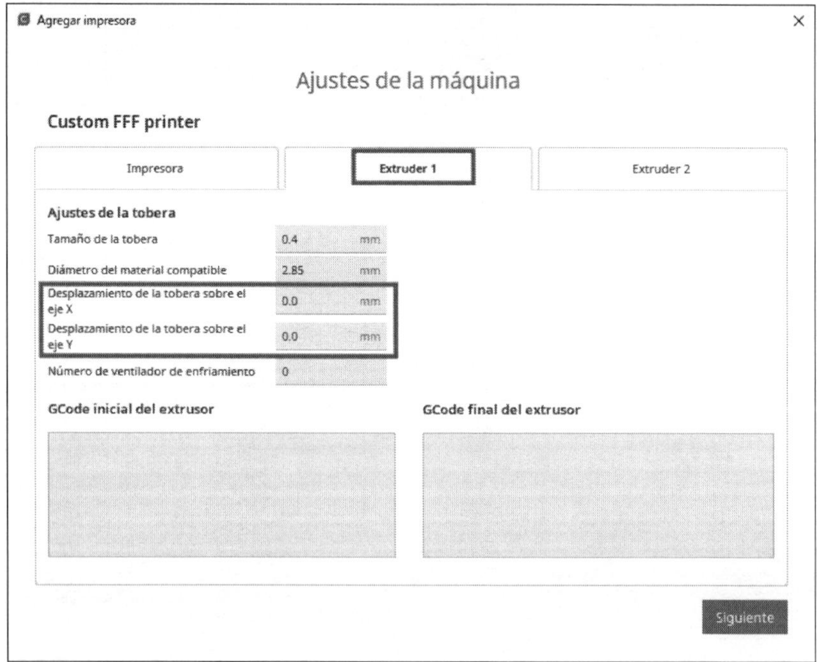

Configuración del sistema de extrusión n.° 1

En el primer sistema de extrusión, el offset en X e Y debe ajustarse a 0 milímetros.

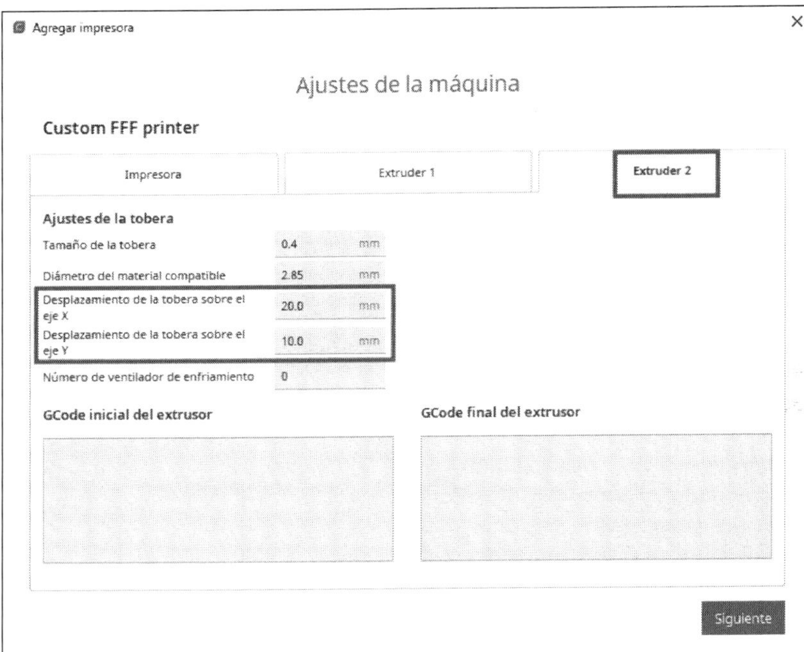

Configuración del sistema de extrusión n.° 2

En los siguientes sistemas de extrusión, deberá localizar la posición de la boquilla en relación con la boquilla del sistema de extrusión n.° 1. Si su impresora dispone de ventilación independiente para cada boquilla, recuerde introducir el número de ventilador en **Número de ventilador de enfriamiento**.

Si la impresora tiene más de una boquilla, continúe como acabamos de indicar. Cura puede manejar hasta 8 sistemas de extrusión.

3.2.3 Multiextrusión con una boquilla

En algunos casos, es posible utilizar una sola boquilla para la multiextrusión. Varios sistemas de extrusión conducirán los filamentos a un único bloque calefactor y a una única boquilla. Hay dos tipos de multiextrusión a una sola boquilla:

- Multiextrusión por retracción de filamentos no utilizados.
- Multiextrusión en un cabezal mezclador.

En ambos casos, el cabezal de impresión se configurará como un cabezal monofilamento con, al menos, dos sistemas de extrusión. Los desplazamientos X e Y de cada sistema de extrusión se ajustarán en 0 milímetros, ya que la salida de extrusión procede de la misma boquilla.

Multiextrusión por retracción de filamentos no utilizados

Si el cabezal de impresión requiere que el filamento en uso se retraiga antes de pasar al siguiente filamento, se requerirá una secuencia de **GCode inicial del extrusor** y una secuencia de **GCode final del extrusor**.

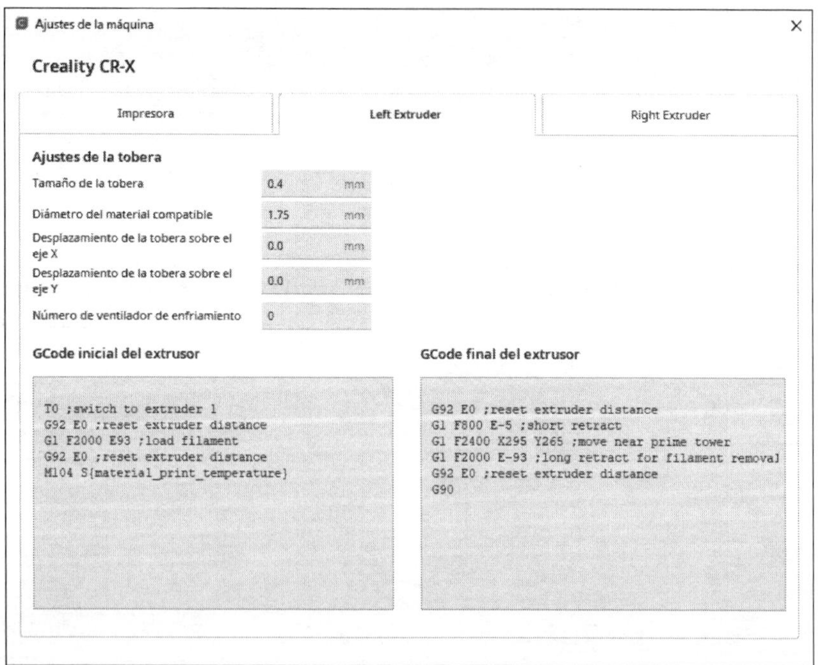

Ejemplo sobre Creality CR-X con el cambio de sistema de extrusión preparado en el GCode del sistema de extrusión n.° 1

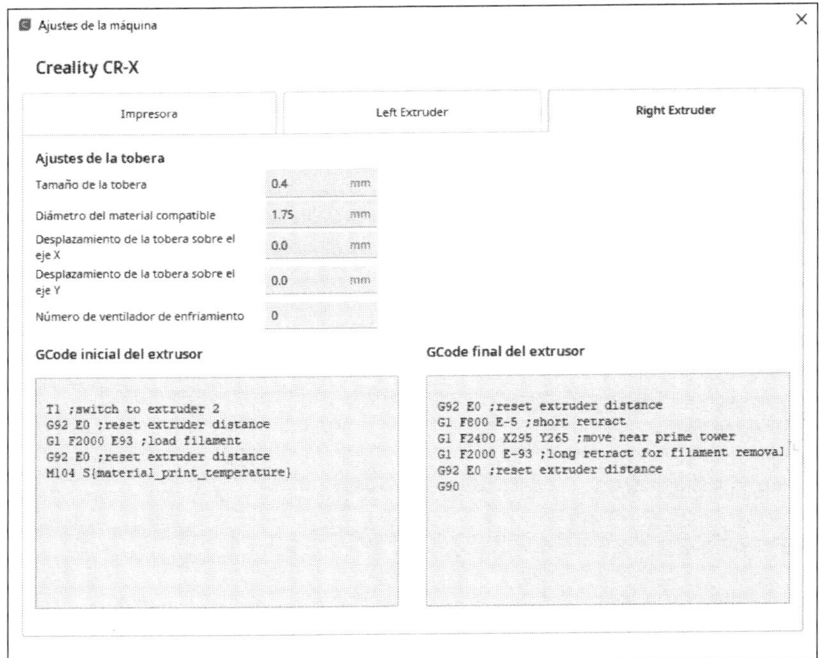

Ejemplo sobre Creality CR-X con el cambio de sistema de extrusión preparado en el GCode del sistema de extrusión n.º 2

Ejemplo de código para el Extruder Start GCode

```
T0 ;activation extruder 1
G92 E0 ;poner a cero la distancia de extrusión
G1 F2000 E93 ;cargar filamento. 93 corresponde a la longitud de
retracción en milímetros.
G92 E0 ;poner a cero la distancia extrusión
M104 S{material_print_temperature} ;reactivar calefacción
```

Ejemplo de código para el Extruder End GCode

```
G92 E0 ;poner a cero la distancia de extrusión
G1 F800 E-5 ;pequeña retracción lenta
G1 F2400 X295 Y265 ;mover a X295 Y265 para operar
G1 F2000 E-93 ;retracción larga de 93 mm.
G92 E0 ;poner a cero la distancia de extrusión
G90 ;cambio a posición absoluta
```

En estos dos ejemplos, la retracción para dejar paso al siguiente filamento es de 93 milímetros.

Para añadir nuevos sistemas de extrusión, basta con cambiar las variables de activación de los sistemas de extrusión: T0 para la extrusión 1, T1 para la extrusión 2, T2 para la extrusión 3, etc.

Multiextrusión en un cabezal mezclador

En un cabezal mezclador, no es necesario retraer el filamento, ya que la presión ejercida por cada filamento debe mantenerse constante para evitar el ascenso del hilo fundido. Así pues, al igual que en el caso anterior, deben modificarse los GCode de inicio y fin de utilización del sistema de extrusión en cuestión, omitiendo la retracción. En cualquier caso, se dejará un pequeño valor de extrusión al final del uso. Este valor dependerá del cabezal mezclador utilizado. El siguiente ejemplo se da para un cabezal E3D Cyclops+.

Ejemplo de código para el Extruder Start GCode

```
T0 ;activation extruder 1
G92 E0 ;poner a cero la distancia de extrusión
M104 S{material_print_temperature} ;reactivar calefacción
```

Ejemplo de código para el Extruder End GCode

```
G92 E0 ; poner a cero la distancia de extrusión
G1 F800 E-1 ; pequeña retracción lenta de 1 milímetro
G92 E0 ; poner a cero la distancia de extrusión
G90 ; cambio a posición absoluta
```

Para añadir nuevos sistemas de extrusión, basta con cambiar las variables de activación de los sistemas de extrusión: T0 para la extrusión 1, T1 para la extrusión 2, T2 para la extrusión 3, etc.

Esta operación debe repetirse para cada sistema de extrusión.

4. Interfaz de Cura

4.1 Explicación de la interfaz

La interfaz de Cura se divide en tres menús principales:

- El menú **PREPARAR**, utilizado para preparar los ajustes de impresión
- El menú **VISTA PREVIA**, que permite visualizar el recorte de la pieza y simular la impresión.
- El menú **SUPERVISAR**, que permite imprimir en 3D directamente desde Cura si la impresora está conectada a la red local o mediante USB.

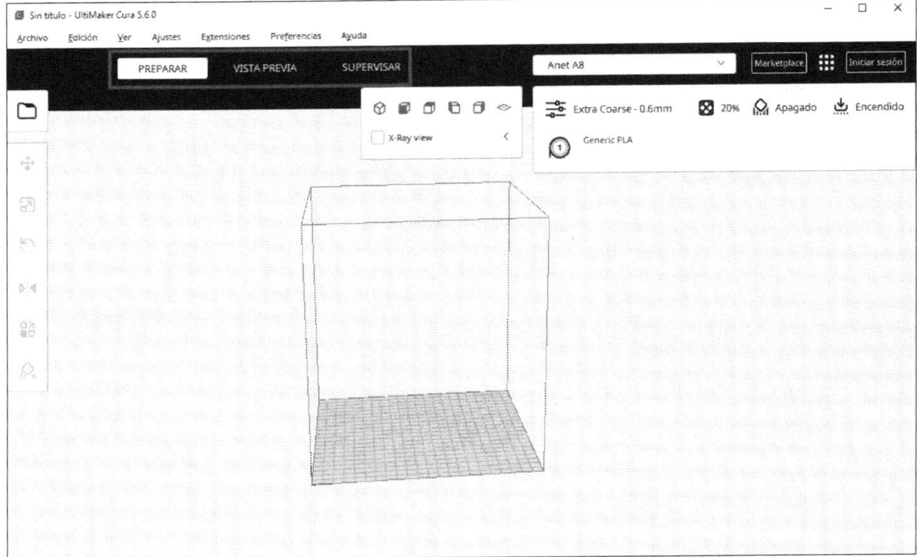

Las tres ventanas de Cura

Estas tres ventanas representan el flujo de trabajo de una impresora 3D. Siempre empezará preparando las piezas que hay que imprimir antes de previsualizar la impresión. Por último, si su impresora está conectada a Cura, puede imprimir directamente desde el último menú.

4.1.1 Desplazar la vista

Hay dos formas diferentes de mover la vista en Cura. La primera consiste en utilizar los controles de posicionamiento de la cámara situados en la parte superior central de la pantalla.

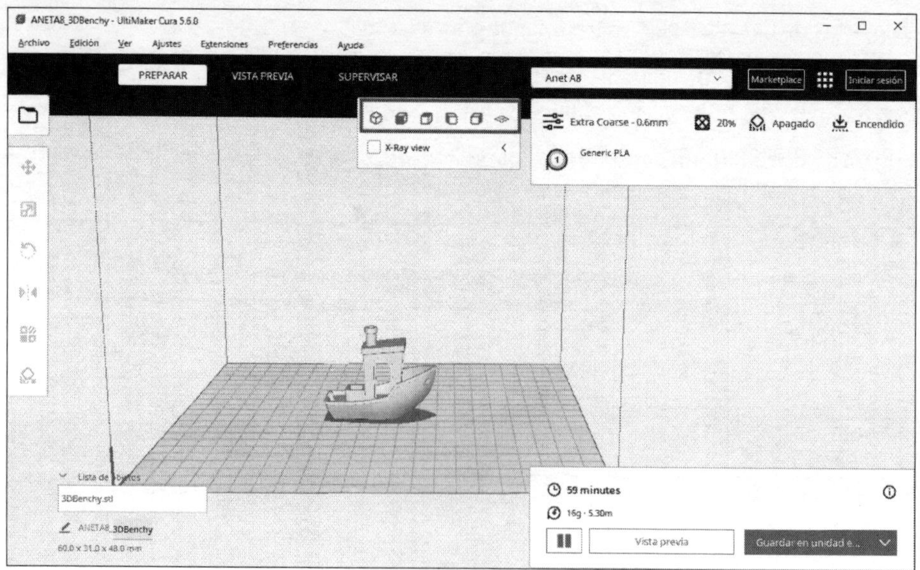

Controles de movimiento de la cámara

El segundo método utiliza el ratón para posicionar la cámara con precisión. Estos son los controles:

- Rueda hacia delante: acercar.
- Rueda hacia atrás: alejar.
- Mantener pulsada la rueda: desplazar la escena.
- Mantener pulsado el botón derecho del ratón: girar la escena.
- Clic con el botón izquierdo: seleccionar el modelo y modificar sus propiedades.

4.1.2 Ventana PREPARAR

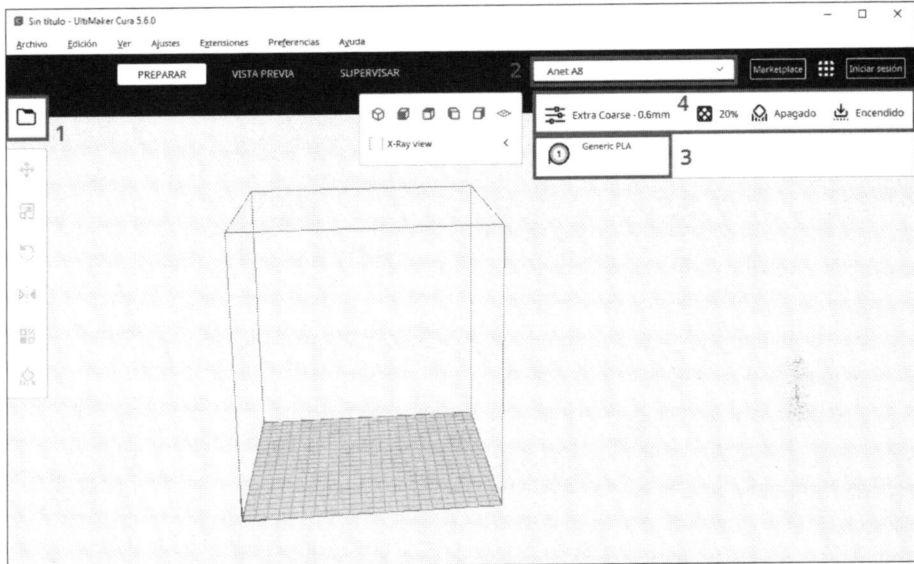

En la ventana **PREPARAR**, encontrará diversos botones con funciones distintas:

- 1: Abrir un proyecto 3D, un modelo 3D o una imagen.
- 2: Seleccionar la impresora 3D.
- 3: Seleccionar el perfil del material.
- 4: Abrir el panel de control de ajustes.

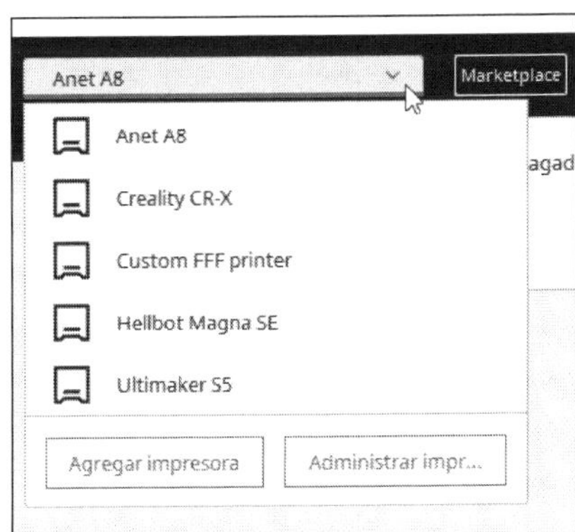

Selección de la impresora 3D

Desde el menú de selección de impresoras 3D, puede seleccionar la impresora 3D que desea utilizar, añadir una nueva impresora y gestionar las impresoras de su configuración de Cura.

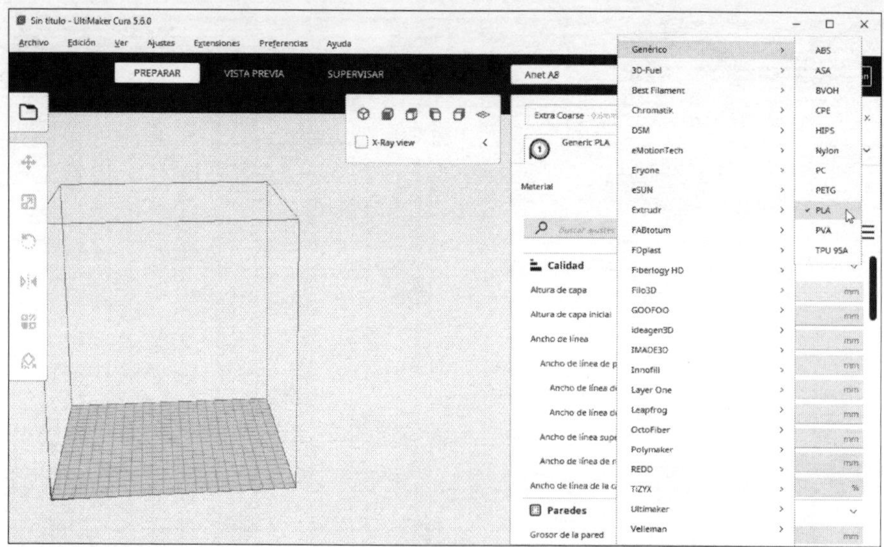

Selección del material

En el menú de selección del perfil de material, puede elegir un material de la lista de materiales disponibles. El material seleccionado afectará a la temperatura de impresión, la temperatura en espera, la temperatura de la plataforma, la ventilación, la distancia y la velocidad de retracción.

Puede comenzar con los perfiles genéricos definidos en la base de datos de materiales Cura o seleccionar un perfil relativo a una marca de filamento. Los perfiles de materiales también están disponibles en el mercado en línea de **Ultimaker**.

Haga clic en **Administrar materiales** (abajo del todo de la lista) para añadir nuevos materiales a la base de datos de materiales.

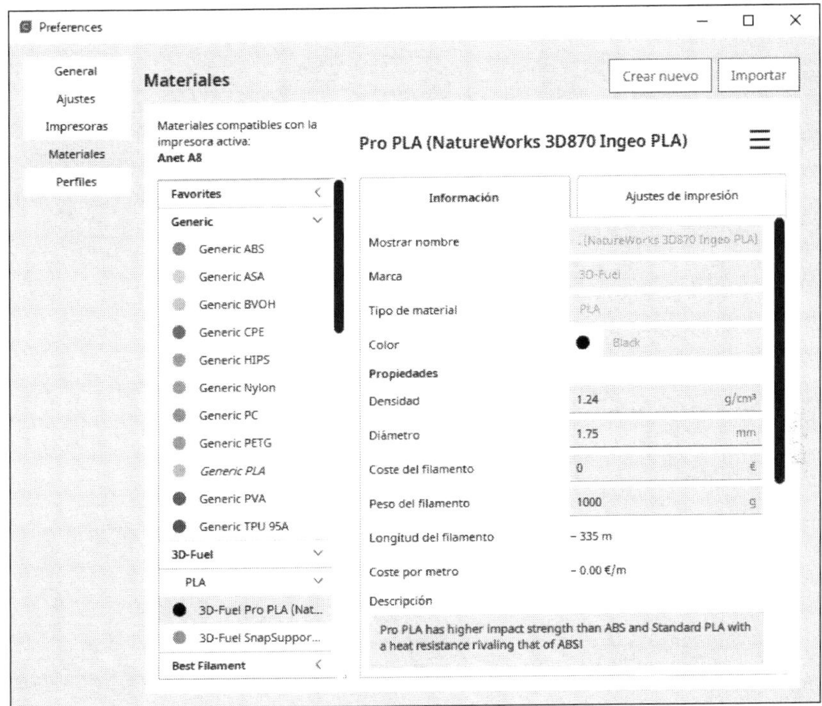

Ejemplo de adición de un filamento PLA 3D-Fuel

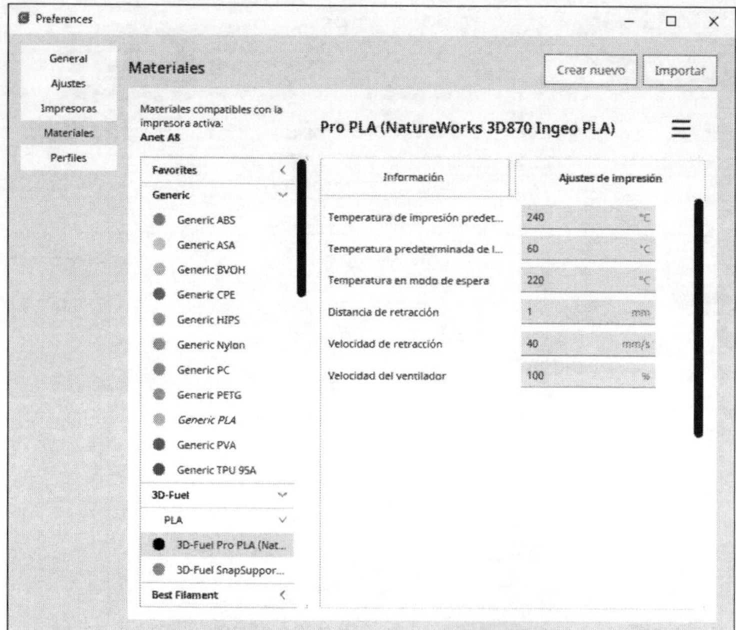

Configurar los parámetros de impresión para este filamento

La pestaña de los ajustes de impresión se utiliza para configurar dichos ajustes.

Estos ajustes pueden visualizarse de varias maneras diferentes dependiendo de si está activado o no el botón **Custom**:

Si el botón no está activado se accede a un panel de parámetros recomendados (configuración simplificada), que incluye una visualización básica de los principales parámetros de impresión. Esta pantalla es ideal cuando se es nuevo en la impresión 3D.

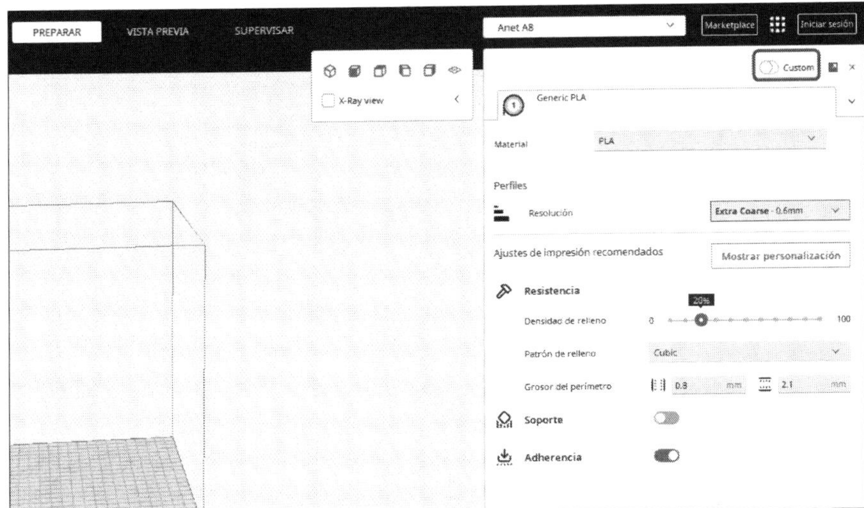

Panel de ajustes recomendados

Con el panel de configuración simplificado, basta con configurar correctamente el material en la pestaña de materiales y definir el perfil de impresión correspondiente a la resolución de impresión en el eje Z. Estos valores pueden variar en función de la impresora utilizada.

A continuación, debe definir la densidad de relleno de la pieza. Aquí se utilizará por defecto el relleno en forma cúbica.

Por último, puede activar la generación de soportes y una ayuda a la adherencia mediante un borde marcando las casillas **Soporte** y **Adherencia**.

- Si el botón **Custom** está activado, se accede al panel de ajustes personalizados: visualización avanzada de los ajustes de impresión donde se puede configurar la visualización de cada parámetro.

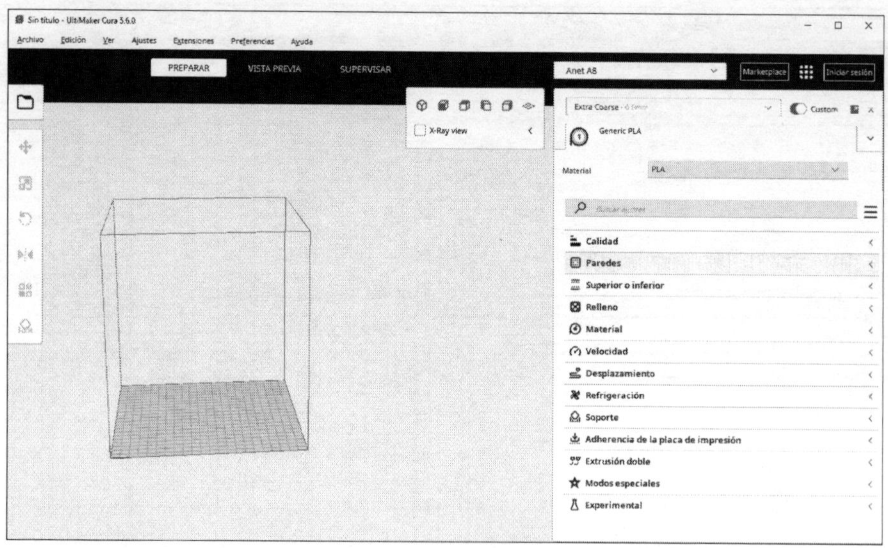

Panel de ajustes personalizados

El panel de ajustes personalizados permite configurar con precisión los parámetros de impresión. Por defecto, no se muestran todos estos parámetros, ya que algunos no tienen utilidad en la mayoría de los casos, mientras que otros se calculan automáticamente a partir de otras variables.

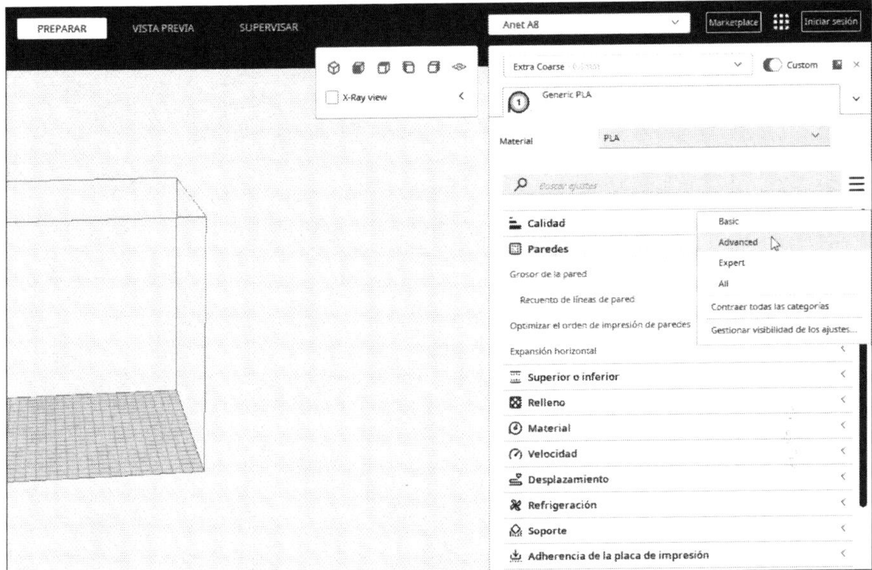

Configuración del perfil de visualización de ajustes

Para personalizar la visualización de los ajustes, existen cuatro configuraciones de visualización:

- **Basic**: muestra los ajustes mínimos necesarios para la mayoría de las impresiones 3D.
- **Advanced**: muestra la mayoría de los ajustes útiles para la impresión 3D de formas complejas o que requieren una gestión avanzada de los soportes.
- **Expert**: muestra casi todos los ajustes utilizados por su impresora 3D.
- **All**: muestra todos los ajustes compatibles con su impresora 3D.

También puede gestionar la visibilidad de cada ajuste individualmente haciendo clic en **Gestionar visibilidad de los ajustes...**

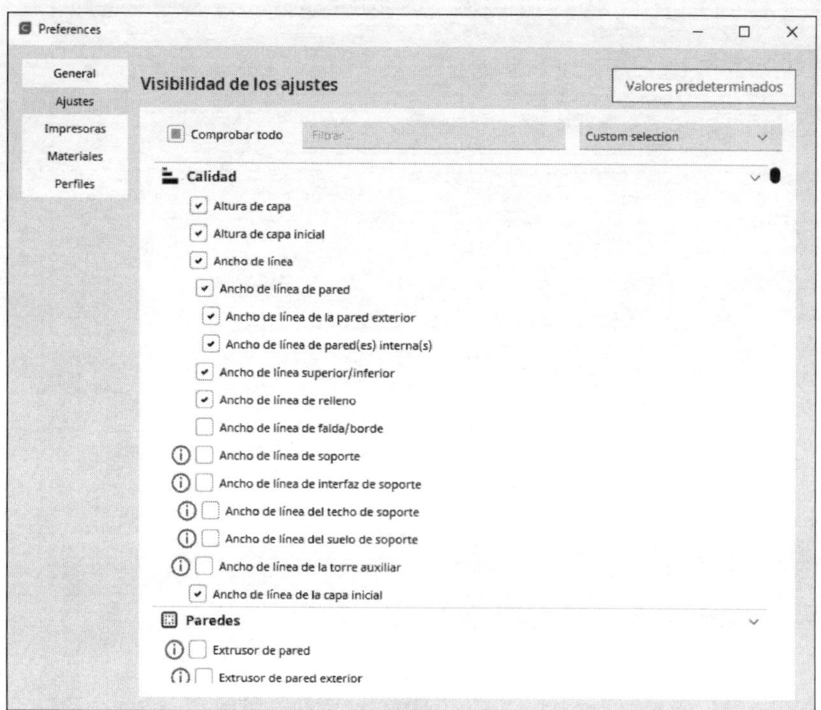

Ventana de gestión de la visibilidad de los ajustes en el panel de ajustes personalizados

En la ventana de gestión de la visibilidad de los ajustes, puede elegir si desea mostrar o no determinados ajustes marcando o desmarcando la casilla correspondiente al ajuste deseado.

Observación

Marcar o desmarcar la visibilidad de un ajuste no activa ni desactiva en modo alguno el ajuste en cuestión. Todos los ajustes se utilizan en el algoritmo de corte de Cura. El hecho de marcar o desmarcar un ajuste solo afecta a su visualización en el panel de ajustes personalizados.

Ejemplo

La visibilidad del parámetro **Habilitar interfaz de soporte** no habilita la interfaz de soporte, pero muestra la opción de habilitar la interfaz de soporte en el panel de ajustes personalizados.

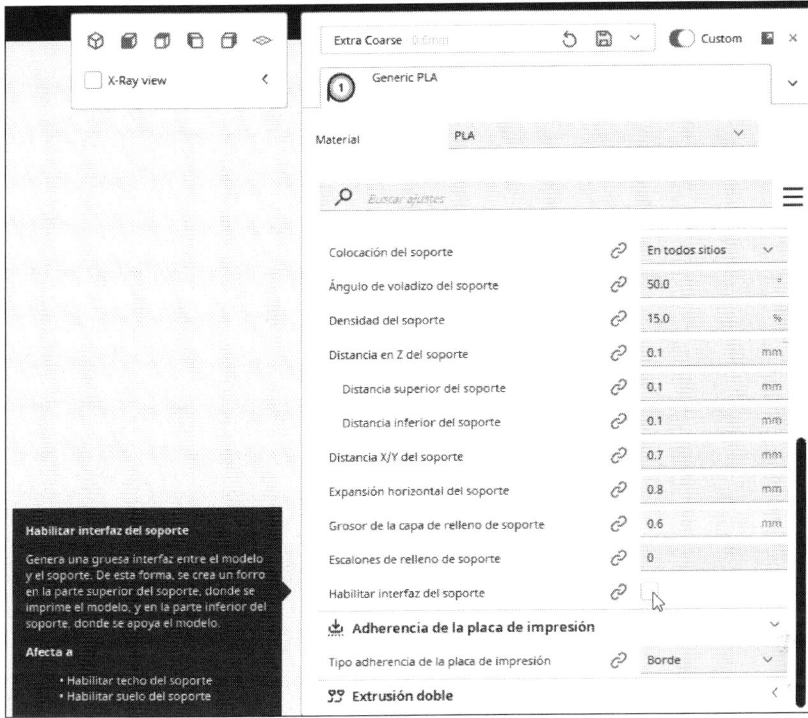

El parámetro **Habilitar interfaz del soporte** se muestra, pero no está activado.

Una segunda característica especial del panel de ajustes personalizados es la gestión de los perfiles de impresión.

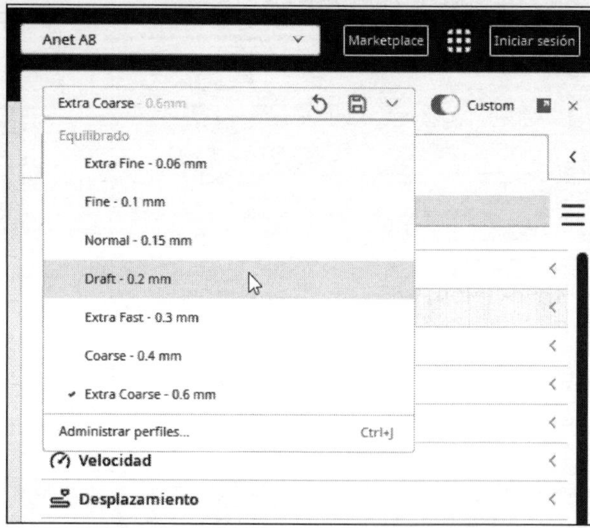

Gestión de perfiles de impresión 3D

Cada perfil de impresión 3D contiene una configuración de parámetros con valores definidos para cada uno de los ajustes de impresión. Por defecto, en un perfil en blanco, Cura crea siete perfiles de impresión, variando únicamente el ajuste de grosor de capa.

Puede crear sus propios perfiles de impresión en función del tipo de pieza que desee imprimir: rígida o flexible, de alto relleno o no, funcional o decorativa... Usted es el único encargado de crear sus perfiles. El objetivo es ahorrar tiempo en la configuración de sus ajustes cuando imprime a menudo los mismos tipos de pieza.

Evolución de la interfaz PREPARAR al cargar un modelo

Al abrir uno o más modelos 3D en la ventana **PREPARAR** de Cura, aparecen nuevas opciones.

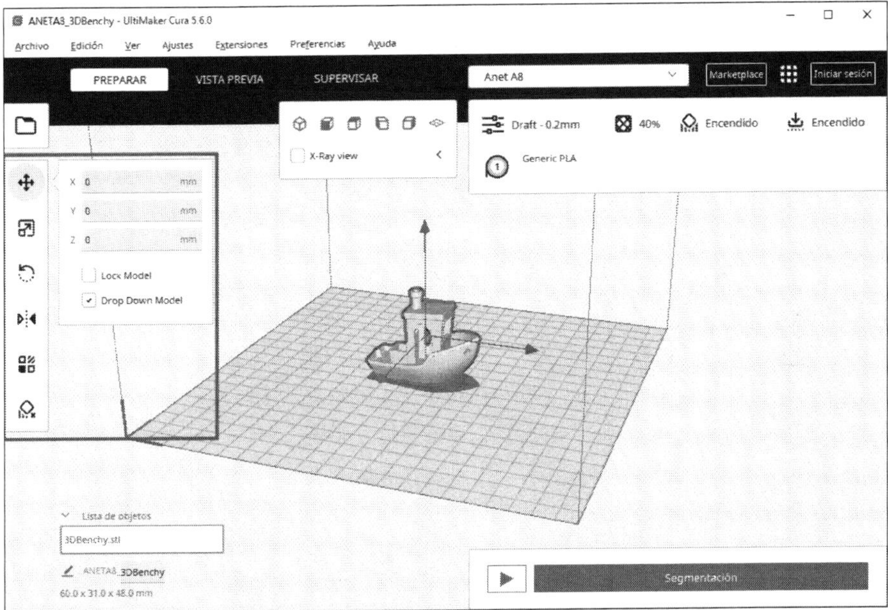

Opciones para mover, girar y cambiar el tamaño de la pieza

Al seleccionar una pieza con el botón izquierdo del ratón, se activan las opciones de desplazamiento, rotación y cambio de tamaño de la pieza, situadas en la parte izquierda de la pantalla.

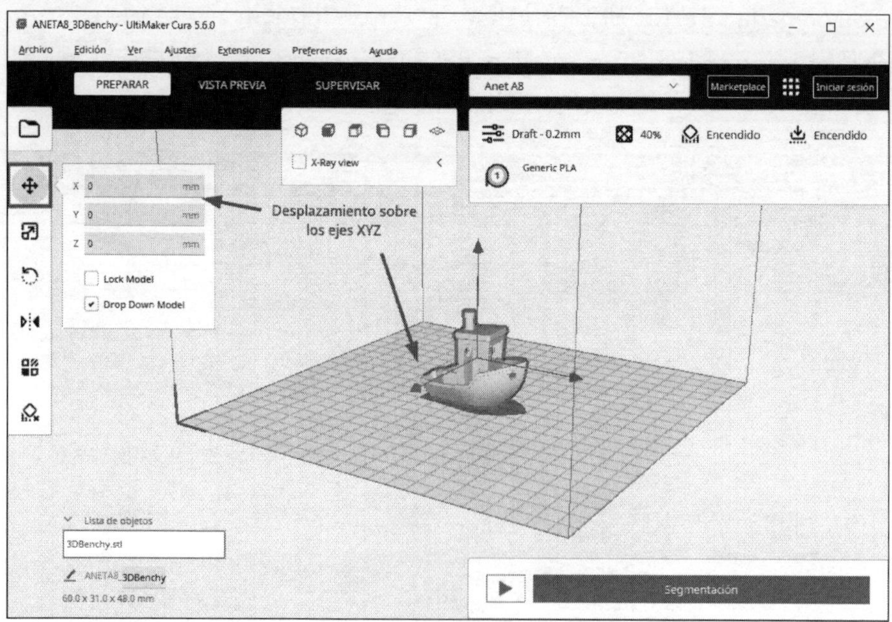

Desplazamiento de la pieza sobre los ejes X, Y y Z

El primer botón sirve para desplazar la pieza seleccionada sobre los ejes X, Y y Z. Este movimiento puede realizarse a través de las coordenadas con valores numéricos, o mediante el desplazamiento de la pieza, haciendo clic en las flechas de los ejes y moviendo la pieza con el ratón. Para evitar un desplazamiento accidental del modelo, es posible bloquear el modelo (**Lock Model**). Por defecto, la pieza «cae» hasta su punto más bajo, en contacto con la plataforma. Puede desactivar esta función desmarcando la opción **Arrastrar modelos a la placa de impresión de forma automática** en las **Preferencias** de Cura.

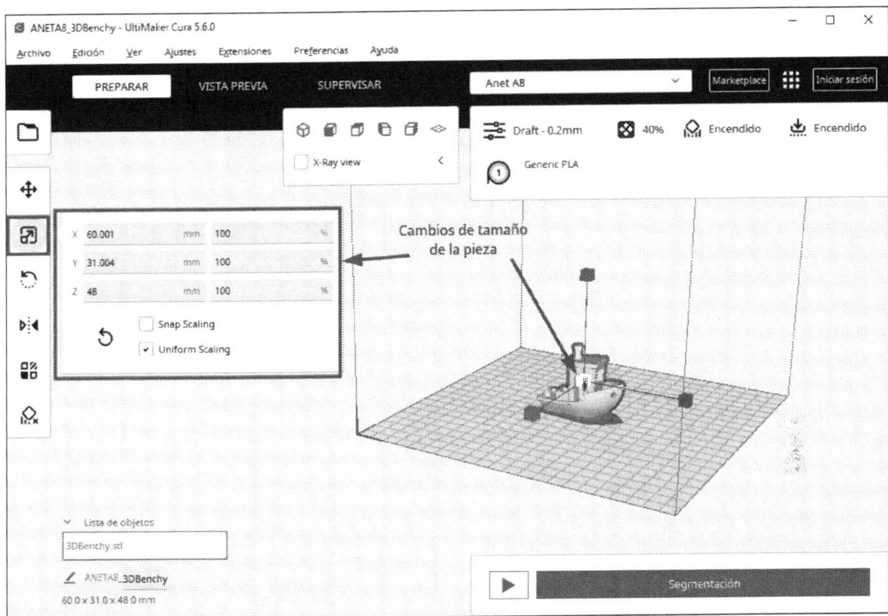

Cambiar el tamaño de la pieza en los ejes X, Y y Z

El segundo botón permite redimensionar la pieza sobre los ejes X, Y y Z. Es posible redimensionar cada eje independientemente o según una **Uniform Scaling**. Snap Scaling permite redimensionar la pieza con el ratón en incrementos del 10 %.

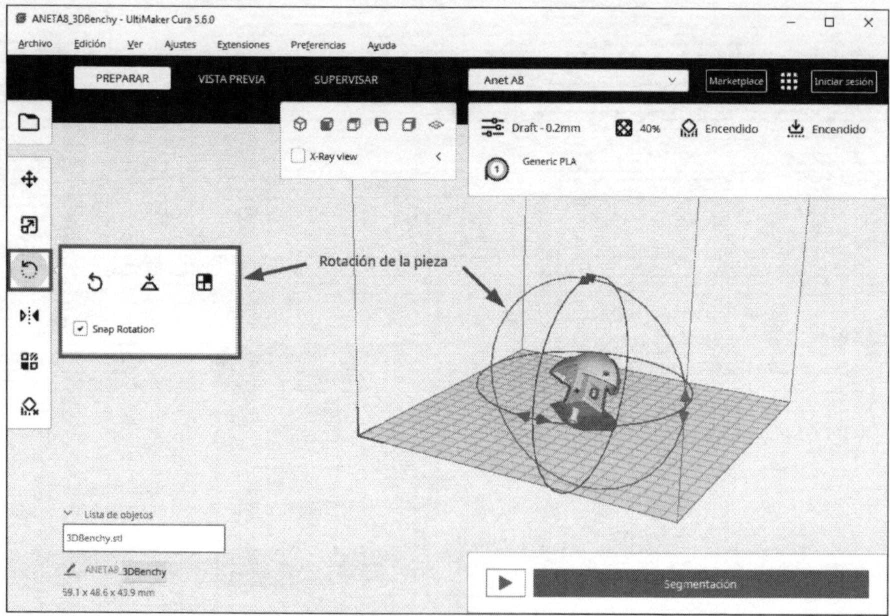

Rotar la pieza con la herramienta **Rotar**

El tercer botón activa la herramienta **Rotar**, que rota la pieza sobre los ejes X, Y y Z. La rotación se realiza utilizando únicamente el ratón. La herramienta tiene tres botones:

- **Reset** (Restablecer): vuelve a la posición inicial.
- **Lay flat** (Aplanar): el algoritmo de Cura busca la superficie plana más cercana a la plataforma y coloca el objeto plano sobre esta superficie.
- **Select fase to align to the build plate** (Seleccione la cara del modelo que desea alinear con la plataforma de impresión): esta opción permite seleccionar el lado del objeto que debe colocarse plano contra la plataforma (o placa, en nomenclatura de Cura) de impresión.

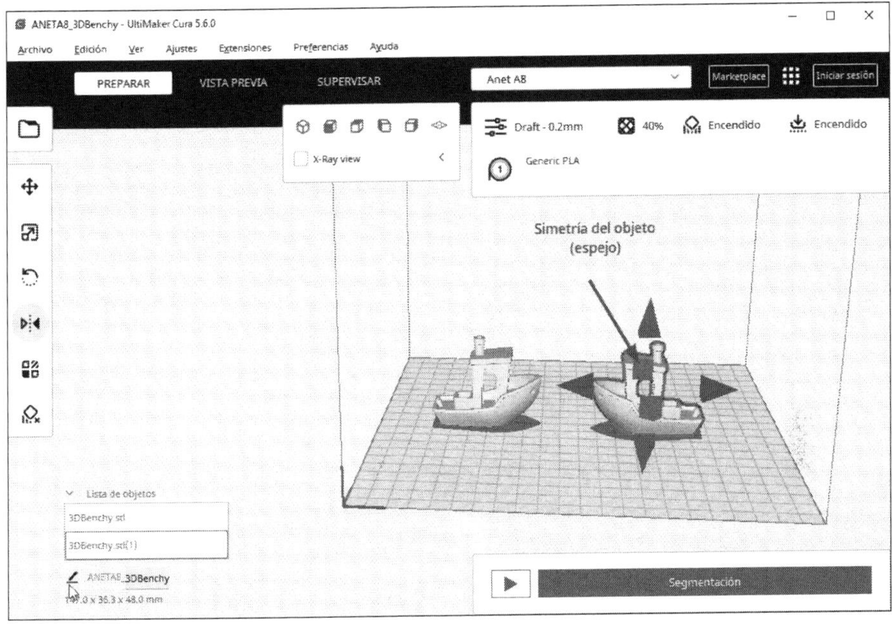

Modo **Simetría** de Cura

El cuarto botón se utiliza para realizar la simetría de un objeto. En la imagen anterior, el modelo usado es el mismo en ambos casos. La opción **Simetría** se ha usado sobre el plano del eje X del modelo.

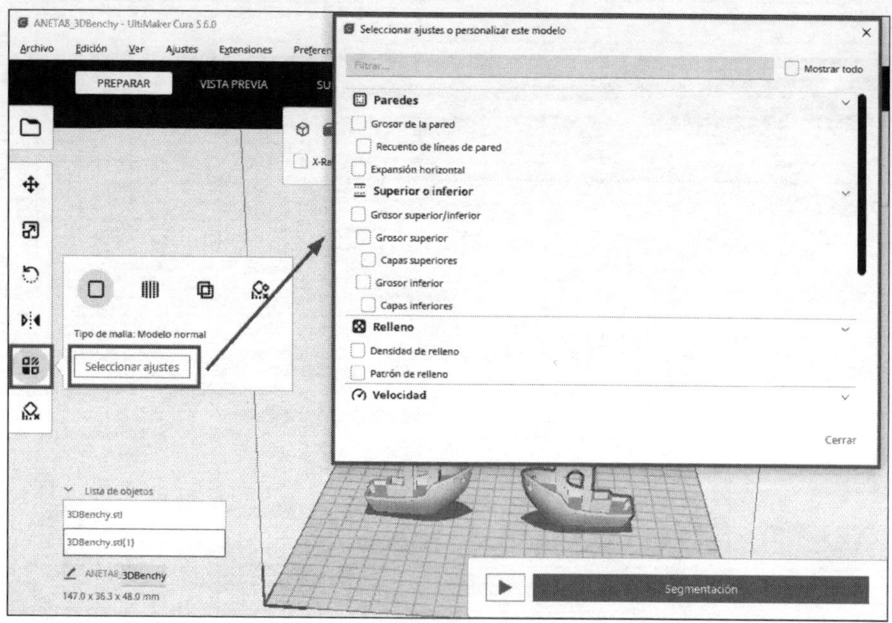

Ajustes por modelo en Cura

El quinto botón introduce la funcionalidad **Ajustes por modelo**. Esta opción permite definir determinados ajustes específicos en el modelo seleccionado. Esta función no es útil cuando se imprime en 3D un único modelo. Por ejemplo, esta opción puede utilizarse si desea imprimir dos modelos con diferentes rellenos o grosores de pared.

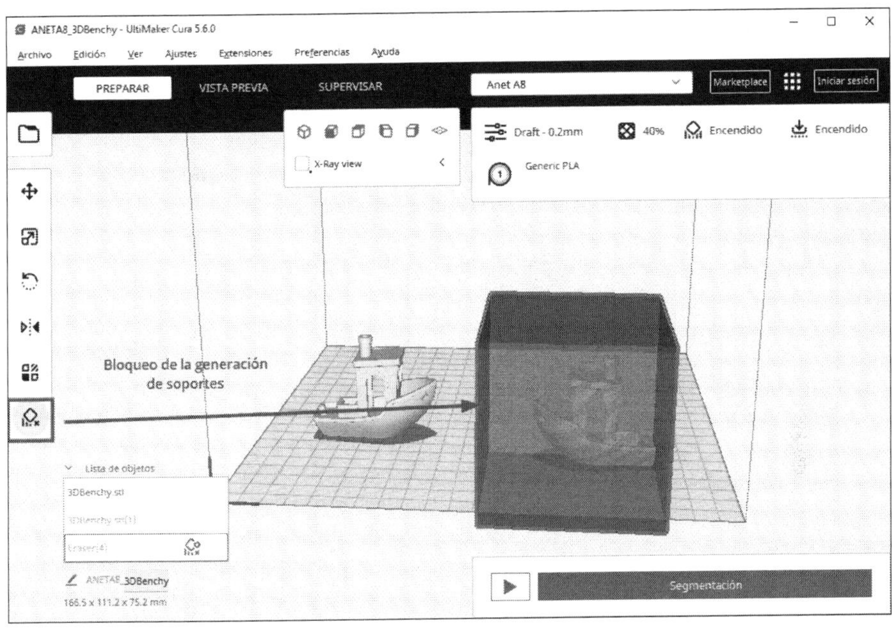
ANETA8_3DBenchy - UltiMaker Cura 5.6.0
Archivo Edición Ver Ajustes Extensiones Preferencias Ayuda
PREPARAR
VISTA PREVIA
SUPERVISAR
Anet A8
Marketplace
Iniciar sesión
X-Ray view
Draft - 0.2mm
40%
Encendido
Encendido
Generic PLA
Bloqueo de la generación de soportes
Lista de objetos
3DBenchy.stl
ANETA8_3DBenchy
166.5 x 111.2 x 75.2 mm
Segmentación

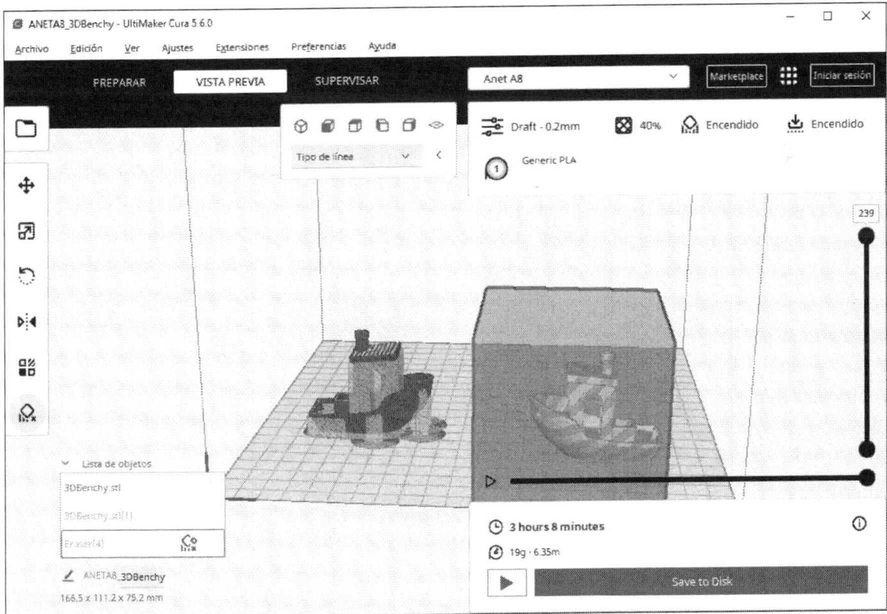
ANETA8_3DBenchy - UltiMaker Cura 5.6.0
Archivo Edición Ver Ajustes Extensiones Preferencias Ayuda
PREPARAR
VISTA PREVIA
SUPERVISAR
Anet A8
Marketplace
Iniciar sesión
Tipo de línea
Draft - 0.2mm
40%
Encendido
Encendido
Generic PLA
239
Lista de objetos
3DBenchy.stl
ANETA8_3DBenchy
166.5 x 111.2 x 75.2 mm
3 hours 8 minutes
19g · 6.35m
Save to Disk

El primer barco encerrado en el cubo de bloqueo de soporte ya no tiene soportes, mientras que el otro sí los tiene.

El sexto botón se utiliza para configurar una o varias zonas de bloqueo de soportes. En estas zonas no se generarán soportes de impresión si el ajuste **Generar soporte** está activado. Para configurar una zona, basta con hacer clic en el botón **Bloqueador de soporte** y, a continuación, en la pieza. Aparecerá una pequeña zona cúbica. Puede redimensionarla como si se tratase de un modelo en sí mismo.

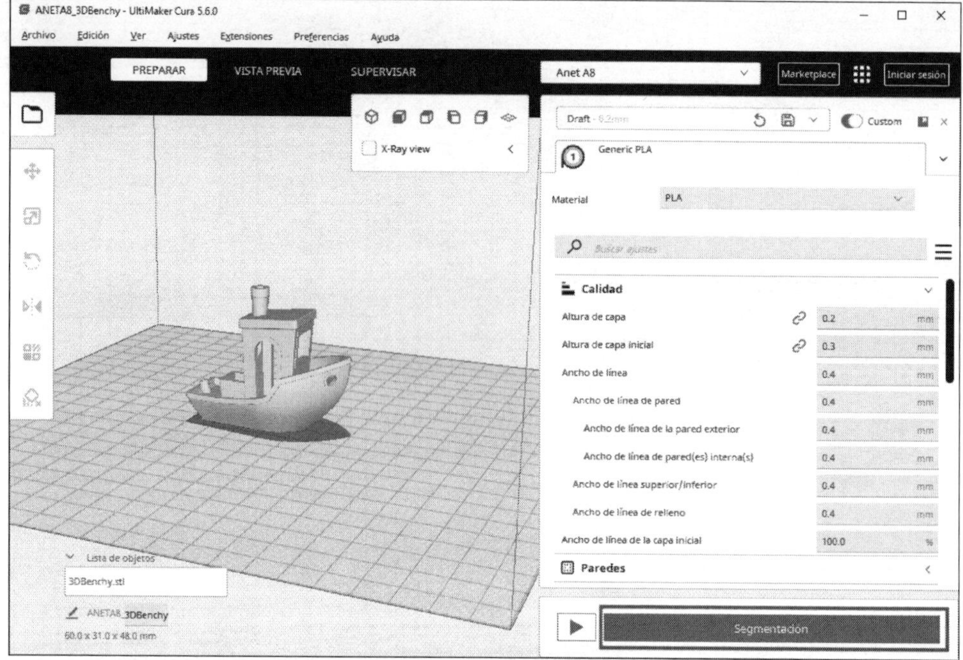

Cuando la pieza está colocada, aparece el botón **Segmentación**.

Una vez que la pieza está en su lugar, correctamente dimensionada, y los parámetros de impresión establecidos, puede hacer clic en el botón **Segmentación**, que lanzará el algoritmo de recorte de la pieza. Al hacer clic en este botón, Cura tendrá en cuenta todos los parámetros de impresión para generar un archivo de máquina en formato GCode. Cura transformará el modelo o modelos 3D en instrucciones de movimiento, aceleración, calentamiento, extrusión y retracción.

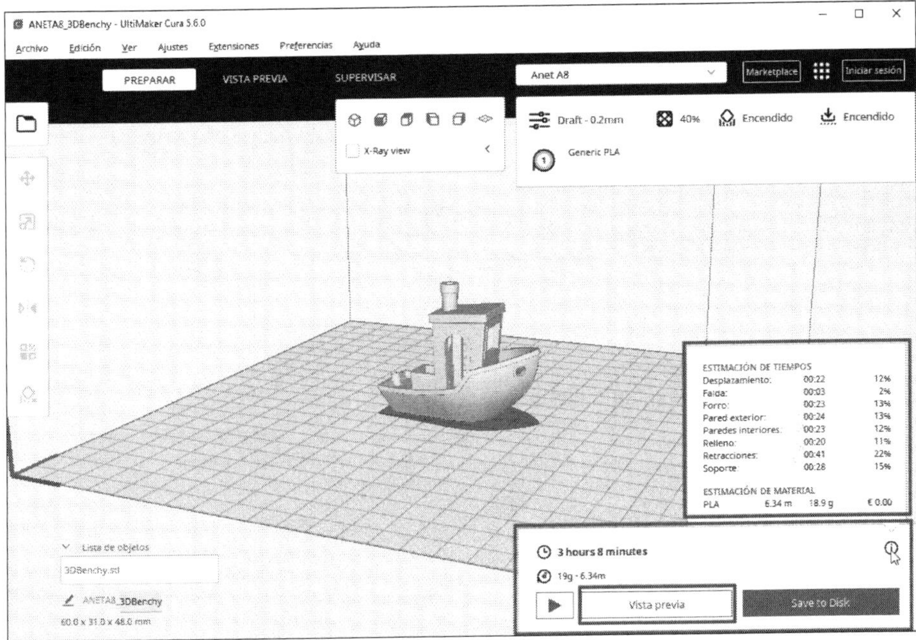

Una vez generado el archivo de GCode, se muestra una estimación del tiempo de impresión.

Una vez generado el archivo, puede previsualizar el tiempo de impresión y la cantidad de filamento estimada por Cura. Si ha introducido un valor monetario para su material, Cura calculará el coste del material de la impresión. Mueva el ratón sobre el icono de información para visualizar una descripción detallada del trabajo de impresión. Le recomendamos que a continuación vaya a la ventana **VISTA PREVIA**.

4.1.3 Ventana VISTA PREVIA

Una vez segmentado el objeto, puede ver la vista previa de impresión en la ventana **VISTA PREVIA**.

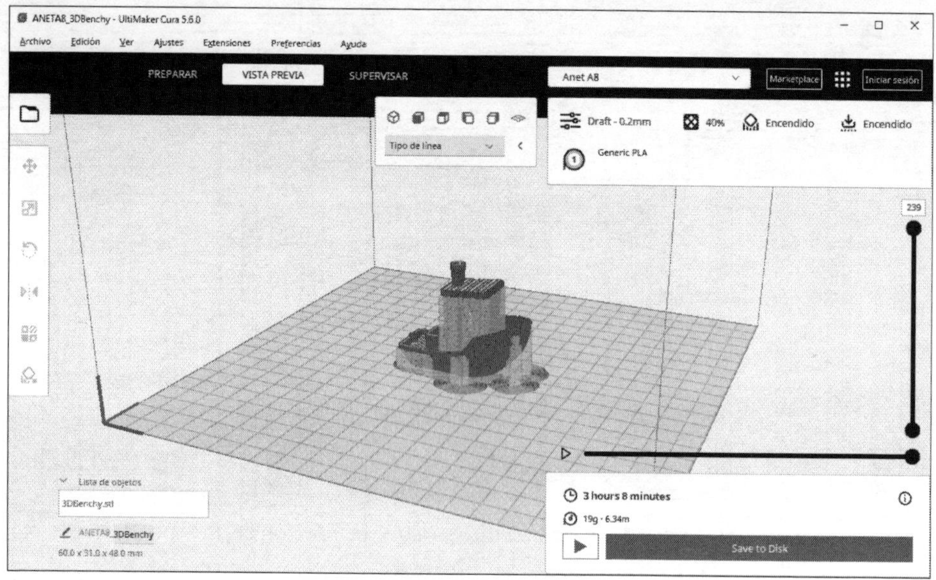

Ventana de **vista previa** con un modelo 3D recortado

En esta ventana, resulta especialmente interesante trabajar con el menú central (que también aparece en la **PREPARAR**).

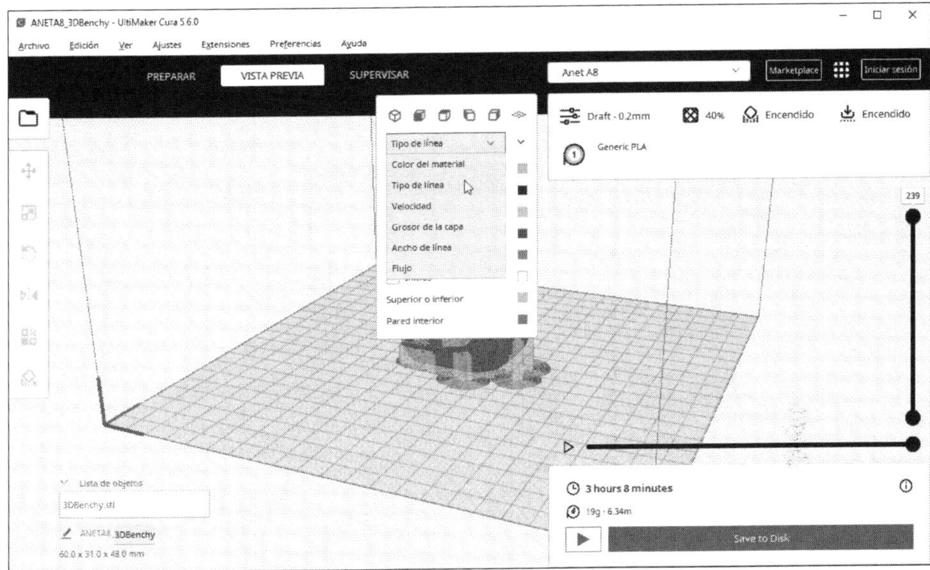

La **Combinación de colores** permite elegir diferentes modelos de color para representar características específicas de las capas impresas:

- **Color del material**: muestra las capas impresas según el color del material preestablecido en el gestor de materiales. Este modo puede ser útil en el contexto de una extrusión múltiple para comprobar que la impresión se realiza correctamente con diferentes materiales.
- **Tipo de línea**: este modo permite colorear las líneas de impresión según su tipo: carcasa, relleno, paredes interiores, soportes, techos superior e inferior.
- **Velocidad**: este modo utiliza un gradiente de color para mostrar la velocidad de impresión de cada línea de impresión de la pieza.
- **Grosor de la capa**: este modo utiliza un gradiente de color para mostrar el grosor de cada capa. Esta opción puede ser útil para comprobar la impresión con altura de capa variable.
- **Ancho de línea**: este modo muestra el ancho de las líneas impresas. Puede ser útil si se utilizan diferentes anchos de línea para los soportes, las capas superior/inferior o las líneas de relleno. No es un modo muy útil en el día a día.

Observación

Cuando se imprime en monofilamento, la combinación de colores que debe priorizarse para la vista previa de impresión es el modo **Tipo de línea**.

Dependiendo de la configuración de hardware de su ordenador, es posible que algunas combinaciones de colores no estén disponibles.

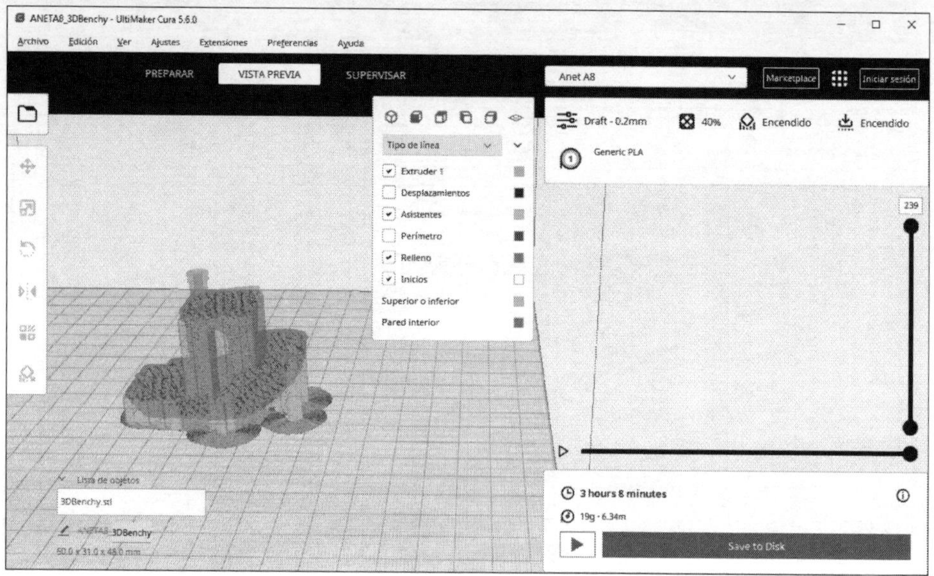

Vista previa de relleno y ayudas de impresión (adherencia y soportes) sin las paredes exteriores.

Una vez seleccionada la combinación de colores, puede elegir el tipo de línea que se mostrará en la leyenda de la combinación de colores. También puede comprobar los desplazamientos marcando la casilla **Desplazamientos**. En este caso, unas finas líneas azules le mostrarán todos los desplazamientos de la boquilla durante la impresión.

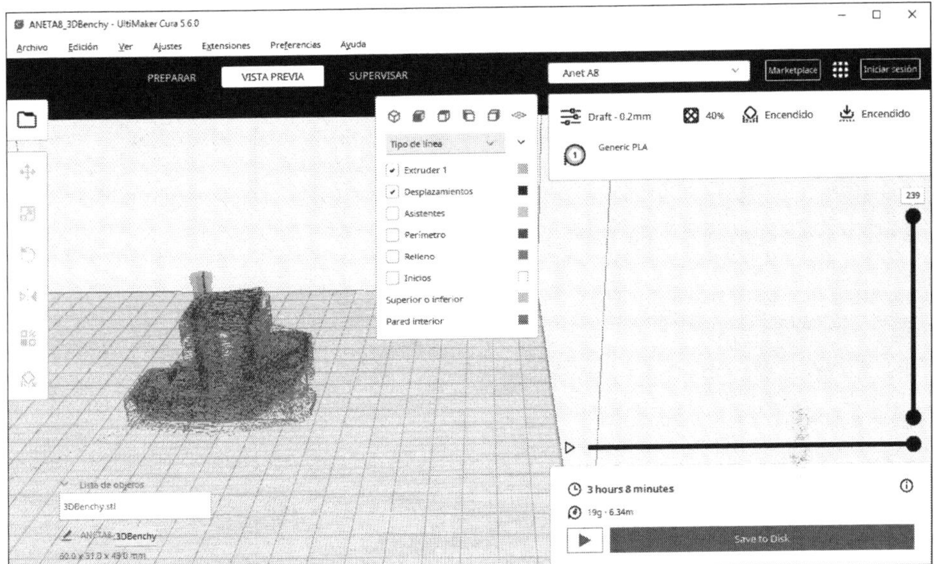

La vista previa del desplazamiento permite comprobar que la boquilla no se desplaza fuera de los límites impuestos por la pieza.

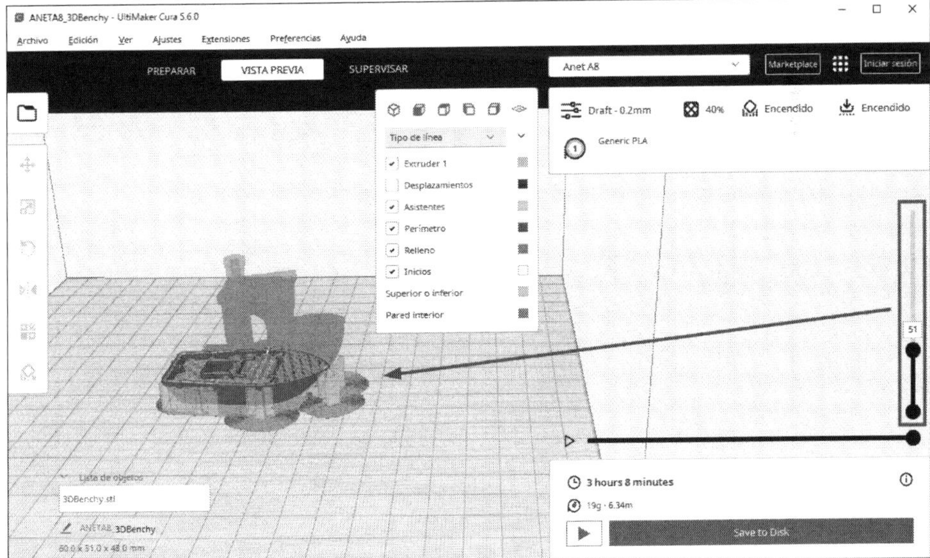

El cursor de desplazamiento situado a la derecha de la pantalla permite visualizar la impresión capa por capa.

En la parte derecha de la pantalla aparece un cursor deslizante con un número al lado. Este número corresponde al número de la capa que se está visualizando en ese momento. Cuando el cursor está en la parte superior de la barra, se visualiza toda la pieza y el número corresponde al número total de capas impresas que componen la pieza. Cuando se cambia el número o se desplaza el cursor hacia abajo, la vista previa muestra la visualización de la capa en cuestión.

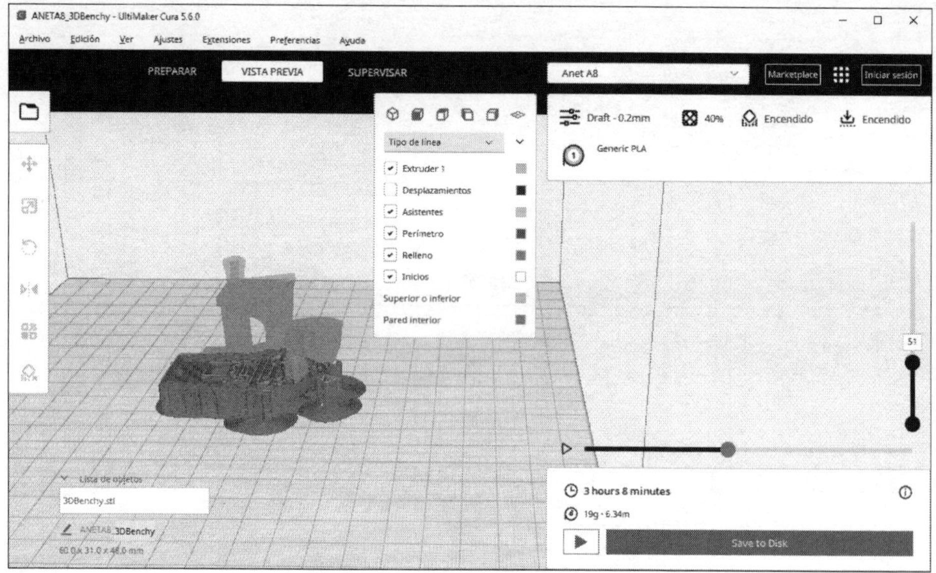

El cursor de desplazamiento situado en la parte inferior de la pantalla permite simular la trayectoria de la boquilla para la capa definida por el cursor situado a la derecha de la pantalla.

En la parte inferior de la pantalla, al hacer clic en el botón de reproducción (el botón en forma de triángulo) se inicia la simulación de impresión de la capa definida por el cursor a la derecha de la pantalla. Esto le permite comprobar la trayectoria de la boquilla para esta capa.

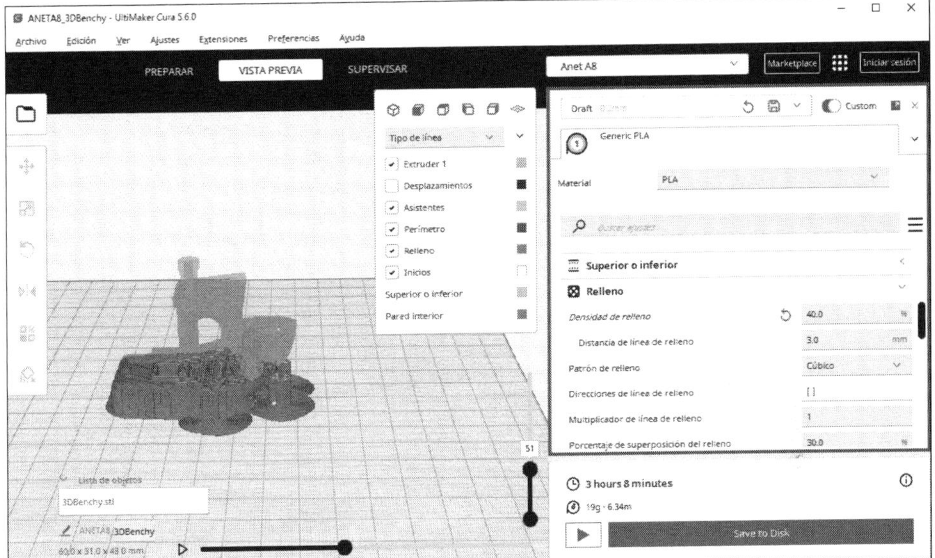

Los ajustes de impresión están siempre disponibles en la ventana **VISTA PREVIA**

Siempre es posible modificar los ajustes de impresión en la ventana **VISTA PREVIA**. Si realiza algún cambio, tendrá que volver a segmentar la pieza para generar una nueva vista previa.

4.1.4 Ventana SUPERVISAR

La ventana **SUPERVISAR** requiere que la impresora 3D esté conectada al ordenador y encendida. Si no es así, la ventana permanece vacía. Lo mejor es conectar la impresora 3D antes de iniciar Cura.

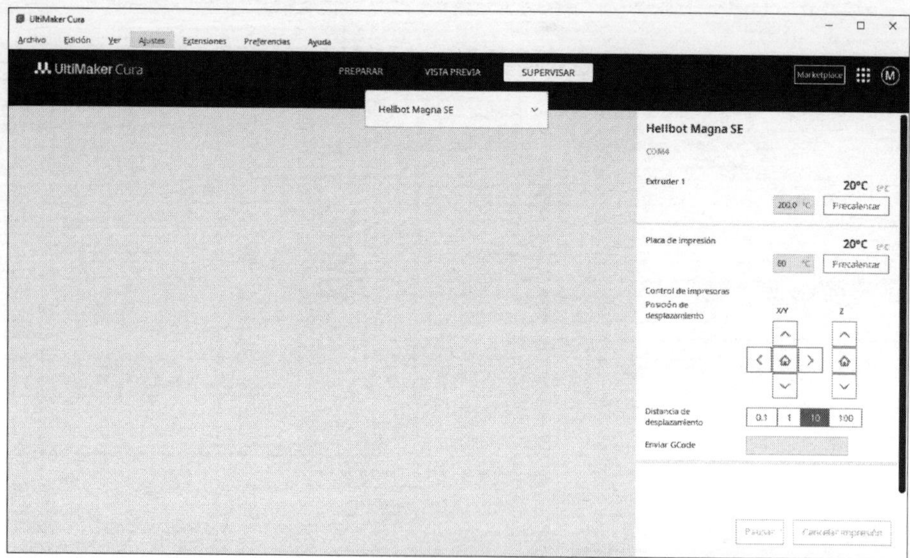

Ventana **SUPERVISAR** con la impresora Hellbot Magna SE conectada vía USB

En esta ventana puede controlar los ajustes de calentamiento de la impresora para los distintos sistemas de extrusión, la cama calefactada o placa de impresión. También puede controlar las posiciones X, Y y Z de la impresora y reajustar los ejes. Un eje se desplaza por pasos, cuya distancia se estipula en la opción **Distancia de desplazamiento**.

También es posible enviar GCode a la impresora 3D a través de la ventana **SUPERVISAR**.

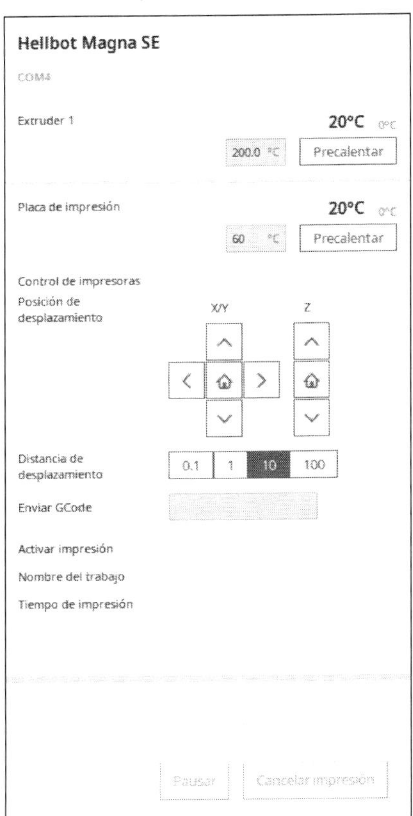

A continuación, puede ver el estado actual de la impresión.

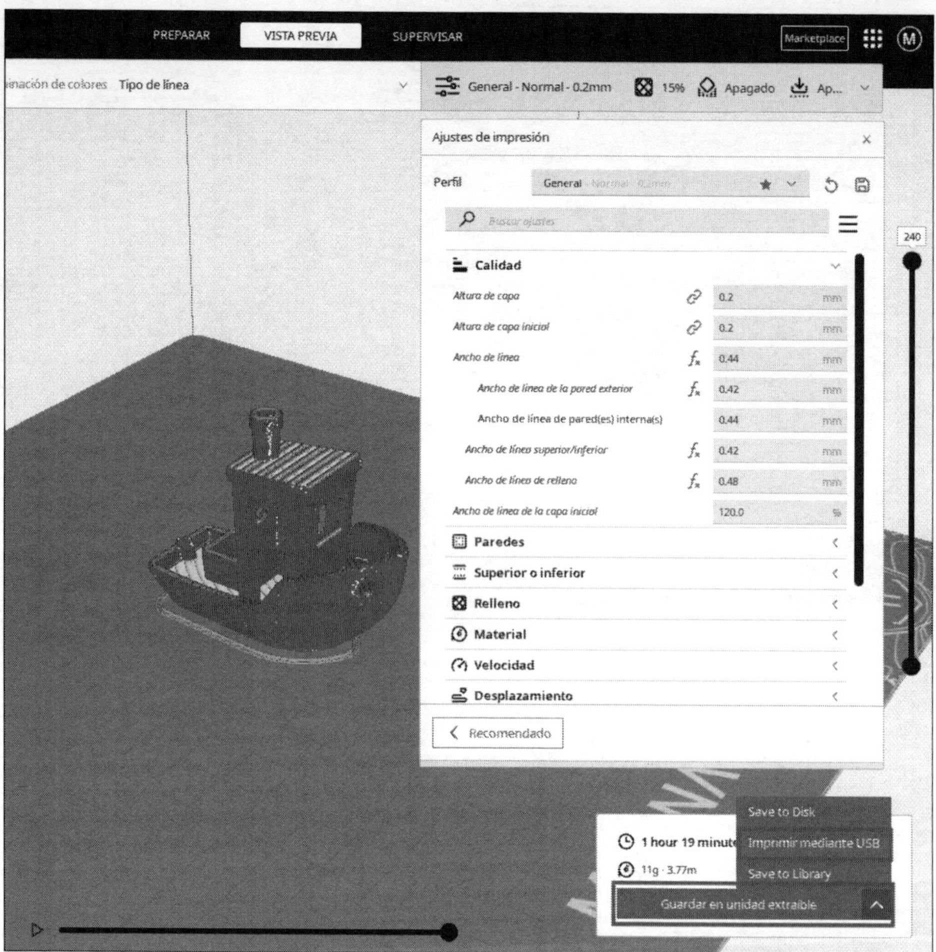

Iniciar la impresión a través de USB

Para realizar el seguimiento de una impresión, e imprimir directamente desde Cura, basta con que vuelva a la ventana **VISTA PREVIA** o **PREPARAR** y haga clic en **Imprimir mediante USB** cuando el modelo 3D esté segmentado y listo para imprimir. A continuación, confirme haciendo clic en el botón **Imprimir mediante USB**.

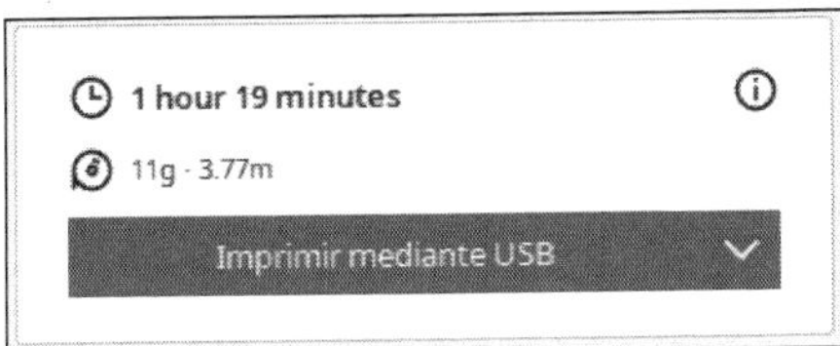

¡Vamos a ello!

Una vez iniciada la impresión vía USB, Cura cambiará automáticamente a la ventana **SUPERVISAR** para que pueda seguir la impresión en curso.

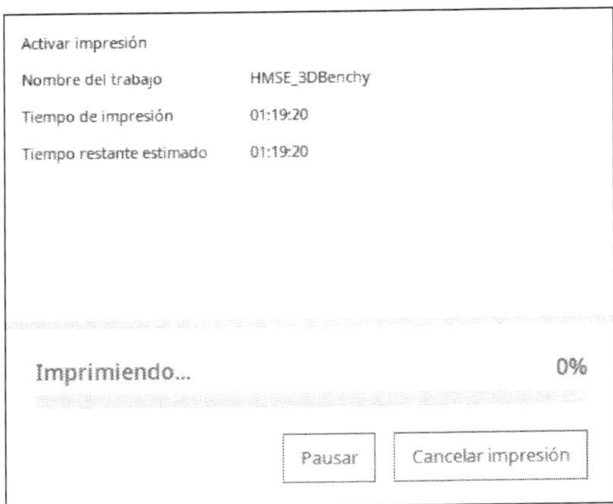

Impresión vía USB en curso

Observación

La impresión 3D a través de USB no es la técnica de impresión recomendada. En caso de corte de corriente, fallo del ordenador o fallo de comunicación entre el ordenador y la impresora, será difícil reanudar la impresión en el punto donde se quedó.

4.2 Algunos complementos útiles

Los complementos o plug-ins son programas adicionales que se integran en Cura para añadir funcionalidades extra, materiales adicionales o modificar la apariencia de Cura.

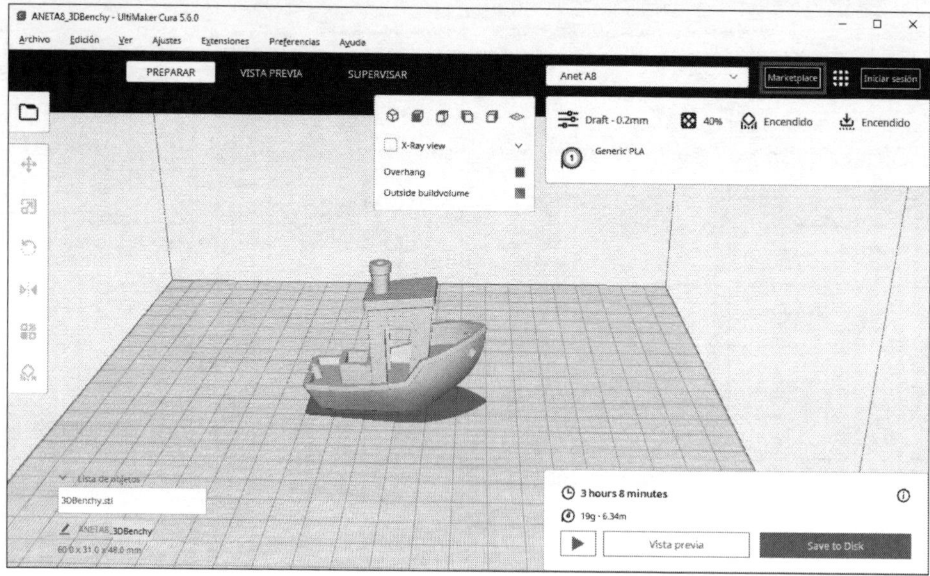

Los complementos se encuentran en el **Marketplace de Ultimaker Cura**.

Para acceder a la lista oficial de complementos descargables, basta con ir al **Marketplace** de Cura, al que se accede mediante un botón específico situado en la esquina superior derecha del software.

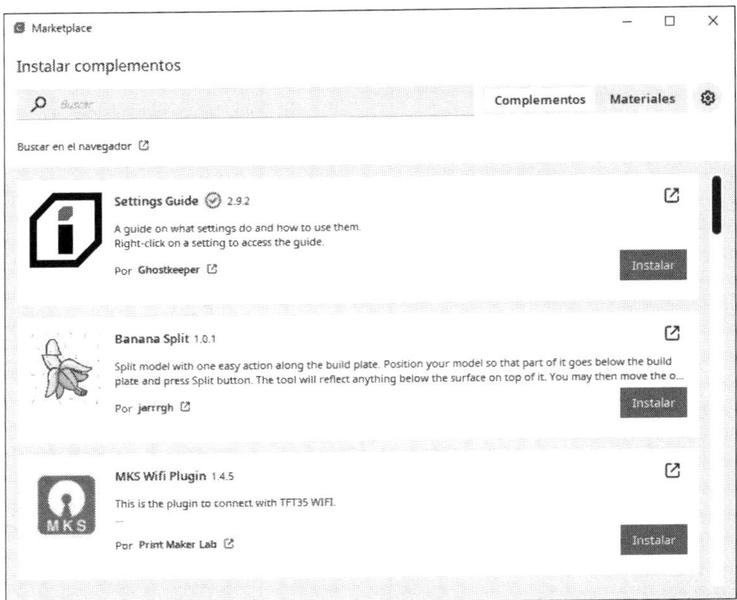

Mercado en línea Cura

El marketplace puede tardar un poco en cargarse. De hecho, el número de complementos y materiales descargables disponibles es cada vez mayor.

En este mercado en línea, puede descargar **complementos** y perfiles de materiales para añadirlos a su gestor de materiales.

Puede instalar tantos complementos como desee. Para el resto de este libro, se instalarán seis complementos. Para instalar un complemento, basta con hacer clic en el complementos en cuestión y, a continuación, en **Instalar**. En la mayoría de los casos, deberá aceptar un acuerdo de licencia. Una vez instalados los complementos, deberá reiniciar Cura.

Observación

La instalación de estos complementos no es obligatoria, pero facilitan la presentación de los parámetros y, en algunos casos, aceleran la preparación de las piezas.

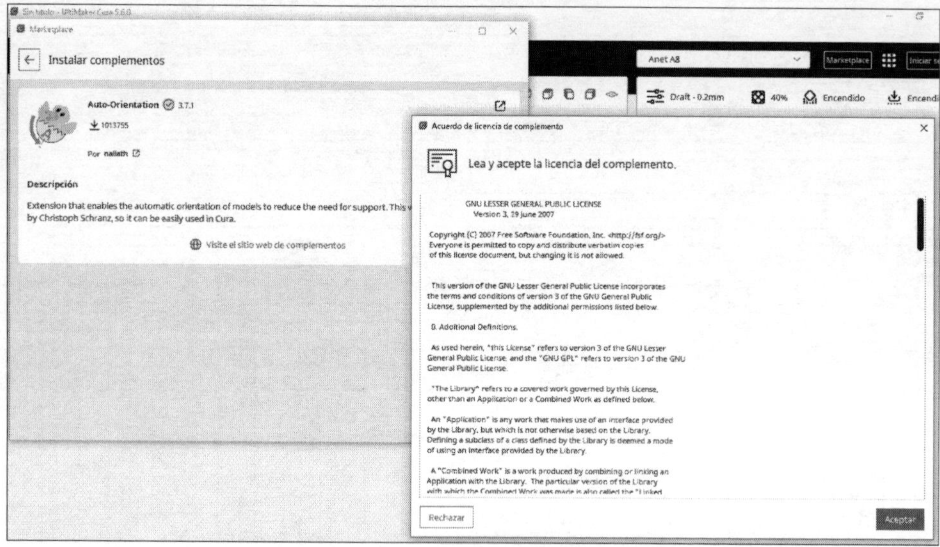

Instalación de un complemento

4.2.1 Auto-Orientation

Este complemento añade la funcionalidad de autoorientación a los modelos 3D. Permite orientar el modelo para ahorrar tiempo de impresión o reducir el número de soportes. Este complemento es útil a veces para acelerar el tiempo de preparación en ciertas piezas. Las funciones de este complemento se añaden en el menú **Extensiones** y **Auto Orientation**.

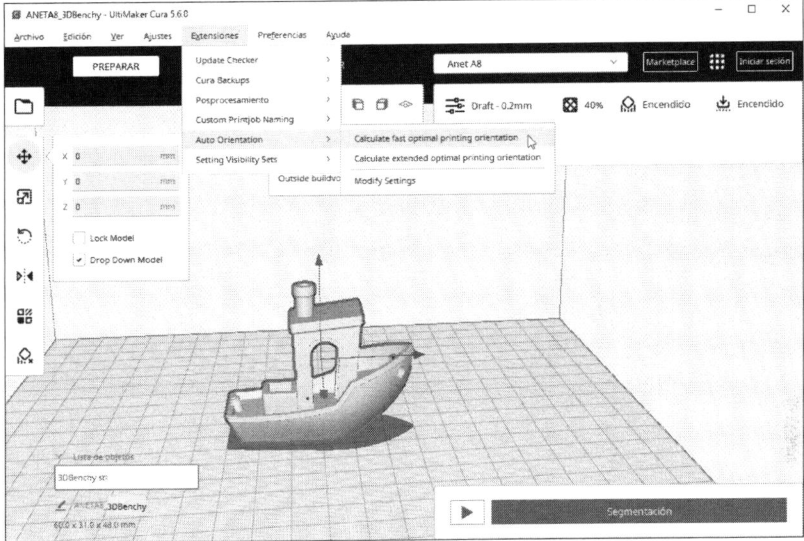

4.2.2 Automatic Slicing Toggle

Este complemento añade un botón para activar o desactivar la segmentación automática de piezas tras un cambio en los ajustes de impresión o en las propiedades de la pieza. Esta opción para activar/desactivar la segmentación automática ya está presente en los ajustes generales de Cura; este complemento es un acceso directo inmediatamente disponible junto al tradicional botón **Segmentación**.

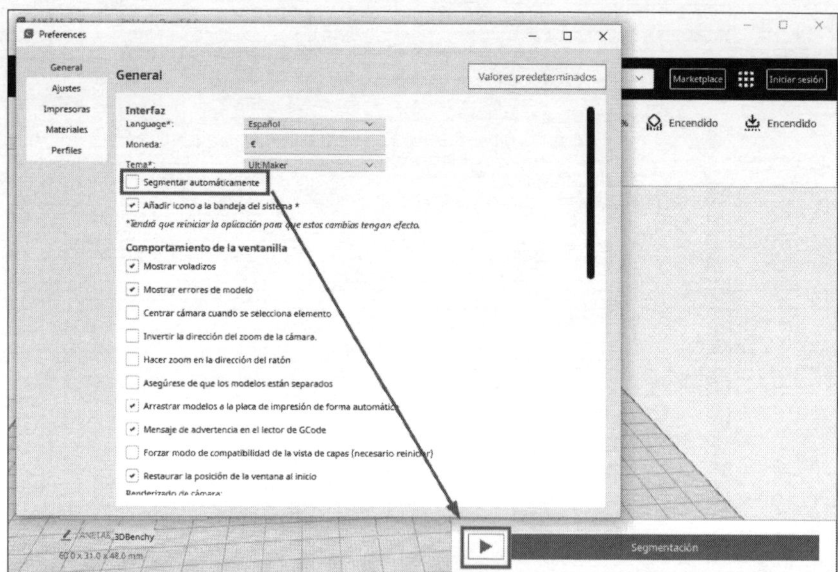

Este plug-in es muy útil para cambiar rápidamente a la segmentación automática en piezas pequeñas en las que la segmentación se genera rápidamente. A la inversa, resulta rápido y sencillo desactivar la segmentación automática en piezas que cuya segmentación tarda mucho en generarse.

4.2.3 Setting Visibility Set Creator

¿Recuerda los perfiles de visibilidad de los ajustes mencionados en el panel de ajustes personalizados de impresión? Por defecto, hay seis perfiles de visualización: Basic, Advanced, Expert y All. El plug-in **Setting Visibility Set Creator** le permite crear sus propios perfiles de visualización de parámetros en relación con los parámetros que se han activado en el panel de gestión de la visibilidad de los parámetros.

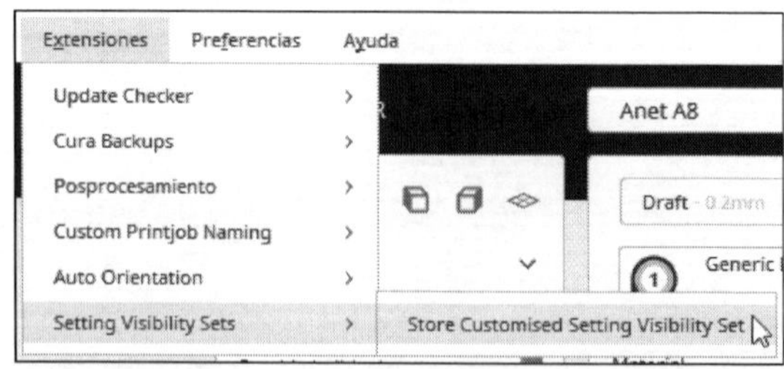

Una vez visualizados los parámetros deseados, cree un nuevo perfil de visibilidad

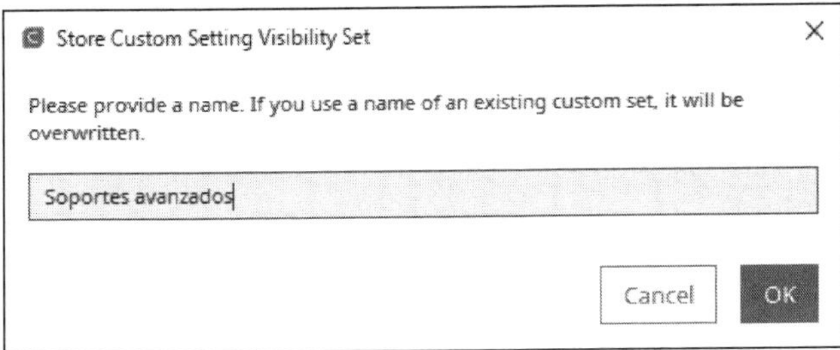

El perfil de visibilidad recibe un nombre

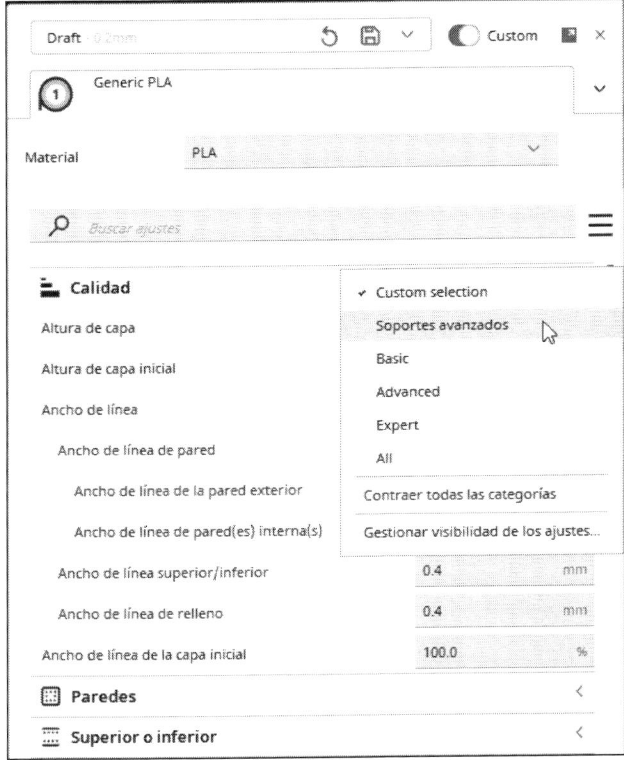

El perfil de visibilidad es accesible junto con los demás perfiles

4.2.4 Sidebar GUI

Este complemento modifica la apariencia de la interfaz de Cura para volver a una interfaz más cercana a versiones anteriores. Las pestañas y ventanas flotantes utilizadas para mostrar estas opciones se trasladan a una columna específica a la derecha de la interfaz. Este complemento permite mostrar más parámetros en pantalla.

5. Preparar la primera pieza

El objetivo aquí es importar y preparar una primera pieza en formato .STL en Ultimaker Cura. Para preparar la impresión, será necesario configurar la altura de capa y el porcentaje de relleno de la pieza, sin olvidar indicar la temperatura de calentamiento de la boquilla y de la cama calefactada. Para empezar, lo mejor es comenzar con una pieza pequeña que se pueda imprimir en PLA en menos de 30 minutos. Un pequeño medallón es perfecto para una primera impresión 3D.

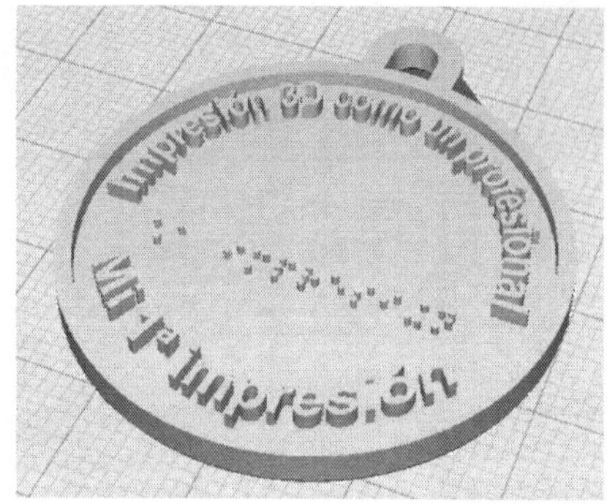

Medallón para su primera impresión en 3D

Procedimiento

⇉ Descargue el archivo «Medallon_1r_print.stl».

⇉ Abra Cura.

⇉ Seleccione su impresora.

⇉ Importe a Cura el archivo .stl descargado.

⇉ Abra la configuración de impresión.

⇒ En la vista recomendada, cambie la altura de la capa a:

- 0,2 mm si tiene una boquilla de 0,4 mm de diámetro.
- 0,15 mm si tiene una boquilla de 0,3 mm de diámetro.
- 0,1 mm si tiene una boquilla de 0,2 mm de diámetro.
- 0,3 mm si tiene una boquilla de 0,6 mm de diámetro (en esta configuración, es posible que tenga que activar el parámetro **Imprimir paredes finas** en la pestaña **Paredes** para que se imprima el texto).

⇒ Deje el relleno por defecto en 20 %.

⇒ Cambie a la vista personalizada.

⇒ En la temperatura de impresión, introduzca la temperatura recomendada para su filamento. Si no la conoce, introduzca una temperatura de entre 200 y 210 °C para PLA.

⇒ Haga clic en **Segmentación**.

⇒ Obtenga una vista previa de su impresión en la ventana **VISTA PREVIA**.

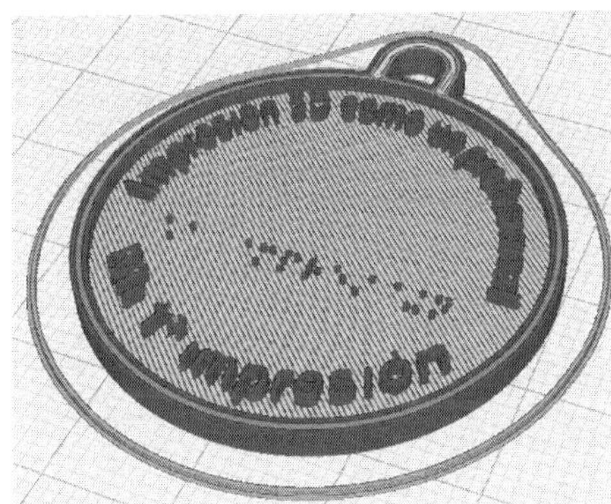

Vista previa de la pieza con visualización del tipo de línea

⇒ Guarde su archivo .gcode en un soporte extraíble o imprímalo desde su ordenador en la ventana **SUPERVISAR**.

Observación

En esta fase, no entramos en detalles sobre los ajustes. Con los ajustes básicos, obtendrá una impresión correcta si los pasos de calibración mecánica (ver capítulo Montaje y calibración mecánica) se han realizado correctamente. El objetivo aquí es realizar una primera impresión para comprobar que la impresora funciona correctamente y tener una primera idea de la calidad de impresión.

Recuerde que, para cada parte que prepare, es importante previsualizar la impresión utilizando la función de vista previa. Es una buena idea recordarlo.

6. Su primera impresión en 3D

- Coloque el soporte de almacenamiento con el archivo .gcode en la impresora o conecte la impresora al ordenador.
- Si acaba de montar la impresora, caliente la boquilla y apriétela «en caliente» en su bloque calefactor. Este es el apretado final que garantizará la estanqueidad del cabezal de impresión.
- Coloque la superficie de agarre en la plataforma si aún no lo ha hecho.
- Cargue su filamento en la impresora 3D (es preferible empezar con PLA).
- Inicie la impresión 3D desde la consola de la impresora o desde el ordenador.
- Permanezca atento durante todo el proceso de impresión.

IMPORTANTE: LO QUE DEBE COMPROBAR

Si se produce uno de estos casos, apague la impresora inmediatamente y repase los pasos de calibración de los módulos anteriores. En caso de daños importantes, póngase en contacto con su distribuidor/fabricante.

- Compruebe que el carro del cabezal de impresión no golpee contra piezas externas.
- Haga lo mismo con la carrera de la plataforma, asegurándose de que no choque con una pared, un objeto, etc.
- Compruebe la temperatura de la plataforma, que debe ser constante.
- Compruebe la temperatura de la boquilla, que debe ser constante dentro de un margen de +/- 5 °C en impresoras con ventilación no optimizada.
- Si es posible, compruebe la placa electrónica de la impresora, especialmente si ha realizado usted mismo las conexiones. Asegúrese de que ninguno de los bornes esté ennegrecido y de que no haya ningún arco eléctrico. **Si es así, tendrá que apagar la impresora y volver a ajustar todos los terminales: ¡puede tratarse de un falso contacto!**
- Si es posible, compruebe también el bloque de terminales de su fuente de alimentación; la observación del punto anterior también se aplica a esta parte de la impresora.

RECORDATORIO: PUNTO IMPORTANTE SOBRE SEGURIDAD

Si se hallan presentes personas no familiarizadas con la impresión 3D, niños o mascotas, tenga cuidado. Las piezas se mueven, el calentamiento de la plataforma y el bloque calefactor del cabezal de impresión pueden quemar la piel, y la impresora no dispone de medidas contra accidentes provocados por el ser humano.

7. Primeras impresiones y ajustes

Después de unas cuantas impresiones, puede quedarse junto a la impresora solo durante las 2-3 primeras capas. Pero si está en la primera fase de impresión, aún es demasiado pronto para dejar la impresora desatendida.

Primera capa demasiado aplastada

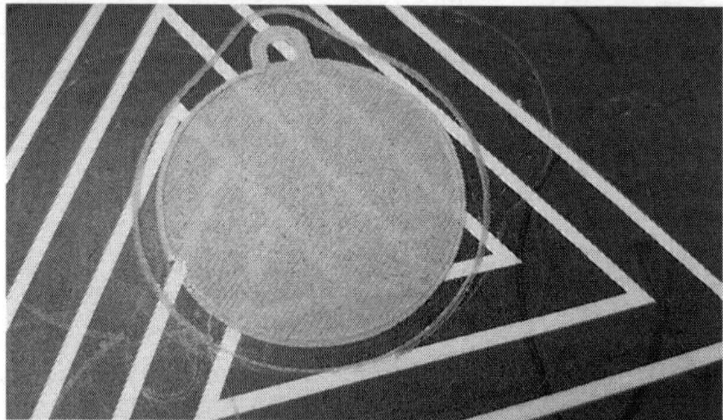

Una buena primera capa

Boquilla demasiado alta al imprimir la primera capa

Al iniciar la primera impresión, lo más importante es controlar la calidad de la primera capa. Si esta no le satisface, tendrá que ajustar con precisión el sensor de límite Z y/o el nivel de la plataforma.

No dude en detener la impresión si la primera capa no es buena. Para ayudarle, la mayoría de las impresoras permiten reducir la velocidad de impresión durante el proceso. Puede reducir la velocidad desde el principio, al imprimir la primera capa, para ajustar la altura de la plataforma de su impresora en tiempo real y obtener una primera capa satisfactoria.

Una vez completada la primera capa, el proceso de impresión continúa. Si está imprimiendo en PLA, como se recomienda para una primera impresión, la ventilación que sopla sobre la impresión debe comenzar a partir de la segunda capa. Si había reducido la velocidad para la primera capa, puede restablecer la velocidad al 100 %.

Dependiendo de la calidad de impresión y del perfil predeterminado que utilice su impresora 3D, los resultados pueden variar ligeramente. Si el acabado no es perfecto a la primera, tendrá que optimizar los ajustes de su impresora 3D.

Capítulo 6

Calibración electrónica de la impresora 3D

1. El controlador de la impresora: Pronterface

Con objeto de intercambiar comandos en formato G-code con la impresora 3D para su configuración electrónica, en este libro se utilizará el software Pronterface.

1.1 Instalación de Pronterface

El programa es gratuito y de código abierto. Puede descargarse de https://www.pronterface.com/

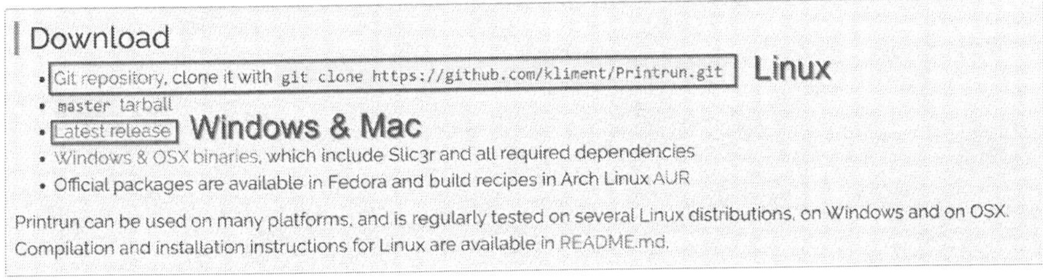

En la sección DOWNLOADS, puede acceder a las fuentes para compilar en sistemas Linux y a las últimas versiones para Windows y macOS.

Para Windows y macOS, descargue la versión correspondiente a su sistema operativo (en el caso de macOS, deberá elegir también la versión del SO).

1.1.1 Windows

⇉ A continuación, deberá descomprimir el archivo en una carpeta dedicada a Printrun. Esta carpeta contendrá la utilidad Pronterface.

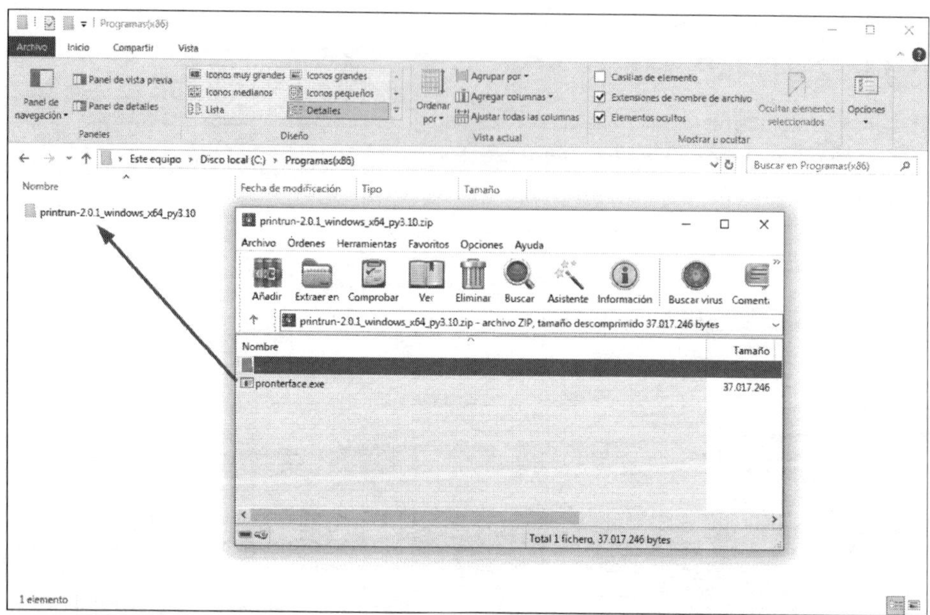

Descomprima la carpeta del archivo en una carpeta

⇉ A continuación, vaya a la carpeta y haga clic en pronterface.exe para iniciar Pronterface.

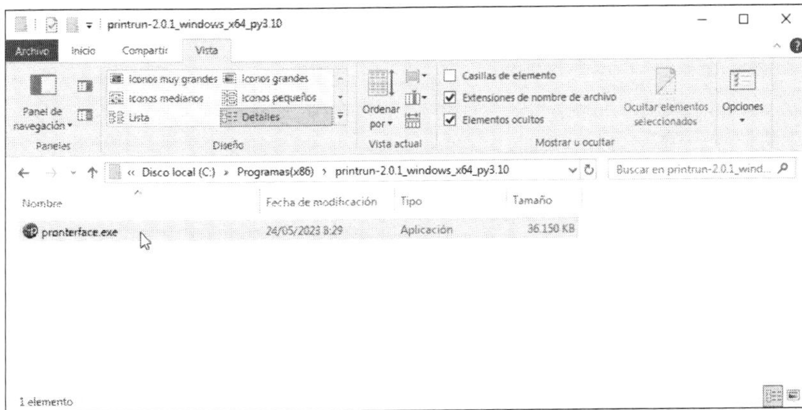

Ejecutar Pronterface

⇉ También puede crear un acceso directo a Pronterface en el escritorio de Windows.

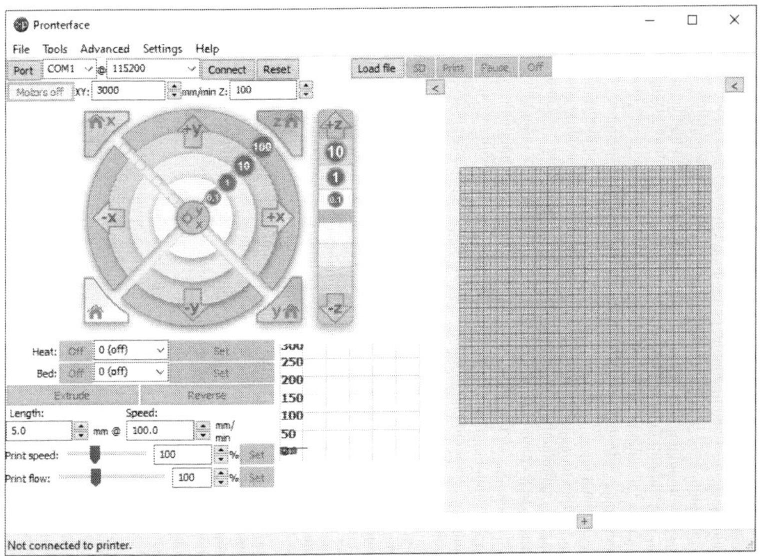

Pronterface se inicia

1.1.2 macOS

⇉ En macOS, descargue el archivo correspondiente a su sistema operativo y haga doble clic en el archivo descargado para iniciarlo.

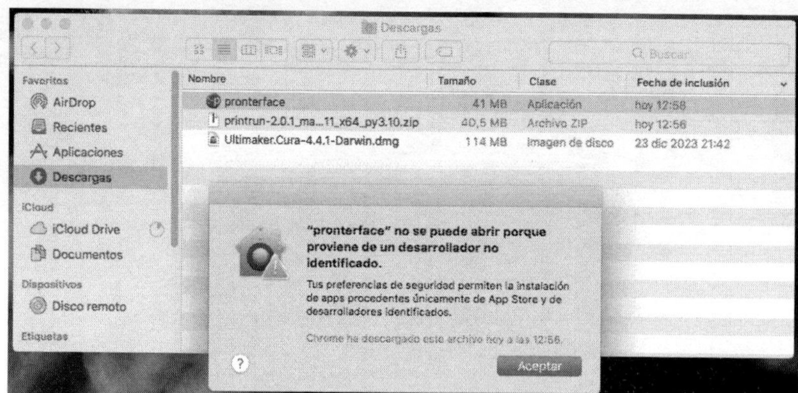

Error de ejecución de la interfaz

Puede producirse un error al iniciar Pronterface. Tendrá que autorizar el inicio del software Pronterface a través del administrador de privacidad de macOS.

⇉ Para ello, vaya a Preferencias del Sistema.

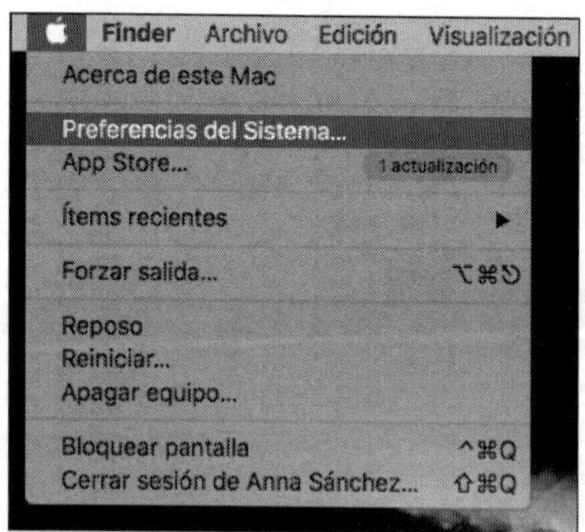

Acceso a Preferencias del Sistema

⇉ A continuación, vaya al gestor de Seguridad y privacidad.

Acceso al Gestor de Seguridad y privacidad

Por último, en la pestaña **General**, permita que se abra Pronterface haciendo clic en el botón **Abrir** igualmente que se muestra junto a la frase: «Se ha bloqueado la ejecución de "Pronterface" porque no procede de un desarrollador identificado».

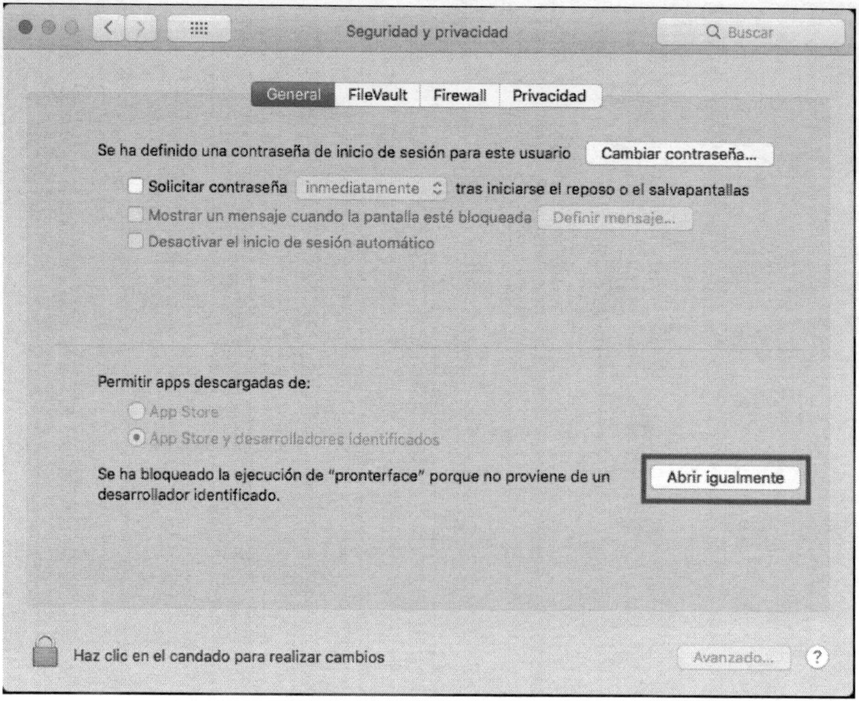

Autorización para abrir Pronterface

⇉ A continuación, haga clic en el botón **Abrir** cuando se le pida confirmación.

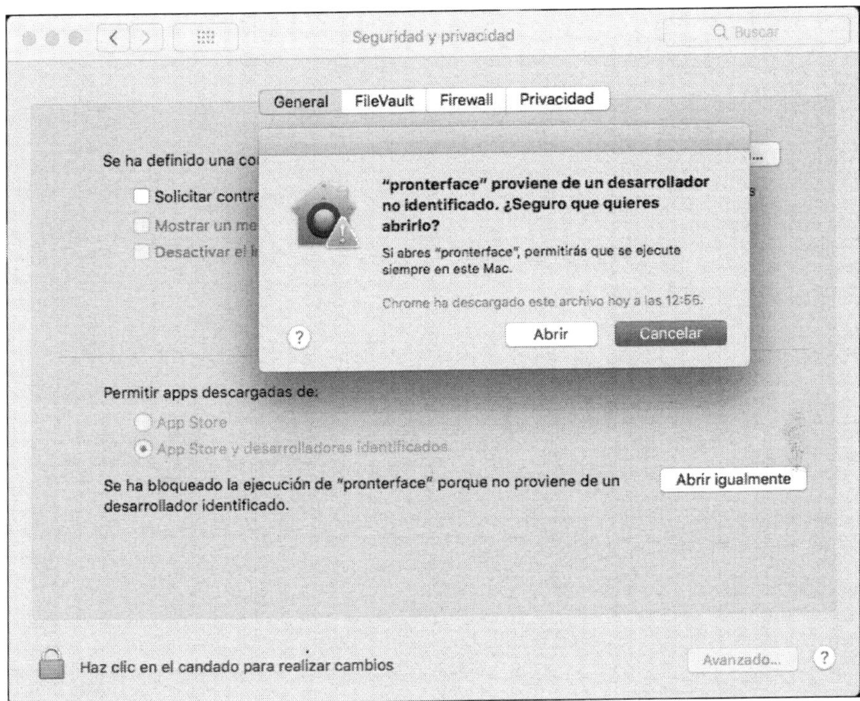

Autorizamos la apertura

Observación

También puedes utilizar un comando para autorizar a OSX a ejecutar aplicaciones no firmadas: `sudo spctl --master-disable`

⇉ A continuación, puedes mover el archivo Printrun a un lugar donde sea más fácil encontrarlo (por ejemplo, en el escritorio o en el dock). Al hacer doble clic en el icono, se iniciará Pronterface.

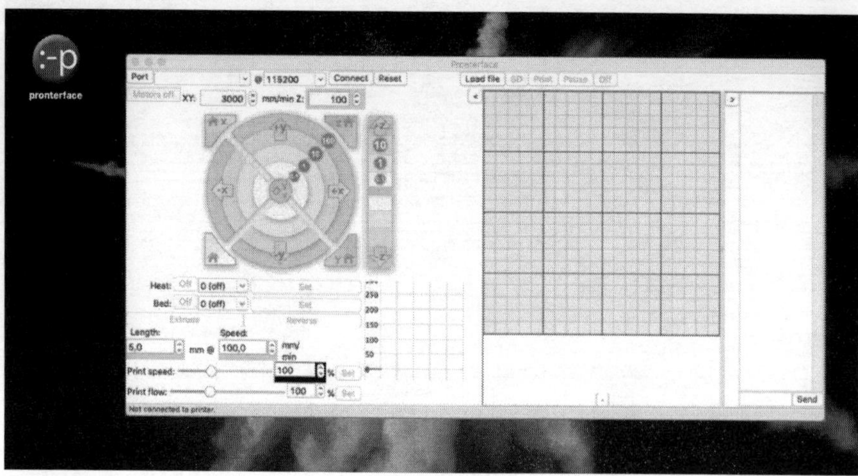

Pronterface en macOS

1.1.3 Linux

En **Linux**, es posible iniciar **Pronterface** desde los archivos fuente que se interpretarán en **Python**. La forma más sencilla de hacerlo es introducir una serie de comandos en el terminal de Linux. Esto se ha hecho en Ubuntu Desktop 18.04.3 LTS.

```
sudo
apt install python3-venv
sudo apt install git
git clone https://github.com/kliment/Printrun.git
$ cd Printrun
$ python3 -m venv venv
$ . venv/bin/activate (venv
) $ python -m pip install https://extras.wxpython.org/wxPython4/extras/
linux/gtk3/fedora-27/wxPython-4.0.1-cp36-cp36m-linux_x86_64.whl
(venv) $ python -m pip install -r requirements.txt
(venv) $ python -m pip install Cython
(venv) $ python setup.py build_ext -inplace
(venv) $ python pronterface.py
```

Si en este punto Pronterface no se inicia y se devuelven códigos de error, salga del terminal y vuelva a abrir uno nuevo; a continuación, escriba los siguientes comandos para instalar las dependencias que faltan:

```
sudo apt install python3-serial python3-numpy cython3 python3-libxml2
python3-gi python3-dbus python3-psutil python3-cairosvg libpython3-dev
python3-appdirs python3-wxgtk4.0 sudo apt
install python3-pip
pip3 install --user pyglet
cd Printrun
```

Ocasionalmente, se le harán preguntas durante el procedimiento de instalación; pulse la tecla S de **Sí** (o **Y** de **Yes** si está en una configuración en inglés).

Un último comando ejecuta Pronterface con Python3:

```
python3 pronterface.py
```

Crear un acceso directo en el escritorio de Ubuntu

Puede crear un acceso directo en el escritorio de Ubuntu creando un lanzador utilizando la herramienta de edición de texto incorporada en la distribución de Ubuntu (esto también funciona con otras distribuciones de Linux).

⇉ Para ello, abra el editor de texto e introduzca las siguientes líneas:

```
[Entrada de escritorio]
Type=Applicación
Name=Pronterface
GenericName=Pronterface
Comment=Pronterface
Icon=/home/bentek/Printrun/pronterface.ico
Exec=python3 /home/bentek/Printrun/pronterface.py
Terminal=false
StartupNotify=false
Categories=Aplicación;
```

⇉ En las rutas de los parámetros **Icon** y **Exec**, sustituya **bentek** por su nombre de usuario Linux.

⇉ A continuación, guarda el archivo en tu escritorio con la extensión .desktop. Para mayor claridad, nómbralo Pronterface.desktop.

⇉ A continuación, pulsando con el botón derecho del ratón sobre el archivo recién creado y haciendo clic en **Propiedades**, acceda a la pestaña **Permisos**.

⇉ Permita que el archivo se ejecute como un programa marcando la casilla **Permitir que el archivo se ejecute como un programa**. A continuación, cierre la ventana de propiedades.

⇉ Haga doble clic en el archivo Pronterface.desktop. El icono y el nombre del lanzador se actualizan. Se inicia Pronterface.

1.2 Interfaz de Pronterface

La interfaz de Pronterface consta de tres partes:

- Control de la impresora 3D
- Visualización y Slicer
- Comunicación con la impresora

En este libro se utilizarán principalmente las secciones **Control de la impresora 3D** y **Comunicación con la impresora**.

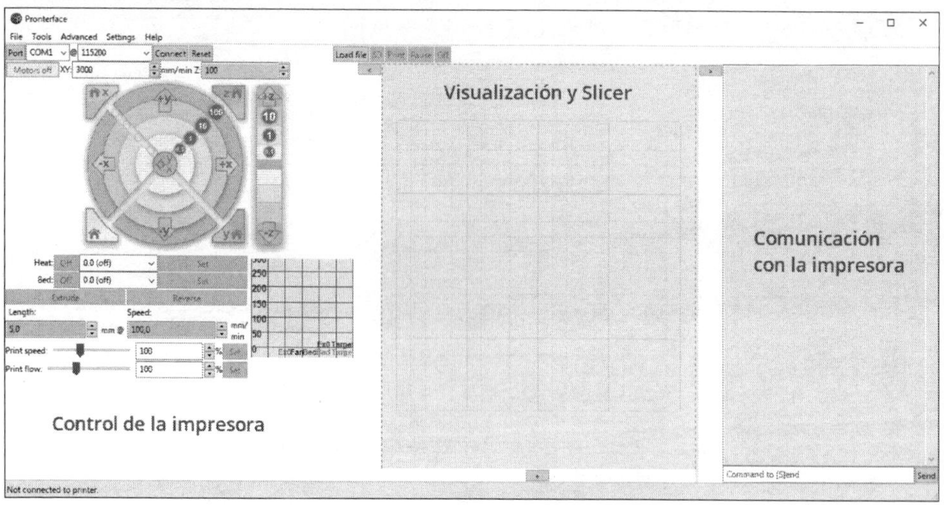

Las tres secciones de Pronterface

Las secciones pueden mostrarse u ocultarse mediante los iconos situados en la parte superior de cada una:

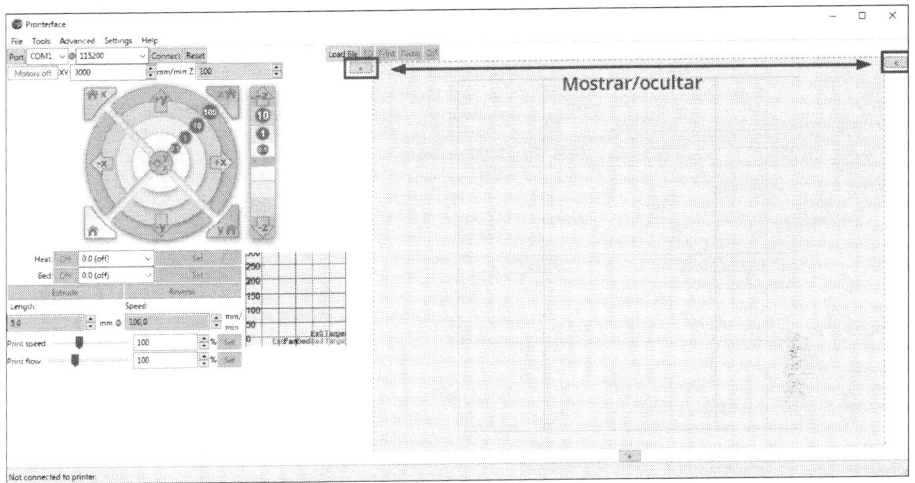

Estos dos botones sirven para ocultar o mostrar las secciones **Control de la impresora 3D** y **Comunicación con la impresora**.

1.2.1 Control de la impresora 3D

La sección **Control de la impresora 3D** se utiliza para conectarse a la impresora. Para ello, primero hay que especificar el puerto COM, que corresponde al puerto de comunicación utilizado por la impresora cuando está conectada y encendida. A continuación, hay que especificar la velocidad de comunicación en baudios (*bitrate*) entre el ordenador y la impresora 3D. Esta velocidad la especifica el fabricante de la impresora y puede especificarse en algunos firmwares de impresoras 3D. Suele ser de 115 200 o 250 000 baudios.

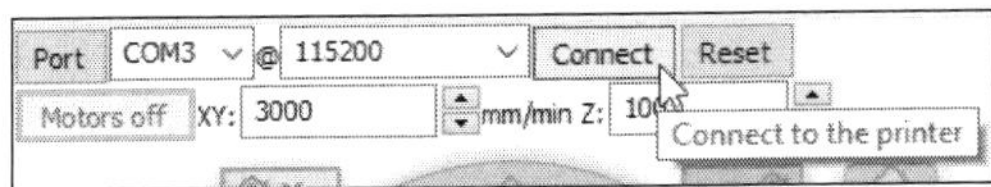

Una vez especificada la información, puede hacer clic en **Connect**

⇒ A continuación, puede hacer clic en **Connect** para conectarse a la impresora 3D.

Una vez que Pronterface está conectado a la impresora, en la sección **Comunicación con la impresora** se muestra la información de conexión. Los controles de la sección **Control de la impresora 3D** se vuelven grises.

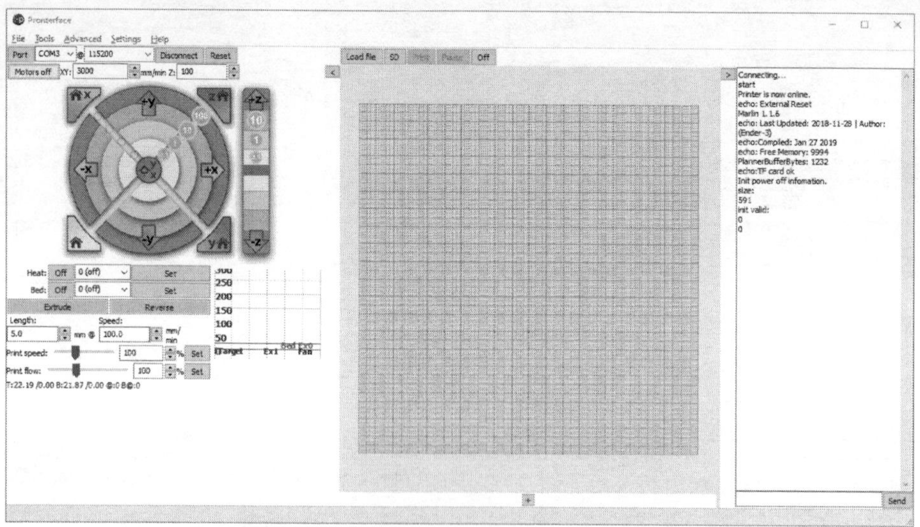

Conexión a un Creality Ender-3

La sección **Control de la impresora** permite controlar los distintos ejes de la impresora en pasos de **0,1**, **1,0**, **10,0** y **100,0** milímetros. También dispone de botones de *homing* para restablecer los orígenes de todos los ejes a la vez o de cada eje por separado.

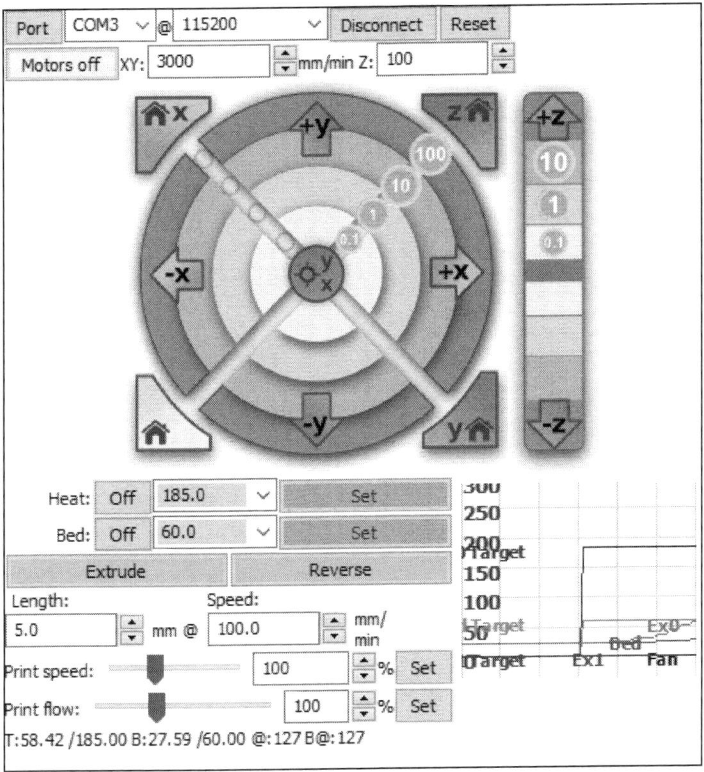

Control de la impresora con comandos de calefacción lanzados

Desde este panel también es posible ajustar la temperatura del sistema de extrusión principal y la temperatura de la plataforma. Es posible extruir con **Extrude** y retraer con **Reverse**, a partir de la longitud definida en **Length**, a la velocidad definida en **Speed**.

Si la impresión 3D está en curso, puede cambiar la velocidad de impresión utilizando el control deslizante **Print** speed y el flujo de filamento a través de la extrusión utilizando **Print flow**.

Fíjese en la información que aparece en la parte inferior de la pantalla:

- **T**: Temperatura Extrusor 1 / consigna Extrusor 1
- **B**: Temperatura de la cama calefactada / consigna de la cama calefactada
- **@**: Potencia de calefacción enviada al bloque calefactor 1 en una escala de 0-127
- **B@**: Potencia de calefacción enviada a la cama calefactada en una escala de 0-127

Observación

Si su bloque o cama calefactada se regula mediante parámetros PID, la potencia enviada oscilará entre 0 para una potencia del 0 % y 127 para una potencia del 100 % durante el calentamiento. En este caso, a temperatura constante, la potencia se estabilizará en un valor comprendido entre 0 y 127. Si su bloque o cama calefactada está regulado en todo o nada, la potencia enviada será 0 o 127.

Al hacer clic en el gráfico, este se amplía y muestra las diferentes consignas y lecturas de temperatura.

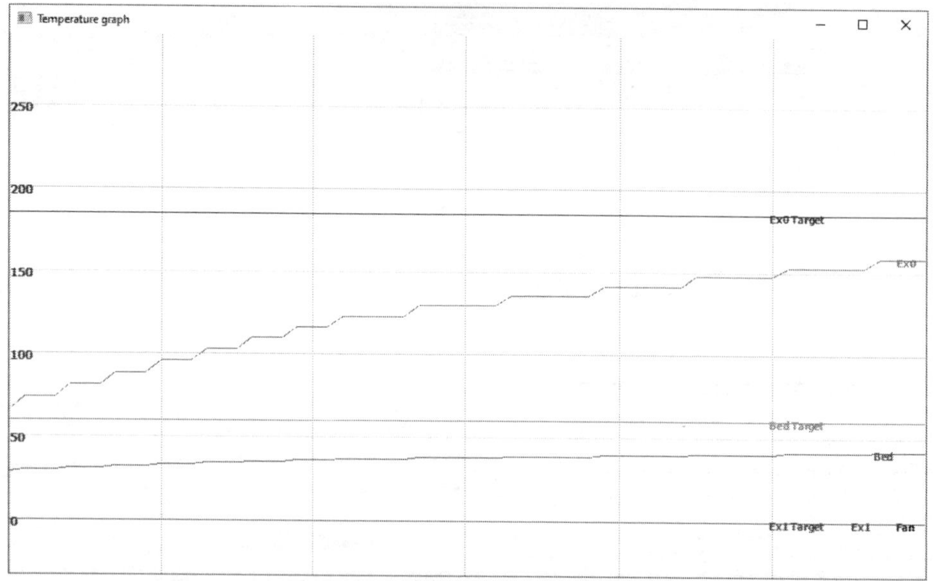

Gráfico de consignas y lecturas de temperatura

1.2.2 Comunicación con la impresora 3D

Una vez que Pronterface está conectado a la impresora, se muestra información en la consola de comunicación con la impresora 3D.

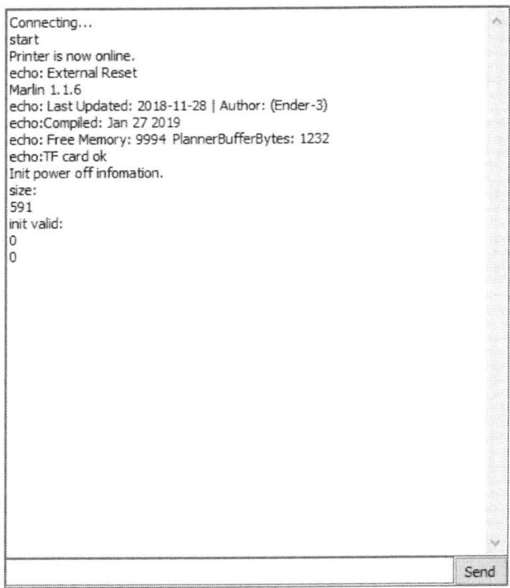

Consola de comunicación con la impresora 3D

La información mostrada puede variar de una impresora 3D a otra. En la parte inferior de la consola, un cuadro de texto y un botón **Send** permiten enviar comandos en formato G-code. La ventaja de Pronterface es que la consola guarda un historial de los comandos enviados y muestra la respuesta de la impresora cuando se recibe una respuesta.

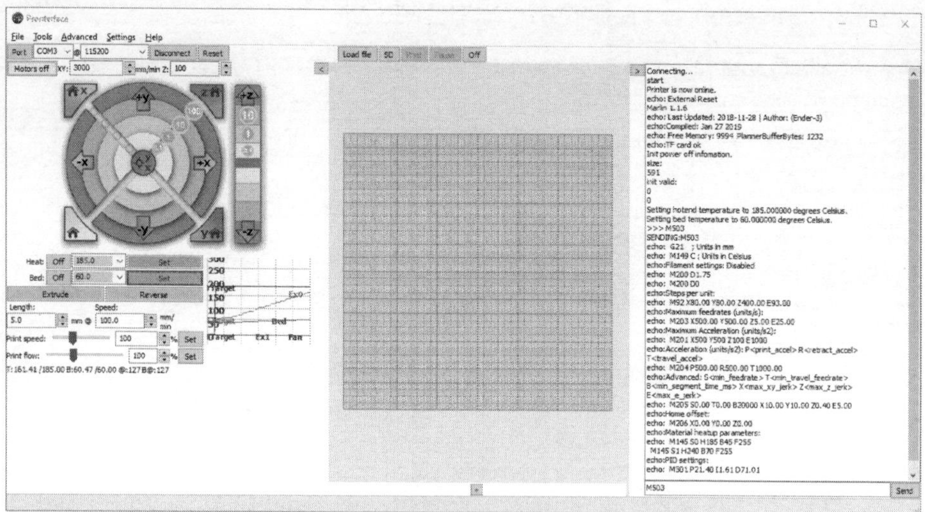

Ejemplo de uso del control M503 en Creality Ender-3

⇉ Puede probar la visualización de los parámetros en la memoria de su impresora 3D con el comando **M503**. La consola mostrará los parámetros que el fabricante haya accedido a mostrarle mediante este comando.

2. Configuración electrónica de la impresora 3D

2.1 Optimización del calentamiento del cabezal de impresión

El objetivo aquí es ajustar los parámetros PID (proporcional, integral y derivativo) que gobiernan el bucle de control de temperatura del elemento calefactor del cabezal de impresión. Realizando este ajuste, puede reducir el consumo de energía de su impresora, acelerar el calentamiento de la boquilla y mantener mejor la temperatura de la boquilla durante la impresión.

Procedimiento de ajuste del PID del cabezal de impresión

⇉ En Pronterface, envíe el siguiente comando:

```
M303 E0 S210 C8
```

Se inicia el ciclo de ajuste automático del PID.

El 210 corresponde a un ajuste del PID para una temperatura media de la boquilla de 210 grados. La mayoría de los filamentos de PLA se imprimen entre 200 y 220 °C; de ahí la elección de este valor.

Observación

Si imprime mucho en ABS, utilice una temperatura de unos 240 °C.

Unos minutos más tarde, el ciclo finaliza y se muestran los parámetros kp, ki y kd.

⇉ Introduzca los parámetros en el firmware con el comando:

```
M301 P[kp] I[ki] D[kd]
```

Ejemplo para kp=19,56, ki=0,71 y kd=134,26

```
M301 P19,56 I0,71 D134,26
```

⇉ Guarde los datos en la memoria EEPROM mediante el comando:

```
M500
```

⇉ Reinicie la impresora (apáguela y vuelva a encenderla).

⇉ Compruebe que el cabezal de impresión tiene en cuenta los parámetros kp, ki y kd (hotend PID) en la configuración del firmware con el comando:

```
M503
```

⇉ Si no es así, pruebe de nuevo el comando **M301**, luego **M500**, reinicie y comprueba de nuevo. Si sigue sin funcionar, su firmware está bloqueando la **escritura** del valor EEPROM. En este caso, tendrá que poner el comando **M301** seguido de sus valores kp, ki y kd en el start-Gcode de su slicer.

Observación

Este ajuste debe realizarse cada vez que se cambie la boquilla, el elemento calefactor, el termistor o el cabezal de impresión.

2.2 Optimizar el calentamiento de su cama calefactada

La mayoría de las impresoras 3D domésticas tienen una cama calefactada regulada en todo o nada. En otras palabras, la potencia enviada a la cama calefactada oscilará en torno al valor de temperatura enviando una orden de calentamiento a una potencia fija. En este caso, el valor de offset de calentamiento se establece en el código que rige el firmware de la impresora. Este valor no puede modificarse.

Sin embargo, algunas impresoras permiten regular la temperatura de la cama mediante un control PID. Este ajuste permite mantener mejor la temperatura de la cama y evita las oscilaciones. Si su impresora lo permite, active el control PID de la cama.

Procedimiento de ajuste del PID de la cama calefactada

⇒ En Pronterface, envíe el siguiente comando:

```
M304 E-1 S60 C8
```

Se inicia el ciclo de ajuste automático del PID.

El 60 corresponde a un ajuste PID para una temperatura media de la cama de 60 grados. La mayoría de los filamentos PLA y PETG pueden imprimirse con la cama calentada a una temperatura de entre 0 y 70 °C. La mayoría de las veces, cuando se calienta, la temperatura estará entre 45 y 70 °C; de ahí la elección de este valor medio.

Observación

Si imprime a menudo en ABS y su cama sube a 100-110 °C, debe utilizar el valor máximo alcanzable para el ajuste PID.

Unos minutos más tarde, el ciclo finaliza y se muestran los parámetros kp, ki y kd.

⇒ Introduzca los parámetros en el firmware con el comando:

```
M304 P[kp] I[ki] D[kd]
```

Ejemplo para kp=19,56, ki=0,71 y kd=134,26

```
M304 P19,56 I0,71 D134,26
```

⇒ Guarde los datos en la memoria EEPROM mediante el comando:

```
M500
```

⇒ Reinicie la impresora (apáguela y vuelva a encenderla).

⇉ Compruebe que los parámetros kp, ki y kd se tienen en cuenta para la cama (hotbed PID) en la configuración del firmware mediante el comando:

```
M503
```

⇉ Si no es así, pruebe de nuevo el comando **M304**, luego **M500**, reinicie y comprueba de nuevo. Si sigue sin funcionar, su firmware está bloqueando la escritura del valor EEPROM. En este caso, tendrá que introducir el comando **M304** seguido de sus valores *kp*, *ki* y *kd* en el start G-code de tu slicer.

Observación

Este ajuste debe realizarse cada vez que se cambien la cama/parche calefactor y el termistor de la cama. Puede repetir este ajuste cada año para afinar la regulación. Dependiendo de la tecnología de calefacción utilizada, el circuito de calefacción puede «envejecer» con el tiempo y ser menos eficiente.

2.3 Calibración de la rueda de extrusión

Es importante calibrar la rueda de extrusión de filamento. El objetivo es que se envíen exactamente 10 mm de filamento a través del sistema de extrusión cuando la impresora solicite una extrusión de 10 mm.

Un sistema de extrusión mal calibrado puede provocar:

- Obstrucción de la boquilla.
- Ruido de «golpeteo» de la rueda de extrusión.
- Subextrusión en la impresión.
- Sobreextrusión en la impresión.
- Residuos no deseados de filamento fundido en la impresión.

Procedimiento

⇉ Cargue el filamento a través del sistema y caliente la boquilla a la temperatura de extrusión del filamento (a través de la pantalla o mediante el control M104 **S[temperature]**). Ejemplo: M104 S210.

⇉ Haga una marca inicial en el filamento.

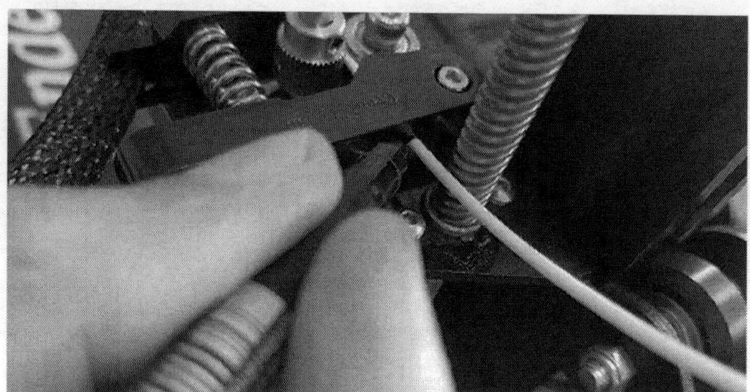

Haga una marca con un rotulador permanente, preferiblemente en un filamento de color claro.

⇛ Utilice **M82** para mover el control de extrusión a la posición absoluta.

⇛ Solicite una extrusión de 10 mm con el comando **G1 E10**.

⇛ Haga una nueva marca.

⇛ Compruebe la longitud entre las 2 marcas. Si la longitud del filamento es de 10 mm, su sistema es bueno. En caso contrario, vaya al paso siguiente.

⇛ Si la longitud es diferente, calcule el número de pasos/mm que hay que introducir en el firmware. Para empezar, busque este valor utilizando el comando **M503**. El valor se llama Estep o Epas.

⇛ Para conocer el nuevo valor, realice el siguiente cálculo:
Epas = distancia medida en mm/10 x EpasActual

⇛ Introduzca este nuevo valor con el comando **M92 E[Epas]**.

⇛ Guarde con **M500**.

⇛ Reinicie la impresora.

⇛ Compruebe que el valor se ha registrado verificándolo con **M500**.

⇛ Si este no es el caso, comience de nuevo desde el paso 9. Si esto sigue sin funcionar, su firmware está bloqueado contra escritura, por lo que tendrá que poner el comando **M92 E[Epas]** en el start G-code de su slicer.

Observación

Una vez configurado el sistema de extrusión, dispondrá de una base excelente desde la que empezar a imprimir. Un sistema de extrusión bien ajustado es esencial cuando empieza a imprimir piezas más complejas con otros filamentos.

2.4 Ajuste del offset electrónico Z

El objetivo del offset electrónico es afinar el ajuste mecánico de Z=0 para que la altura inicial de la boquilla al inicio de la impresión esté entre 0,05 y 0,1 mm de la plataforma.

Una buena primera capa, para PLA con una boquilla de 0,4 mm y una altura de capa de entre 0,1 mm y 0,3 mm, debería ser de entre 0,05 mm y 0,1 mm.

Puede utilizar una cuña de precisión o una hoja de papel para realizar el ajuste.

El offset es una opción que permite ajustar correctamente la primera capa, de modo que la impresión se adhiera bien a la plancha y no se despegue durante ella. Un offset mal ajustado también puede provocar atascos en la boquilla y sobreextrusión al inicio de la impresión.

¿Qué es un offset?

Offset es una palabra inglesa que significa «compensación» o «desplazamiento». Esta palabra se utiliza en imprenta, informática, finanzas y electrónica. He aquí la definición de offset electrónico, que se acerca más al caso de una impresora 3D. Técnicamente, el offset se utiliza para compensar un valor de escala.

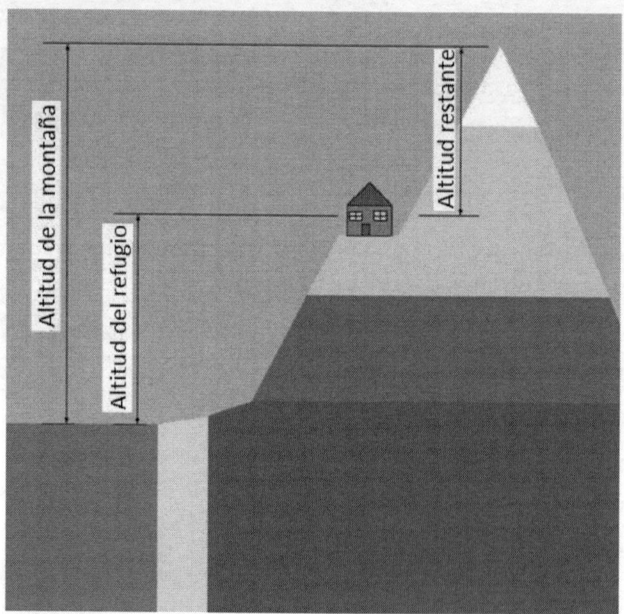

Subir a la montaña desde el refugio lleva menos tiempo que desde la playa

En el ejemplo de un valor bajo, pongamos por caso, es posible que queramos que el inicio de nuestro intervalo (es decir, el 0 %) se sitúe en un valor superior o inferior al normal. Todo es cuestión de proporción. Podemos definir la altitud de una montaña en relación con el nivel del mar, pero también podemos definirla en relación con un refugio para saber la altitud que nos queda por subir. En este caso, nuestro «desfase» sería la altitud del refugio. Y podemos definir nuestra escala sobre la altitud restante, 0 % para la altitud del chalet, 100 % para la altitud de la cumbre de la montaña.

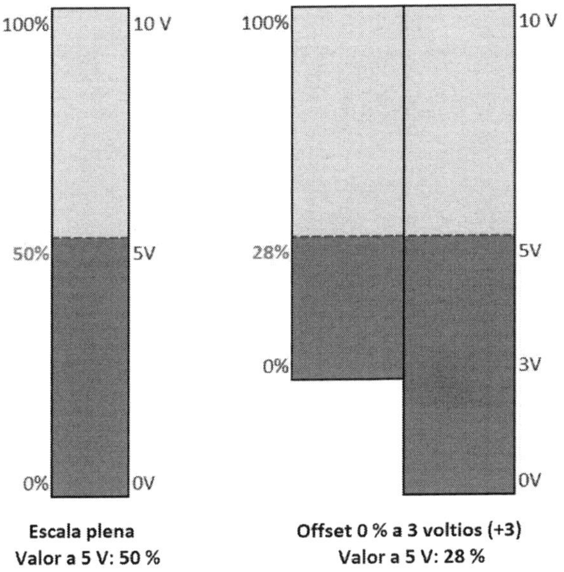

Escala plena
Valor a 5 V: 50 %

Offset 0 % a 3 voltios (+3)
Valor a 5 V: 28 %

Offset bajo de 3 voltios en la escala 0-100

Echemos ahora un vistazo más técnico al offset. Para un offset del rango de escala pequeña (0 %) a 3 voltios en una medida que va de 0 a 10 voltios, nos daría este resultado.

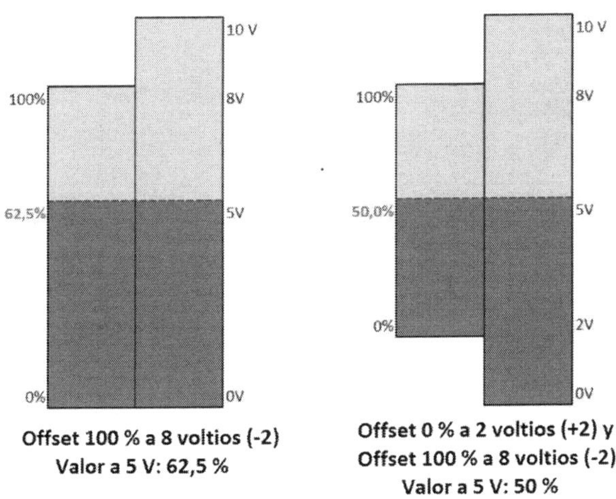

Offset 100 % a 8 voltios (-2)
Valor a 5 V: 62,5 %

Offset 0 % a 2 voltios (+2) y
Offset 100 % a 8 voltios (-2)
Valor a 5 V: 50 %

Valores de desviación al inicio y al final del intervalo de medida

Por supuesto, también es posible generar un offset en el extremo superior de su rango de medición. Algunos sistemas electrónicos aceptan ambas variaciones.

¿Cómo se ajusta el offset de la impresora 3D?

El ajuste del offset en una impresora 3D se realiza principalmente en el ajuste del eje Z (también es posible ajustar el offset en relación con los finales de carrera de X e Y). En la jerga, esto se conoce como ajuste de Z-offset. Se trata de ajustar la posición más baja del cabezal de impresión y de su boquilla.

El Z-offset es un ajuste que hay que realizar en absolutamente todas las impresoras 3D, ya sean de kit, RepRap, profesionales, cartesianas o de tipo delta. Generalmente, este paso forma parte del procedimiento de puesta en marcha cuando se utiliza una impresora 3D por primera vez.

La primera pregunta es: ¿offset en caliente o en frío?

Como es lógico, el offset en caliente debería hacerse a la temperatura de impresión para estar exactamente en las mismas condiciones que esta. Pero, en realidad, no importa. La influencia del frío/calor es realmente mínima y no tendrá ningún impacto en la calidad de la impresión cuando realice su offset.

Sin embargo, en algunas impresoras, el sensor inductivo o mecánico está situado en el carro de impresión y actúa como final de carrera en Z. En algunos casos, la temperatura puede afectar a la medición de la distancia del sensor a la plataforma. En estos casos, es aconsejable ponerse en contacto con el fabricante para conocer la temperatura que no afectará a su sensor para el ajuste de Z.

El ajuste del offset se puede hacer en su slicer (Cura, Simplify3D, etc.) y también se puede escribir directamente en el firmware de su impresora utilizando la pantalla de control de la impresora, si la tiene.

El ajuste debe ser tal que apenas pueda pellizcar una hoja de papel bajo la boquilla.

El método para ajustar el offset Z

⇉ En primer lugar, ejecute un **Auto Home** en su impresora para restablecer las longitudes de carrera en cada eje.

⇉ A continuación, coloque la boquilla en el centro de la bandeja y deslice una hoja de papel debajo.

⇉ A continuación, active el ajuste de offset de su máquina (consulte la documentación de su máquina).

⇉ Baje la boquilla hasta que la hoja de papel quede aprisionada entre el inyector y la plataforma. Suba la boquilla y vuelva a bajarla para asegurarse de que ha colocado la boquilla a la altura exacta en la que la hoja queda aprisionada.

⇉ Una vez alcanzada la altura correcta, confirme el valor de desplazamiento.

Procedimiento a través de Pronterface

⇉ Si no dispone de pantalla, utilice el siguiente comando en Pronterface:

```
M206 Z [distancia a la plataforma]
```

Para volver al origen Z, la distancia será negativa, en mm.

Por ejemplo, para elevar la boquilla 0,2 mm

```
M206 Z-0.2
```

⇉ A continuación, realice un **Auto Home** utilizando el comando **G28** o el botón **Auto Home** en Pronterface. Seguidamente, mida la distancia entre la boquilla y la plataforma utilizando una calza o una hoja de papel. En función del resultado, ajuste el Z-offset.

2.5 Ajustar la tensión Vref de los drivers de motores

Ajustando la tensión de referencia de los drivers de motor se puede controlar la corriente media enviada a cada motor. Esto permite ajustar la corriente suministrada para que los motores funcionen dentro de un rango de corriente que se adapte mejor a las características del motor. El resultado es una impresora más silenciosa y movimientos más suaves del cabezal de impresión en los ejes X e Y.

Dependiendo de los drivers, las características del motor, el par aplicado y la tensión de alimentación de la impresora, este valor de tensión Vref puede variar mucho. La tensión se calcula de forma diferente en función del driver utilizado. Sin embargo, existe un método universal para ajustar la corriente aplicada a los motores: el método experimental de oído.

Método de oído (universal)

⇉ Localice la placa de control electrónico de su impresora 3D.

⇉ Localice los drivers de motor en la placa. Pueden estar etiquetados como X, Y, Z y E o situados frente a los conectores de motor X, Y, Z y E. A veces se denominan RP1, RP2, RP3 y RP4 para X, Y, Z y E, respectivamente.

En una placa Creality3D, los circuitos dedicados a los controladores están situados frente a los conectores de los motores X_mot, Y_mot, Z_mot y E_mot.

Los potenciómetros se identifican por sus tornillos en cruz

⇒ Localice el potenciómetro de cada driver si sus drivers disponen de potenciómetro de ajuste. Si no lo tienen, significa que la tensión **VRef** de los motores, que permite ajustar la corriente media enviada a los motores, no se puede configurar o que este ajuste se realiza mediante una configuración de software (puede ser el caso en algunas placas base de 32 bits).

Potenciómetros repartidos por la primera versión de la placa Dagoma Discoeasy (MKS Base)

⇉ Una vez localizados los potenciómetros, puede encender la impresora 3D. Tenga cuidado: la placa está encendida. Asegúrese de no causar un cortocircuito.

⇉ Realice un **Auto Home** de la impresora.

⇉ Mueva el cabezal de impresión al centro del volumen de impresión utilizando los controles de la pantalla de la impresora o a través de la parte de **Control de la impresora 3D** de Pronterface.

⇉ Una vez que el cabezal de impresión esté en el centro del volumen, dirija el cabezal de impresión sobre el eje X para que se mueva hacia delante y hacia atrás. Puede utilizar el paso de 10 milímetros.

⇉ Escuche el ruido que hace el eje X en movimiento.

⇉ Gire el potenciómetro del driver X en una dirección.

⇉ Vuelva a mover el cabezal de impresión hacia delante y hacia atrás. Si el movimiento del cabezal hace menos ruido y es más suave, ajuste en esta dirección. Si el cabezal de impresión hace más ruido, da tirones o deja de moverse, gire el potenciómetro en la otra dirección. Cuando el cabezal está parado, el motor X está en posición de retención. Esta posición debe hacer el menor ruido posible.

⇉ Repita los tres últimos pasos hasta obtener un movimiento suave en el eje X con el motor lo más silencioso posible.

⇉ Repita el mismo procedimiento para el eje Y con el potenciómetro del driver Y.

⇉ Repita el mismo procedimiento para el eje Z utilizando el potenciómetro del driver Z.

⇉ Repita el mismo procedimiento para el sistema de extrusión con el potenciómetro del driver del sistema de extrusión. Esta operación debe realizarse con el filamento cargado y la boquilla caliente.

2.6 Ajuste de la precisión X/Y

Cuando se imprime una pieza en 3D, la precisión en X e Y está relacionada con variables mecánicas, como el número de pasos del motor necesarios para completar un giro, el número de reducciones del motor y la tensión de las correas. El cubo de calibración es un sencillo cubo de 2 x 2 x 2 cm que permite medir los errores dimensionales de la impresora en los ejes X, Y y Z. Son estos errores, a veces demasiado grandes, los que impiden el funcionamiento de los mecanismos impresos en 3D, como los sistemas de tornillo-tuerca o engranaje. Afortunadamente, existe una forma de corregir estos errores calibrando electrónicamente los pasos del motor.

Antes de cualquier manipulación, es importante haber tensado correctamente las correas de los ejes X e Y.

A continuación, hay que imprimir el cubo de calibración XYZ, disponible aquí:
https://www.thingiverse.com/thing:1278865

Se trata de comprobar que las dimensiones son correctas para los ejes X, Y y Z. Se debe encontrar un valor de 20,00 milímetros para cada lado en una impresora 3D perfectamente calibrada. Si el valor encontrado para un eje es superior a 20,00 milímetros, la correa correspondiente no está suficientemente tensada. Por el contrario, si el valor es inferior a 20,00 milímetros, la correa correspondiente está demasiado tensada.

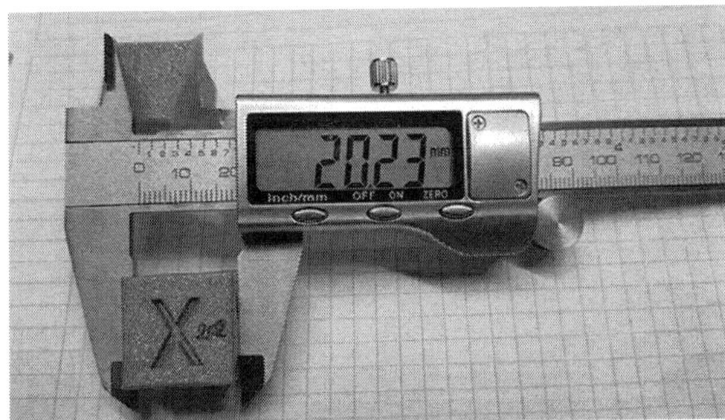

Medición del eje X con un calibrador digital

Si ya no cuenta con suficiente libertad de acción sobre la tensión de la correa, puede ajustar la precisión de su impresora modificando los valores del número de pasos por revolución del motor. Este parámetro se llama Steps/mm para los ejes X, Y o Z. Se trata del mismo cálculo que realizó anteriormente para la calibración de extrusión de filamento.

⇛ Para empezar, encuentre los valores de steps/mm con el comando M503. Los valores se denominan Xstep, Ystep, Zstep o Xpaso, Ypaso, Zpaso.

⇛ Para conocer los nuevos valores, realice los siguientes cálculos:
Xpaso = Xpaso firmware/MedidaXdelCubo x MedidaBuscada
Ypaso = Ypaso firmware/MedidaYdelCubo x MedidaBuscada
Xpaso = Zpaso firmware/MedidaZdelCubo x MedidaBuscada

Por ejemplo:

Xpaso = 80 / 20,23 x 20,00 = 79,09 steps/mm

Ypaso = 80 / 19,97 x 20,00 = 80,12 steps/mm

No se recomienda cambiar los Zpaso.

⇛ Introduzca este nuevo valor con el comando **M92 X[Xpaso] Y[Ypaso] Z[Zpaso]**.
Por ejemplo:

```
M92 X79.09 Y80.12
M500
```

⇛ Guarde con **M500**.

⇛ Reinicie la impresora.

⇛ Compruebe que se ha registrado el valor utilizando **M503**.

⇛ Si no es así, empiece de nuevo desde el paso 9. Si esto sigue sin funcionar, su firmware está bloqueado en escritura, por lo que tendrá que introducir el comando **M92 X[Xpaso] Y[Ypaso] Z[Zpaso]** en el *start G-code* de su slicer.

2.7 Establecer la aceleración por defecto

La aceleración de la impresión define el cambio de velocidad de impresión de baja a alta y viceversa. Al imprimir curvas en las paredes exteriores de una pieza, el movimiento del cabezal de impresión se ralentiza y luego se acelera.

Observación

La aceleración en una impresora 3D puede compararse a la del conductor de un coche que entra en una curva. Primero reduce la velocidad para entrar en la curva y luego acelera al final de esta.

Esta aceleración puede o no estar controlada por el G-code producido por el slicer. Si el cortador no controla la aceleración, los parámetros de la impresora 3D tienen prioridad. Por defecto, las aceleraciones de las impresoras 3D son bastante altas, alrededor de 3000 mm/s2. A estas velocidades, pueden producirse imágenes fantasma e imprecisiones en los detalles de un modelo impreso. Se trata de un fenómeno que «copia» una forma desplazada en la pared exterior. Este efecto, consecuencia directa de las vibraciones de baja frecuencia, puede reducirse disminuyendo la aceleración de la impresora.

Observación

Si el valor de aceleración es demasiado alto, pueden producirse fuertes vibraciones, ruidos en el motor e incluso saltos en los pasos del motor.

⇉ Puede reducir la aceleración por defecto de la impresora con el comando **M204**. No olvide guardar con el comando **M500**.

```
M204 P300
M500
```

⇉ También puede cambiar la aceleración máxima permitida en los ejes X e Y utilizando el comando **M201**.

```
M201 X1000 Y1000
M500
```

2.8 Establecer el jerk por defecto

Cuando cambia la velocidad de un eje, su aceleración (o deceleración) en mm/s² está limitada por el parámetro de aceleración máxima. Un valor de 3000 mm/s² significa que un eje puede acelerar de 0 a 3000 mm/min (50 mm/s) en el espacio de un segundo.

Esta aceleración máxima puede provocar sacudidas si el cabezal de impresión cambia de dirección con frecuencia. Esto se conoce como *jerk*. También en este caso, el *jerk* puede controlarse a través del slicer. Si el slicer no toma el control, se utilizará el valor de *jerk* definido en el firmware para la impresión 3D.

Un valor de jerk bajo (< 20 mm/s) tendrá el efecto de redondear los bordes de las piezas impresas y aumentar la regularidad de la forma de las capas en las esquinas. Un valor de jerk alto (> 20 mm/s) tendrá el efecto de añadir imprecisiones a lo largo de una arista.

⇒ Para definir la variación instantánea máxima de la velocidad del cabezal de impresión (*jerk*), envíe el comando **M205** seguido del parámetro **E**, que define el valor del jerk en mm/s.

```
M205 E10
M500
```

Capítulo 7
La importancia de la primera capa

1. Un paso importante

La calidad de la primera capa en una impresión 3D es el elemento más importante de una buena impresión.

Si su primera capa es correcta, esta será la primera garantía de éxito de su impresión 3D. Un gran número de impresiones 3D fallidas se deben a una primera capa defectuosa.

Una primera capa perfecta puede conseguirse manualmente o mediante ayudas electrónicas y de software.

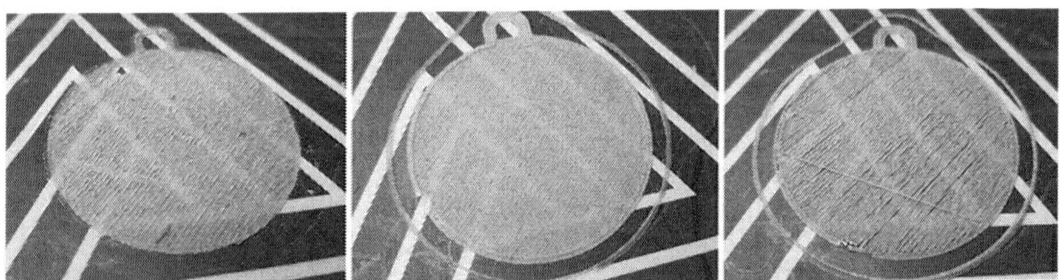

Capa triturada, capa perfecta y capa no suficientemente triturada

Observación

Un buen dominio de la primera capa en su impresora 3D le garantizará un porcentaje de éxito mucho mayor.

Una buena primera capa debe:

- adherirse perfectamente a la superficie de impresión;
- tener la misma altura en toda la superficie de impresión;
- ser lo más uniforme posible en toda la superficie de impresión.

Y una buena primera capa no tiene por qué:

- incorporar protuberancias (sobreextrusión) o huecos (subextrusión);
- despegarse de la plataforma;
- obstruir la boquilla o provocar la rotura del sistema de extrusión.

A veces, los problemas de impresión que aparecen mucho más tarde son el resultado de una primera capa que no se dominó.

Observación

Si está imprimiendo con varios tipos de filamento, los ajustes correctos para la primera capa se obtendrán con la experiencia, a medida que avance en su dominio de la impresión 3D.

2. Planitud de la cama de impresión

No todas las superficies de impresión son iguales en términos de planitud.

Lamentablemente, algunas impresoras pueden suministrarse con plataformas abombadas. Este es el caso, en particular, de las plataformas de cristal.

Una plataforma convexa o curva no es recomendable para imprimir, incluso aunque tiene un sensor de nivel en el carro de impresión para corregir defectos de planitud.

Con el desgaste, la superficie de impresión será cada vez menos plana, por lo que es importante limpiar la plataforma o superficie de impresión con regularidad para prolongar su vida útil.

Prueba visual de la planitud de la plataforma y del nivel

Requisito previo: para poder realizar la prueba, debe estar seguro de haber calibrado perfectamente el nivel de la capa Z=0 de su impresora 3D (ver el capítulo Montaje y calibración mecánica y el capítulo Calibración electrónica de la impresora 3D). Ya debería haber realizado algunas pequeñas impresiones 3D en las que la primera capa se haya adherido a la plataforma.

⇉ Primero, descargue el archivo **Test_Planitud_Plataforma.STL** y ábralo en su slicer.

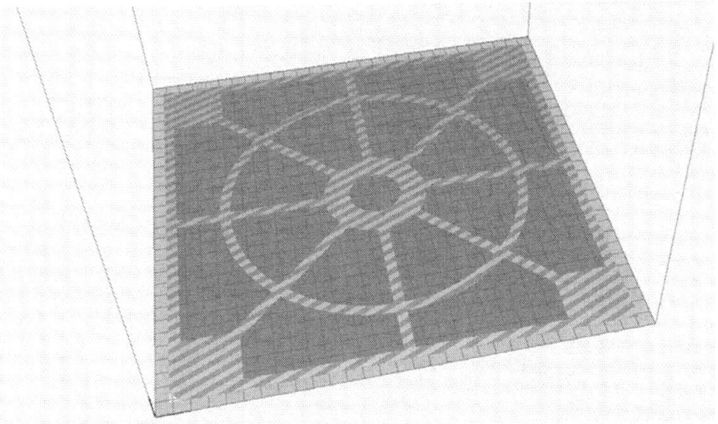

Posicionamiento de la pieza en Cura

⇉ Redimensione el archivo de prueba al tamaño de su plataforma. El archivo solo tiene una capa de grosor en la altura Z. Deje sus ajustes por defecto, modificando únicamente la temperatura de impresión y la temperatura de calentamiento de la plataforma para adaptarlas a su filamento.

⇉ En el *Start G-code* de su slicer, si los comandos **G29** o **M420 S1** están presentes, comente estas líneas con «;». Esto desactivará la compensación de planitud si su impresora tiene un sensor de contacto.

⇉ Exportar e imprimir.

Al final de la impresión, esto mostrará una representación visual de las irregularidades de su superficie de impresión. Esté presente al final de la impresión para retirar la prueba rápidamente. En algunas superficies, si la prueba permanece demasiado tiempo, puede resultar difícil retirarla.

Prueba de planitud en Creality Ender-3 durante la impresión

Si la primera capa está más aplastada en un lado de la plataforma, simplemente reajuste su plataforma/paralelismo (ver capítulo Montaje y calibración mecánica). Lo mismo se aplica si su primera capa se despega en un lado.

Resultado de la prueba: algunos puntos planos en el centro y una distancia demasiado pequeña entre la plataforma y la boquilla en la esquina inferior izquierda

Si observa irregularidades en ciertas partes de la impresión, se trata de defectos de planitud. En caso de que la superficie sea convexa, no hay nada que pueda hacer al respecto (o, si no, la solución low cost es armarse de valor y lijar la superficie). En este caso, tendrá que cambiar la superficie de impresión o utilizar la compensación de planitud del eje Z. Lo verá más adelante en este capítulo.

Observación

Una superficie de impresión no tiene una planitud perfecta. La precisión con la que se fabrica este tipo de superficie no es necesariamente suficiente para garantizar una buena primera capa.

3. Los fenómenos de warping y curling

Los fenómenos de *warping* y *curling* están relacionados con la retracción del plástico sobre sí mismo al enfriarse.

Warping: en español, «deformación», el warping es la retracción del termoplástico en la superficie de impresión. El resultado es un desprendimiento del objeto impreso, inicialmente en todo el perímetro del objeto, que puede llevar al desprendimiento total de la pieza.

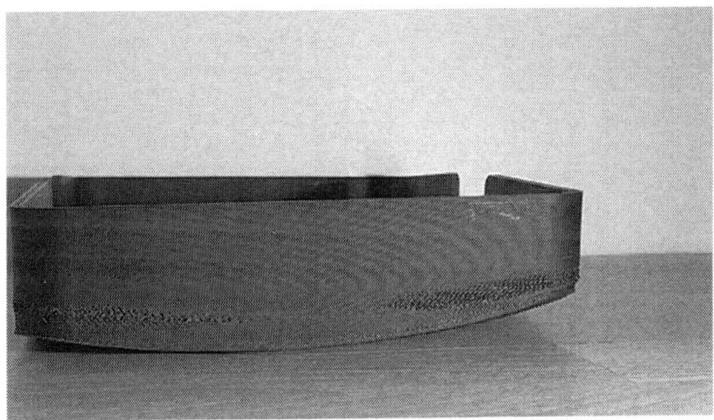

Warping pronunciado en una pieza impresa de aleación PC-ABS

Curling: sinónimo de warping, se centra en el material que se curva sobre sí mismo. En impresión 3D, el curling se produce en las esquinas superiores de una impresión 3D.

Curling en las superficies pequeñas de impresión

Para evitar los fenómenos de warping o de curling, es necesario:

- tener una buena adherencia de las piezas en la plataforma,
- tener una primera capa de buena calidad.

Para limitar el riesgo de warping o de curling, puede:

- mejorar la adherencia de su plataforma,
- añadir un borde a sus piezas para aumentar la superficie de contacto,
- aumentar la temperatura de la cama calefactada,
- reducir la ventilación durante las primeras capas de impresión,
- orientar sus piezas de modo que la primera capa tenga el menor número posible de bordes y esquinas.

Observación

Un pequeño consejo para los diseñadores 3D:

Si es usted diseñador 3D de modelos para impresión 3D, con el objetivo de facilitar la impresión a todos sus clientes o a su comunidad, redondear las esquinas de la pieza es una excelente solución contra el warping (por esta razón, las piezas redondeadas encabezan las listas en los sitios de descarga de modelos 3D). También se debe a que preferimos piezas con «formas orgánicas» en lugar de «formas angulares».

Todas las impresoras 3D tienen que lidiar con estos fenómenos de vez en cuando. Para algunos se convierte incluso en una pesadilla, porque el fenómeno no se produce necesariamente cuando se imprimen las primeras capas, sino a menudo mucho después.

También debe tener en cuenta que algunos materiales son más sensibles al warping que otros. El PLA y los filamentos flexibles son los materiales menos sensibles. En cambio, los filamentos de ABS y policarbonato son tan sensibles al warping que la impresión debe aislarse de cualquier corriente de aire.

4. Los sensores, asistentes para su primera capa

La plataforma de impresión es la base de toda impresora 3D, sea cual sea la tecnología de impresión 3D. Por lo tanto, es la parte más importante de su impresora. Una plataforma ondulada hará que su pieza se despegue durante la impresión. Necesita una base lo más plana posible.

Plataforma microporosa Anycubic Ultrabase

Para corregirlo, tiene varias opciones: cambiar la superficie de agarre de la plataforma por una superficie plana (placa de vidrio, espejo, placa con revestimiento microporoso, etc.) o utilizar un sensor de nivel en el carro de impresión, que sondeará la plataforma en varios puntos.

En otras palabras, no debe haber ninguna diferencia de nivel entre dos puntos de la plataforma.

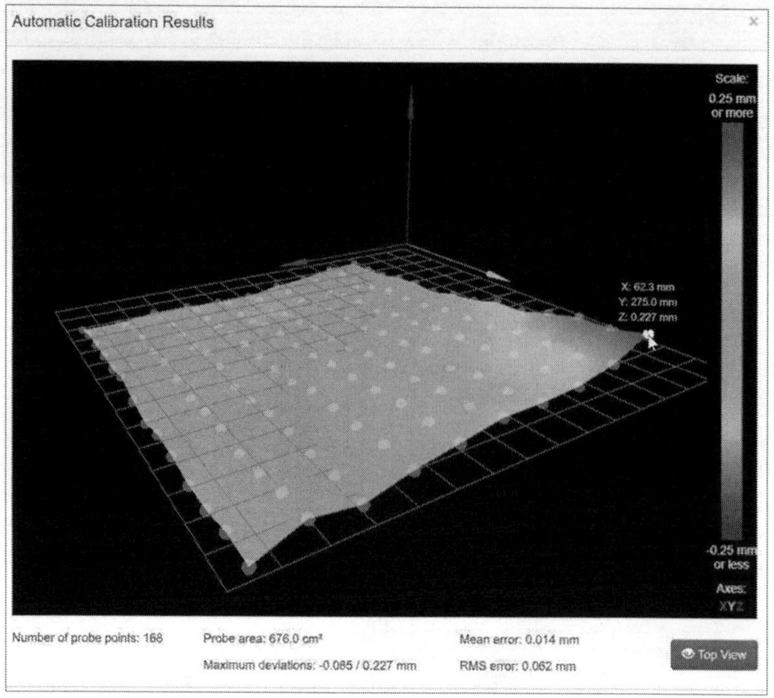

Defectos de planitud en una plataforma de impresión (aquí, 168 puntos en una plataforma de 30 x 30 cm mediante un sensor mecánico de precisión)

Algunas impresoras 3D incluyen de serie sensores, también conocidos como sondas, en el cabezal de impresión. Estos sensores se utilizan para obtener el nivel sensor-plataforma en varios puntos de dicha plataforma. Esto significa que el firmware de la impresora puede recrear una imagen virtual de la plataforma. Gracias a esta imagen virtual del nivel Z en varios puntos de la plataforma, la impresora 3D puede activar una matriz de compensación de la planitud de la plataforma. Mediante esta matriz, las irregularidades de la plataforma se compensan en tiempo real durante la impresión 3D.

Estos sensores también se utilizan en la operación de fin de carrera para el eje Z durante la secuencia Auto Home o homing-Z.

Para instalar uno de estos sensores en una impresora 3D que aún no lo tenga, el firmware de su impresora debe ser compatible. Si no es así, tendrá que modificar el firmware y flashear la placa base de la impresora.

Observación

Es perfectamente posible imprimir piezas sin este tipo de sensores. Sin embargo, los sensores de precisión, como BLTouch o 3DTouch, ayudan a borrar las imperfecciones de la superficie de impresión y, por tanto, garantizan una mejor adherencia de la pieza.

4.1 Sensores remotos

4.1.1 El sensor capacitivo

El sensor capacitivo tiene la ventaja de captar cualquier tipo de superficie de impresión. Su repetibilidad y precisión son medias, sobre todo porque la precisión de su medición dependerá de la temperatura circundante del sensor. Esto no es ideal cuando el sensor se coloca junto al cabezal de impresión cuando se está calentando. Por eso se recomienda realizar el ajuste de planitud y el homing-Z con el cabezal de impresión y la plataforma fríos.

Sensor capacitivo

Donde este sensor puede ser útil es en una superficie de cristal. El sensor capacitivo reconoce cualquier material.

4.1.2 El sensor inductivo

El sensor inductivo está especializado en la detección de superficies metalizadas sensibles a los rayos electromagnéticos y conductores. Es el caso, en particular, de las plataformas de impresión cortadas a partir de una placa de aluminio. Preste atención, sin embargo, a no tener una superficie de impresión demasiado gruesa en la plataforma (placa de vidrio, placa de vidrio borosilicato, etc.).

El sensor inductivo es muy similar al sensor capacitivo

Este sensor es sensible a las variaciones de temperatura, por lo que su precisión es media. A menudo es necesario realizar mediciones de «boquilla caliente» a una temperatura de unos 100 °C para lograr una elevada repetibilidad de los resultados.

4.1.3 El sensor IR (infrarrojos)

Este sensor se utiliza cada vez menos en las impresoras 3D. Básicamente, un LED infrarrojo envía una señal IR que es reflejada por la plataforma. Una célula receptora de IR, situada también en el sensor, recibe la señal reflejada. Como la velocidad de la onda IR es constante, el tiempo que tarda en volver la señal es proporcional a la distancia entre el sensor y la plataforma. De este modo, el nivel sensor/plataforma puede definirse en varios puntos de esta.

Sensor de infrarrojos para montaje en el cabezal de impresión

Este tipo de sensor se utiliza con menos frecuencia, ya que no puede emplearse en condiciones de impresión en caliente. Algunas superficies de impresión no reflejaban suficientemente el haz IR para una medición correcta.

4.2 Sondas mecánicas

4.2.1 La sonda Touch-Mi

Sensor Touch-Mi montado en una impresora 3D

La sonda Touch-Mi ha sido desarrollada por la empresa francesa HotEnds.fr. Esta sonda mecánica de bajo coste «palpa» mecánicamente la plataforma mediante una varilla metalizada que desciende sobre la plataforma. A medida que sondea, la varilla vuelve a subir en el sensor. El movimiento ascendente de la varilla se detecta mediante un sensor de efecto Hall capaz de detectar la presencia de metal y, por tanto, de la varilla.

Si la varilla sube más que el sensor, es retenida por una bola imantada para guardarla apropiadamente.

Para liberar la varilla y realizar una medición o una serie de mediciones, es necesario extender la varilla con la mano o con la ayuda de un imán colocado en el extremo del eje X. Así, en la secuencia Homing-X o Auto Home, cuando el sensor se acerca al imán, atrae la bola del sensor. En ese momento, la varilla se libera automáticamente para realizar el Homing-Z o la matriz de compensación de planitud.

4.2.2 La sonda BLTouch

BLTouch es una sonda táctil de código abierto diseñada por Antclabs. A diferencia del Touch-Mi, este sensor está equipado con un electroimán capaz de controlar la entrada y salida de la varilla. Se trata, por tanto, de un sensor electromecánico. También cuenta con un sistema de gestión de alarmas en caso de fuerza excesiva o colisión con el sensor. La última versión del sensor es compatible con una alimentación de 3,3 V o 5 V. Este tipo de sensor requiere la activación de determinadas variables internas del firmware. Una vez que el firmware es compatible, es posible enviar comandos en formato G-code para controlar y probar el BLTouch.

BLTouch

En la página oficial de Antclabs sobre BLTouch se puede ver un vídeo de demostración: https://www.antclabs.com/bltouch

La repetibilidad y precisión del BLTouch son muy altas, lo que lo convierte en uno de los mejores sensores para crear una matriz de compensación. Además, el sensor es muy ligero. Debido a que su estructura está moldeada en polipropileno, el BLTouch es resistente a las altas temperaturas, lo que lo convierte en el aliado ideal si imprime filamentos técnicos que requieren que su plataforma se caliente a más de 100 °C.

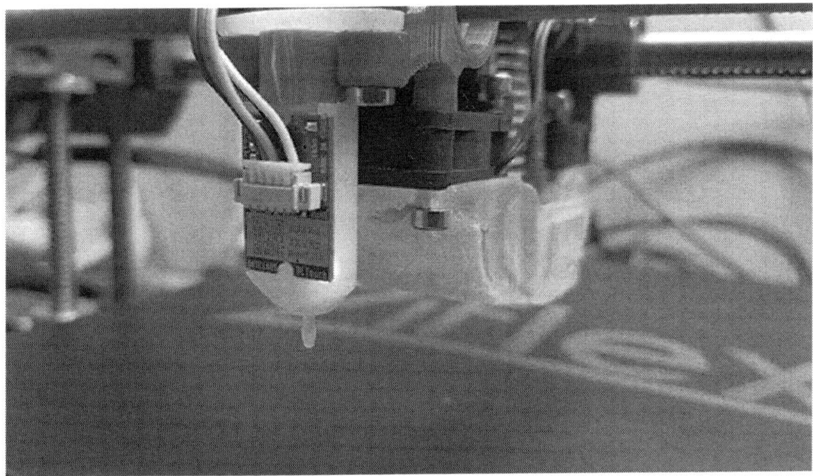

BLTouch montado en una impresora 3D

Sin embargo, el BLTouch sigue siendo complejo de instalar en la mayoría de las impresoras 3D. La instalación requiere modificar el firmware de la impresora 3D para integrar las funciones de BLTouch.

4.2.3 Las sondas 3DTouch

Las sondas 3DTouch, TLTouch y Touch3D son copias de la BLTouch oficial. A menudo vendidas a precios más bajos, este tipo de sonda empieza a encontrarse en algunos fabricantes de impresoras 3D.

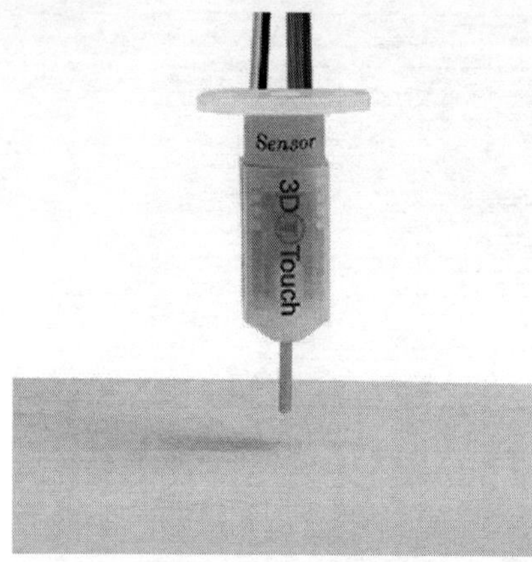

Productos 3DTouch en el mercado

4.2.4 La sonda de precisión piezoeléctrica

La sonda «Precision Piezo» es la más precisa de su categoría. Consiste en un sensor incorporado directamente en el cabezal de impresión, en lugar de en el carro. La precisión y la repetibilidad se maximizan porque el sensor Precision Piezo utiliza la boquilla como sonda.

Sensor piezoeléctrico de precisión (https://www.precisionpiezo.co.uk/)

Cuando la boquilla desciende hasta entrar en contacto con la plataforma, se aplica una micropresión a los sensores de fuerza piezoeléctricos que componen la sonda. Esto detecta el contacto con la plataforma. La ventaja de este tipo de sensor es que no hay que realizar desplazamiento de offset entre la medición Z y la boquilla, ya que la boquilla es también la sonda.

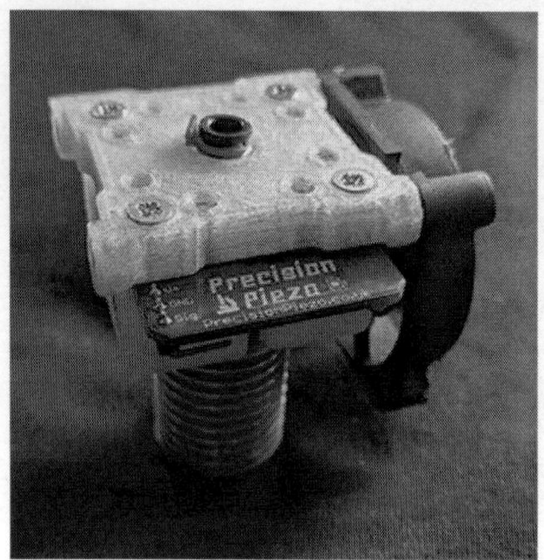

Montaje del Precision Piezo en un cabezal de impresión E3DV6 (https://www.precisionpiezo.co.uk/)

Sin embargo, la instalación y el uso de este sensor siguen siendo complejos. En cuanto a la instalación, debe imprimir uno mismo el armazón del sensor. Durante la medición, la boquilla debe estar limpia, sin filamento en su salida. Por este motivo, se recomienda realizar la medición en caliente, con la boquilla a una temperatura mínima de 130 °C.

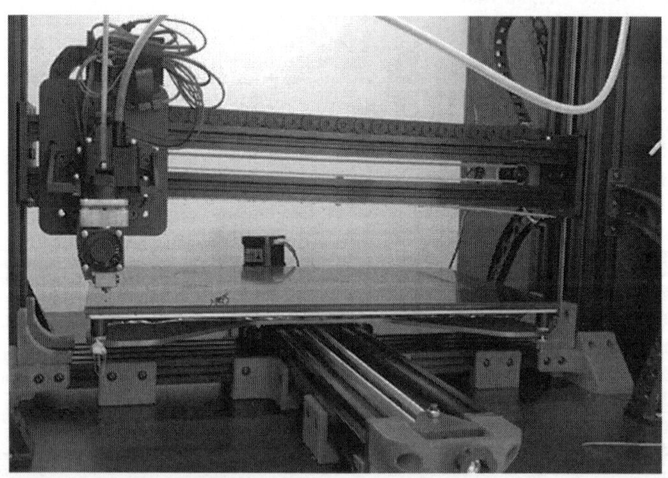

Impresora 3D con un sensor Precision Piezo montado en el cabezal de impresión

Este tipo de sensor también se puede utilizar para detectar ciertos problemas durante la impresión, como que la pieza se enganche en la boquilla o la colisión con la pieza o los soportes. Esta gestión de alarmas no está incluida por defecto en el firmware de las impresoras 3D.

4.3 Utilización de la compensación de planitud de la plataforma con su sonda

El objetivo es realizar una corrección relativa de la planitud de la plataforma. De hecho, si el plano formado por la plataforma a lo largo de su recorrido no es perfectamente paralelo al plano de movimiento del cabezal de impresión, pueden producirse defectos de impresión. Estos defectos pueden ser desprendimientos de material o capas demasiado aplastadas. Hablamos aquí de defectos de planitud que repercuten en el paralelismo en cada punto de nuestra plataforma.

El uso de la compensación de planitud de la plataforma requiere un sensor inductivo, capacitivo o mecánico montado en el cabezal de impresión.

La opción de compensación del nivel de la plataforma no está activada en todos los firmware de impresoras 3D. En el firmware Marlin, esto requiere que la opción **MESH_BED_LEVELING** esté activada.

Observación

Antes de realizar el procedimiento de compensación de planitud, la impresora debe estar perfectamente ajustada. La boquilla debe estar lo más nivelada posible con la plataforma. La herramienta de compensación puede utilizarse para corregir pequeños defectos de planitud, pero no está diseñada para imprimir en una plataforma inclinada.

Es posible definir el número de puntos que se toman al crear la matriz de compensación. He aquí dos soluciones:

- Crear una matriz de compensación de 4 a 9 puntos al inicio de cada impresión. Esta matriz solo se utilizará para la impresión en cuestión.
- Crear una matriz de compensación con un gran número de puntos que se almacenará en la memoria de la impresora. De este modo, la compensación ya no se realiza al inicio de cada trabajo de impresión. La compensación es más precisa. Sin embargo, si se efectúa alguna modificación en la impresora, es necesario rehacer la matriz de compensación.

Para cada uno de los puntos, la impresora definirá la desviación de la media de todos los puntos. A continuación, el firmware aplicará la corrección de altura para cada uno de los puntos.

Observación

En la práctica, una vez aplicada la corrección, el cabezal de impresión se desplazará ligeramente hacia arriba en las zonas convexas y ligeramente hacia abajo en las zonas cóncavas.

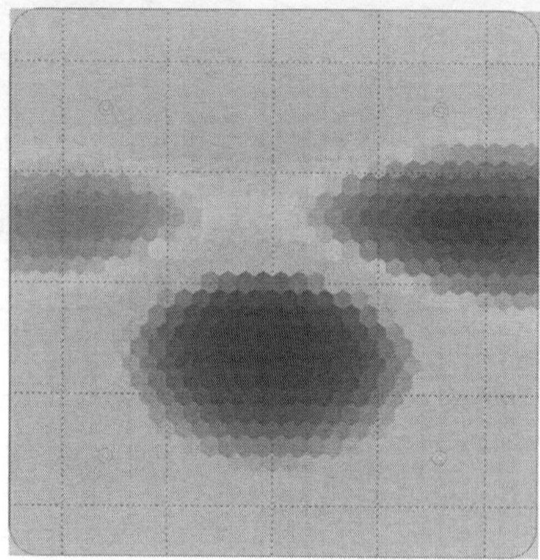

Diagrama de diferencias de altura en una plataforma

Observación

Punto matemático: no se trata de la corrección final (offset Z), sino de una corrección de planitud. La corrección se aplica mediante una matriz de rotación. Esta matriz permite al firmware calcular los coeficientes a.x + b.y = c.z = d, que no es otra cosa que la ecuación del plano medio que pasa más cerca de todos los puntos de la plataforma.

4.3.1 Compensación en cada impresión

La compensación de nivel de la plataforma a través de la sonda se realiza mediante el comando **G29**. El comando **G29** debe ir obligatoriamente después del comando **G28** (Auto Home) en el **start G-code** de su impresora. Si el comando se ejecuta tal cual, se tendrá en cuenta el sondeo por defecto del firmware. El comando **G29** puede tomar como parámetro el número de puntos que hay que sondear con el parámetro Px, siendo x la raíz cuadrada del número de dichos puntos. Cuanto mayor sea el número de puntos, más precisa será la compensación.

```
G29 P2; Compensación en una matriz de 2x2 puntos = 4 puntos
G29 P3; Compensación en una matriz de 3x3 puntos = 9 puntos
G29 P5; Compensación en una matriz de 5x5 puntos = 25 puntos
```

Si el comando G-code **G29** aparece en el start G-code después del comando **G28**, la impresora activará la sonda para averiguar el nivel de la bandeja en cada punto.

Ejemplo de start G-code en una Dagoma Discoeasy 200

```
G90
M106 S255
G28 X Y
G1 X50
M109 R90
G28
M104 S{material_print_temperature_layer_0}
G29 P3
M107
G1 X100 Y20 F3000
G1 Z0.5
M109 S{material_print_temperature_layer_0}
M82
G92 E0
G1 F200 E10
G92 E0
G1 Z3
G1 F6000
```

El comando **G29 P3** aparece bastante después del comando **G28**

Durante el sondeo, el cabezal de impresión se coloca en varios lugares de la plataforma. Estas posiciones están distribuidas uniformemente por la plataforma. El objetivo para el impresor es definir cuántos milímetros tendrá que descender el cabezal de impresión para sondear cada punto en relación con una altura Z bien definida.

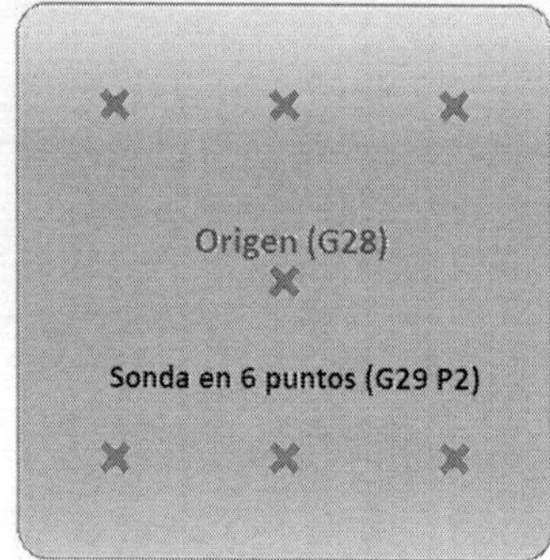

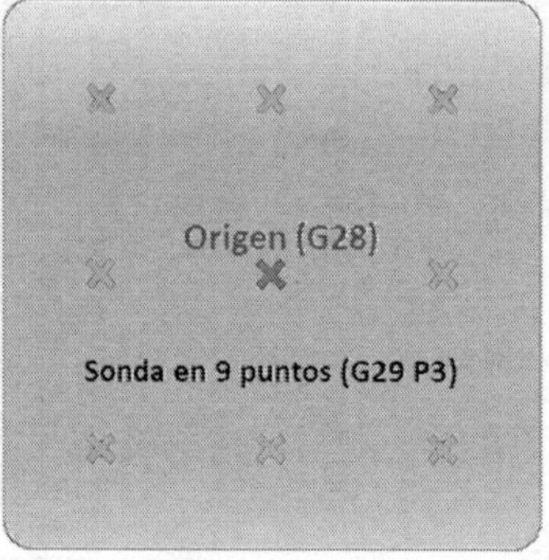

Posición de las mediciones en la plataforma en función del número de puntos medidos

Para cada uno de los puntos, la impresora definirá la desviación de la media de todos los puntos. A continuación, el firmware aplicará la corrección de altura para cada uno de los puntos.

En plataformas con una superficie inferior a 150 x 150 mm, basta con una compensación de 2 x 2 puntos. Para superficies comprendidas entre 150 x 150 mm y 250 x 250 mm, es preferible pasar a una compensación de 3 x 3 puntos. Y, por último, para plataformas de más de 250 x 250 mm, se recomienda pasar a una matriz mayor o a una compensación precisa prerregistrada.

4.3.2 Compensación precisa prerregistrada

Para evitar realizar sistemáticamente la acción de sondear la plataforma al principio de cada impresión, es posible guardar la matriz de compensación en la memoria de la impresora y utilizarla para cada impresión futura. Esto es especialmente útil en grandes superficies de impresión.

Para ello, cree la matriz de compensación mediante un archivo de G-code o a través de Pronterface introduciendo los siguientes comandos:

```
G28 ;auto-home
G29 P6 ;matriz de 6x6 puntos = 36 puntos
M500 ;guardar matriz en EEPROM
```

Una vez guardada la matriz, es necesario indicar a la impresora que debe utilizar la matriz guardada para la compensación de nivel en el **start G-code** de su slicer con el comando **M420 S1**. Este comando debe colocarse después del comando **G28** (Auto Home). Esto activará la matriz de compensación guardada en la **EEPROM** para cada una de sus impresiones futuras.

```
M420 S1
```

La ventaja es que se utiliza una matriz más precisa. La desventaja es que hay que rehacer la matriz de vez en cuando para adaptarla a las variaciones mecánicas de la impresora.

5. Las diferencias en la primera capa según los materiales impresos

De un material a otro, la primera capa no es exactamente igual.

En un filamento de TPU flexible, por ejemplo, el filamento fundido tenderá a extenderse bien y, por lo tanto, se adherirá muy bien a la placa. Dependiendo del filamento, tendrá que estar a la misma altura o más o menos aplastado que un filamento PLA.

En ABS, para obtener una buena primera capa, hay que aplastarla un poco más que en PLA (hasta -0,05 mm).

Los filamentos rellenos de partículas se extienden un poco más porque tienen mayor densidad. En este caso, la distancia entre la boquilla y la plataforma debe ser ligeramente mayor (hasta + 0,05 mm).

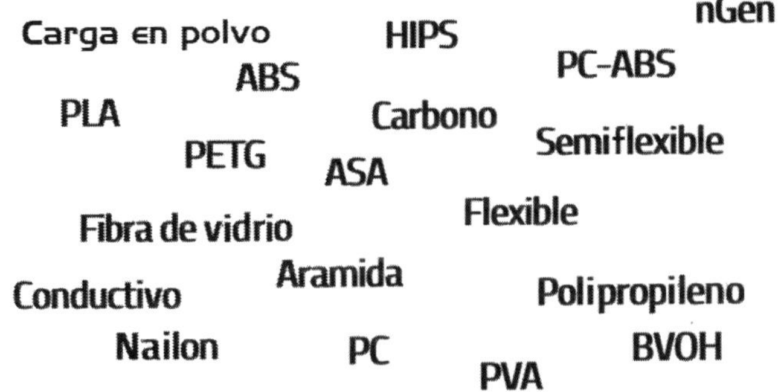

Existen multitud de materiales con diferentes características de fusión

La altura de la capa en PETG es similar a la del PLA.

Aquí no hay ciencia exacta. Todo es cuestión de intuición, de *feeling*.

Dependiendo de cómo utilice la impresora, puede que necesite dejar los ajustes como están.

Pero si cambia a menudo de material y quiere garantizar una primera capa perfecta en todos los casos, sin duda tendrá que reajustar el offset para cada impresión.

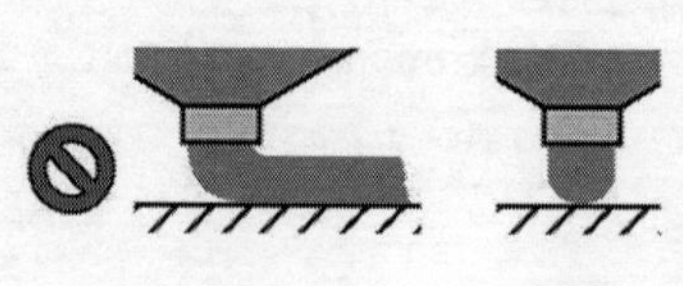

BOQUILLA DEMASIADO ALTA
Presión insuficiente
en la plataforma,
superficie de contacto demasiado pequeña.
Riesgo elevado de
desprendimiento (warping)

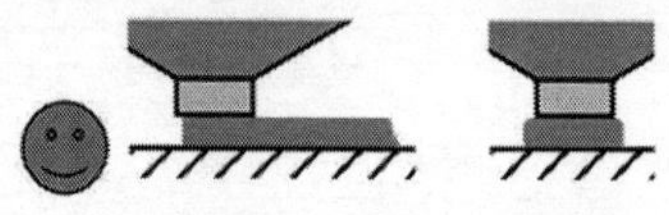

BOQUILLA OK
Máxima superficie de
contacto con la plataforma.
Permite un flujo constante con
une presión suficiente.

BOQUILLA DEMASIADO BAJA
Demasiada presión aplicada.
Riesgo de obstrucción de la boquilla.
Daña el motor de extrusión del
filamento. Riesgo de dañar
la plataforma

Diagrama que muestra la altura de capa perfecta para cualquier material

Hay una opción adicional en el menú de algunas impresoras, llamada «microstepping», o «babystepping» o «microlevelling», que le permite establecer un offset adicional en su primera capa con una precisión de 0,01 mm en tiempo real. Esta opción se creó para las personas que imprimen a menudo materiales diferentes.

6. Reajuste del nivel con el micropasos

Si su impresora lo permite, en su menú existe una opción de **microstepping**, **micropasos**, **babystepping** o **microlevelling**. A veces, esta opción también puede ocultarse en el menú **Nivelación Z** o **Levelling Z** durante la impresión. El objetivo es corregir electrónicamente y en tiempo real la primera capa de la impresión. Esto es especialmente útil en caso de cambio de material, para no tener que modificar el offset electrónico.

Observación

El offset electrónico debe ajustarse de modo que el material que más imprima logre siempre una primera capa perfecta.

Procedimiento

- Localice el menú microstepping/babystepping/microlevelling.
  Este menú aparece con mayor frecuencia al iniciar la impresión. Es posible que forme parte de la función de offset.

El menú Babystep Z en el firmware Marlin de Creality 3D

- Ajuste su primera capa en tiempo real durante la primera capa de su trabajo de impresión. La comprobación es visual. No olvide las cualidades de una buena primera capa:
  - Homogeneidad de la capa.
  - Adherencia perfecta.
  - Sin abolladuras ni protuberancias.
  - Líneas de impresión pegadas entre sí.

Observación

El valor de los micropasos en Z se pone a cero después de cada impresión 3D o después de cada reinicio de la impresora 3D.

Capítulo 8

Cuidados y mantenimiento

1. Cuidados

Los fabricantes de impresoras 3D se olvidarán de explicarle esta parte, pero, si quiere alargar la vida de su impresora, tiene que cuidarla.

El objetivo de los cuidados regulares de su impresora 3D es garantizar que los motores paso a paso de dicha impresora 3D requieran el menor esfuerzo posible. Como resultado, su impresora consumirá menos electricidad, la calidad de impresión de sus piezas no se verá afectada por la mecánica de su impresora y la vida útil de su equipo se alargará. Además, un mantenimiento regular le ayudará a evitar problemas como la obstrucción del cabezal de impresión o el desplazamiento del eje durante la impresión.

1.1 Engrase de los ejes y lubricación de los rodamientos

El primer paso en el mantenimiento regular es engrasar los ejes de guía en Z y lubricar las guías lineales. Para ello, se aplican ciertas normas de buenas prácticas:

- Se engrasa una varilla trapezoidal del eje Z.

Varillas trapezoidales engrasables

- Una varilla «roscada» del eje Z se lubrica con aceite.
- Las guías lineales con rodamientos de bolas se lubrican con aceite en pequeñas cantidades.

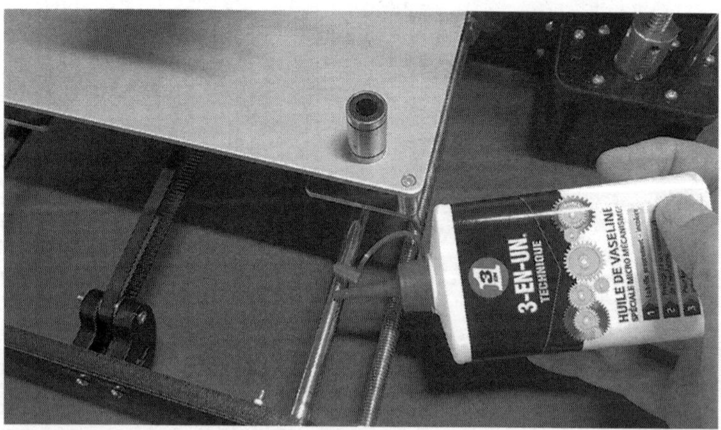

El aceite de vaselina puede utilizarse en las guías de los rodamientos de bolas, pero solo debe emplearse una pequeña cantidad.

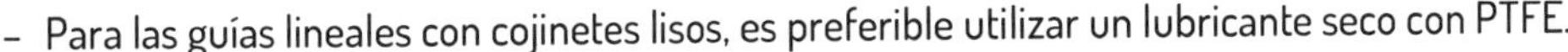

- Para las guías lineales con cojinetes lisos, es preferible utilizar un lubricante seco con PTFE.

Lubricante seco con PTFE para los cojinetes lisos IGUS RJ4JP-01-08

- En el caso de los rodillos de caucho, poliuretano y plástico de los perfiles, puede dejarlos como están o utilizar un lubricante técnico de silicona en los rodamientos.

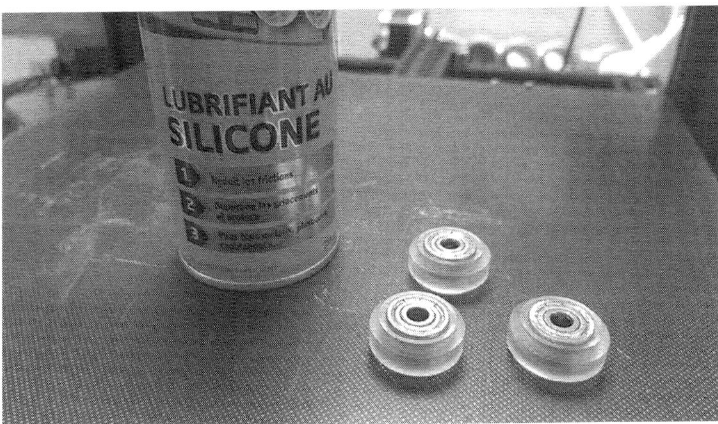

Lubricante técnico de silicona para los rodamientos de zapatas guía en V-Slot

Este mantenimiento debe realizarse cuando note que el cabezal de impresión o la plataforma no se mueven con suavidad.

1.2 Comprobar la tensión de la correa

La tensión de sus correas en los ejes X e Y determina la precisión de las dimensiones de las piezas impresas. Sus correas deben estar suficientemente tensas para imprimir con precisión. Este ajuste ya se realiza cuando se instala la impresora y se comprueba durante la calibración (ver capítulo Montaje y calibración mecánica).

Sin embargo, las fuerzas aplicadas a las correas y sus extremos pueden hacer que estas se aflojen con el tiempo. Por eso es importante comprobar las dimensiones de estas piezas de forma regular (cada trimestre). El método del cubo de calibración es ideal para comprobar estas tensiones de las correas (ver capítulo Calibración electrónica de la impresora 3D, sección Ajuste de la precisión X/Y).

Si es necesario, tendrá que tensar las correas, ya sea utilizando la estructura de tensado de correas de la impresora o un tensor de correas impreso en 3D, que le permitirá tensar las correas con precisión.

Observación

La tensión de las correas tendrá un impacto directo en el tamaño de sus piezas. Si una correa está más tensa que la otra, las piezas quedarán deformadas. En el caso de proyectos que requieran encajar piezas, tendrá dificultades para ensamblar los elementos si sus correas no están tensadas uniformemente.

1.3 Limpiar y desatascar el cabezal de impresión

Es importante mantener limpio el cabezal de impresión, tanto por dentro como por fuera.

1.3.1 Eliminación del polvo

Cuando el cabezal de impresión está funcionando durante varias horas, se acumula polvo en el ventilador del refrigerador de este componente. Por un lado, hay polvo en las aspas del ventilador y, por otro, se acumulará polvo entre las aspas de la parte del cabezal de impresión que se va a refrigerar.

Si se acumula demasiado polvo en esta zona, se reducirá la eficacia de la refrigeración. Esto podría hacer que el filamento se calentara y se obstruyera el refrigerador. Para remediarlo, tendrá que desmontar el carro de impresión y acceder al ventilador y al elemento de enfriamiento del cabezal de impresión para eliminar el polvo. Un paño de algodón húmedo hará muy bien el trabajo de una limpieza eficaz.

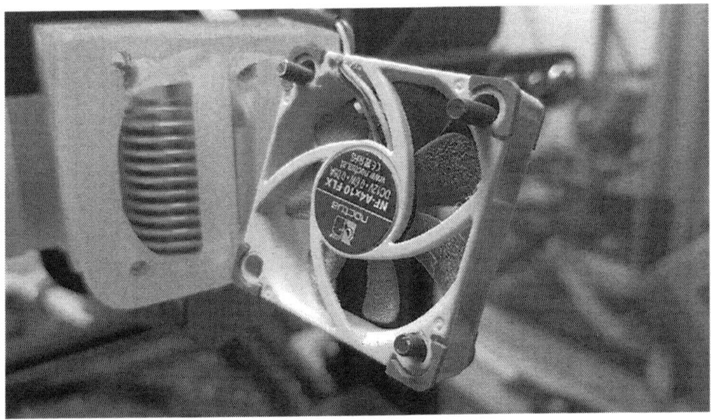

Sacar el polvo de un cabezal de impresión

También puede aprovechar para limpiar el ventilador o ventiladores utilizados para enfriar la impresora.

1.3.2 Residuos de filamento fundido en el bloque calefactor

Tras repetidas impresiones, no es infrecuente que el plástico fundido se acumule en el bloque calefactor y en la boquilla. Esto perjudica la eficacia del proceso de calentamiento y es probable que manche sus futuras impresiones. Para evitarlo, utilice un cepillo con cerdas de latón para limpiar el bloque calefactor y la boquilla. Este tipo de cepillo no es muy duro y no raya el bloque calefactor ni la boquilla.

Cepillo con cerdas de latón para limpiar la boquilla y el bloque calefactor

Observación

Tenga cuidado de no tocar los cables de la resistencia calefactora con el cepillo de cerdas de latón. Esto podría provocar un cortocircuito que apagaría la impresora.

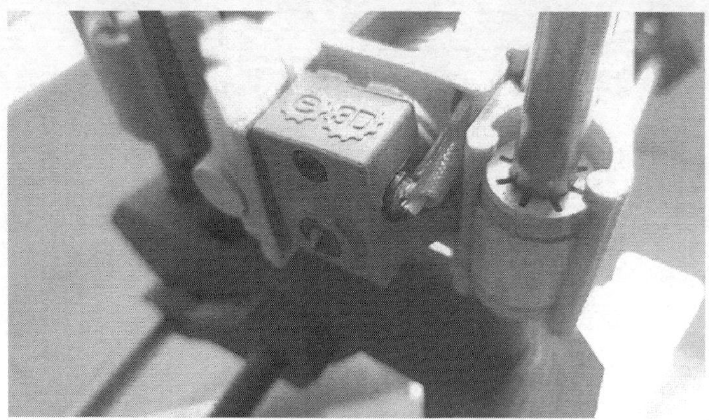

Calcetín de silicona para bloque calefactor E3DV6

Si desea proteger el bloque calefactor a largo plazo, puede optar por un calcetín de silicona. Para ello, antes de encargar el calcetín, debe averiguar qué modelo de bloque calefactor posee. La silicona protegerá el bloque calefactor y parte de la boquilla. El calcetín también aislará el bloque, aumentando su eficacia térmica.

1.3.3 Desatascar el cabezal de impresión

Un error común es pensar que la boquilla está obstruida cuando el sistema de extrusión emite un desagradable ruido «clac» y el filamento deja de salir por la boquilla. En realidad, este fenómeno es bastante raro. Generalmente, el atasco se produce por encima de la boquilla: en el bloque calefactor, en el heatbreak, en el enfriador o en el conector Bowden si el calor sube demasiado en el filamento. La obstrucción de la boquilla puede producirse al utilizar filamentos rellenos, cuando una acumulación de partículas o fibras obstruye la restricción de diámetro a la salida de la boquilla.

Existen varias soluciones para desatascar el cabezal de impresión.

1.ª solución: movimiento de ida y vuelta con el filamento

La primera solución consiste en calentar el bloque calefactor a la temperatura máxima permitida por el filamento. En el caso del PLA, puede ser de hasta 230 °C, y en el del ABS, de hasta 260-270 °C. A continuación, deberá mover el filamento hacia delante y hacia atrás. Puede hacerlo a mano o mediante el control de extrusión (a través de la pantalla de la impresora, de forma remota a través del PC o mediante un archivo G-code). La operación consiste en empujar el filamento para aumentar la presión en la boquilla y retirar rápidamente el filamento del cabezal de impresión. El objetivo es recuperar el grumo de plástico que bloqueaba el cabezal de impresión.

2.ª solución: la aguja de acupuntura

Una segunda solución es utilizar una aguja de acupuntura para desatascar el cabezal de impresión. Necesitará una aguja cuyo diámetro coincida con el diámetro de la boquilla. Es preferible manejar la aguja con unas pinzas que lo aíslen del calor, para no quemarse. Al igual que con la primera solución, esta operación debe realizarse en caliente, a la temperatura máxima que permita el filamento para reducir la densidad del plástico. Luego, desconecte el tubo de PTFE si tiene un sistema Bowden e intente sacar el filamento con la mano. Si no sale, no hay problema. A continuación, pase la aguja a través de la boquilla para crear un flujo de aire entre la salida de la boquilla y la entrada del filamento. Este flujo de aire ayudará a eliminar el filamento restante en el cabezal de impresión. A continuación, proceda como en la primera solución para eliminar el plástico residual en el cabezal de impresión.

Aguja de acupuntura en la boquilla

3.ª solución: el sobrecalentamiento

Esta tercera solución solo debe considerarse si las dos primeras no han funcionado. El objetivo es sobrecalentar el filamento en el cabezal de impresión para que se vuelva viscoso y se queme. Para ello, es necesario calentar el cabezal de impresión a la temperatura máxima permitida por la impresora, que puede oscilar entre 260 °C y 300 °C. Una parte del filamento se evaporará, mientras que otra parte fluirá por sí sola. Puede forzar el proceso realizando una ligera extrusión a baja velocidad. Una vez desatascado el cabezal, tendrá que purgarlo con el filamento actual para eliminar el plástico quemado presente en el cabezal de impresión. También puede utilizar filamentos especiales de limpieza para ello.

Último paso: el filamento de limpieza

Una vez desatascado el cabezal de impresión, debe asegurarse de que no quedan restos de plástico fundido pegados a las paredes interiores del cabezal. Para ello, puede extrudir un «filamento de limpieza» o «filamento de purga» que diluirá el plástico residual y permitirá evacuarlo a través de la boquilla.

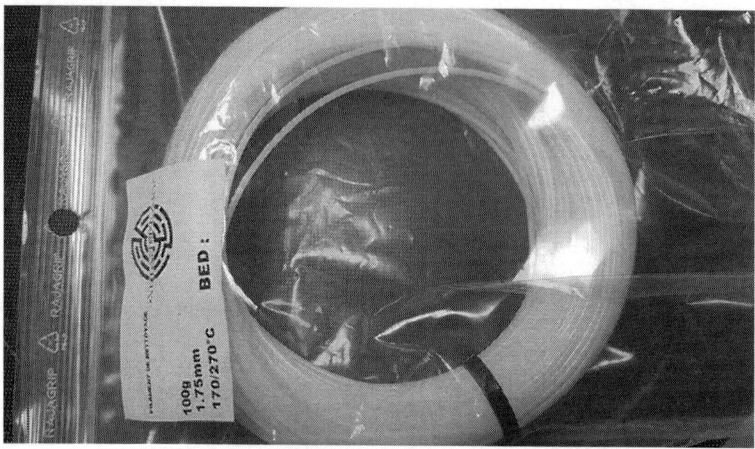

Limpieza del filamento

1.4 Limpieza de la rueda de extrusión

Cuando se imprime mucho y el sistema de extrusión está sometido a demasiada torsión, la rueda de extrusión puede acumular depósitos de plástico que dificultan el agarre del filamento por parte de la rueda dentada. Si la rueda dentada está llena de plástico, puede utilizar un cepillo con cerdas de aluminio. Cepillar la rueda dentada eliminará cualquier resto de plástico. No olvide avanzar la rueda dentada mediante retracción o extrusión para limpiar su alrededor.

Cepillo de cerdas de aluminio para limpiar un sistema de extrusión y eliminar los residuos de plástico adheridos a los dientes de la rueda

1.5 Limpieza de la parte electrónica

La parte electrónica de la impresora también está expuesta al polvo. Como la placa electrónica de una impresora 3D controla los elementos de potencia, no siempre es buena idea que tenga polvo. Una vez al año, puede limpiar la parte electrónica de su impresora. Una lata de aire comprimido y un cepillo de cerdas de nailon son las herramientas perfectas para limpiar la placa electrónica.

Cepillo de cerdas de nylon para limpieza electrónica

2. Mantenimiento

2.1 Cambiar la boquilla de impresión

El cambio de boquilla es una operación de mantenimiento. Dicha operación puede llegar a ser regular para ciertos tipos de boquilla. Es importante saber cuándo cambiar la boquilla de la impresora, por qué tipo de boquilla sustituirla y, sobre todo, cómo cambiarla. A veces, incluso se pueden utilizar varias boquillas en la misma impresora.

Hay varias razones por las que puede necesitar cambiar su boquilla:

- El desgaste actual de su boquilla.
- La utilización de un diámetro de salida diferente para un proyecto específico.
- La utilización de otro tipo de boquilla para imprimir un filamento abrasivo o corrosivo.

2.1.1 ¿Cuándo debe cambiar la boquilla?

Una boquilla de impresión 3D sigue siendo un consumible para su impresora 3D. Una boquilla siempre se desgastará con el tiempo. Es la parte de su impresora 3D donde se aplica la mayor tensión mecánica. El filamento, sometido a presión y a calor intenso, se evacua a través de una restricción de diámetro proporcionada por su boquilla. Esta restricción de diámetro se ampliará a medida que progresen sus impresiones 3D, especialmente si utiliza filamentos rellenos de partículas, polvo o fibra. Estos tipos de filamento tienen un efecto abrasivo en el diámetro de salida de la boquilla, que se ensanchará con el tiempo.

Sección transversal de una boquilla de latón (izquierda) y de una boquilla de acero templado (derecha) tras el paso de un kilogramo de filamento abrasivo relleno de carbono

Este fenómeno de cambio de diámetro en la salida de la boquilla debido a la abrasión da lugar a un depósito de filamento no lineal y a líneas poco definidas de filamento fundido en la plancha de impresión. En el corazón del proceso de impresión, una boquilla desgastada también provoca una subextrusión, es decir, una falta de material en la deposición de filamento y, por tanto, una falta de material en el relleno y las paredes de la pieza.

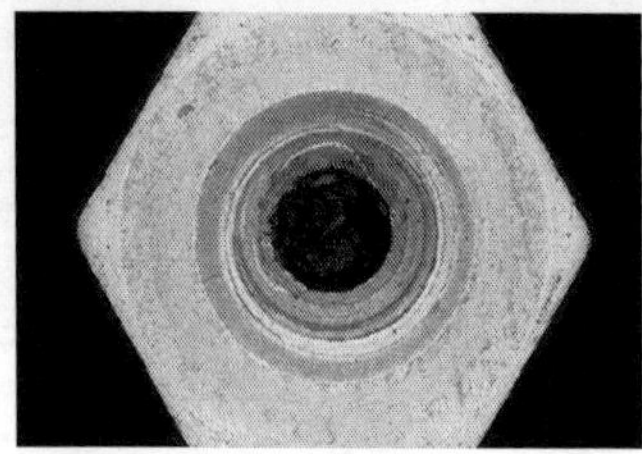

Vista inferior de una boquilla de latón desgastada

2.1.2 ¿Qué tipo de boquilla?

Existen diferentes tipos de boquillas que se adaptan a distintos tipos de aplicación. La mayoría de las boquillas tienen una rosca M6. La longitud de la rosca determina la compatibilidad con los diferentes bloques calefactores del mercado (E3D, MK7, MK8, etc.). Las boquillas se distinguen por tres características: el diámetro interior de entrada del filamento, el diámetro de salida y el tipo de material.

El diámetro interior de entrada de la boquilla

Este diámetro corresponde al diámetro de su filamento. Para un filamento con un diámetro de 1,75 milímetros, deberá optar por una boquilla con una entrada de 1,75 milímetros. Para un filamento con un diámetro de 2,85 milímetros, necesitará una boquilla con una entrada de 3 milímetros.

Diámetro de salida de la boquilla

Aquí, todo depende de los proyectos que quiera llevar a cabo en su impresora 3D. Las boquillas más comunes son las que tienen un diámetro de salida de 0,4 milímetros. Para producir piezas con más detalle en los ejes X, Y y Z, puede optar por bajar de este valor. Sin embargo, esto afectará al tiempo de impresión.

Observación

A título informativo, para una misma pieza, al pasar de 0,4 mm a 0,2 mm de diámetro de salida de la boquilla, el tiempo de impresión puede multiplicarse por 3.

También puede optar por boquillas de mayor diámetro. Sin embargo, tenga cuidado con la cantidad de plástico que puede pasar por su sistema de extrusión. Para un filamento de 1,75 mm, puede llegar hasta 1,2 mm de diámetro de salida de la boquilla. Para un filamento de 2,85 mm, puede llegar a más de 2,0 mm de salida de la boquilla.

No olvide cambiar el ajuste del diámetro de salida de la boquilla en su slicer.

 **Observación**

La altura máxima de la capa imprimible corresponde al 80 % del diámetro de la boquilla.

Material de la boquilla

Existen varios materiales disponibles para las boquillas de impresión 3D. La boquilla de latón es la más utilizada, ya que es adecuada para la mayoría de las aplicaciones. Sin embargo, para aplicaciones especiales, no es la idónea. Por ello, existen varios materiales diferentes:

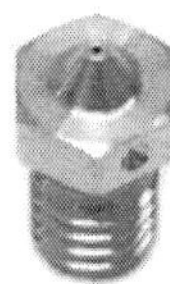

- La boquilla de latón
  - Adecuada para la mayoría de los filamentos puros y de color
  - Muy buena conductividad térmica
  - Adecuada para imprimir sobre termoplásticos puros y de color

- Boquilla de acero inoxidable
  - Sustituye al latón cuando se imprimen filamentos corrosivos
  - Menor conductividad térmica que el latón
  - Es necesario reducir la velocidad de impresión
  - Ligeramente más resistente a la abrasión que la boquilla de latón

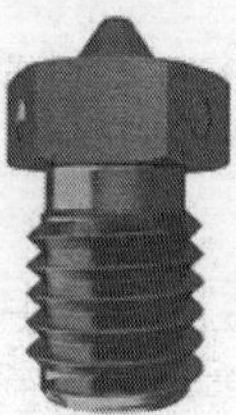

- Boquilla de cobre niquelado
  - Excelente conductividad térmica, tres veces mejor que la de la boquilla de latón
  - Menor adherencia interna que permite una vida útil más larga al imprimir materiales abrasivos

- Boquilla de acero endurecido
  - Permite imprimir materiales abrasivos rellenos de polvo y fibras
  - Puede imprimir varios kilogramos de plástico enriquecido con fibra de carbono antes de ser cambiada

Observación

Sea cual sea el material utilizado para la boquilla, un filamento abrasivo, como un filamento relleno de fibra de carbono, la dañará gravemente. Para un mismo filamento relleno de carbono, el cono de la boquilla se reduce 5 milímetros para:

- 0,3 kg de alambre relleno de carbono a través de una boquilla de latón.
- 1,0 kg de alambre relleno de carbono a través de una boquilla de acero inoxidable.
- 4,0 kg de alambre relleno de carbono a través de una boquilla de acero endurecido.

Algunos fabricantes no dudan en utilizar nuevos materiales para resolver los problemas de corrosión y abrasión de las boquillas de impresión 3D. Estas boquillas, más caras, están destinadas a los impresores experimentados y a los que desean imprimir materiales que contienen partículas y nanotubos de carbono. Entre estas boquillas se incluyen:

- La boquilla Olsson Ruby
  - Cuerpo de la boquilla de latón para una buena conductividad térmica
  - Restricción de diámetro en salida de la boquilla de rubí
  - Resiste la abrasión y la corrosión
  - Muy cara cuando se lanzó, ahora ha bajado de los 100 euros.

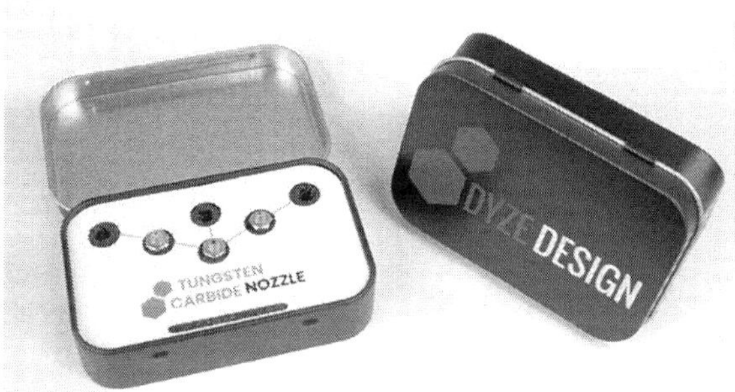

- La boquilla de carburo de tungsteno de DyseDesign
  - Material utilizado en lanzadores de cohetes y en satélites
  - Dureza muy elevada, resistente a la abrasión causada por filamentos cargados
  - Excelente conductividad térmica

- La boquilla E3D Nozzle-X
  - Resiste la abrasión y la corrosión
  - Su propiedad hidrófoba le confiere una adherencia prácticamente nula, por lo que el filamento se desliza perfectamente
  - Garantía de por vida en la geometría de la boquilla
  - Compatible solo con el entorno E3D

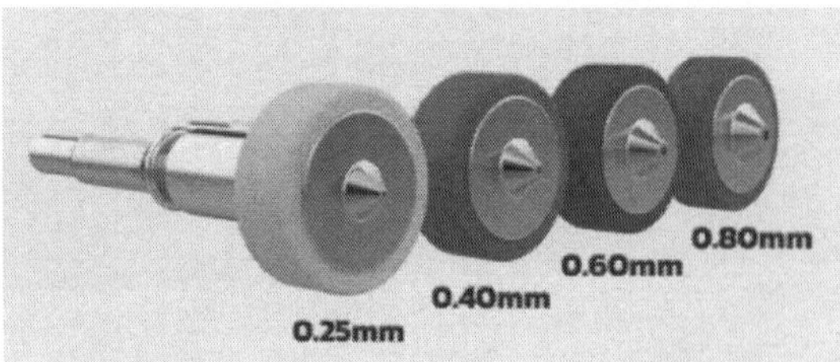

- Las boquillas E3D Revo
  - En latón
  - Compatibles solo con el entorno E3D Revo
  - Soportan temperaturas de hasta 300 °C
  - Cambio rápido de boquilla a mano, sin herramientas

Observación

Todas estas boquillas están disponibles con diferentes diámetros de entrada y salida para adaptarse a las características de su impresora 3D y a sus necesidades.

2.1.3 Método paso a paso para cambiar la boquilla

⇉ Para cambiar la boquilla de impresión 3D, primero tiene que retirar limpiamente el filamento cargado en el cabezal de impresión. Para ello, caliente el cabezal de impresión a la temperatura de uso del filamento. A continuación, lo mejor es hacer una pequeña extrusión para poner en movimiento el plástico contra las paredes interiores de la boquilla. Luego, retire el filamento, ya sea a mano o utilizando la impresora 3D para retraerlo. Seguidamente, asegúrese de que tiene espacio suficiente para trabajar en el cabezal de impresión. Asegúrese de que dispone de espacio suficiente entre la boquilla y la plataforma para colocar una llave de tubo correspondiente al tamaño de la boquilla.

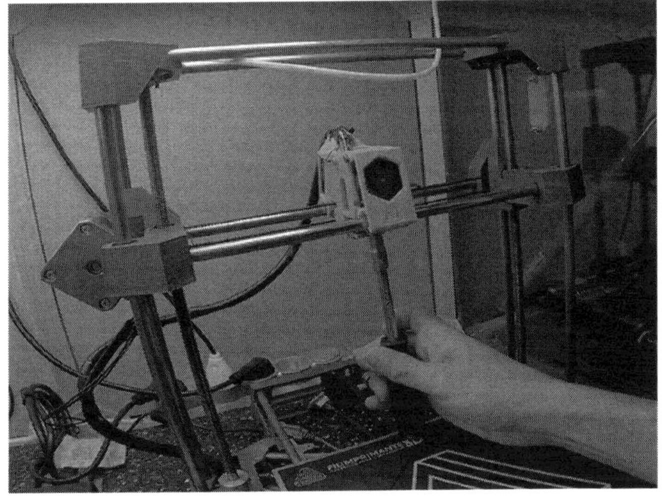

Cambio de boquilla en una Dagoma DiscoEasy 200

⇉ El siguiente paso consiste en enfriar el bloque calefactor antes de retirar la boquilla. Una vez que el bloque se haya enfriado, manténgalo en su sitio sujetándolo con unas pinzas. Con la otra mano, coja una llave inglesa o de tubo que coincida con el tamaño de su boquilla.

⇉ Mientras sujeta el bloque calefactor para que se mantenga en su sitio, desenrosque la boquilla.

Observación

Si esto resulta demasiado difícil, desenrosque la boquilla caliente con el bloque calefactor a la temperatura máxima. Tenga cuidado de no quemarse. Una vez que la boquilla esté ligeramente suelta, enfríe el bloque calefactor y la boquilla para no quemarse al cogerla con la mano.

⇉ Una vez desenroscada la boquilla, compruebe que no haya ningún depósito de plástico en la rosca interior del bloque calefactor. Si lo hay, elimine el depósito con una aguja o un cepillo.

⇉ Sin dejar de sujetar el bloque calefactor, enrosque a mano la nueva boquilla en el bloque. Siempre sujetando el bloque calefactor, complete el proceso de atornillado en frío utilizando una llave plana o una llave de tubo.

Por último, para completar la instalación de la nueva boquilla, es aconsejable realizar una última operación de apretado en caliente. De este modo, se evitará cualquier fuga de plástico entre el bloque calefactor y la boquilla. Para ello, siga estos pasos:

⇉ Ajuste el bloque térmico a la temperatura máxima permitida por la impresora (entre 260 °C y 300 °C).

⇉ Sujete el bloque calefactor con unas pinzas aisladas térmicamente para evitar quemarse.

⇉ Apriete la boquilla con una llave de tubo (en este caso, es preferible a una llave inglesa). No es necesario forzarla. Dé un último tirón fuerte y firme, pero que no haga que se mueva el bloque calefactor.

⇉ Retire las pinzas del bloque calefactor.

⇉ Baje la temperatura del bloque calefactor a la temperatura de uno de sus filamentos.

⇉ Utilice este filamento pasándolo con la mano a través del cabezal de impresión. Cuando llegue a la boquilla, empuje suavemente el filamento para que se funda a través de la boquilla. Si no se aprecia ninguna fuga entre el heatbreak y el elemento calefactor ni entre el elemento calefactor y la boquilla, habrá cambiado perfectamente su boquilla de impresión.

2.2 Apretar los juegos en las guías de los ejes

Algunas tecnologías de guías para los ejes X, Y y Z requieren apretar el juego de la guía. En los ejes guiados por patines de goma, el apretado en el perfil se realiza mediante tuercas excéntricas (tuercas con agujero excéntrico).

Apretado de los patines en los rieles de V-Slot

Otras tecnologías, como las guías lineales MGN, permiten ajustar el juego mecánico mediante tornillos. Cuando una impresora 3D se utiliza de forma intensiva con este tipo de ejes, las vibraciones que experimenta el carro afectan en cierta medida al apretado de los tornillos de ajuste.

Riel de guía MGN

En algunos rieles, es posible ajustar el juego entre las bolas.

Por último, las guías de bolas o de fricción no requieren mantenimiento. Basta con limpiar y lubricar los rodamientos.

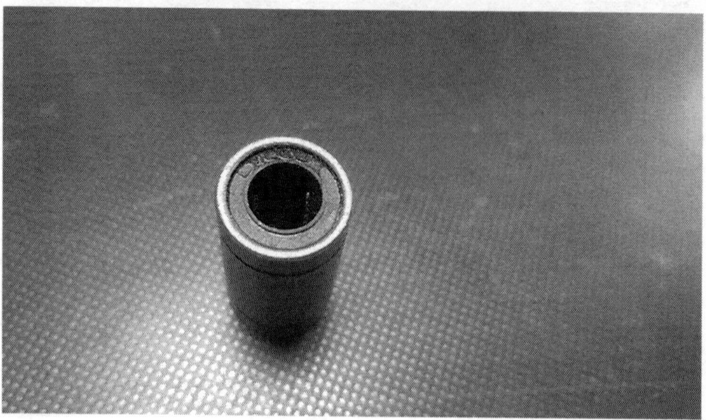

Guía de rodamiento de bolas LM8UU utilizada en la mayoría de las impresoras 3D

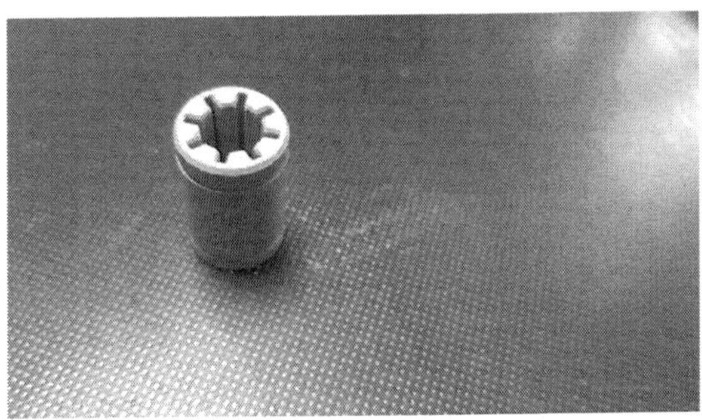

Cojinetes de deslizamiento IGUS RJ4JP-01-08

Capítulo 9

Mejorar la adherencia de las impresiones

1. Optimizar el calentamiento uniforme de la plataforma

La adherencia de las piezas que se imprimen en la cama de impresión puede mejorarse utilizando una cama calefactada. Algunos fabricantes suministran sus impresoras 3D con un parche calefactor colocado bajo la plataforma o cama, en el centro de la superficie de impresión. Con este tipo de tecnología, el calentamiento puede ser suficiente para las piezas pequeñas impresas en el centro de la plataforma.

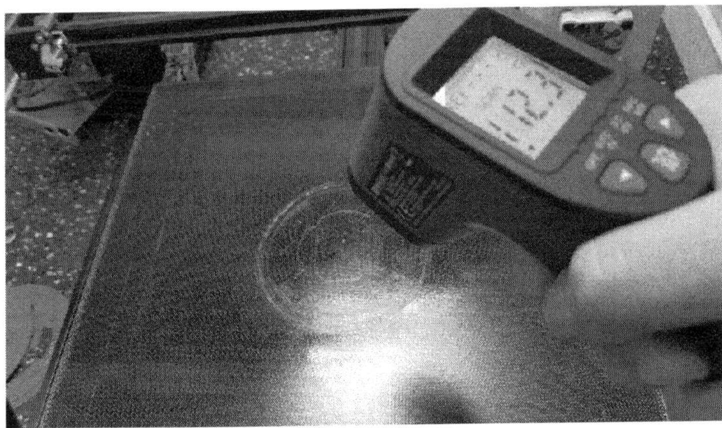

Temperatura máxima estabilizada en 112,3 °C en el centro de la platina, tras optimizar la cama calefactada

Caída de temperatura en las esquinas de la cama calefactada

Sin embargo, si la diferencia de temperatura es demasiado elevada entre el centro de la plataforma y los bordes, es posible que aparezca un warping significativo en piezas que poseen una gran superficie en las primeras capas. En este caso, es importante homogeneizar el calentamiento de la plataforma. Aquí se pueden adoptar dos soluciones individuales o complementarias: cambiar la tecnología de calentamiento o aislar térmicamente la cama calefactada. La potencia de una cama calefactada influirá en la velocidad de calentamiento y en la temperatura máxima alcanzable.

1.1 Tipos de camas calefactadas

1.1.1 Cama de aluminio simple + pequeño parche calefactor

Esta es una característica común de las impresoras 3D de gama baja. Debajo de la cama de aluminio se coloca un pequeño parche de silicona. La silicona contiene la resistencia de calentamiento y el termistor que transmite la información de temperatura de la cama a la electrónica de la impresora.

En este caso, la temperatura medida está sesgada al inicio de la impresión, porque es la temperatura en un punto específico de la cama, que no es representativa de la temperatura media de la cama. Además, la resistencia calefactora tenderá a envejecer más rápidamente que otras tecnologías de camas calefactadas.

Para aumentar la eficacia y uniformidad del calentamiento con esta tecnología, es necesario aislar térmicamente la cama calefactada.

1.1.2 Cama con parche completo debajo de la superficie de aluminio

Este tipo de parche cubre toda la superficie bajo la plataforma de impresión. La resistencia de calentamiento adopta la forma de un camino de cobre que zigzaguea bajo la superficie de la cama.

Parche completo para pegar debajo de la cama de aluminio

A menudo, este parche se suministra ya aislado con Kapton en la superficie exterior, lo que lo convierte en una excelente opción para mejorar rápidamente su impresora. Este tipo de tecnología garantiza un calentamiento uniforme. Se puede añadir aislamiento térmico adicional para aumentar la velocidad de calentamiento y la temperatura máxima alcanzable.

1.1.3 Plataforma con resistencia calefactora integrada

Esta cama funciona según el mismo principio que el parche de silicona, que se pega bajo toda la superficie de la plataforma, salvo que aquí no hay parche. La pista de cobre en zigzag bajo la plataforma está integrada en ella. Una capa de resina lo aísla todo. También es posible añadir aislamiento adicional bajo la plataforma para aumentar la capacidad de calentamiento.

Cama calefactada MK3

Este tipo de plataforma está basada en los últimos diseños del proyecto RepRap. Se puede encontrar bajo el nombre Heated Bed PCB aluminium 12/24V MK3.

1.2 Aislamiento térmico para su cama calefactada

El aislamiento térmico de la plataforma evita la pérdida de calor por la parte inferior y los laterales, de modo que el calor se concentra en la parte superior. Además, el aislamiento puede actuar como catalizador del calor, creando una reserva de calor para la plataforma. Como resultado, la plataforma es más eficiente: se calienta más rápido, la temperatura máxima alcanzable es mayor y se reduce el consumo de energía de la impresora.

1.2.1 Aislamiento de corcho

La forma más sencilla de aislar su cama calefactada para evitar la pérdida de calor por el fondo y los laterales es colocar un aislante de corcho debajo de la plataforma. Una fina capa de 1 a 3 mm aumentará drásticamente la capacidad de calentamiento de su plataforma.

Placa de corcho para ralentizar la pérdida de calor bajo la plataforma

Por ejemplo, en una plataforma de 30 x 30 cm con un pequeño parche colocado en el centro, es posible aumentar la temperatura máxima alcanzable hasta 15 °C. La velocidad de incremento de la temperatura también se ve afectada, al igual que el consumo de energía de la impresora.

1.2.2 Aislamiento de Kapton

El Kapton es una película de poliimida resistente a altas temperaturas, de hasta 400 °C. Se suele encontrar en forma de cinta adhesiva. El Kapton actúa como barrera térmica. Es muy útil para aislar una plataforma con aislamiento de corcho. Puede utilizarse para fijar el corcho debajo de la plataforma, realizando uniones limpias en los bordes de la plataforma.

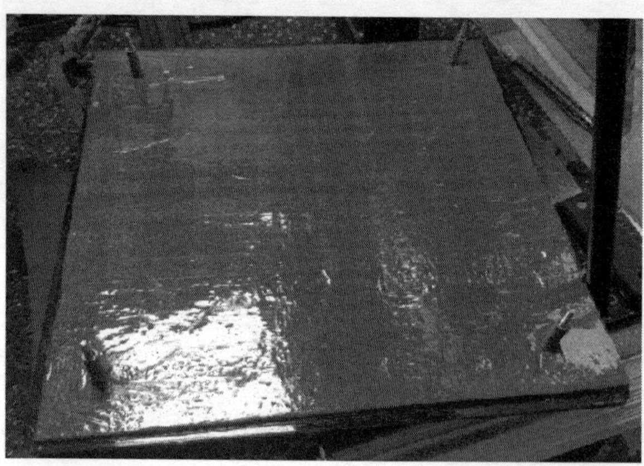

Aislamiento de Kapton sobre aislamiento de corcho bajo la cama calefactada

El Kapton también se utiliza para aislar parches calefactores de silicona. También puede utilizarse para proteger un elemento cercano del calor elevado. En algunos carros de impresión, se puede encontrar Kapton en los túneles de ventilación cercanos a la boquilla.

Cinta de película de Kapton

1.3 Potencia de calefacción, voltaje y consumo

A la hora de instalar una cama calefactada en una impresora 3D personalizada, es importante tener en cuenta los datos de potencia de calefacción, voltaje y consumo.

La cama calefactada es el elemento que más energía eléctrica consumirá en su impresora 3D. El consumo eléctrico de una cama calefactada puede alcanzar de 8 A a 12 A para una tensión de 12 V, o de 100 W a 140 W (P=UxI). Debe asegurarse de que la fuente de alimentación sea capaz de suministrar esta potencia.

Algunas camas calefactadas también pueden suministrarse con una fuente de alimentación de 24 V. Una fuente de alimentación de 24 V significa que la cama se calienta de forma más eficiente. Además, la temperatura máxima que se puede alcanzar es más alta con 24 V.

Observación

Para una cama MK3, espere 8 minutos para alcanzar los 90 °C a 12 V y 6 minutos para alcanzar los 120 °C a 24 V.

La mayoría de las impresoras 3D de bajo coste que funcionan a 12 V están limitadas a utilizar una cama calefactada de 12 V. Las dos únicas formas de cambiar la alimentación de la cama a 24 V son:

- Cambiar todo el hardware de la impresora a 24 V: placa base y resistencias calefactoras.
- Añadir una segunda alimentación de 24 V dedicada a la cama calefactada. La cama calefactada se controlará mediante un MOSfet.

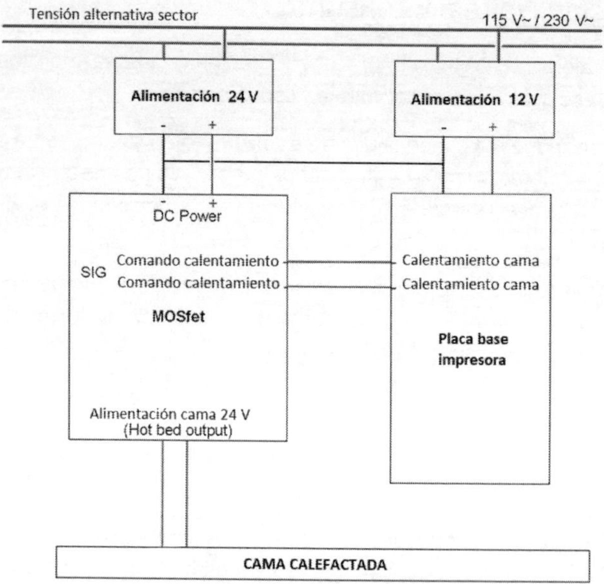

Conexión de alimentación de una cama mediante un MOSfet

Un MOSfet MKS para impresora 3D

El uso de MOSfet, incluso si la impresora utiliza una sola fuente de alimentación, es un medio adicional de protección en caso de sobretensión o cortocircuito. En este caso, la placa base de la impresora solo se encarga de las señales de control y ya no gestiona la potencia. Los MOSfets pueden aplicarse independientemente a la cama calefactada y a la resistencia calefactora del cabezal de impresión.

Caso especial de las camas calefactadas de corriente alterna

El mercado de la impresión 3D también incluye camas calefactadas y parches de silicona que funcionan con tensión alterna doméstica. Están disponibles en 115 V de corriente alterna (América y Asia) y 220 V de corriente alterna (Europa). Sin embargo, este tipo de cama requiere el uso de un relé estático y una toma de tierra eficaz para evitar cualquier riesgo de electrocución. Por tanto, este tipo de cama está reservado a usuarios avanzados.

Este tipo de cama puede alcanzar los 120 °C en menos de tres minutos.

2. Mejorar la adherencia de las piezas

Una buena adherencia de las piezas a la plataforma le permitirá:

- evitar problemas de desprendimiento;
- evitar que el plástico se pegue a ciertas partes de la plataforma;
- evitar que el objeto se desprenda del cabezal de impresión;
- asegurar las dimensiones del objeto en el eje Z.

2.1 Optimización de la primera capa

El primer paso consiste en optimizar la primera capa con un filamento que sea fácil de imprimir. El PLA es perfecto para ello. Se puede imprimir en superficies de impresión sencillas, como cinta adhesiva de pintor colocada sobre la cama de impresión de aluminio.

Para optimizar al máximo la primera capa, consulte el capítulo La importancia de la primera capa.

2.2 Ayudas para la adherencia

Las ayudas para la adherencia son soluciones sencillas de adoptar en forma de consumibles que se aplican a la plataforma antes de imprimir.

Algunas soluciones son más adecuadas que otras, en función del material de impresión utilizado. Estas soluciones pueden usarse directamente sobre la cama de aluminio o sobre una superficie de impresión específica.

Cinta adhesiva de pintor

La cinta adhesiva de pintor se aplica en tiras a la plataforma antes de la impresión 3D. Aumenta en gran medida la adherencia de la pieza a la plataforma y evita el fenómeno del warping. Puede utilizarse con todo tipo de filamentos. Sin embargo, hay que tener cuidado: si la cinta es demasiado fina, puede quedar pegada a la pieza. También puede producirse un desprendimiento de la primera capa. La pieza debe retirarse con cuidado de la plataforma. Si la cinta sigue en buen estado en la plataforma después de la impresión, se puede reutilizar para la siguiente impresión.

Cinta de pintor

Esta cinta tiende a rizarse después de varias impresiones en una cama calefactada.

Cinta adhesiva BlueTape

La cinta adhesiva BlueTape de la marca 3M es una de las mejores ayudas a la adherencia disponibles para la impresión 3D. Permite que la pieza se adhiera del mismo modo que la cinta de pintor, pero sin los defectos de esta última. No se deforma, no es sensible a las variaciones de temperatura y puede reutilizarse para varias impresiones antes de que sea necesario cambiarla.

Cinta adhesiva BlueTape

Laca 3DLAC

3DLAC es una solución profesional en formato de aerosol adhesivo. Esta solución es muy eficaz con filamentos comunes como PLA o PETG impresos en frío o en una cama calefactada.

Aerosol 3DLAC

Laca Dimafix

La laca Dimafix es otra solución profesional en formato de aerosol para mejorar la adherencia. Esta laca es eficaz con absolutamente cualquier tipo de filamento. Para que sea eficaz, la plataforma debe calentarse al menos a 60 °C con una superficie lisa. Cuanto más se caliente la plataforma, mayor será la adherencia proporcionada por la laca Dimafix. Esta característica hace que la laca Dimafix sea la solución preferida para los filamentos técnicos que se imprimen en una plataforma a más de 90 °C.

Una aerosol de laca Dimafix

Dimafix se distingue en cuatro zonas de adherencia diferentes en función de la temperatura de la cama calefactada:

- Temperatura inferior a 65 °C: zona de baja adherencia. Zona en la que es posible despegar la pieza de la plataforma de impresión.
- Temperatura entre 65 °C y 75 °C: zona de adherencia media recomendada para piezas con geometría simple. Esta zona también corresponde a las condiciones de impresión del PETG.
- Temperatura entre 75 °C y 95 °C: esta es la zona de alta adherencia recomendada para piezas con geometrías complejas e impresiones de larga duración. También es la zona de impresión donde se puede empezar a imprimir PET, ABS y ASA.
- Temperatura superior a 95 °C: zona de muy alta adherencia donde se pueden imprimir todos los materiales técnicos (ABS, ASA, policarbonato, polipropileno, etc.).

La solución económica del maker: laca para el cabello

Las lacas 3DLAC y Dimafix son caras. Debería utilizarlas si quiere estar seguro de obtener piezas sin warping con filamentos que no sean PLA o PETG. Si busca algo más asequible, tendrá que recurrir a la laca para el cabello, que es igual de eficaz.

Si está imprimiendo en PLA, TPU, PETG, ABS o incluso ASA, puede utilizar la solución «hágalo usted mismo», menos costosa: laca Vivelle DOP en versión naranja o roja. Esta solución garantizará una buena adherencia en sus piezas. Otras marcas de laca son menos eficaces, ya que tienen otros componentes que entran en conflicto con el poder de fijación del aerosol en una cama calefactada.

Laca económica Vivelle DOP, la solución barata para los makers

La laca debe aplicarse en frío o sobre una plataforma tibia (por debajo de 40 °C), antes de la impresión.

2.3 Superficies de impresión

Si las ayudas a la adherencia no son suficientes para garantizar que sus piezas se adhieran correctamente, existen superficies de impresión que pueden añadirse o pegarse a la plataforma de aluminio. Estas superficies de impresión permiten cambiar el aspecto de la primera capa y modificar la adherencia de la pieza.

Observación

Si añade una de estas superficies de impresión a su plataforma de aluminio, tendrá que volver a realizar todos los pasos de la calibración mecánica (ver capítulo Montaje y calibración mecánica), así como reajustar el offset electrónico y la compensación de planitud de la plataforma (ver capítulos Calibración electrónica de la impresora 3D y La importancia de la primera capa).

2.3.1 Superficies con aspecto liso

Las placas de vidrio, los espejos y las placas de vidrio borosilicato son algunas de las superficies de impresión que dan un aspecto liso y brillante a la primera capa. Estas tres superficies requieren una primera capa perfecta. Para evitar el warping, será necesario utilizar una ayuda a la adherencia, como la laca.

Observación

Si añade una de estas superficies, tenga en cuenta su grosor si su impresora tiene un sensor inductivo. Si el vidrio tiene un grosor superior a dos milímetros, el sensor inductivo no siempre detectará la plataforma de aluminio que se encuentra justo debajo.

Impresión 3D en una placa de vidrio

El vidrio y los espejos son fáciles de encontrar en tiendas de bricolaje. El vidrio borosilicato es menos común, pero aún puede adquirirse en algunos comercios especializados en impresión 3D. El borosilicato es un polvo que se añade cuando se funde el vidrio. Esta adición consigue que el vidrio sea más resistente y estable en amplios rangos de temperatura. El vidrio borosilicato se prefiere en impresoras 3D para obtener un acabado liso. Su vida útil es superior a la del vidrio o el espejo. A menudo más grueso, hace que los sensores inductivos sean inutilizables. En este caso, deberá cambiar a un sensor de fin de carrera mecánico o una sonda mecánica de precisión (ver capítulo La importancia de la primera capa, sección Los sensores, asistentes para su primera capa).

2.3.2 Superficies rugosas

Las superficies rugosas aumentan considerablemente la adherencia de la primera capa y, por tanto, de las piezas que se imprimen.

Las superficies rugosas permiten aprovechar la retracción y dilatación del plástico fundido por efecto de la temperatura. Cuanto más se calienta un plástico, más se dilata. A la inversa, cuando el filamento se enfría, se retrae sobre sí mismo. Por eso, en la mayoría de los slicer, por defecto, la primera capa nunca se enfría con el ventilador que sopla sobre la impresión, junto a la boquilla. De este modo, el filamento depositado permanece caliente gracias a la plataforma calefactada y se mantiene en su sitio gracias a la superficie rugosa o microporosa que mantiene la primera capa en un estado ligeramente dilatado.

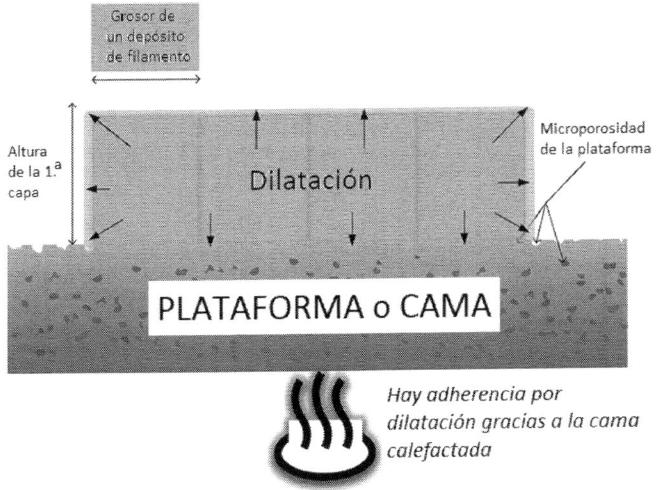

Adherencia por dilatación del plástico sometido a temperatura

Al dilatar la primera capa, el plástico se infiltrará en la microporosidad de la superficie rugosa. Decimos que se produce una adhesión por dilatación gracias al calentamiento de la plataforma.

Una vez finalizada la impresión, la cama calefactada deja de calentarse. A medida que la pieza se enfría, también lo hace la plataforma. Al enfriarse, el plástico de la pieza se retraerá ligeramente sobre sí mismo. Este proceso natural es invisible a simple vista.

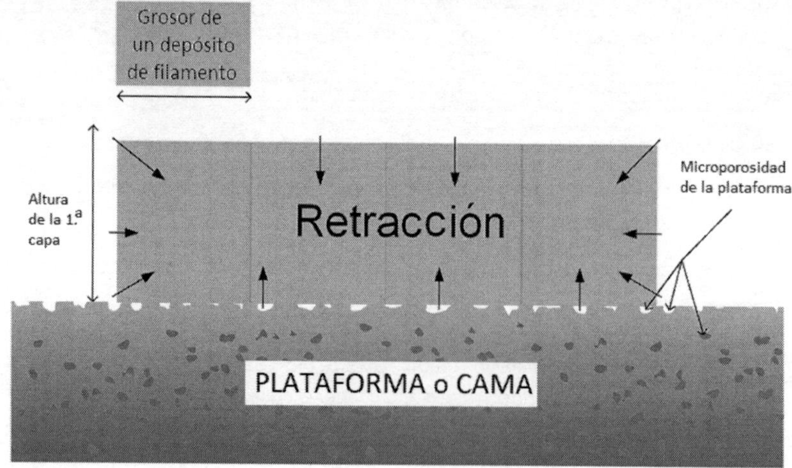

Desprendimiento del objeto por retracción del plástico

Desprendimiento del objeto debido a que el plástico se retrae sobre sí mismo al enfriarse.

A medida que el plástico se enfríe y se retraiga sobre sí mismo, la pieza se liberará de las microporosidades de la superficie rugosa. Esto ocurrirá de forma natural si la primera capa no está demasiado aplastada. En caso contrario, una espátula será un aliado útil para retirar la pieza de la plataforma.

Las superficies de impresión rugosas incluyen:

Superficies de tipo «BuildTak»

Se trata de una superficie lisa con microagujeros. Esta superficie se pega directamente sobre la plataforma de aluminio de la impresora 3D. En el ámbito de la impresión 3D, estas superficies se denominan BuildTak en referencia al fabricante BuildTak, que fue uno de los primeros líderes en este campo.

Las BuildTak están disponible en varios tamaños y formas

Las BuildTak requieren una buena primera capa, perfectamente calibrada entre 0,1 y 0,2 mm de la plataforma. Recomendamos utilizar una espátula para retirar la impresión. Este paso debe realizarse cuando la plataforma esté fría.

Las BuildTak están diseñadas para durar poco más de un año con un ritmo de impresión normal. La adherencia disminuirá con el tiempo. BuildTak se considera, pues, un consumible de impresión 3D. Cuando BuildTak llega al final de su vida útil, se puede utilizar con lacas para aumentar la adherencia.

Placas de PEI

Las placas de PEI consisten en una fina lámina de acero espolvoreada con un polvo de polieterimida altamente resistente al calor. Estas placas, bien conocidas por los propietarios de impresoras 3D Prusa, proporcionan una adherencia garantizada. En este caso, no son las microporosidades las que proporcionan una buena adherencia, sino las asperezas proporcionadas por el polvo de PEI.

Placa de PEI magnética

Existen diferentes grosores de polvo que permiten diferentes acabados para la primera capa. Estas placas se fijan a la cama de impresión mediante clips. Algunas placas también están imantadas en dos partes: una parte se adhiere a la cama de impresión y la otra es la propia placa. Para quitar la pieza, basta con retirar la plancha de la cama de impresión y torcerla ligeramente. También se puede enfriar con rapidez colocándola en un lugar fresco (exterior, nevera, etc.). Esto facilitará la extracción de la pieza.

Superficies híbridas de tipo«Anycubic Ultrabase»

Este tipo de superficie funciona gracias a las microporosidades. Se trata de una superficie de impresión híbrida, ya que se compone de dos partes:

- Una placa de vidrio que proporciona un acabado liso.
- Un revestimiento superficial poroso muy fino en la superficie (menos de 0,05 mm de grosor).

Uno de los primeros fabricantes de este tipo de superficie es la empresa de impresoras 3D Anycubic, con la plataforma Anycubic Ultrabase, disponible en varios tamaños. El revestimiento microporoso es tan eficaz que resulta imposible retirar una pieza de la plataforma mientras está caliente, ya que está como «absorbida» por la plataforma. Y si intenta forzarla, corre el riesgo de arrancar el revestimiento. Una vez que la plataforma se haya enfriado, la pieza saldrá sola. Rara vez es necesario utilizar una espátula.

Bandeja Anycubic Ultrabase

La superficie microporosa es visible de cerca

Al igual que BuildTak, este tipo de superficie se desgasta con el tiempo. Puede añadirse una laca para los filamentos más propensos al warping.

Superficies magnéticas

Algunas superficies son magnéticas. Se suministran con un parche magnético para pegar en la plataforma de aluminio. La otra parte es un BuildTak magnético. Este tipo de superficie elimina la necesidad de clips para fijar la plataforma. También es más fácil quitar la pieza de la plataforma, ya que basta con retirar la bandeja y manipularla con ambas manos para extraer la pieza.

El inconveniente de este tipo de superficie es la pérdida de magnetismo con el paso del tiempo, sobre todo si la placa se utiliza a temperaturas elevadas, superiores a 90 °C. De hecho, cuando una placa magnética sufre variaciones importantes de temperatura, puede producirse su desmagnetización.

Observación

Los sensores inductivos y capacitivos pueden ver perturbada su medición por una placa magnética.

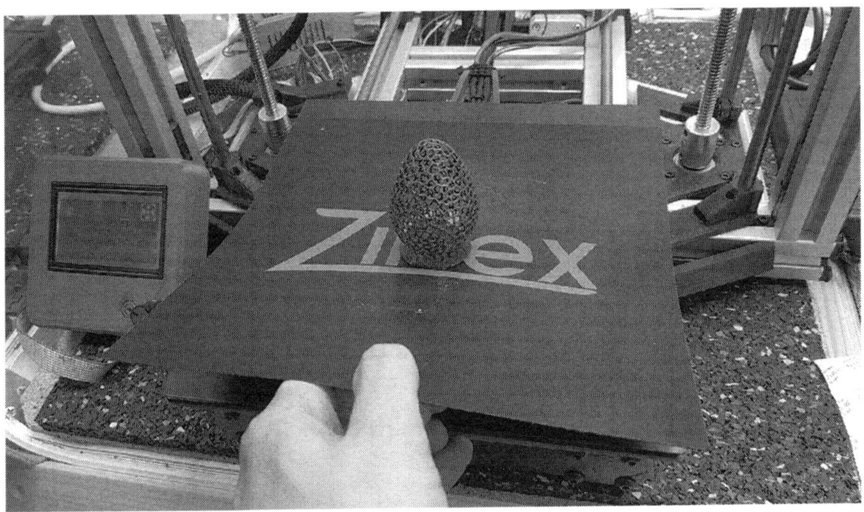

Placa flexible Ziflex

BuildTak es uno de los principales fabricantes de placas magnéticas. Una marca francesa llamada Zimple3D fabrica Ziflex, una superficie magnética con una adherencia muy fuerte en caliente. Ziflex se ha diseñado especialmente para poder imprimir filamentos difíciles de adherir a una temperatura de 90 °C en lugar de 110 °C, con el único objetivo de preservar al máximo el poder magnético de la placa.

2.3.3 Superficies perforadas

Cuando la adherencia se vuelve imposible con termoplásticos de adherencia compleja, entonces es necesario volver a los fundamentos de la impresión 3D FDM con superficies perforadas. Este tipo de superficie se utiliza actualmente en laboratorios para probar el desarrollo de nuevos polímeros imprimibles en 3D. Estas superficies incluyen placas con agujeros de electricista y placas perforadas de aluminio, epoxi o baquelita.

Impresión en una placa de baquelita; adherencia muy fuerte

El principio es que el plástico fundido cae en las perforaciones gracias a la gravedad. Esto requiere realizar una ligera sobreextrusión durante la primera capa. Luego, al desprender la pieza, solo queda cortar las pequeñas varillas de plástico debidas a las perforaciones.

Pequeños puntos característicos de la adherencia en una placa de baquelita

Esta técnica garantiza la máxima adherencia. Puede utilizarse para imprimir policarbonato o filamentos con adherencia difícil, como aleaciones que contienen vidrio o fibra de carbono.

2.3.4 Fijaciones de superficie

Si una superficie no está pegada o imantada a la plataforma de aluminio de la impresora, habrá que fijarla con sujeciones. La solución preferida por el proyecto RepRap es el uso de clips para documentos, que se pueden encontrar en todos los supermercados y tiendas de material de oficina. Estos permiten fijar eficazmente una superficie de impresión a la plataforma móvil. Las fijaciones deben colocarse en la dirección del movimiento de la plataforma. En el caso de una impresora con plataforma móvil en el eje Y, deben colocarse en la parte delantera y trasera de la plataforma. Por razones de seguridad, evite colocar las fijaciones en los laterales. Si la plataforma se mueve hacia arriba o hacia abajo, la posición de las fijaciones no es importante.

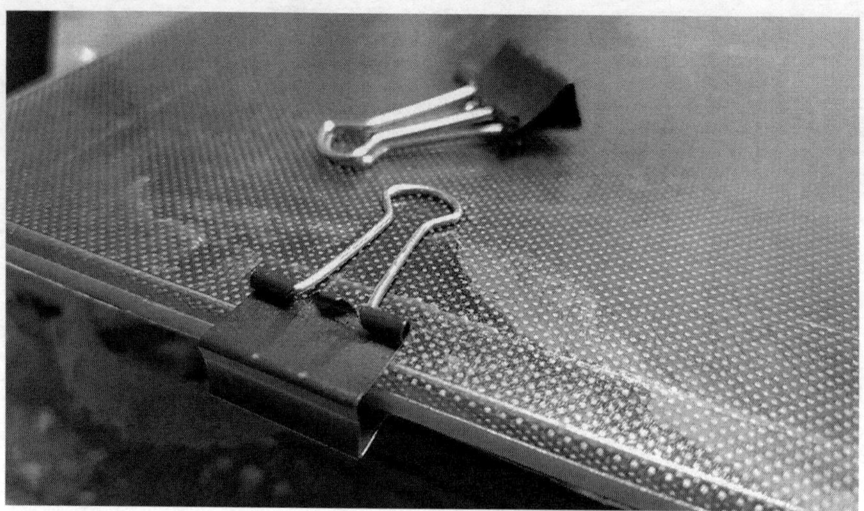

La superficie de impresión se sujeta a la plataforma de aluminio mediante clips para documentos

Si busca fijaciones más discretas para ganar superficie de impresión, puede optar por los Swiss Clips. Se trata de fijaciones cuya parte superior visible en la plataforma no supera los 0,5 milímetros cuadrados. Estos clips están disponibles en E3D-Online.

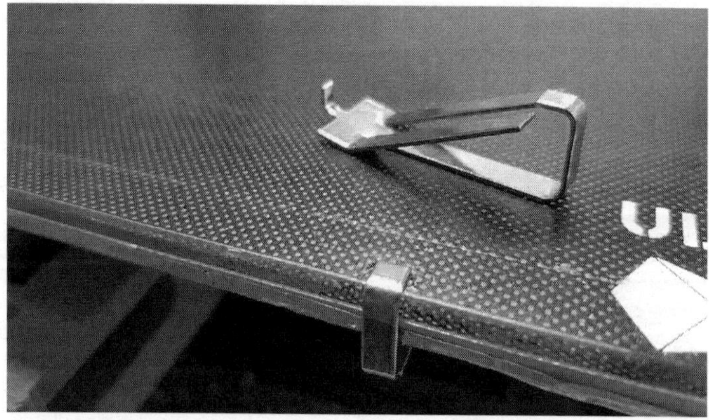

Los Swiss Clips ocupan menos espacio en la superficie de impresión; son más discretos

2.4 Limpieza de la plataforma

La plataforma de impresión debe limpiarse siempre antes de imprimir para garantizar una adherencia óptima. Esta limpieza elimina todos los restos de polvo y grasa de la plataforma. Para eliminar estos restos, basta con limpiar la superficie con un paño empapado en alcohol de quemar a 90 °C o alcohol doméstico. Asimismo, debe tener cuidado de no tocar la plataforma con los dedos después de limpiarla. Si lo hace, podría depositar grasa en ella y provocar la formación de burbujas en la primera capa.

Las líneas no adheridas o que se superponen son señal de una superficie de impresión mal limpiada.

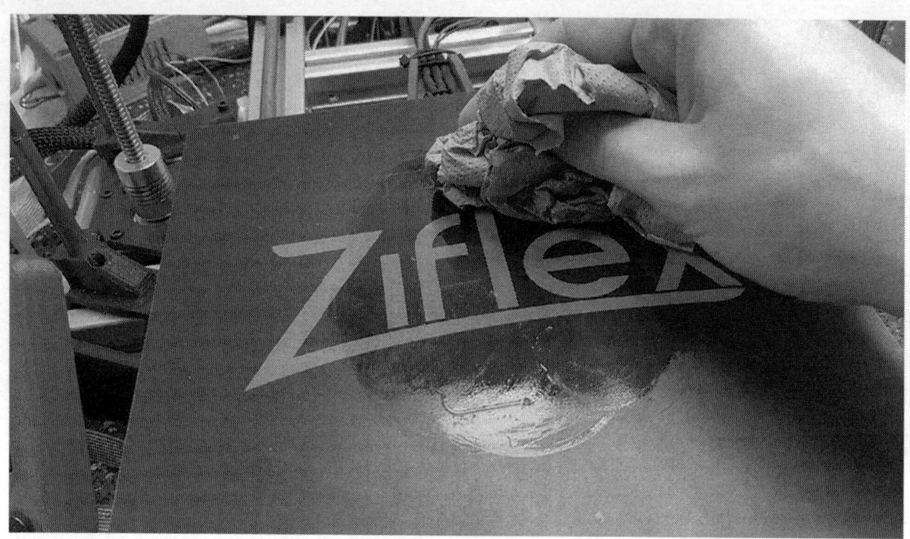

Limpie la bandeja con un paño empapado en alcohol de quemar a 90 °C.

Si quedan restos de plástico fundido en la plataforma, retírelos en frío con una espátula. Si tiene dificultades, puede empapar los residuos en alcohol de quemar a 90 °C y raspar con la espátula. Si los residuos de plástico persisten pegados a la plataforma, caliéntela a máxima temperatura y utilice la espátula para desprenderlos. Tenga cuidado de no quemarse durante esta operación.

No utilice nunca acetona para eliminar residuos de plástico de una superficie de impresión. Podría dañar la superficie e inutilizarla. La acetona solo puede usarse sobre una plataforma de aluminio desnudo o una superficie de cristal lisa.

Al finalizar la impresión, una vez que la bandeja se haya enfriado por debajo de 30 °C, puede retirar la pieza o las piezas de la plataforma. Dependiendo de su superficie de impresión, es posible que necesite una espátula.

3. Métodos para retirar piezas de la plataforma

Existen diferentes métodos para retirar piezas de la plataforma de impresión. Estos métodos dependen de la superficie de fijación que tenga en su impresora 3D. En todos los casos, lo mejor es esperar a que la plataforma o superficie de impresión esté fría.

3.1 Método clásico: la espátula

El método clásico consiste en utilizar una espátula fina para deslizarla por debajo de la impresión, entre las piezas y la superficie adherente. La forma más fácil de hacerlo es encontrar una parte de la pieza que no esté muy bien adherida y deslizar la espátula por debajo.

Observación

PRECAUCIÓN: Nunca ponga la mano frente a la espátula, al otro lado de la pieza que está despegando. Asegúrese de que no haya nadie delante. Si la pieza se desprende de golpe, la espátula saldrá disparada hacia delante y correrá el riesgo de cortarse o de cortar a la persona que tenga delante.

Despegando una pieza

Los lugares más accesibles para deslizar la espátula son las esquinas de las piezas. Deslícela poco a poco por debajo de la impresión, manipulando la espátula de izquierda a derecha a medida que avanza por debajo de la pieza.

3.2 Despegar con alcohol doméstico

Si el método tradicional no consigue despegar su pieza, añada un poco de alcohol doméstico o alcohol de quemar a 90° en su bandeja, en contacto con la pieza. Pase la espátula por las zonas empapadas de alcohol. El líquido ayudará a romper los enlaces químicos entre las piezas impresas y la superficie de impresión. Esto hará que las piezas sean más fáciles de retirar.

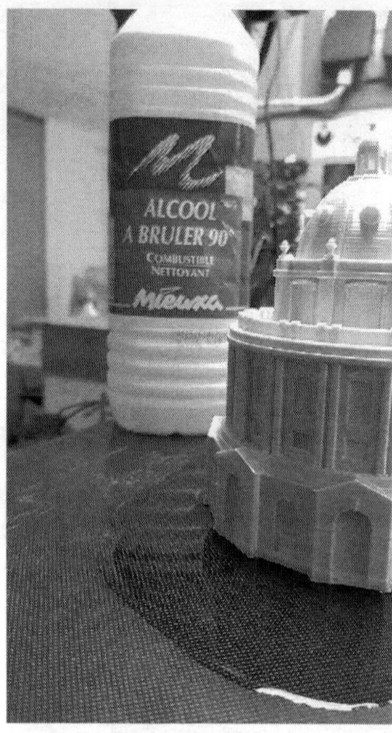

En zonas grandes de la primera capa, a veces es necesario verter alcohol de quemar a 90° alrededor del borde de la pieza para ayudar a despegarla de la bandeja.

3.3 Plataformas flexibles

En el caso de superficies de impresión desmontables flexibles o magnéticas, basta con retirar la superficie de la plataforma de la impresora y manipularla doblándola ligeramente. La acción de doblarla despegará la pieza de forma natural.

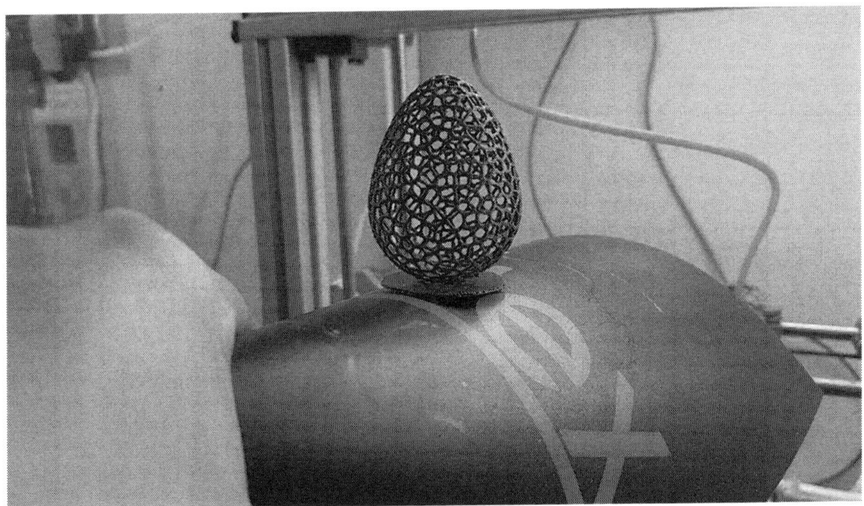

Ejemplo en una plataforma flexible Ziflex

Observación

Consejo: si la superficie no es lo suficientemente flexible y las piezas no se despegan, puedes colocar el conjunto «piezas + superficie adherente» en un lugar fresco, al aire libre en invierno o en la nevera. Esto ayudará a que la pieza se despegue de la superficie de impresión.

3.4 Residuos en la plataforma

Si retira las piezas con demasiada brusquedad, es posible que partes de la primera capa se queden pegadas a la plataforma. Si esto ocurre, le recomendamos que utilice la espátula para retirar los residuos. Puede ablandar estos residuos con alcohol de quemar a 90° o calentando la plataforma.

Observación

Debe evitar el uso de acetona en su plataforma de impresión, incluso para retirar residuos de ABS o ASA, ya que corre el riesgo de esparcir los residuos en lugar de eliminarlos. Esto puede provocar irregularidades en futuras primeras capas.

Si imprime sobre una plataforma metálica, puede utilizar una pistola de calor como último recurso para eliminar los restos de impresión.

Capítulo 10

Optimizar los ajustes de impresión

1. Principales ajustes que hay que controlar

El objetivo de este capítulo es proporcionar una visión general de los parámetros que deben comprobarse y modificarse cuando se prepara la impresión en Cura. Este capítulo le ayudará a comprender las optimizaciones que debe realizar en función del tipo de modelo 3D que desee imprimir.

1.1 La orientación de la pieza

La orientación de la pieza define su posición en la plataforma de impresión. La pieza puede colocarse horizontal o verticalmente. Esta posición dependerá de la función que desee dar a la pieza.

Si busca detalles finos en la producción de sus piezas impresas en 3D, deberá tener en cuenta la precisión de la impresión a lo largo de los diferentes ejes. Tiene sentido mostrar los detalles más importantes de su pieza a lo largo del eje Z, que es más preciso que los ejes X/Y.

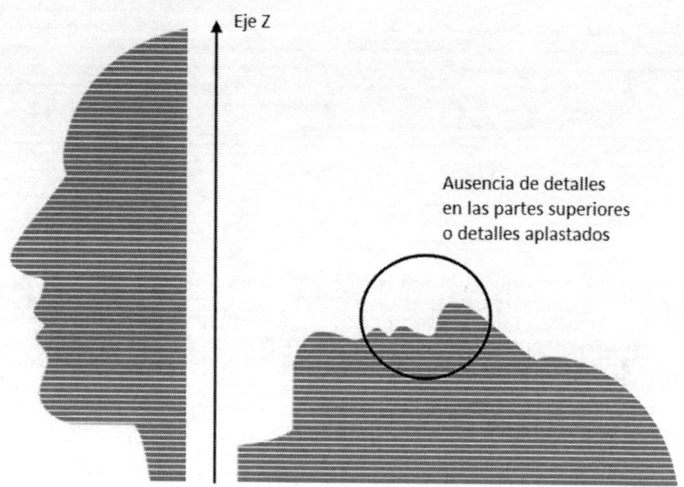

Ejemplo de impresión de un busto que requiere precisión en los detalles del rostro

La orientación de la pieza también puede ayudarle si busca aumentar la resistencia de una pieza que estará sometida a tensiones. La orientación de las capas de impresión de la pieza definirá la resistencia a la tracción y a la tensión en sus distintos ejes.

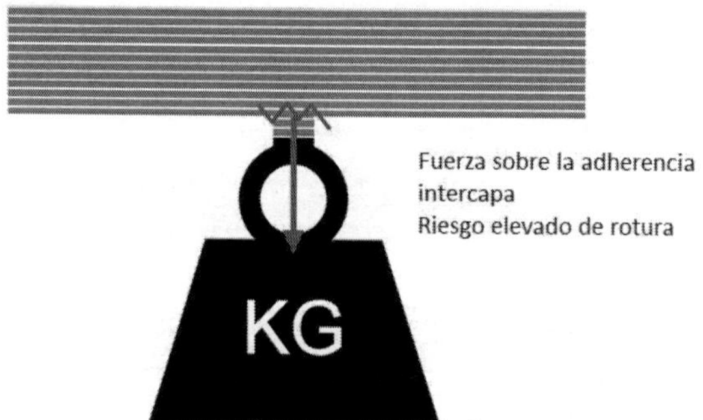

Ejemplo de pieza sometida a tensión perpendicular a la deposición de las capas

Para las piezas sometidas a esfuerzos o tensiones mecánicas, la orientación de la pieza debe elegirse siempre de manera que las líneas de impresión estén en la misma dirección que la fuerza aplicada. De este modo, la fuerza se distribuirá sobre la longitud de varios depósitos de filamento, en lugar de sobre la resistencia mecánica entre capas, que es más débil.

La fuerza de tracción se comparte con las líneas de impresión, por lo que el peso que puede soportar la pieza es mayor.

En el caso de una pieza sometida a un empuje, al apoyo de un peso, la lógica se invierte. Son las capas perpendiculares a la dirección de la fuerza aplicada las que aumentan la resistencia de la pieza.

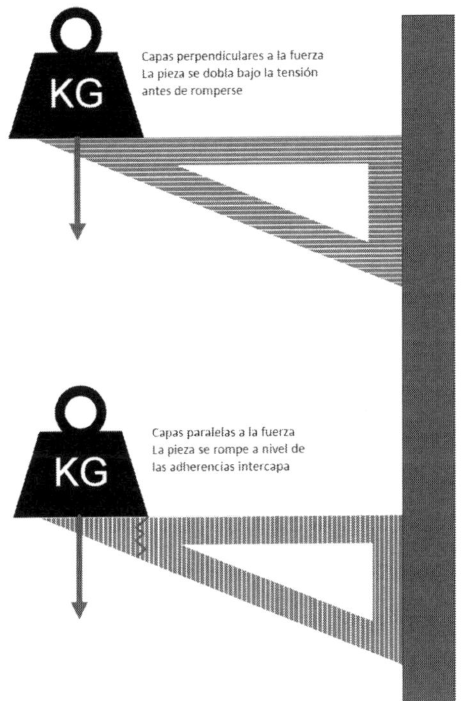

Estudio de caso en una escuadra impresa en 3D

1.2 Los principales ajustes de impresión

Presentamos en esta sección los principales ajustes que necesita dominar en Cura para preparar con éxito sus impresiones 3D. En adelante, estos ajustes se clasificarán por pestañas, como en la visualización de los ajustes de impresión avanzados de Cura.

1.2.1 Calidad

La pestaña **Calidad** permite definir la resolución de impresión en Z, así como el ancho de línea de las capas depositadas. Aunque estos parámetros se utilizan raramente, en algunos casos es posible modificarlos para aumentar la calidad de impresión.

- **Altura de capa**: la altura de capa define la altura de una capa de impresión y debe ser compatible con el diámetro de salida de la boquilla. La altura de capa debe ser, como máximo, el 80 % del tamaño del diámetro de boquilla utilizado.

Diámetro de salida de la boquilla	Altura máxima recomendada de la capa
0,25 mm	0,20 mm
0,30 mm	0,24 mm
0,40 mm	0,32 mm
0,60 mm	0,48 mm
0,80 mm	0,64 mm
1,00 mm	0,80 mm
1,20 mm	0,96 mm

- **Altura de capa inicial**: la altura de la capa inicial permite diferenciar la altura de la primera capa del resto de la impresión. De este modo, es posible aplanar más la primera capa o, por el contrario, dejar más espacio para que se asiente el filamento.
- **Ancho de línea**: el ancho de línea debe ser igual al diámetro de la boquilla. En algunos casos, aumentar o disminuir ligeramente este valor puede mejorar la calidad general de la impresión.
- **Ancho de línea de la capa inicial**: este ajuste define el porcentaje del ancho de línea de la capa inicial con respecto al ancho de línea por defecto. Este valor suele ser del 100 %. Puede aumentarse ligeramente para mejorar la adherencia de la pieza o disminuirse si la distancia entre ejes de la primera capa es mayor que la de las capas siguientes.

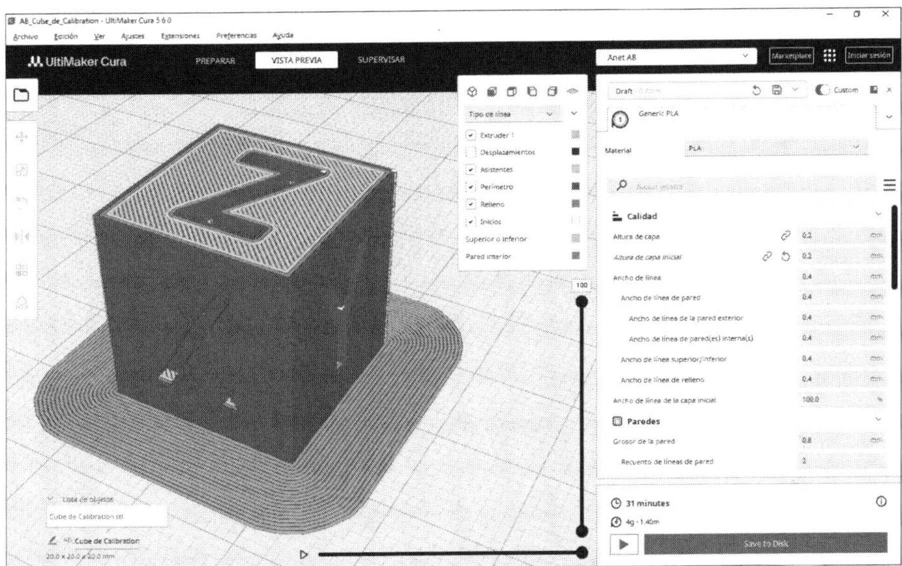

Una altura de capa de 0,2 milímetros en un cubo de 2 centímetros da 100 capas impresas

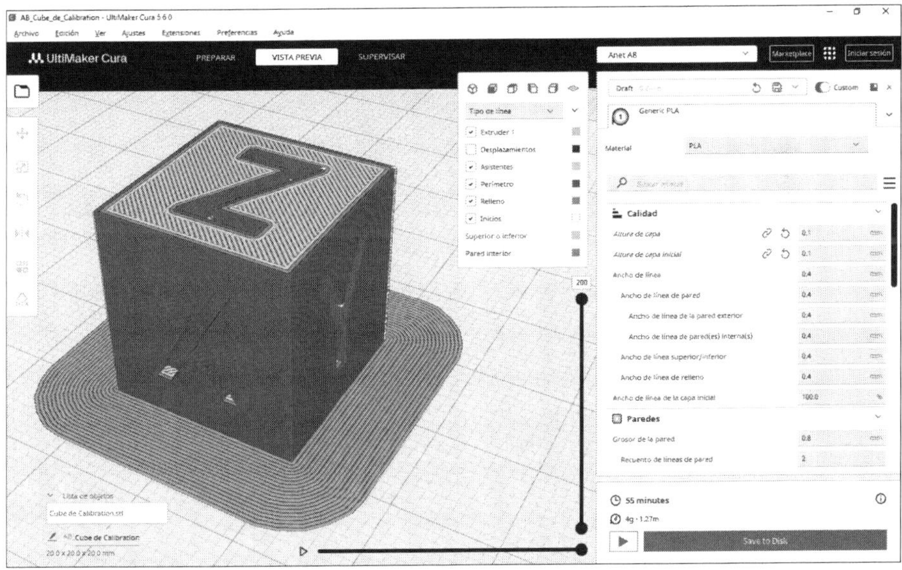

Una altura de capa de 0,1 milímetros en un cubo de 2 centímetros da 200 capas impresas, la precisión de los detalles en el eje Z se multiplica por 2 y el tiempo de impresión estimado es mayor.

1.2.2 Paredes

La pestaña **Paredes** se utiliza para definir los parámetros de la pared, las capas sólidas dentro de la pieza y la capa exterior. He aquí algunos de los parámetros que es importante utilizar y comprobar para una impresión 3D satisfactoria:

- **Grosor de la pared/Recuento de líneas de pared**: estos dos parámetros están relacionados entre sí. El grosor de la pared es igual al número de líneas de la pared multiplicado por el ancho de línea de la pared (definido a su vez por el ancho de línea). Este parámetro determina la rigidez final de la pieza. Cuanto mayor sea el grosor de la pared, más rígida será la pieza. Dependiendo del material, esto aumentará la resistencia a impactos de la pieza, la hará más sólida o menos flexible en el caso de una impresión con filamento flexible.

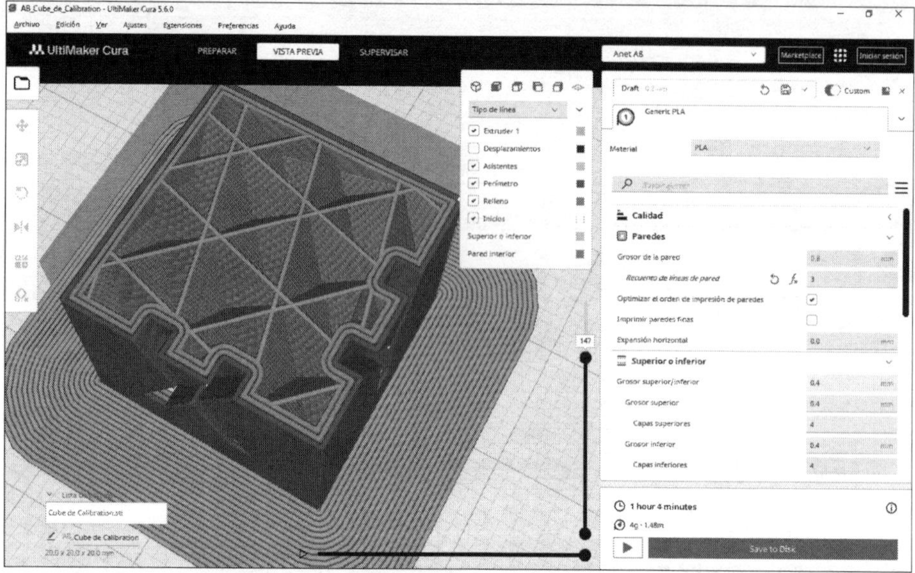

Aquí, la pared está formada por tres líneas de impresión: las dos paredes interiores y la pared exterior.

- **Imprimir paredes finas**: si algunas partes finas de la pieza no aparecen en la vista previa de corte, es porque estas partes son más finas que la anchura de la línea de impresión. En este caso, esta opción resuelve el problema forzando la impresión de las paredes finas. Las paredes se imprimirán con una ligera imprecisión.

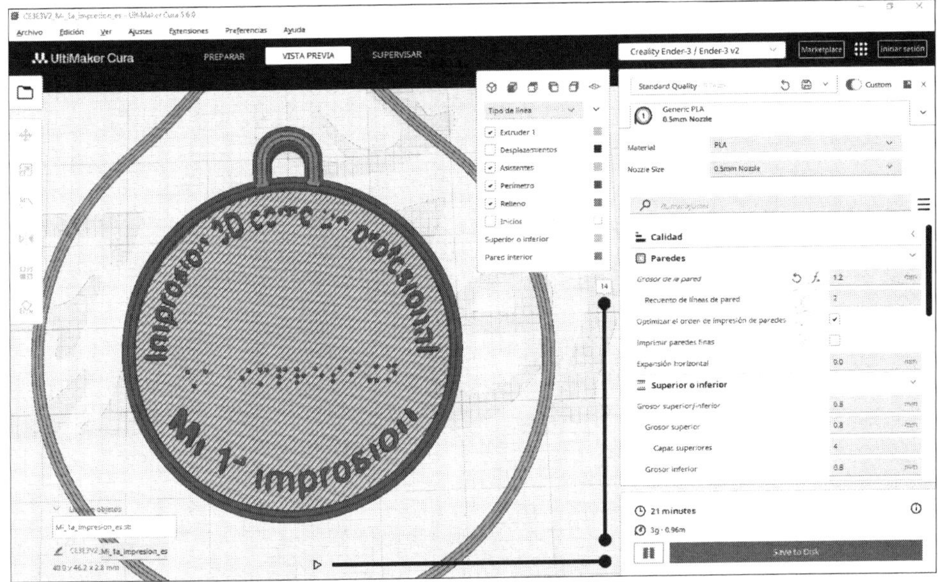

En esta caso, con una boquilla de 0,5 mm, faltan algunas partes del texto

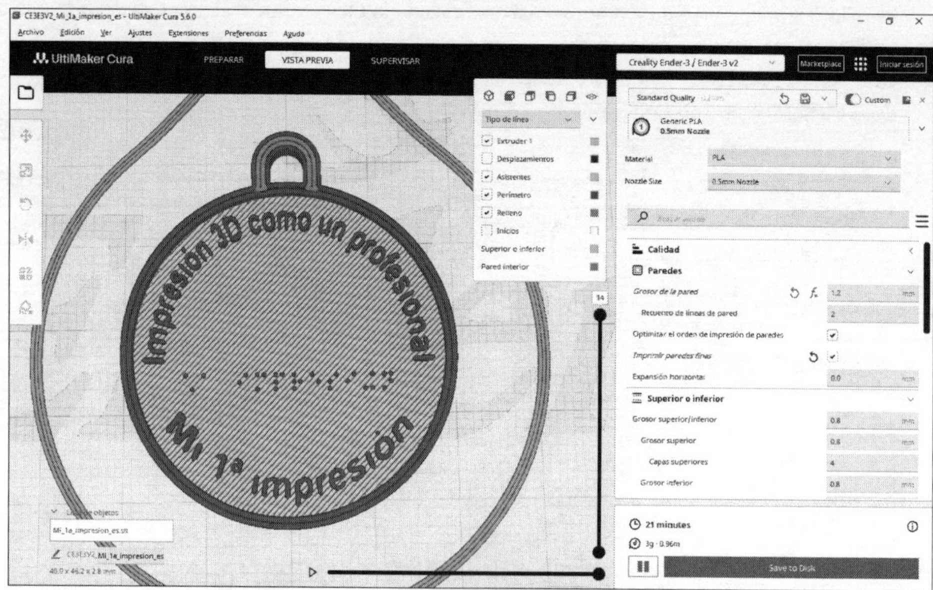

Al activar la opción de las paredes finas, Cura intenta rellenar los espacios huecos..

- **Alineación de costuras en Z**: esta opción se utiliza para posicionar el final de impresión de las capas de modo que las costuras de final de capa sean menos visibles. El posicionamiento puede hacerse manualmente, de forma aleatoria o en las esquinas menos visibles de la pieza (**Esquinas más pronunciadas**).

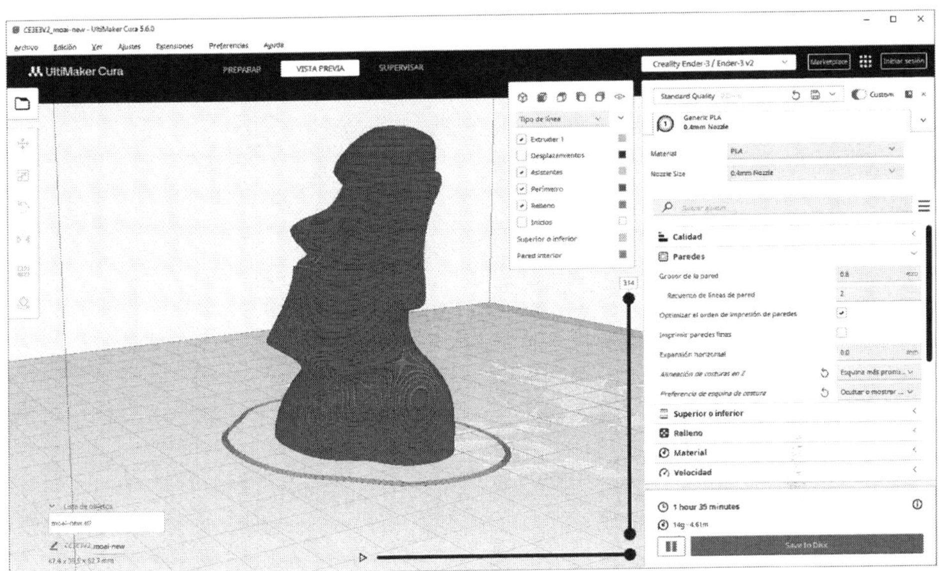

En el modo de vista previa, puede ver las costuras activando la opción Inicios en la leyenda (opció de color blanco)

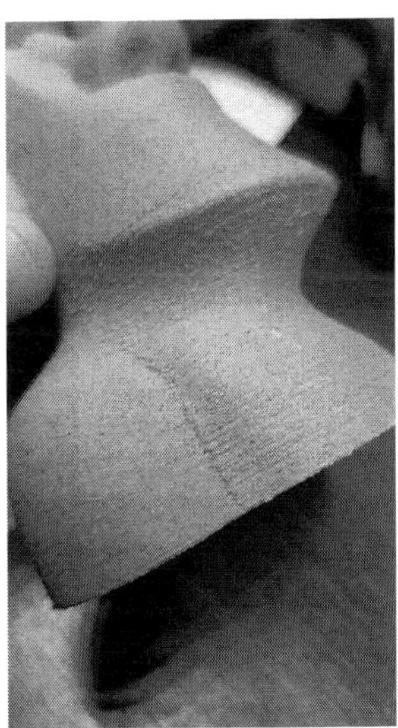

Costuras visibles en una pieza, en la esquina más pronunciada de cada capa

- **Preferencia de esquina de costura**: esta función adicional le permite exponer u ocultar la costura en Z. La exposición de la costura puede resultar útil si la pieza va a someterse a un tratamiento posterior de alisado.

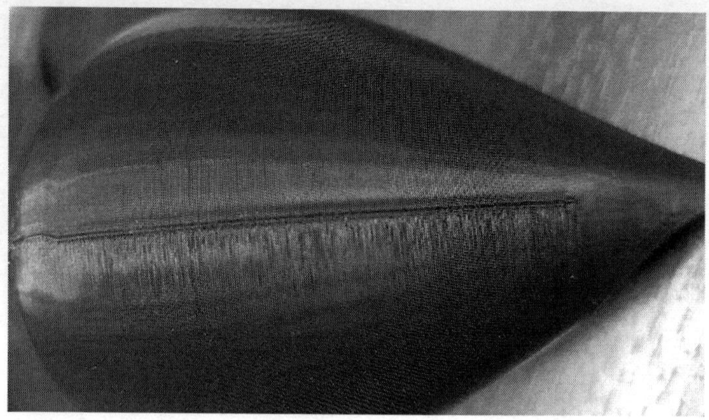

Costura expuesta en toda una pieza

1.2.3 Superior o inferior

La pestaña **Superior o inferior** permite definir los parámetros de las capas superiores e inferiores de las piezas que se van a imprimir. Estos parámetros son útiles para la impresión, en particular para optimizar el acabado en la parte superior e inferior de las piezas impresas, pero también para que un recipiente sea estanco en la parte inferior.

- **Grosor superior/inferior**: al igual que el grosor de la pared, el grosor superior/inferior define el grosor de la pared, salvo que en este caso se refiere a las paredes inferior y superior de la pieza. Estas capas superior e inferior se imprimen en su totalidad, como si estuvieran rellenas al 100 %. Cuanto mayor sea el grosor, más rígida será la pieza en la parte inferior y superior del relleno.

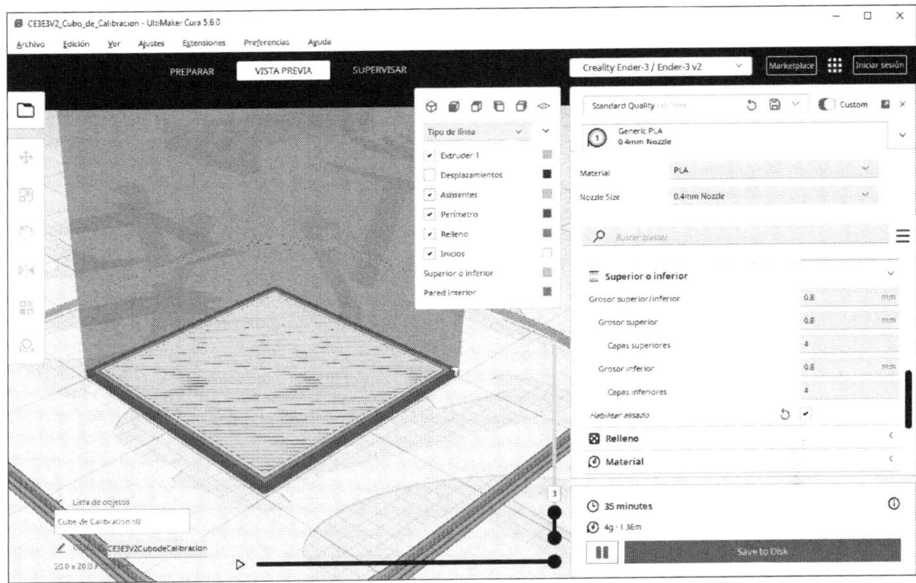

El grosor superior/inferior es de cuatro capas, por lo que las cuatro primeras y las cuatro últimas están rellenas al 100 % para garantizar la integridad del armazón de la pieza.

- **Habilitar alisado**: el alisado mejora el renderizado de las capas externas superiores de sus impresiones 3D. Al activar esta opción, la boquilla pasará una última vez en caliente, sin extrusión, sobre cada capa exterior, con el único propósito de alisarla con calor.

1.2.4 Relleno

La pestaña **Relleno** se utiliza para configurar la generación automática del relleno de la pieza. El relleno se define por una relación material/aire que compone el volumen interno de la pieza, contenido por el armazón. El relleno añade peso a la pieza y asegura la rigidez de la estructura interna de la pieza impresa. En algunos casos, el relleno se utiliza simplemente para mantener unidas las capas superiores, para que no se colapsen durante la impresión. Esta pestaña le permite generar innumerables formas de relleno en una pieza; es una buena idea que controle sus impresiones 3D con los parámetros básicos de relleno:

- **Densidad de relleno**: la densidad de relleno define la cantidad de material utilizado para llenar la pieza. Esta densidad puede variar de 0 % a 100 %. Al 0 %, no se generarán líneas de relleno y el volumen interno de la pieza estará vacío. Al 100 %, cada capa estará formada por un 100 % de plástico, sin volumen de aire. La estructura interna de una pieza se considera rígida a partir de un relleno del 30-33 %, dependiendo del material utilizado.

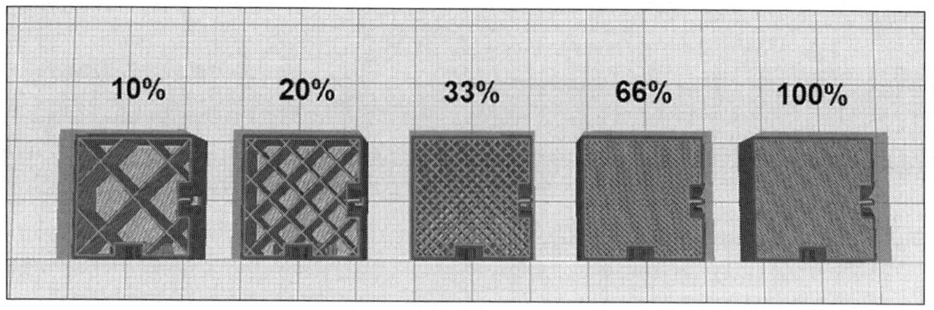

Llenado de una pieza en función de la densidad de relleno

- **Patrón de relleno**: este parámetro define el patrón utilizado para rellenar la pieza. Cura incluye varios patrones, algunos de los cuales son muy complejos de imprimir. Los patrones más comunes y fáciles de imprimir son **Líneas**, **Rejilla** y **Triángulos**. A igual densidad en un volumen simple, el patrón Rejilla es el más rígido de los tres.

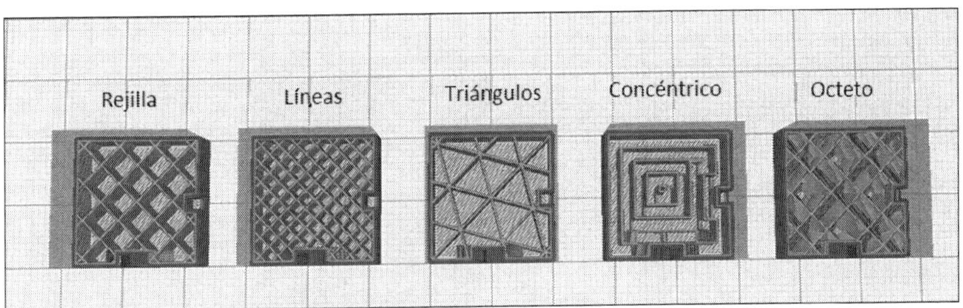

Ejemplos de patrones de relleno

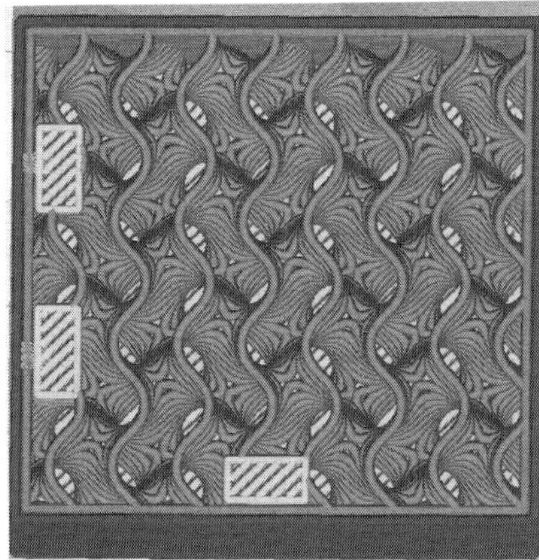

También está el patrón **Giroide**, que es uno de los más resistentes de entre los rellenos disponibles. Su impresión se realiza en forma de ondas, lo que lo hace bastante espectacular en alta velocidad.

- **Conectar líneas de relleno**: esta opción permite conectar las líneas de relleno del armazón mediante una pared de relleno interna. Esta opción aumenta el tiempo de impresión y la cantidad de material utilizado, pero ayuda a reforzar la rigidez interna y externa de la pieza.

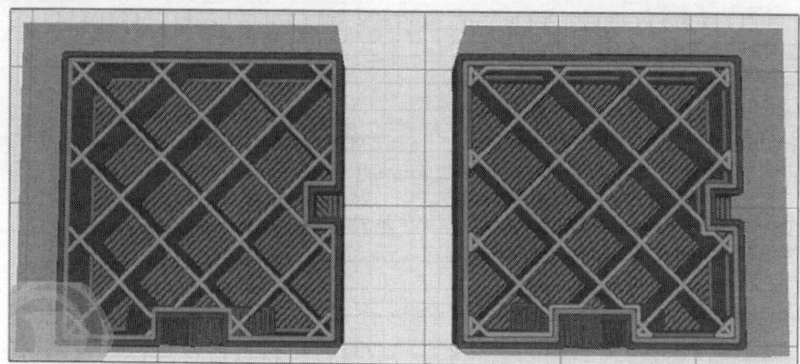

En un patrón de rejilla: a la izquierda, las líneas de relleno no están conectadas al armazón, mientras que a la derecha sí lo están.

- **Porcentaje de superposición del relleno**: este parámetro define el solapamiento de las líneas de relleno en la pared. En el caso de un gran número de líneas de pared, este valor (por defecto, 10 %) puede aumentarse ligeramente para incrementar la adherencia relleno/armazón. En el caso de un armazón fino formado por una o dos capas, disminuir el porcentaje de superposición del relleno reducirá el efecto marcado del relleno en la pared exterior de la pieza.
- **Pasos de relleno necesarios**: este valor indica el número de veces que la densidad de relleno se reduce a la mitad antes de que la boquilla alcance las capas superiores. Esta opción reduce la cantidad de material utilizado manteniendo un buen soporte para las capas superiores.

1.2.5 Material

La pestaña **Material** concierne a los ajustes relacionados con la extrusión del filamento y el entorno de impresión. Esta pestaña se ve afectada por el material seleccionado en el selector de material. Incluye los siguientes ajustes principales:

- **Temperatura de impresión**: este parámetro debe calibrarse con los datos del fabricante de su filamento. Muy a menudo, los datos corresponden a una gama de temperaturas. El renderizado del filamento no es el mismo en función de la temperatura elegida, por lo que deberá probar su filamento a una de estas temperaturas.
- **Temperatura de la placa de impresión**: al igual que la temperatura de impresión, este parámetro debe comprobarse con la ficha técnica del filamento. La mayoría de los PLA imprimen entre 50 °C y 65 °C para garantizar una buena adherencia a la plataforma (placa).

- **Flujo**: el flujo corresponde al caudal de plástico extruido por la boquilla de su impresora. Predeterminado al 100 %, este valor es muy adecuado para los filamentos PLA. Para ciertos filamentos más técnicos, este valor debe aumentarse o disminuirse ligeramente. Este parámetro puede resolver problemas de sobreextrusión o subextrusión una vez descartadas las causas mecánicas.

1.2.6 Velocidad

La pestaña **Velocidad** de Cura permite ajustar los parámetros de velocidad, aceleración y movimientos bruscos de su impresión 3D. La velocidad y la aceleración de cada tipo de movimiento de la impresora puede modificarse a través de esta pestaña. Unos pocos ajustes pueden ayudarle a mejorar sus impresiones 3D:

- **Velocidad de impresión**: es la velocidad de impresión global de su futura impresión 3D. Cada parámetro subyacente es el resultado de un porcentaje de este valor. Por ejemplo, la Velocidad de relleno es, por defecto, el 100% de la **Velocidad de impresión**, y la **Velocidad de pared** es, por defecto, el 50 % de la **Velocidad de impresión**. Por defecto, la impresión mural tiene una velocidad inferior para garantizar una mayor precisión de impresión. Cuanto menor sea la velocidad de impresión, menor será la inercia del cabezal de impresión y menores las vibraciones de la pieza impresa. Una velocidad de impresión de entre 50 y 60 mm/s es adecuada para la mayoría de las impresoras 3D de consumo. Las impresoras profesionales pueden imprimir a velocidades de entre 150 y 300 mm/s.
- **Velocidad de desplazamiento**: si hay un parámetro en el que es posible ahorrar tiempo de impresión sin afectar a la calidad de impresión, es este. Predeterminada a 150 mm/s en las impresoras 3D RepRap, esta velocidad puede optimizarse hasta 200 mm/s.
- **Activar control de aceleración**: por defecto, el firmware de su impresora define la aceleración de los movimientos del cabezal de impresión. Sin embargo, puede pedir a Cura que tome el control de esta variable en el fichero G-code generado para la impresión. Cuanto más bajo sea el valor, más suaves serán la aceleración y la deceleración. En este caso, los ángulos serán más suaves y se transmitirán menos vibraciones. Si decide aumentar este valor, se producirán más imprecisiones, los ángulos de su pieza impresa serán más agudos y ahorrará tiempo de impresión. Un valor bajo correcto es alrededor de 300 mm/s^2. Un valor medio es 1000 mm/s^2, mientras que los valores altos pueden llegar hasta 5000 mm/s^2. Un buen equilibrio es adoptar una aceleración fuerte para el relleno (por ejemplo, 3000 mm/s^2) y una aceleración suave para las líneas de pared (por ejemplo, 300 mm/s^2).

- **Activar control de impulso**: cuando cambia la velocidad de un eje, su aceleración (o deceleración) en mm/s² está limitada por el parámetro de aceleración máxima. Un valor de 3000 mm/s² significa que un eje puede acelerar de 0 a 3000 mm/min (50 mm/s) en el espacio de un segundo. Esta aceleración máxima puede provocar sacudidas si el cabezal de impresión cambia de dirección con frecuencia. Esto se conoce como impulso. Un valor de impulso bajo (< 20 mm/s) tendrá como efecto redondear los bordes de las piezas impresas y aumentar la regularidad de la forma de las capas en los ángulos. Un valor de impulso alto (> 20 mm/s) tendrá el efecto de añadir imprecisiones a lo largo de un borde. Un valor de entre 8 y 12 mm/s es un valor común en el perfil de muchos fabricantes.

1.2.7 Desplazamiento

La pestaña **Desplazamiento** cubre los ajustes relativos al movimiento del cabezal de impresión cuando no se está extruyendo. Solo hay que controlar algunos ajustes. Estos se refieren a evitar partes de la impresión durante movimientos rápidos del cabezal de impresión de un punto a otro. Si un movimiento es demasiado rápido, es posible que la boquilla marque o golpee parte de la pieza o del relleno. Compruebe que los siguientes parámetros están activados:

- **Evitar partes impresas al desplazarse**: este ajuste evita las piezas que ya están impresas en la plataforma.
- **Evitar soportes al desplazarse**: esta opción evita los soportes cuando se mueve el cabezal de impresión. Puede ser útil si hay Curling en los extremos del material.

Para evitar desplazamientos evitables sobre una pared exterior, se puede activar un **Modo Peinada**, que autoriza el desplazamiento solo en el relleno o en el hueco cuando pueda darse el caso. Esto elimina las preocupaciones por enganches o rebabas en las paredes. Por último, la opción **Retracción antes de la pared exterior** permite obtener un mejor resultado en los muros exteriores.

1.2.8 Refrigeración

La pestaña **Refrigeración** se refiere a la ventilación que sopla sobre la impresión. No todas las impresoras 3D disponen de este tipo de ventilación adicional. La refrigeración del PLA durante la impresión asegura una mejor adhesión entre capas. La refrigeración también asegura los puentes sin soporte al solidificar rápidamente el plástico extruido. También aquí, como en la pestaña **Material**, la potencia de refrigeración dependerá de las características del filamento que suministre el fabricante.

He aquí algunas optimizaciones que pueden hacerse para un material que puede refrigerarse:

- **Activar refrigeración de impresión**: si se marca esta opción, se activa la refrigeración de impresión.
- **Velocidad del ventilador (normal y máxima)**: la velocidad normal es la velocidad del ventilador utilizada para todo el tiempo de impresión, mientras que la velocidad máxima corresponde a la velocidad del ventilador para pequeñas superficies de capas definidas cuyo tiempo sería inferior al valor indicado en el parámetro Tiempo mínimo de capa.
- **Velocidad inicial del ventilado**r y **Velocidad normal del ventilador a altura**: estos dos parámetros definen la velocidad en las primeras capas de la impresión. Es preferible no enfriar demasiado las primeras capas para maximizar la adherencia de la primera capa a la superficie de impresión y evitar la contracción de las primeras capas, que puede provocar warping.

1.2.9 Soporte

La pestaña **Soporte** de Cura se utiliza para optimizar la generación automática de soportes. Para acceder a estos ajustes, basta con marcar la casilla **Generar soporte**. El capítulo Gestión de soportes de impresión está dedicado íntegramente a la optimización de los ajustes de esta pestaña.

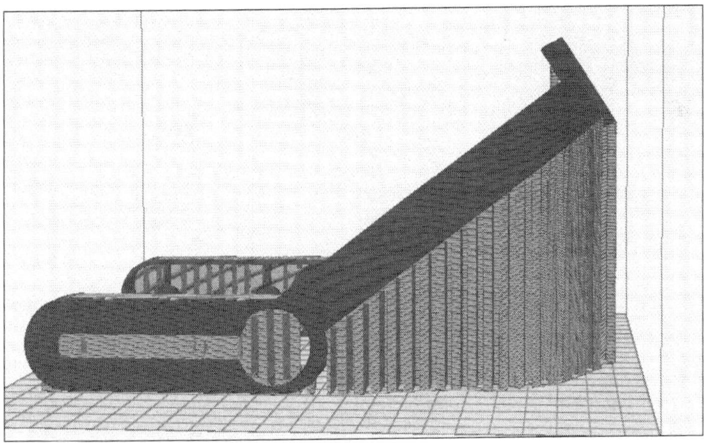

Pieza con múltiples soportes

1.2.10 Adherencia de la placa de impresión

La pestaña **Adherencia de la placa de impresión** contiene opciones para ayudar a que la impresión se adhiera a la plataforma. Hay tres tipos (**Tipo de adherencia de la placa de impresión**) en Cura: **Falda**, **Borde** y **Balsa**. Al igual que con las otras pestañas, esta sección destacará los principales ajustes útiles de esta pestaña:

- **Falda**: la falda dibuja una periferia no adherida a la pieza al inicio de la impresión. Este perímetro sirve para purgar el cabezal de impresión y comprobar la calidad de la primera capa. Dos líneas de falda suelen ser suficientes.

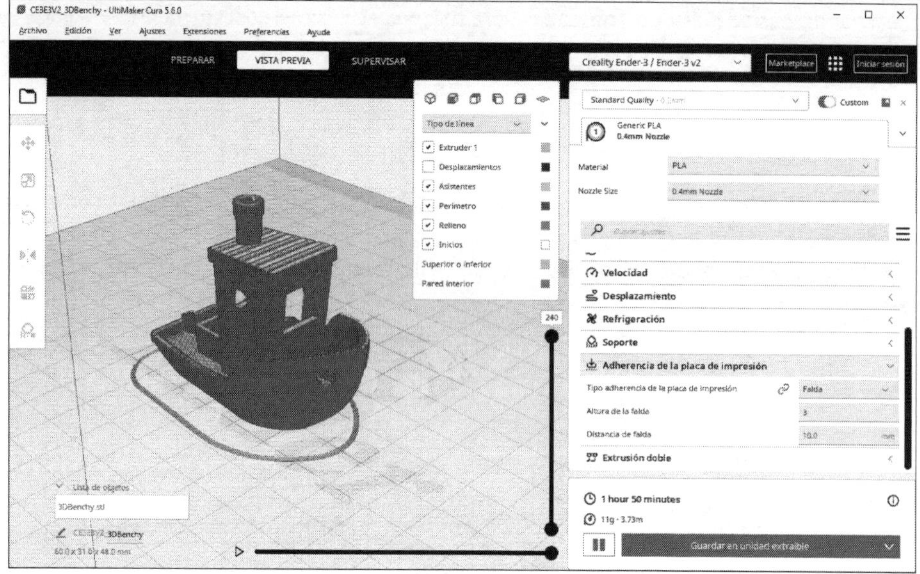

Falda de tres líneas alrededor de un modelo 3D

- **Borde**: el borde está representado por la generación de varias líneas impresas alrededor del perímetro de la primera capa de la pieza. Este borde, «pegado» a la pieza, mejora en gran medida la adherencia de la pieza a la plataforma.
  - **Ancho del borde/Recuento de líneas de borde**: estos dos parámetros están vinculados, siendo el **Ancho del borde** igual al **Recuento de líneas de borde** multiplicado por la **Ancho de la línea** de impresión. Un ancho demasiado grande o demasiado pequeño reduce la eficacia del borde. El ancho ideal oscila entre 6 y 10 milímetros.
  - **Borde solo en el exterior**: si esta casilla está marcada, el borde solo se generará en los bordes exteriores de la pieza. Si está imprimiendo un tubo, el interior del tubo no tendrá borde.

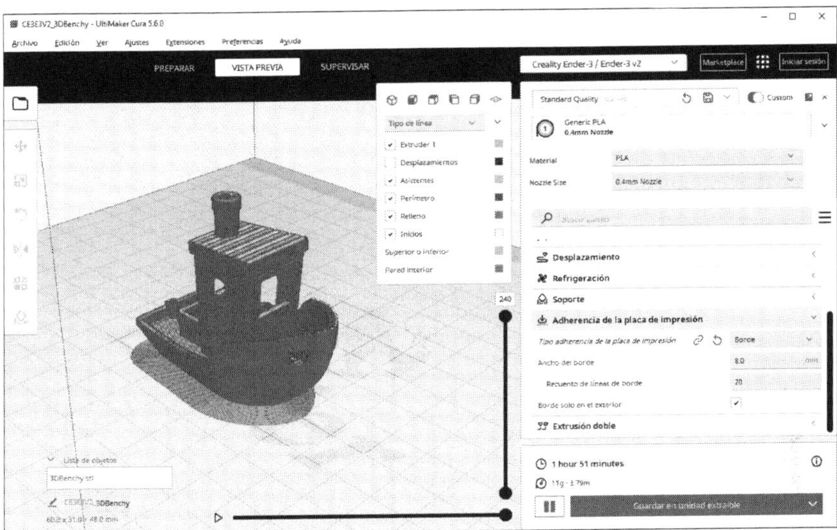

Borde de 20 líneas alrededor del modelo 3D

- **Balsa**: la balsa añade una rejilla gruesa con una capa superior debajo del modelo 3D. Esto significa que el modelo no se imprime en la plataforma, sino en una superficie con una densidad inferior.

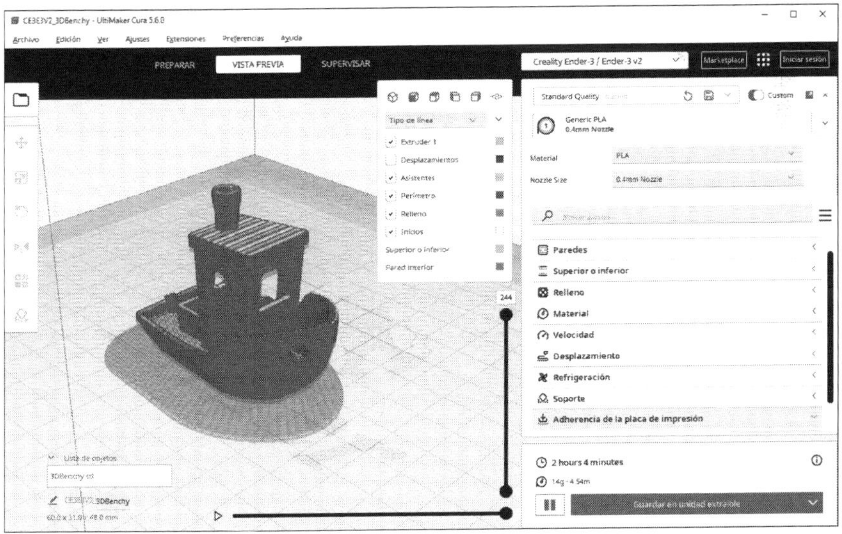

El modelo «posa» en una balsa

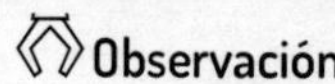

Observación

La ayuda a la adherencia más utilizada es el borde. Consume muy poco filamento y es fácil de retirar.

1.3 La pestaña Extrusión doble

La pestaña **Extrusión doble** de Cura se utiliza para optimizar la generación automática de la torre primaria y el escudo utilizados en la impresión multiextrusión. Este tema se trata en detalle en el capítulo Introducción a la multiextrusión.

1.4 Modos especiales

La pestaña **Modos especiales** de Cura enumera características únicas que cambian por completo cómo se genera una impresión y cómo se imprimen las piezas.

1.4.1 Secuencia de impresión

El parámetro **Secuencia de impresión** permite imprimir todas las piezas al mismo tiempo o una pieza cada vez. Por defecto, todas las piezas se imprimen al mismo tiempo, capa por capa. Sin embargo, es posible activar la opción **De uno en uno**: los modelos se imprimirán entonces uno tras otro. Esto permite obtener una representación de una pieza antes de que se impriman las demás. En el caso de imprimir la misma pieza varias veces, si la representación no es satisfactoria, el usuario puede detener la impresión con la primera pieza. Si el resultado es bueno, la impresión puede continuar con las siguientes piezas.

Una segunda ventaja de la impresión secuencial es que limita el número de piezas afectadas por una avería cuando se imprimen varias piezas. Solo la pieza que se esté imprimiendo en ese momento se verá afectada por la avería; el resto de las piezas se quedarán como estén.

El modo «una pieza cada vez» requiere que los parámetros del cabezal de impresión de la impresora estén configurados correctamente (X mín, Y mín, X máx, Y máx, ver el capítulo Hacia la primera impresión 3D, sección Creación de un perfil en blanco). Cura le mostrará entonces los límites de cada pieza para evitar que el carenado de su cabezal de impresión o su puente entre en contacto con las otras piezas.

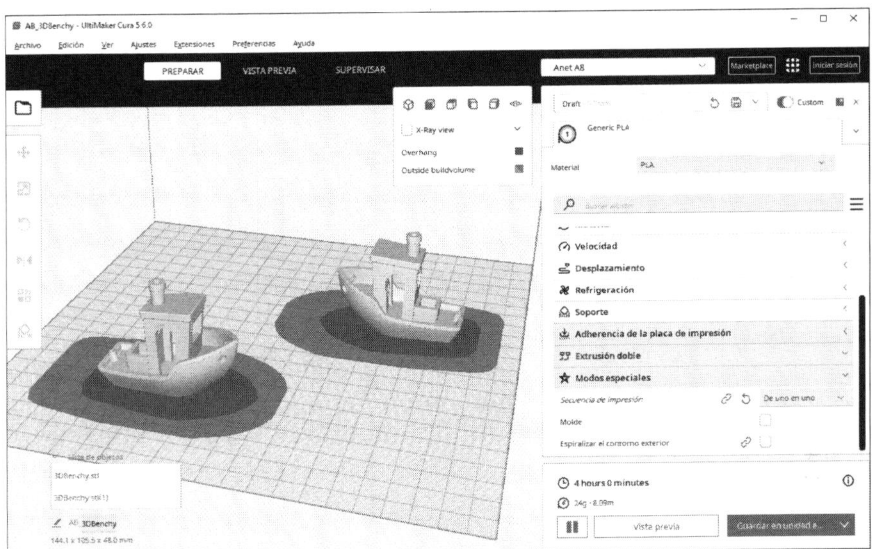

Las zonas «prohibidas» se dibujan alrededor de cada modelo en la **secuencia de impresión «De uno en uno»**.

Las zonas sombreadas que rodean los modelos corresponden a la superficie del suelo donde se desplaza el carenado del cabezal de impresión durante la impresión de cada modelo. Es imposible colocar un modelo sobre estas superficies. La protección integrada de Cura garantiza que el carenado del cabezal de impresión no colisione con una pieza ya impresa.

1.4.2 Molde

Este modo especial crea un molde para su modelo 3D. A continuación, puede crear un objeto correspondiente al modelo 3D en el molde impreso. Este objeto puede estar hecho de yeso, cera, arcilla, etc.

Tres parámetros importantes rigen el aspecto del molde que se generará alrededor de su modelo 3D:

- **Ancho de molde mínimo**: este valor corresponde a la distancia mínima entre el exterior del molde y el exterior del modelo.
- **Altura del techo del molde**: este parámetro define la altura máxima del techo del molde. Para ahorrar material, no es necesario que la altura del techo sea grande.
- **Ángulo del molde**: el valor del ángulo corresponde al ángulo máximo de las paredes exteriores del molde para evitar que se generen soportes en el exterior del molde.

1.4.3 Espiralizar el contorno exterior

El modo **Espiralizar el contorno exterior** es más conocido entre los makers como «modo jarrón». La comunidad lo denomina así porque se utiliza principalmente en la impresión 3D de jarrones y recipientes para líquidos.

Este modo permite a la impresora imprimir los contornos exteriores en espiral con un grosor de una sola línea de impresión.

En el caso de un modelo sencillo, como un jarrón, el modelo se imprime de una sola vez, es decir, la impresión se realiza de forma continua sin retracción durante todo el proceso de impresión. En el caso de una impresora de tipo Prusa, la boquilla se desplaza hacia arriba por el eje Z durante la impresión. En el caso de una impresora con plataforma descendente, la platina desciende durante todo el proceso de impresión. Por lo tanto, en una pieza sencilla con un solo contorno, nunca hay una junta Z. Y como la pieza se imprime en una sola línea, esto ayuda a sellarla contra los líquidos.

1.5 Algunos parámetros experimentales

La pestaña **Experimental** se refiere a los parámetros que son experimentales o que están siendo probados por **Ultimaker**. Hay muchas características en esta pestaña. Depende de usted averiguar cuáles podrían interesarle. Nosotros le proponemos un par de características interesantes que podría utilizar al imprimir en 3D.

1.5.1 El parabrisas

El parabrisas se genera utilizando el parámetro Habilitar parabrisas en la pestaña **Experimental**. El parabrisas es un parámetro muy conocido en las impresoras multiextrusión, ya que se utiliza para limpiar y purgar la boquilla al cambiar de un filamento a otro. El parabrisas se genera en forma de una fina pared alrededor de la impresión.

Sin embargo, el parabrisas puede servir para otra cosa, sobre todo en extrusión simple: retener el aire caliente y proteger el modelo de las corrientes de aire, lo que puede resultar muy práctico cuando se imprime en 3D en ABS o ASA.

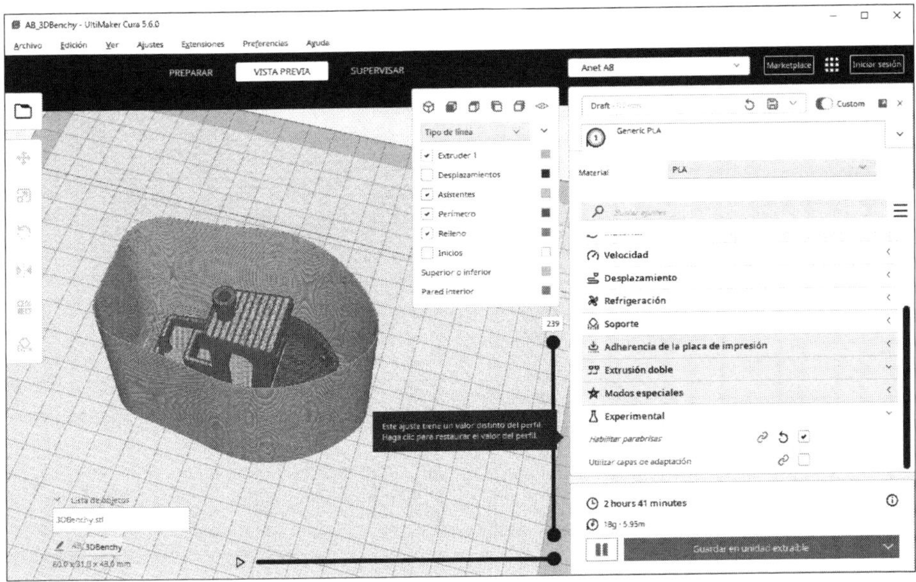

Vista previa de la generación de escudos

1.5.2 Utilizar capas de adaptación

El parámetro **Utilizar capas de adaptación** adapta automáticamente la altura de las capas en función de la complejidad de la forma del modelo. Para contornos simples y rectos, se utilizará una altura de capa elevada, mientras que, para partes detalladas del modelo, se utilizará una altura de capa baja.

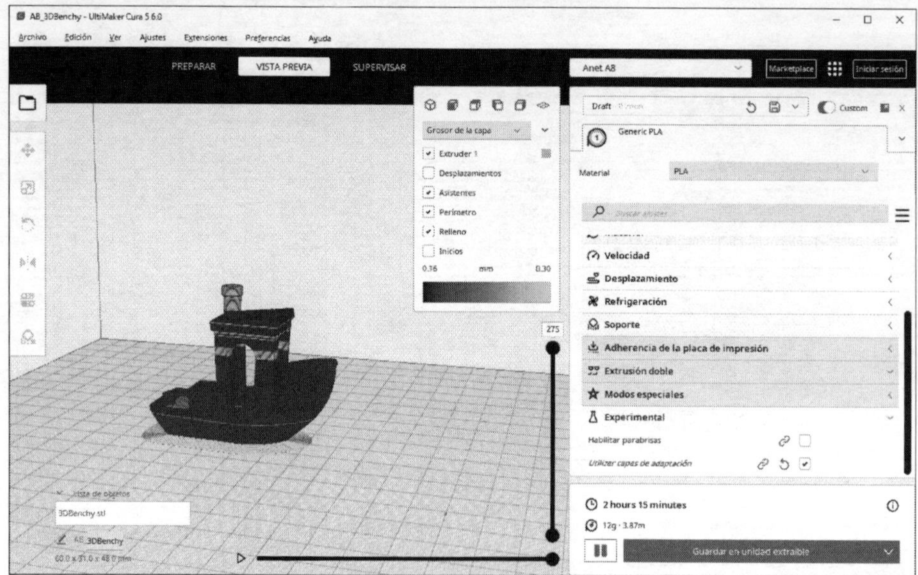

Vista previa de las alturas de capa de adaptación en un modelo de figura con Grosor de la capa como modo de visualización de la vista previa

2. Adaptación de los ajustes a su tipo de pieza

Ahora que ya tiene una visión general de los principales parámetros de Cura, es interesante que comprenda cómo utilizarlos mejor para satisfacer las características que requieren sus piezas.

2.1 Piezas rígidas

Las piezas rígidas constituyen la mayoría de las piezas impresas en 3D. Para aumentar la resistencia de la pieza a la tensión, el impacto y la tracción, puede ajustar una serie de parámetros. La característica más importante en la creación de piezas rígidas es el **Grosor de la pared**. Esto define la solidez de la pieza. Cuanto mayor sea el **Grosor de la pared**, más sólida será la pieza y mayor será el tiempo de impresión. Para compensar los largos tiempos de impresión de las piezas rígidas, la optimización del grosor de pared puede combinarse con la **Densidad de relleno**. Una densidad elevada reforzará la estructura interna de la pieza y sostendrá la pared cuando esté sometida a fuerzas, tensiones mecánicas e impactos.

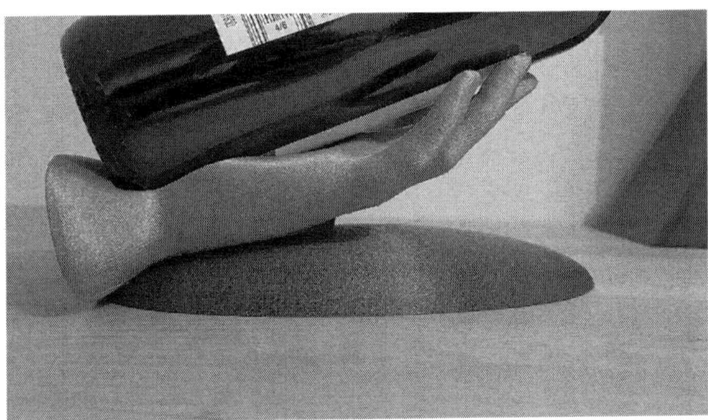

Portabotellas rígido decorativo

Para crear una pieza rígida con una boquilla de 0,4 milímetros de diámetro: un grosor de pared de tres líneas (es decir, 1,2 milímetros de grosor), junto con una densidad de relleno de entre el 20 % y el 35 %, darán un resultado rígido. Aumentar los valores de estos parámetros incrementará el peso de la pieza.

2.2 Piezas flexibles o ligeras

Las piezas flexibles se utilizan a menudo para piezas decorativas o contenedores. Una pieza flexible puede imprimirse con un filamento rígido como PLA, PETG, ABS, policarbonato o nailon. La única limitación para que la pieza sea flexible es respetar un grosor de pared fino. Lo ideal es limitarse a una o dos líneas de pared y minimizar el relleno de la pieza.

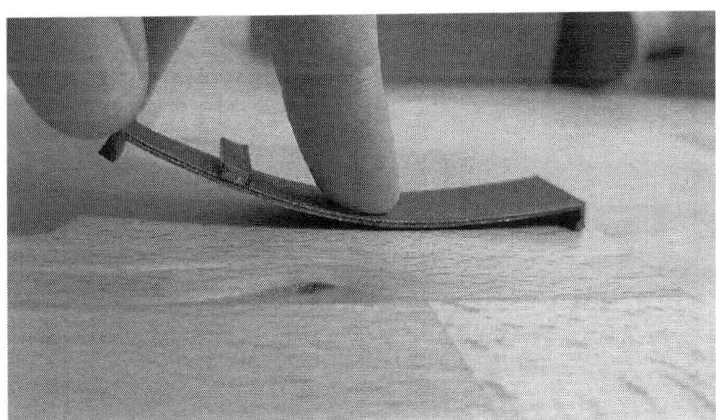

Pieza fina y flexible impresa con filamento PLA

En piezas decorativas, como figuritas, macetas y apliques, puede reducir considerablemente el relleno, ya que lo que cuenta es el aspecto exterior. Considere dos líneas de pared, una densidad de relleno de entre el 5 % y el 10 % y una superposición de las líneas de relleno baja, del 5 %, para que estas no marquen sus paredes.

Para mantener la flexibilidad de este tipo de piezas, es necesario reforzar la adherencia entre capas. Para ello, elija una baja altura de capa y aumente ligeramente la temperatura de extrusión, entre 5 y 10 °C, en comparación con la impresión de piezas rígidas.

2.2.1 Caso específico: el «modo jarrón»

El «modo jarrón» es un modo especial muy popular para la fabricación de piezas flexibles, sobre todo para la fabricación rápida de recipientes finos, como jarrones o cajas pequeñas. Para ello, utilice la función **Espiralizar el contorno exterior** (consulte la sección Espiralizar contorno exterior). La ventaja de este modo es que puede imprimir una pieza en una sola línea muy rápidamente. Para garantizar una buena adherencia entre capas, recuerde aumentar la temperatura de extrusión entre 5 °C y 10 °C en comparación con la impresión de piezas rígidas.

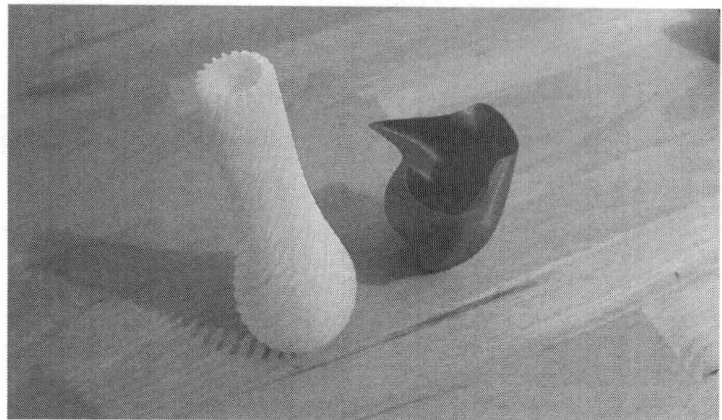

Dos jarrones impresos en modo jarrón

2.3 Impresión flexible

Los filamentos flexibles o semiflexibles se imprimen casi como el PLA o el PETG. Como el filamento en sí tiene propiedades flexibles, será importante que la impresora lo manipule con cuidado para no estirar o contraer el filamento durante la impresión, lo que podría provocar una extrusión deficiente. Para ello, deberá adaptar las velocidades de impresión y retracción reduciéndolas. Cuente con entre 15 y 30 mm/s para la velocidad de impresión y 15 mm/s para la velocidad de retracción. Puede aumentar estos valores más adelante si sus impresiones tienen éxito.

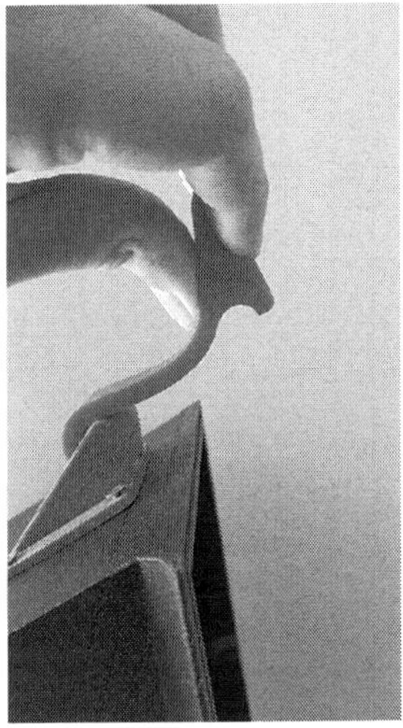

Pieza impresa con filamento flexible; las líneas de impresión facilitan la flexibilidad en este sentido

Otra característica específica de la impresión flexible es la orientación del relleno del modelo. De hecho, es posible favorecer una dirección de torsión en la pieza gracias a la orientación de las capas y a la orientación de las líneas de relleno. La pieza se torcerá más fácilmente en la dirección de las líneas de impresión.

2.4 Impresión de piezas estancas

Es posible imprimir piezas impermeables a los líquidos. Para ello, primero hay que diseñar el modelo de modo que sea estanco. Los chaflanes de 45° en las esquinas interiores de la pieza ayudan enormemente a hacerla estanca.

En el caso de una pieza flexible con paredes finas, el modo jarrón (véase el apartado Caso específico: el «modo jarrón» de este capítulo) es perfecto para ello. Debe tenerse en cuenta el aumento de la temperatura de extrusión para garantizar una buena unión entre capas.

Bandeja de limpieza resistente al alcohol isopropílico impresa en 3D para limpiar las plataformas de las impresoras 3D SLA.

En el caso de una pieza rígida, deberá aumentar el **Grosor de la pared** a entre 3 y 5 líneas de pared. También deberá asegurarse de que el espacio entre las paredes se rellena utilizando el parámetro **Rellenar espacios entre paredes** de la pestaña **Paredes**. Por último, al igual que con las piezas flexibles, una temperatura de extrusión elevada favorece la adherencia entre capas. Para ello, utilice una temperatura situada en el extremo del rango de temperaturas indicado en la hoja técnica de su filamento.

2.5 Creación rápida de prototipos

En el contexto de la creación rápida de prototipos con vistas a desarrollar un modelo de un objeto que puede o no ser reproducible en 3D, lo importante es comprobar las dimensiones de la pieza. En este caso, lo que cuenta no es la calidad de renderizado de la pieza y menos aún su resistencia mecánica. El objetivo es obtener la pieza rápidamente y, por tanto, acortar el tiempo de impresión. Por ello, hay que optar por una **Densidad de relleno** baja, entre el 0 % y el 10 %, y una pared fina de una o dos líneas. También se puede aumentar la velocidad de impresión (hasta 120 mm/s para las impresoras pequeñas), así como la aceleración (hasta 5000 mm/s^2). Asimismo, ahorrará en filamento, y su primer prototipo le dará información suficiente para completar el resto de su diseño.

3. Comandos postsegmentación

3.1 Cambiar de filamento a una altura predefinida

El filamento puede cambiarse a una altura predefinida. Esto permite imprimir una pieza en varios colores o con varios materiales, manteniendo una extrusión única. Esta opción se limita a elegir un filamento para un número determinado de capas y no actúa como un sistema multiextrusión. Dependiendo del tipo de impresora que tenga y de las funciones activadas en su firmware, existen tres métodos para cambiar el filamento a la altura deseada.

Ejemplo de medallón diseñado para representar a la asociación e-NABLE, cuya misión es poner en contacto a creadores y personas que necesitan una prótesis impresa en 3D (más información aquí: http://enablingthefuture.org/).

3.1.1 Método M600

El **método M600** es el más básico para aplicar un cambio de filamento. Para ello, la función M600 debe estar incluida en el firmware de su impresora, algo que es muy probable.

El comando **M600** pausa la impresión. De este modo, el cabezal de impresión permanece a la altura de la capa, pero se aleja de la pieza para no quemarla. El cabezal de impresión permanece a la temperatura de extrusión, por lo que puede cambiar de filamento manualmente.

Para integrar el comando **M600**, tendrá que modificar el archivo .gcode generado por Cura para su pieza.

El procedimiento

⇒ Localice las alturas de capa donde desea cambiar el filamento en la vista previa de impresión en Cura.

⇒ Con un editor de texto, abra el archivo .gcode generado.

⇒ Busque la línea ;**LAYER:X** con X = la capa en la que desea cambiar el filamento.

⇒ Inserte el comando **M600** antes de esta línea.

⇒ Repita los pasos anteriores para cada capa en la que desee cambiar el filamento.

```
G0 X148.424 Y45.104
G0 X149.377 Y45.667
G0 X150.147 Y46.319
G0 X173.913 Y70.109
G0 X174.38 Y70.687
G0 X174.954 Y71.699
G0 X175.325 Y72.744
G0 X175.524 Y73.959
G0 X175.517 Y74.994
G0 X175.281 Y76.346
G0 X174.879 Y77.439
G0 X174.302 Y78.462
G0 X173.274 Y79.674
G0 X98.961 Y161.219
G0 X95.822 Y163.478
G0 X86.232 Y169.073
G0 X86.015 Y168.69
;TIME_ELAPSED:11814.937523
M600
;LAYER:50
M204 S300
;TYPE:WALL-INNER
;MESH:Test.STL
G1 F2700 E1889.30119
G1 F1800 X85.962 Y168.716 E1889.30315
G1 X76.097 Y173.998 E1889.67533
G1 X73.168 Y175.089 E1889.77929
G1 X66.568 Y178.177 E1890.02165
G1 X64.778 Y178.792 E1890.0846
G1 X60.93 Y180.338 E1890.22253
G1 X59.237 Y180.895 E1890.2818
G1 X58.321 Y180.974 E1890.31238
G1 X57.81 Y181.018 E1890.32944
```

Ejemplo de integración de una pausa en la capa 50 en el archivo .gcode utilizando el editor de texto Notepad++

Durante la impresión, tendrá que estar presente para cambiar la bobina. Este cambio se hará manualmente, ya que no hay forma de retraer electrónicamente el filamento. Si su nuevo filamento tiene una temperatura de extrusión diferente, añada el siguiente comando después del comando **M600**:

```
M109 SXXX ;con XXX la nueva temperatura de extrusión tras cambiar el filamento
```

3.1.2 Método Filament Change

Este método utiliza comandos para posprocesar el archivo GCode. Para ello, vaya al menú **Extensiones - Posprocesamiento**.

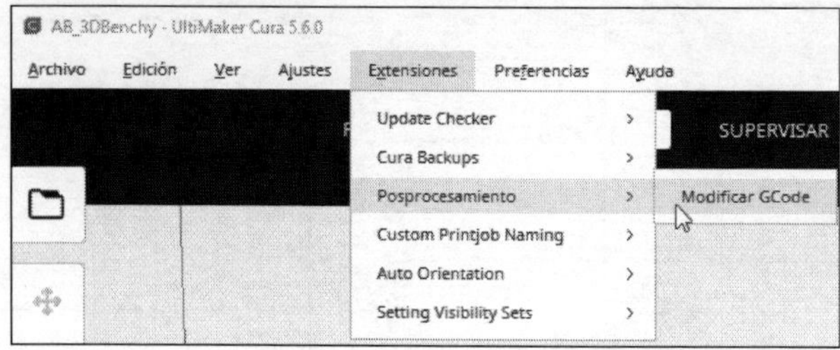

⇉ Haga clic en **Modificar GCode**.

Aparece la ventana **Complemento de posprocesamiento**. Se trata de un plug-in o complemento instalado por defecto con Cura. Este plug-in puede utilizarse para ejecutar scripts que integren o modifiquen comandos GCode al exportar el archivo para su impresión.

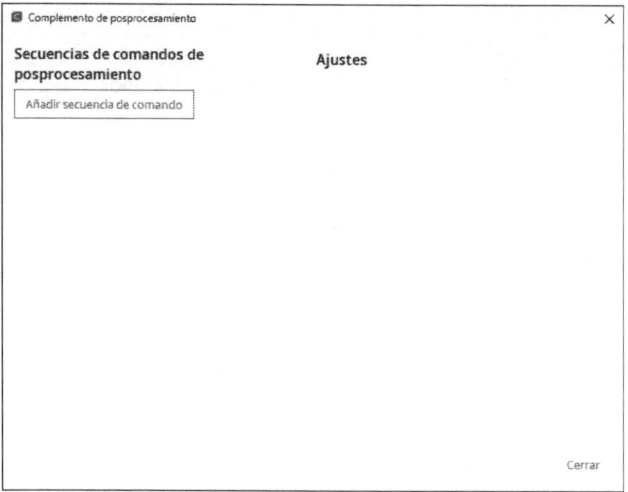

Ventana del complemento de posprocesamiento

⇉ En esta ventana, haga clic en **Añadir secuencia de comando**.

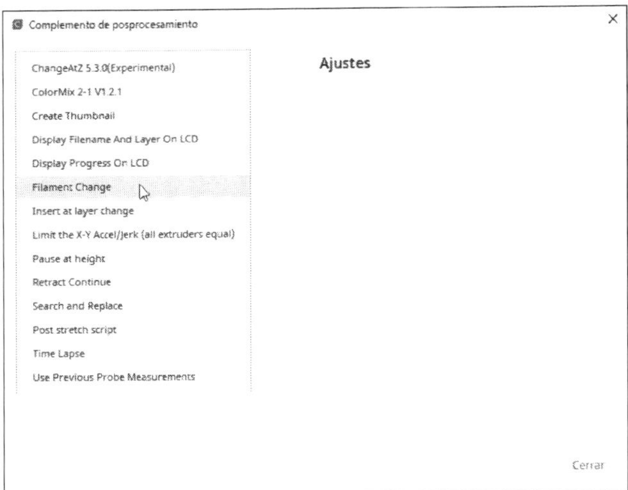

Añadir un nuevo comando a la lista

⇉ A continuación, seleccione **Filament Change**.

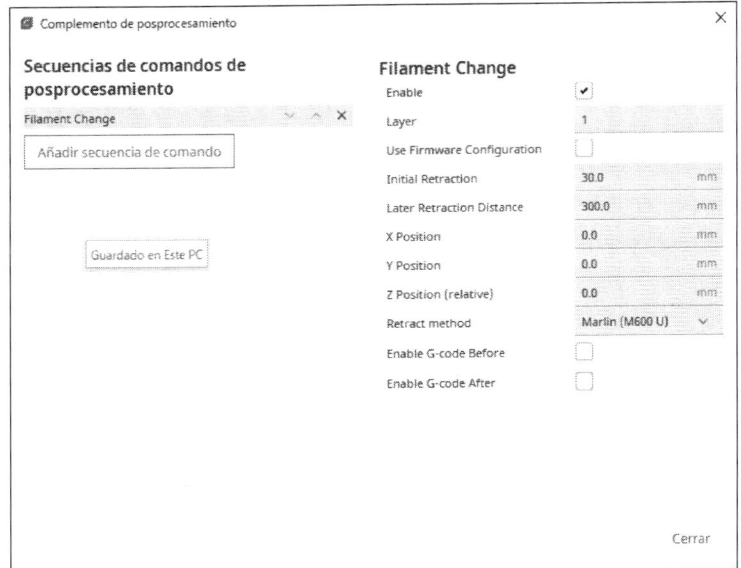

El script **Filament Change** está ubicado en la lista de comandos

En la parte derecha de la ventana, las opciones del comando Filament Change permiten ajustar la secuencia de cambio de filamento que se incluirá en el archivo GCode:

- **Layer**: este parámetro indica el número de la capa en la que se va a cambiar el filamento.
- **User Firmware Configuration**: si esta casilla está marcada, se utilizarán los parámetros del firmware de su impresora para cambiar los filamentos. Si desconoce si su impresora es compatible, deje esta casilla sin marcar.
- **Initial Retraction**: este ajuste indica la distancia de retracción cuando termina la capa anterior.
- **Later Retraction Distance**: este ajuste indica la distancia de retracción una vez que el cabezal de impresión ha abandonado la zona de impresión y se ha desplazado a la zona de cambio de filamento.
- **X Position**: este ajuste indica la coordenada X donde se situará el cabezal de impresión durante el cambio de filamento.
- **Y Position**: este ajuste indica la coordenada Y donde se situará el cabezal de impresión durante el cambio de filamento.
- **Retract Method**: indica el tipo de biblioteca de GCode que se utilizará para retraer el filamento.

Observación

Puede añadir varios comandos de **Filament Change** para cambiar el filamento a diferentes alturas de capa.

Si está imprimiendo con dos materiales diferentes, que requieren diferentes temperaturas de extrusión, deberá considerar la adición de un comando de cambio de temperatura con el comando **ChangeAtZ** (ver sección Cambiar un parámetro a una altura predefinida).

3.1.3 Método Pause at height

Este método utiliza comandos para posprocesar el archivo GCode. Vaya al menú **Extensiones - Posprocesamiento**.

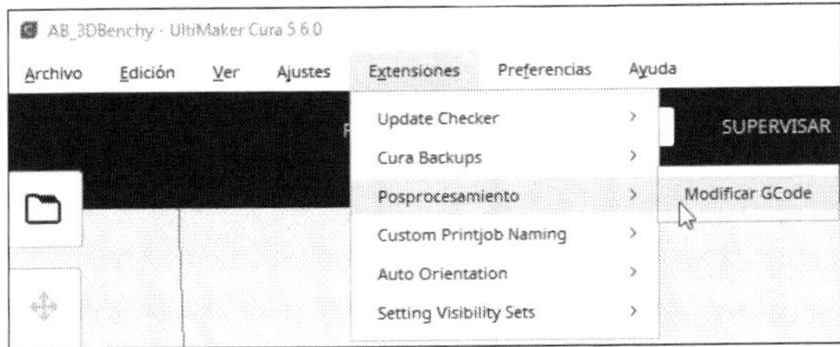

- Haga clic en **Modificar GCode**.
- Añada el comando **Pause at height**.

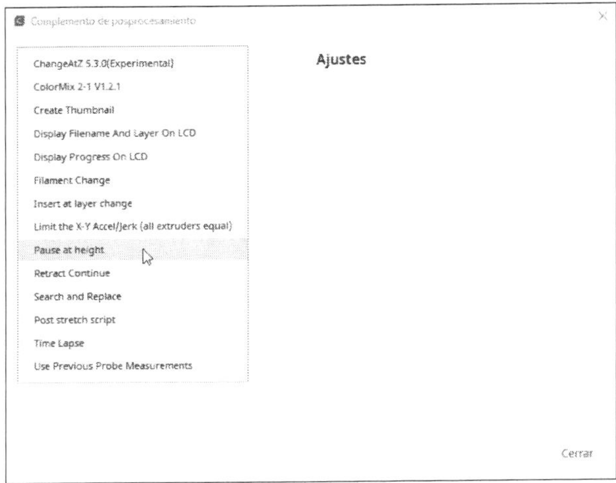

Añadir un nuevo comando a la lista

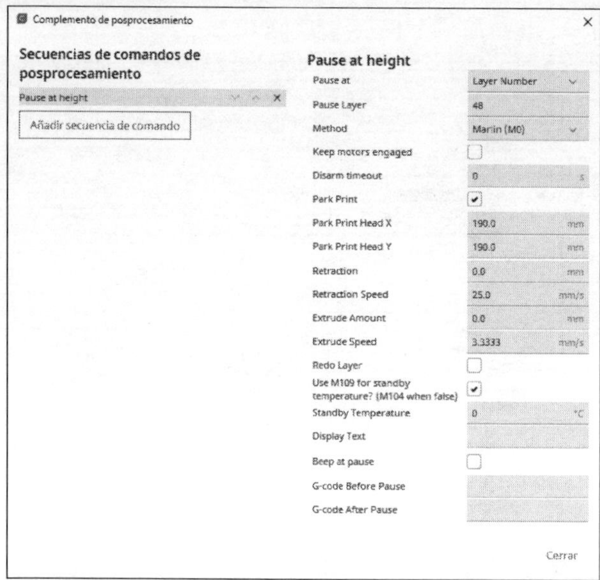

Comando **Pause at height**

En la parte derecha de la ventana, las opciones de comando **Pause at height** permiten ajustar la secuencia de cambio de filamento que se incluirá en el archivo GCode:

- **Pause at**: este parámetro define si la pausa debe tener lugar a una altura **Pause Layer** en milímetros (**Height**) o en un número de capa (**Layer Number**) .
- **Pause Height**: este parámetro define la altura de la pausa en milímetros (**Altura**) o en número de capa (**N° capa**).
- **Method**: indique el firmware que mejor se adapte a su impresora 3D.
- **Disarm timeout**: permite definir el tiempo de pausa en segundos. Este es un parámetro práctico para sistemas robóticos de cambio de filamento. El resto del tiempo, deje este valor en 0 segundos.
- **Park Print**: si está marcada, el cabezal de impresión se moverá a estas coordenadas durante la pausa. Se recomienda utilizar Park Print para evitar dañar durante la pausa la pieza que se está imprimiendo.
- **Park Print Head X**: este parámetro indica la coordenada X donde se situará el cabezal de impresión durante el cambio de filamento.

- **Park Print Head Y**: este parámetro indica la coordenada X donde se situará el cabezal de impresión durante el cambio de filamento.
- **Retraction Speed**: este parámetro indica la velocidad de retracción cuando termina la capa anterior.
- **Extrude Amount**: este parámetro especifica la distancia de extrusión para el cebado de la boquilla cuando se reanuda la impresión.
- **Extrude Speed**: este parámetro indica la velocidad de extrusión para cebar la boquilla cuando se reanude la impresión.
- **Redo Layer**: este parámetro se utiliza para reproducir un número anterior de capas con el fin de favorecer la adherencia del nuevo material. El valor por defecto es 0. En caso de mala adherencia entre capas de los dos materiales, este parámetro puede ajustarse a 1 para reproducir la última capa impresa con el nuevo material.
- **Standby Temperature**: este parámetro indica la temperatura del bloque calefactor durante la pausa.
- **Display Text**: este parámetro se utiliza para mostrar un texto en la pantalla de la impresora cuando se lanza el comando. No funciona con todas las impresoras 3D.
- **G-code Before Pause**: ejecuta un script GCode antes de la pausa.
- **G-code After Pause**: lanza un script GCode después de la pausa.

Observación

Puede añadir varios scripts de **Pause at height**para cambiar el filamento a diferentes alturas de capa.

Si está imprimiendo con dos materiales diferentes, que requieren diferentes temperaturas de extrusión, deberá considerar la adición de un comando de cambio de temperatura con el comando **ChangeAtZ** (ver sección Cambiar un parámetro a una altura predefinida).

3.2 Cambiar un parámetro a una altura predefinida

Este método utiliza comandos para posprocesar el archivo GCode. Para ello, vaya al menú **Extensiones - Posprocesamiento**.

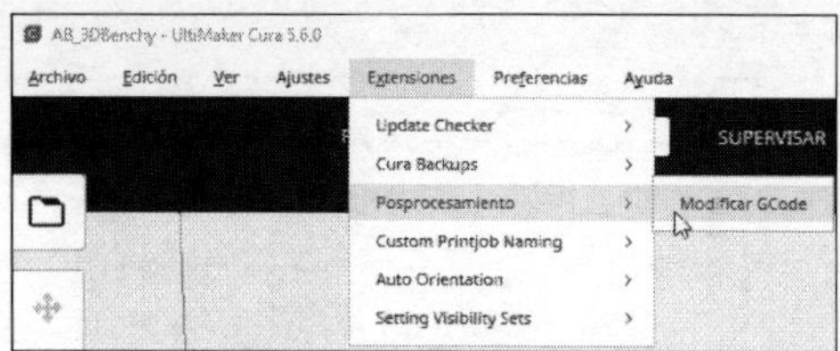

⇉ Haga clic en **Modificar GCode**.

⇉ Añada el script **ChangeAtZ**.

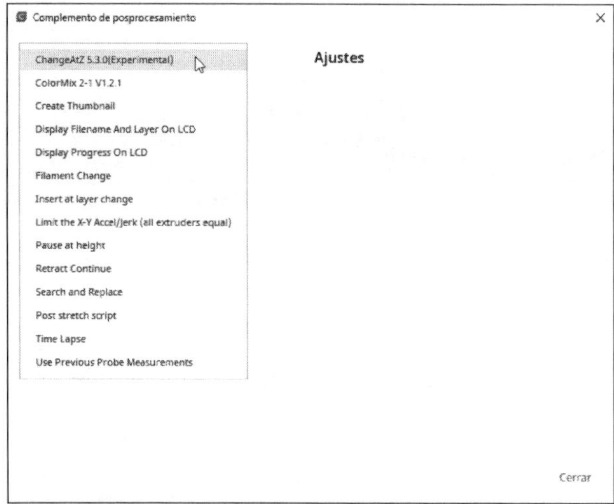

Añadir el script **ChangeAtZ**

Este script permite modificar ciertos parámetros, como la velocidad de impresión, el flujo de cada sistema de extrusión, las temperaturas de la plataforma y de la extrusión, así como la velocidad de refrigeración. En el momento de escribir estas líneas, este script aún está en fase de desarrollo, pero ya funciona muy bien.

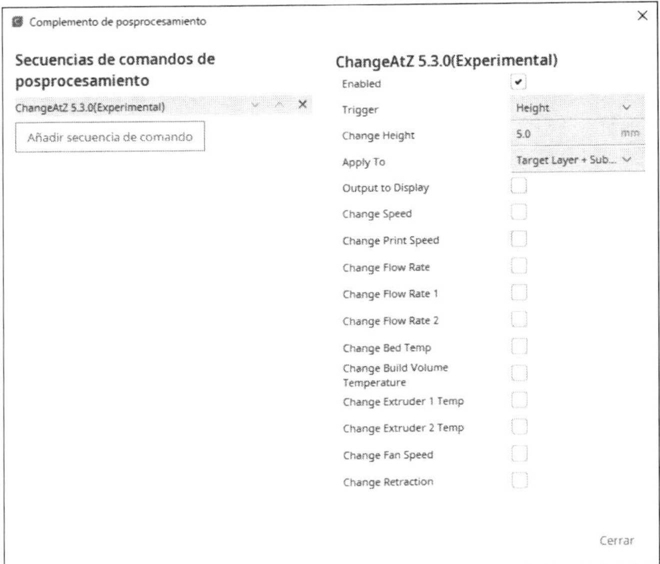

Ajustes del comando **ChangeAtZ**

Así es como funcionan los ajustes de este comando:

- **Enabled**: activa o desactiva este comando. Esto resulta especialmente útil si se trabaja con un gran número de comandos en un proyecto de impresión.
- **Trigger**: este ajuste define si el cambio de parámetros debe efectuarse a una altura Z en milímetros (**Height**) o en el número de capa (**Layer No.**).
- **Change Height/Change Layer**: este ajuste define la altura del cambio de parámetros en milímetros (Height) o en número de capa (**Layer No.**).
- **Apply to**: este ajuste define si el cambio de parámetros es efectivo solo para la capa indicada (**Target Layer**) en **Change Height/Change Layer** o si el cambio de parámetros es efectivo para el resto de la impresión (**Target Layer + Subsequent Layers**).
- **Output to Display**: muestra un mensaje en la impresora 3D.
- **Change Speed**: permite cambiar la velocidad general de impresión y la velocidad de desplazamiento.
- **Change Print Speed**: solo permite cambiar la velocidad de impresión.
- **Change Flow Rate, Flow Rate 1, Flow Rate 2**: se utiliza para cambiar el flujo de material en la extrusión principal, en la extrusión 1 o en la extrusión 2.
- **Change Bed Temp**: permite modificar la temperatura de la plataforma.

- **Change Extruder 1 Temp, Extruder 2 Temp**: se utiliza para cambiar las temperaturas de los bloques calefactores 1 y 2.
- **Change Fan Speed**: sirve para variar la velocidad del ventilador de refrigeración. El valor 0 significa que el ventilador está apagado. El valor 255 corresponde a un ventilador a máxima velocidad.
- **Change Retraction**: permite cambiar los parámetros básicos de retracción del filamento, es decir, la velocidad de retracción y la longitud de retracción. También es posible pasar de la retracción por software (**Linear Move**) a los parámetros de retracción de la impresora 3D (**Firmware**).

<u>Ejemplo de cambio de temperatura de la plataforma al iniciar la impresión</u>

La plataforma está ajustada a 60 °C al inicio de la impresión de filamento PLA. Para reducir el calentamiento del área donde se encuentra la impresora y ahorrar energía, queremos bajar la temperatura de la plataforma 15 °C durante el resto del proceso de impresión. Para evitar choques térmicos que podrían desestabilizar las uniones intercapa en las primeras capas, la temperatura de la plataforma debe reducirse después de las 10 primeras capas.

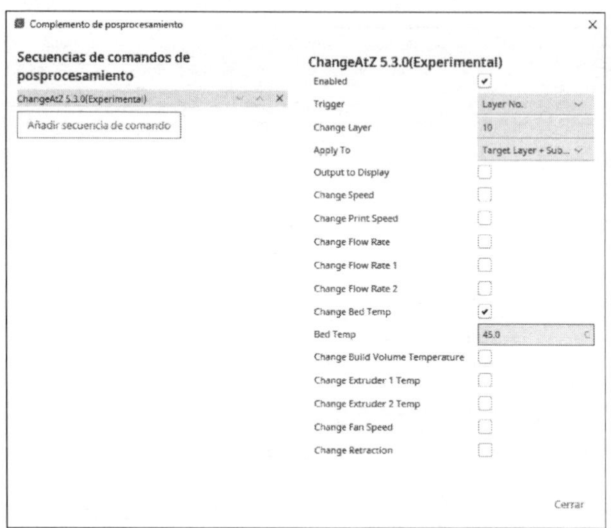

Configuración de un comando para responder al problema planteado anteriormente

Capítulo 11

Gestión de soportes de impresión

1. Probar los ajustes de los soportes

A lo largo de este capítulo, se mostrarán varios casos de soportes en modelos 3D. Cuando pruebe sus ajustes, lo mejor es que lo haga reproduciendo una pieza pequeña. En los archivos adicionales disponibles para su descarga, encontrará un archivo .STL denominado **Test_supports.STL**. Este pequeño modelo 3D tarda en imprimirse entre veinte y treinta minutos.

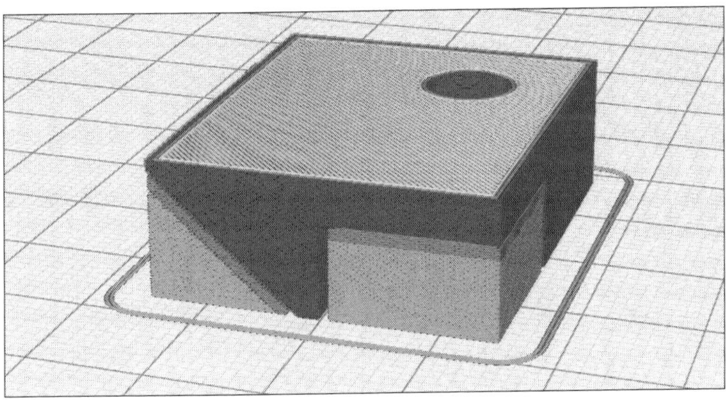

Vista previa de impresión del archivo Test_support.STL

Esta pieza puede servirle de guía para optimizar sus soportes con cualquier material de impresión 3D. Por supuesto, no debe colocar la superficie plana contra la plataforma porque entonces no se generará ningún soporte.

Para un filamento determinado, a veces son necesarios varios ensayos con el fin de optimizar la generación de soportes.

2. Configurar los soportes de impresión

2.1 Orientación de la pieza para optimizar la posición de los soportes

El primer paso cuando se imprime una pieza que requiere soportes es elegir la orientación de la pieza. En algunos casos, se desea reducir el número de soportes para limitar la cantidad de posprocesado necesario en la pieza. En otros casos, se orienta la pieza para que los soportes sean caras ocultas de dicha pieza.

Para ayudarle a tomar la decisión correcta, conviene que examine su proyecto de impresión a la luz de estas dos preguntas:

- ¿Influye la orientación de la pieza en su funcionamiento?
  - Si es así, lo que cuenta es la orientación de la pieza. Para ello, consulte el capítulo anterior: Optimizar los ajustes de impresión, sección La orientación de la pieza.
  - De lo contrario la orientación para lograr un acabado de buena calidad de la superficie es lo primordial. En este caso, elija una orientación que minimice el número de soportes debajo de superficies curvas y pendientes demasiado pronunciadas. Con el complemento **Auto-Orientation** (véase Hacia la primera impresión 3D, sección Algunos complementos útiles), puede utilizar la función **Calculate extended optimal printing orientation** para crear una orientación automática que respete estas características.
- ¿Es importante para su proyecto un acabado de buena calidad de la superficie?
  - Si es así, puede orientar la pieza de modo que los soportes sean lo más fáciles posible de retirar.
  - Como alternativa, puede colocar la pieza de modo que requiera el menor soporte posible para imprimir. Con el complemento **Auto-Orientation** (véase Hacia la primera impresión 3D, sección Algunos complementos útiles), puede utilizar la función **Calculate fast optimal printing orientation** para crear una orientación automática que respete estas características.

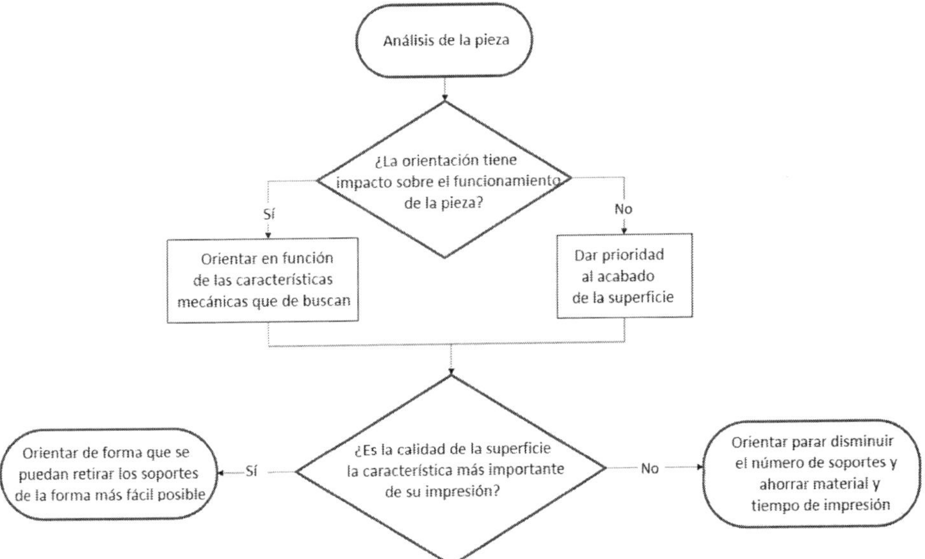

Ejemplo

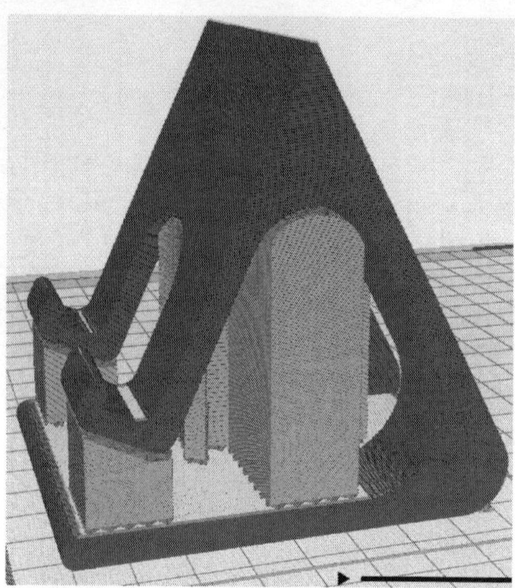

Esta pieza representa un soporte de teléfono

Cuando esta pieza se coloca inicialmente en plano, se crean numerosos soportes:

- Debajo de las dos pequeñas pestañas de la parte delantera del soporte del teléfono
- Bajo el eje central redondeado del soporte del teléfono

Además, las líneas de impresión son casi perpendiculares a la fuerza que se aplicará al teléfono sostenido por la pieza y a la fuerza que se necesitará para retirar los soportes. Y retirar los soportes en una superficie curva es más difícil que en un ángulo, incluso con una buena optimización de los parámetros de soporte.

Si imprimimos esta pieza con esta orientación, esto es lo que podría pasar:

Si la pieza está orientada de forma distinta, simplemente girándola 90°, el resultado de la impresión y la generación de los soportes cambian por completo.

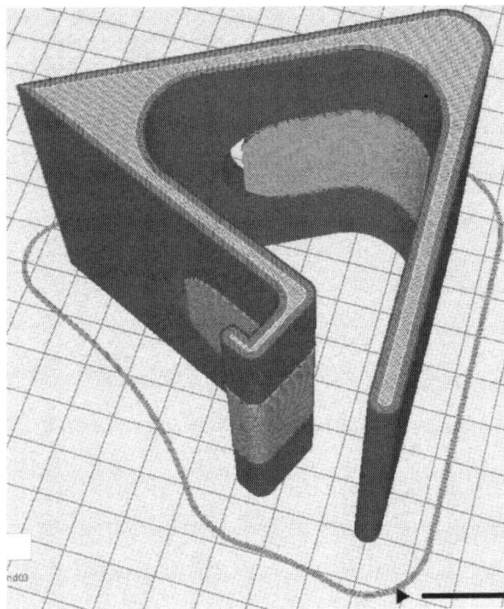

Orientación de la pieza a 90

En este caso, la orientación se optimiza porque:

- hay menos soportes;
- los soportes soportan voladizos, la mayoría a 90°, por lo que son fáciles de retirar cuando los ajustes están optimizados;
- las líneas de impresión son paralelas a la tensión mecánica que se aplicará a lo largo de la vida útil del objeto;
- ventaja adicional: la superficie de la pieza sobre la plataforma es reducida y tiene muchos bordes redondeados, lo que limita mucho la aparición de warping.

2.2 Colocación automática de los soportes

Por defecto, Cura trabaja con la colocación automática de los soportes. Este programa utiliza los parámetros de la pestaña **Soportes** para generar la forma de estos y su posición bajo las superficies soportadas. Para activar la generación de soportes y la aparición de estos ajustes, debe marcar la casilla **Generar apoyos**.

Estos son los parámetros más importantes que debe tener en cuenta a la hora de generar sus soportes de impresión:

- **Colocación del soporte**: este ajuste determina si los soportes se generarán solo entre la pieza y la plataforma o en todas partes. Si se selecciona la opción En todos sitios, los soportes también se generarán entre dos niveles de superficie de la pieza.
- **Ángulo de voladizo del soporte**: es el ángulo en el que la superficie de la pieza requiere soporte. Consulte el diagrama siguiente:

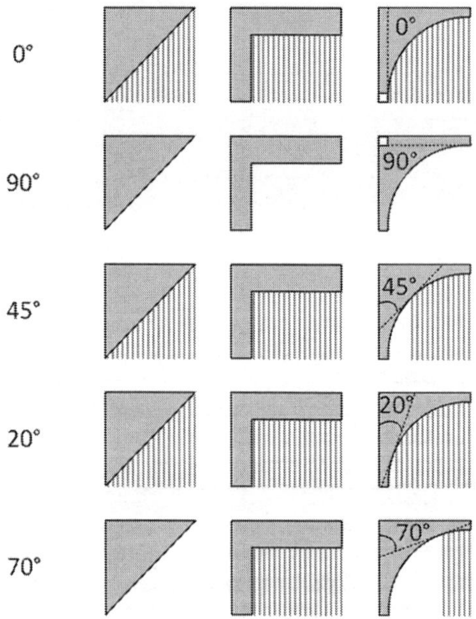

Generación automática de soportes de Cura en función del **Ángulo de voladizo**

- **Patrón del soporte**: al igual que el patrón de relleno de piezas, puede seleccionar un patrón para rellenar el soporte de impresión. El patrón más utilizado es el **Zigzag** porque es más fácil de eliminar que otros patrones.
  - **Conectar zigzags del soporte**: al utilizar el patrón **Zigzag**, aparece este ajuste. Es preferible conectar los zigzags en soportes grandes, donde los soportes son más altos que anchos. Para piezas pequeñas que requieran pocos soportes y utilicen una interfaz de soporte (véase más adelante), este parámetro puede desmarcarse.
  - **Densidad del soporte**: esta opción actúa como el porcentaje de relleno de sus piezas, pero en su soporte. Es preferible que la densidad sea baja, entre el 10 % y el 20 %. Cuanto menor sea la densidad del soporte, más puentes tendrá que hacer la impresora para imprimir las superficies de sus piezas o las interfaces del soporte. Si la densidad es demasiado baja, se reducirá la calidad de impresión en las superficies soportadas. Una densidad demasiado alta dificultará la eliminación de los soportes. Dependiendo de la impresora 3D, el valor óptimo se sitúa entre el 10 % y el 15 %.

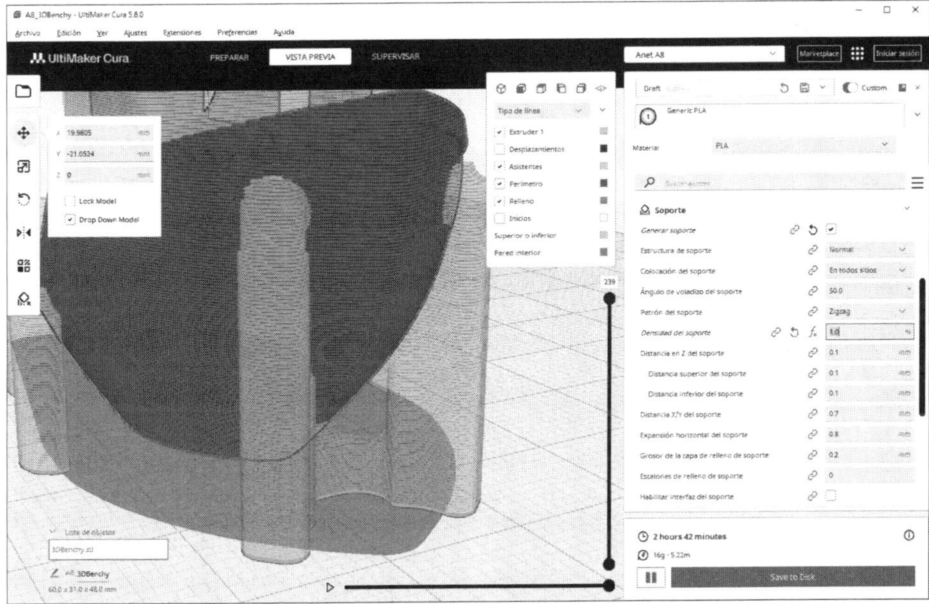

Generación automática de soportes en Cura

Con estos parámetros iniciales, habrá definido la forma de sus soportes y gran parte de su colocación. Estos son los ajustes básicos de los apoyos, que puede guardar para cualquier tipo de pieza y de material.

2.3 Optimización de los soportes de impresión

Una vez definidos los ajustes básicos, es preciso optimizar los soportes para que sean fáciles de retirar y no dejen marcas en las piezas. Para ello, deberá configurar bien en los siguientes parámetros:

- **Distancia en Z del soporte**: la distancia en Z del soporte define la distancia entre la pared soportada de la pieza y su soporte. Por defecto, se deja una pequeña separación para que la pared de la pieza no se adhiera bien al soporte. Esto facilita la eliminación del soporte durante el posprocesado. No existe una distancia óptima, ya que dependerá del ángulo del voladizo, del material utilizado y del grosor de capa elegida para la impresión. Por ejemplo, para un grosor de capa de impresión de 0,1 mm, la distancia en Z de los soportes podría ser de entre una y tres capas, dependiendo del material utilizado, lo que daría una distancia de entre 0,1 mm y 0,3 mm. Si le resulta difícil retirar los soportes, aumente este valor en una capa. Si, por el contrario, sus soportes son fáciles de retirar y las superficies soportadas no son lisas, reduzca este valor en una capa.
  - **Distancia superior del soporte**: este ajuste está vinculado a la distancia en Z de los soportes. Cuando el valor es diferente de la distancia en Z de los soportes, este ajuste diferencia entre la distancia superior y la distancia inferior de los soportes. Puede ser útil optimizar solo la distancia superior de los soportes si las partes inferiores de dichos soportes son fáciles de eliminar, mientras que las partes superiores son un problema.
  - **Distancia inferior del soporte**: este ajuste actúa de la misma manera que **Distancia superior del soporte**, pero para los soportes inferiores.
- **Distancia X/Y del soporte**: este ajuste es útil para definir la distancia horizontal que separa la pieza de los soportes. De este modo, se garantiza que los soportes no queden pegados a la pieza en toda su longitud. Aumentando este valor, puede eliminar un gran número de pequeños soportes que a veces son innecesarios en la generación automática, como la generación de soportes en espacios reducidos, agujeros de tornillos al imprimir carcasas electrónicas, etc.

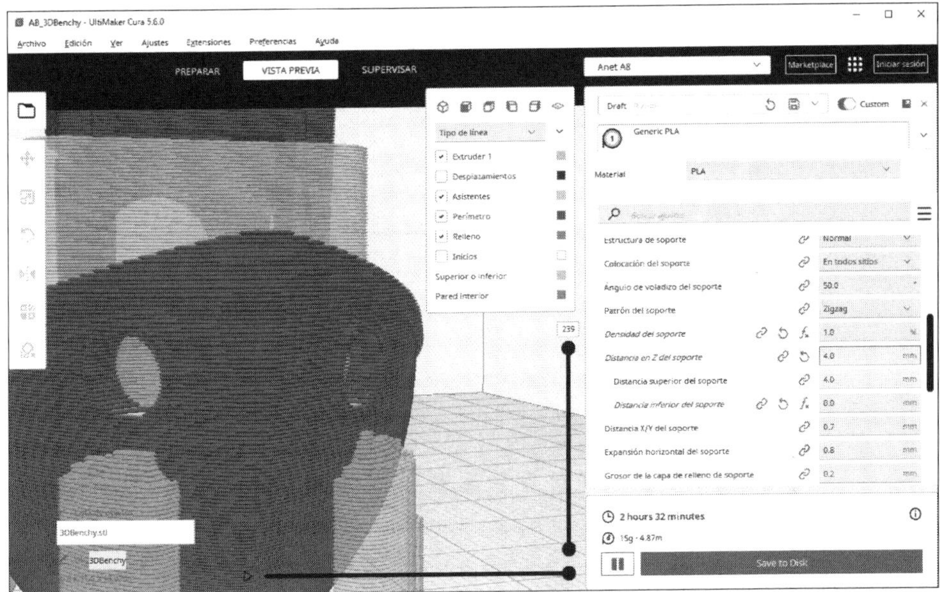

Al aumentar la distancia X/Y de los soportes, los escobenes ya no tienen soportes

- **Habilitar interfaz del soporte**: esta opción activa un techo y una base (suelos) de soporte. En las partes que requieren soporte, el techo soportará toda la superficie de la pieza. De este modo, se evita que se forme un puente en la pared de la pieza. En su lugar, el puente se forma sobre una interfaz de soporte. La interfaz de soporte en la parte inferior de los soportes evitará que se marque la pieza cuando el soporte comience en dicha pieza (**Colocación del soporte En todos sitios**). Esta configuración aumenta el tiempo de impresión, pero garantiza una calidad óptima para el acabado de las superficies soportadas. Si la distancia en Z de los soportes es óptima, basta con deslizar una cuchilla fina o un destornillador entre la pared de la pieza y la interfaz del soporte para retirar todos los soportes. El resultado será una pieza lisa y sin marcas. La interfaz de soporte también puede utilizarse en una multiextrusión con filamentos solubles para ahorrar la cantidad de filamento soluble que podría utilizarse en todos los soportes (véase el capítulo Introducción a la multiextrusión).
  - **Habilitar techo del soporte**: esta opción permite activar o desactivar individualmente los techos de soporte.
  - **Habilitar suelo del soporte**: esta opción permite activar o desactivar individualmente las bases de soporte.

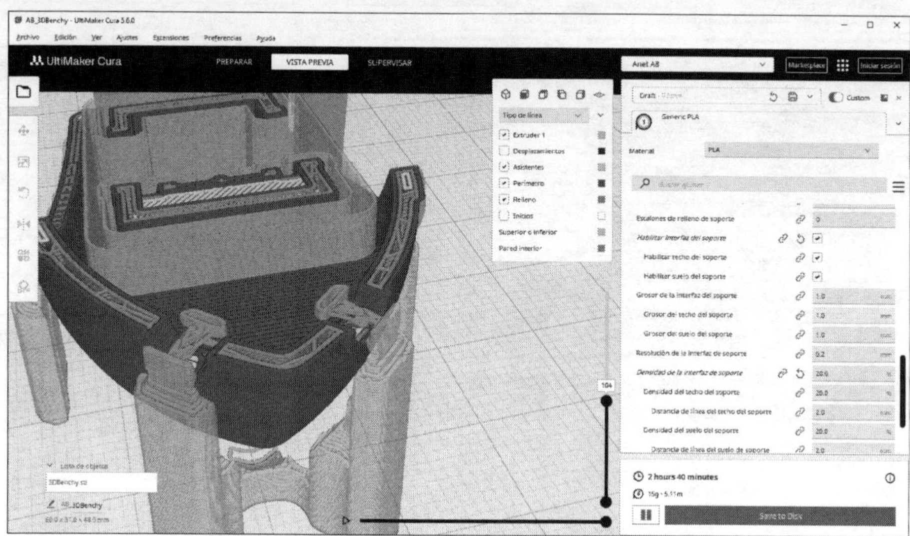

Aplicación de interfaces de soporte

- **Grosor de la interfaz del soporte**: si su pieza presenta «hundimientos» en las superficies soportadas por las interfaces de soporte, significa que el número de capas para obtener una superficie lisa en los techos de soporte no era lo suficientemente alto. En este caso, es preferible aumentar el valor en el grosor de la interfaz de soporte. Este valor debe ser un múltiplo de la altura de capa; de lo contrario, se redondeará al múltiplo más cercano.
- **Densidad de la interfaz de soporte**: si, a pesar de haber optimizado la distancia en Z de los soportes y de haber activado las interfaces de soporte, sigue teniendo dificultades para retirar los soportes, puede reducir la densidad de la interfaz del soporte. Al reducir este valor, permite que la impresora imprima las interfaces con menos material. Está forzando la subextrusión de sus interfaces. Como resultado, las interfaces serán más fáciles de retirar. Si la densidad es demasiado baja, tendrá un impacto negativo en el acabado de las superficies soportadas.

Una vez optimizados y probados estos ajustes en piezas pequeñas, dominará la gestión de los soportes en todo tipo de piezas. La siguiente etapa de optimización consiste en ahorrar material en las piezas que requieren muchos soportes de impresión. Para ello, puede jugar con dos parámetros:

- **Densidad del soporte**: si ya controla los soportes de sus impresiones al preparar sus piezas y en la fase de posprocesado, puede empezar a reducir la densidad de los soportes. La calidad de los puentes de su impresora determinará el aspecto que tendrán las piezas soportadas por sus soportes. Para filamentos PLA o PETG, un buen resultado de los puentes requerirá un buen enfriamiento del filamento. Otra estrategia para ahorrar tiempo de impresión manteniendo la calidad del resultado es aumentar ligeramente el valor de densidad de los soportes y utilizar Escalones de relleno de soporte.
- **Escalones de relleno de soporte**: este ajuste se utiliza para definir un relleno gradual de los soportes. Por ejemplo, con una **Densidad del soporte** del 15 %, con dos **Escalones de relleno de soporte** y una **Altura necesaria de los escalones de relleno de soporte** de 2 milímetros, la densidad del soporte será:
  - 15 % a 2 milímetros de la superficie soportada.
  - 10 % entre 2 y 4 milímetros de la superficie soportada.
  - 5 % por debajo de 4 milímetros de la superficie soportada.

Así, jugando con estos ajustes, es posible reducir el tiempo de impresión y la cantidad de material utilizado.

Por último, si desea optimizar el tiempo de impresión de una pieza que requiere mucho soporte, puede optar por imprimir los soportes solo en una de cada dos capas. Por ejemplo, si está imprimiendo una pieza con un grosor de capa de 0,1 milímetros utilizando una boquilla de 0,4 milímetros de diámetro, puede establecer el **Grosor de la capa de relleno** de soporte en 0,2 milímetros. Esto le dará una pieza con una excelente resolución en Z y soportes más gruesos, pero impresos rápidamente.

2.4 Soporte en árbol

En la pestaña **Soportes**, el ajuste **Estructura del soporte** permite alternar entre los soportes **Normal** y **Árbol**. Este modo de soporte en forma de árbol genera soportes con formas más orgánicas, que abrazan las superficies a las que sujetan. Esta configuración consume mucho más filamento que los soportes tradicionales y requiere más tiempo de posprocesado para piezas con mucho detalle. Sin embargo, el resultado final suele ser más suave que con los soportes tradicionales. La función **Soporte de árbol** utiliza varios ajustes para generar la forma de los soportes. Los ajustes predeterminados que aparecen en la mayoría de los perfiles son perfectamente adecuados para imprimir objetos artísticos o figuritas.

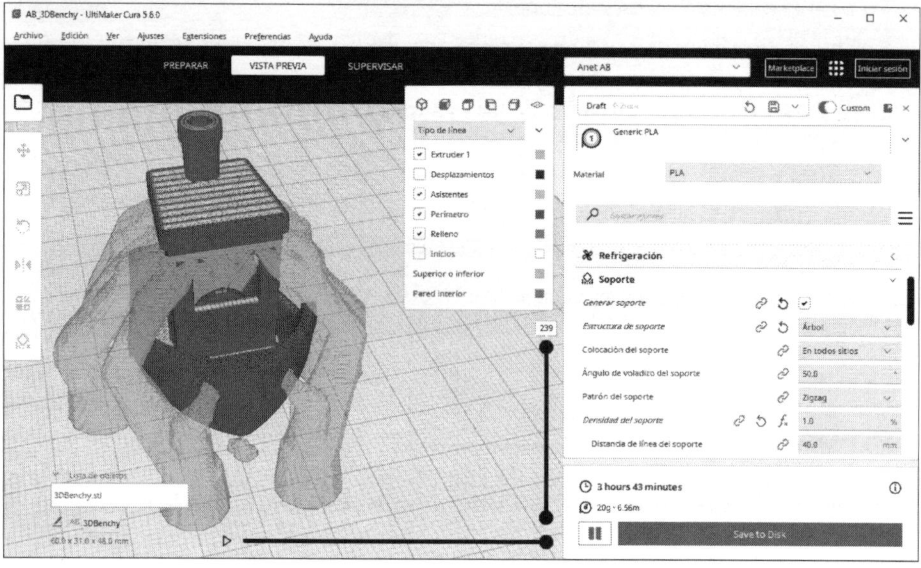

Soportes en forma de árbol

3. Retirar los soportes de impresión no deseados

A veces puede resultar difícil eliminar los soportes no deseados con los ajustes de generación automática de soportes. En Cura, puede evitar la generación automática de soportes en una zona. Para ello, debe crear un volumen de no generación de soportes.

En el siguiente ejemplo, el modelo Benchy3D.STL está preparado para imprimirse a una escala del 400 %. A esta escala, es posible que el modelo necesite soportes para imprimirse correctamente.

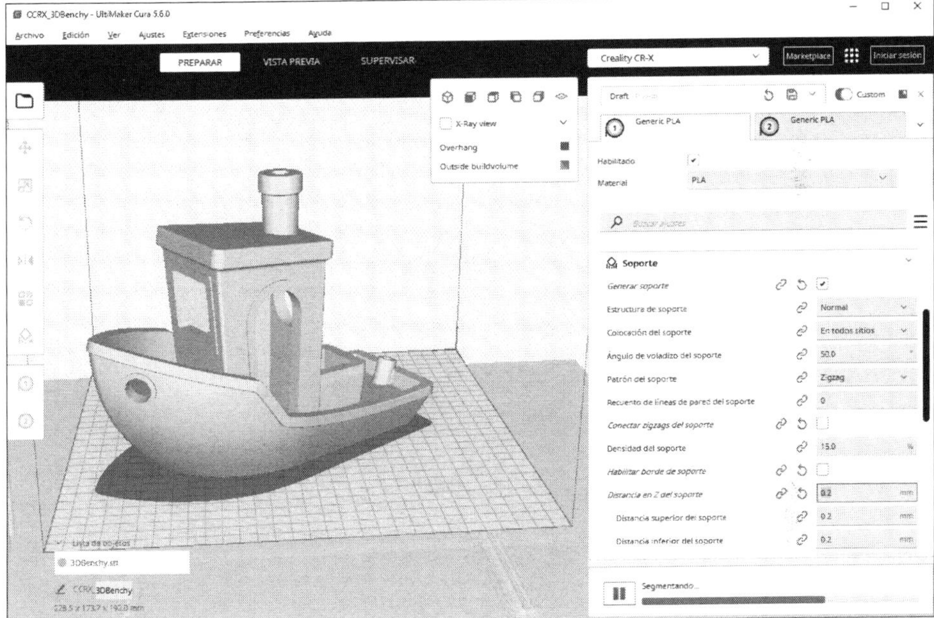

Preparar un barco grande

Este ejemplo es perfecto para demostrar la eficacia de los volúmenes antigeneración de soportes.

⇉ Para producir este volumen, debe seleccionar la pieza en la que desea impedir la generación de soportes.

⇉ A continuación, en la barra de acciones de la izquierda de la pantalla, haga clic en el botón **Bloqueador de soporte**.

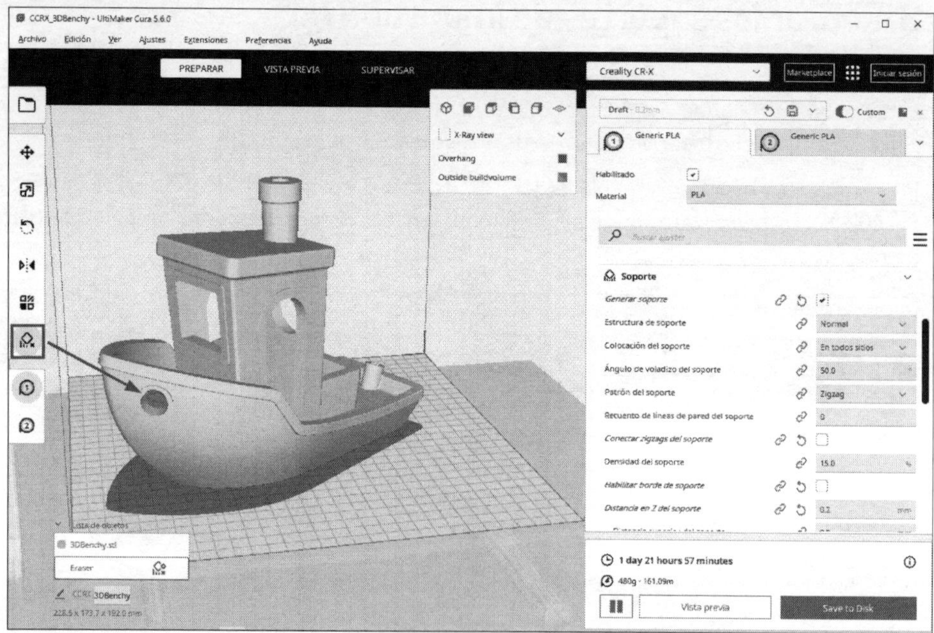

Generación de un volumen antigeneración de soporte en una parte del modelo

⇒ Una vez que el botón esté activado, simplemente haga clic en la parte de la pieza en la que desee evitar que se generen soportes. Aparecerá un pequeño volumen cúbico gris. Dentro de este volumen no se generará ningún soporte. Este volumen se comporta como un nuevo objeto, como un nuevo modelo 3D.

⇒ Puede seleccionarlo haciendo clic en él o seleccionando **Eraser** en la lista de objetos.

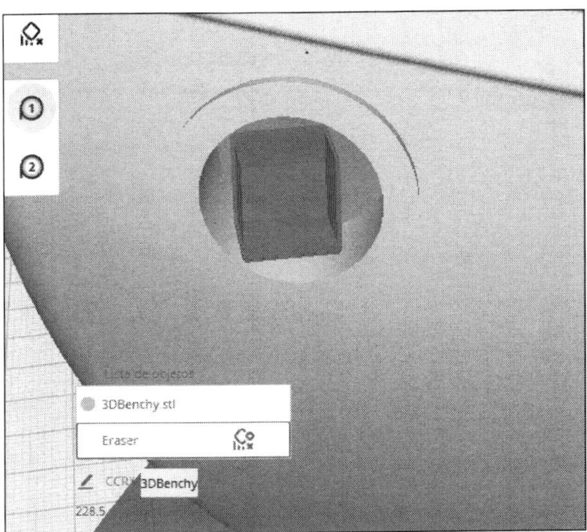

Selección del volumen de antigeneración automática de soportes

⇉ Una vez seleccionado el cubo, puede moverlo, redimensionarlo y girarlo exactamente igual que un modelo 3D.

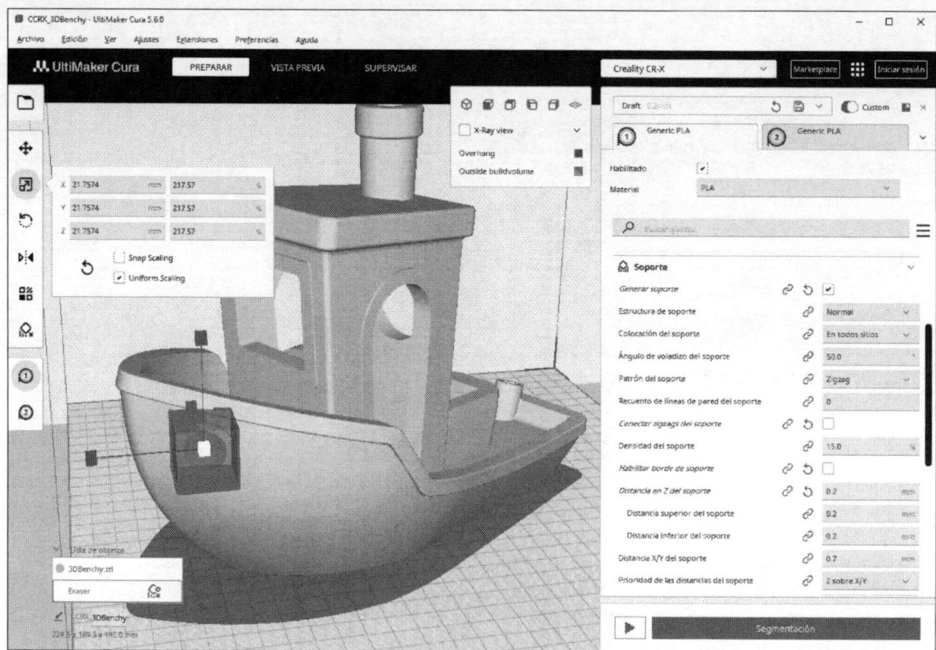

Redimensionar el volumen para evitar la generación de soporte en esta parte de la pieza.

⇉ Una vez que el volumen esté en su sitio, puede segmentar la pieza y comprobar que no se genera ningún soporte en la zona previamente definida.

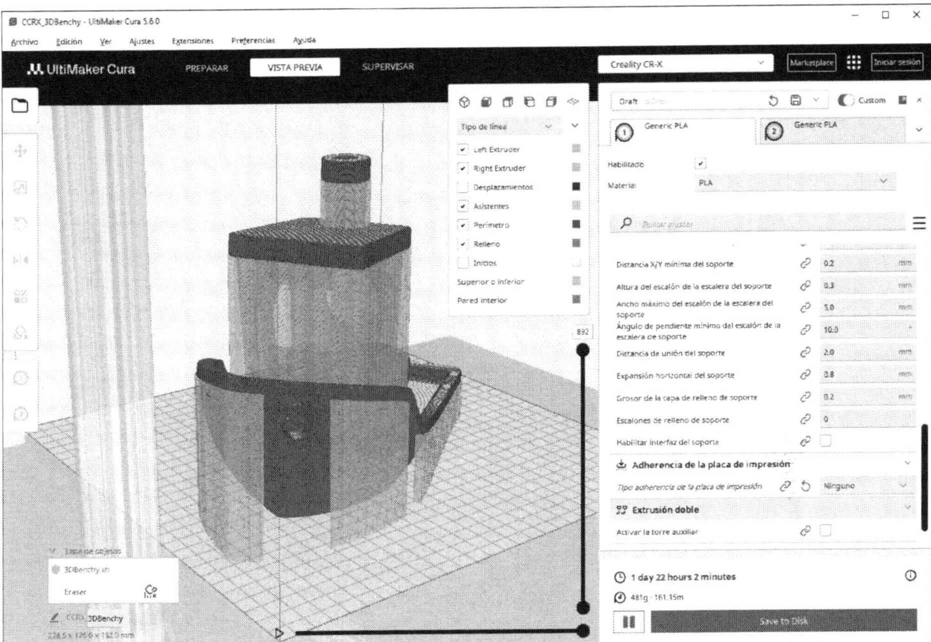

Los soportes automáticos no se han generado en uno de los escobenes del barco

Observación

El escobén es el canal cilíndrico situado en la parte delantera del casco de un barco por el que pasa la cadena del ancla.

Capítulo 12

Bobinas y materiales

1. Formatos de bobina

1.1 Los diferentes diámetros de los filamentos

En el ámbito de la impresión 3D FDM doméstica y profesional, existen dos diámetros principales de filamento: 1,75 mm y 2,85 mm. Estos diámetros se han establecido a partir de los estándares de tubos guía de PTFE para sistemas Bowden, que tienen un diámetro interior de 2 mm y 3 mm, respectivamente, para el paso del filamento.

Los filamentos de 1,75 mm son los que se utilizan en la mayoría de las impresoras 3D domésticas. Este diámetro es ideal para extruir filamento a través de boquillas de hasta 1,2 mm de diámetro. Más allá de 1,2 mm, pueden producirse problemas de flujo y subextrusión.

Los filamentos de 2,85 mm suelen utilizarse para la impresión 3D FDM profesional. Este tipo de filamento permite un flujo mayor, pero también requiere un sistema de extrusión más grande, que demanda más torque, y un cabezal de impresión con un cartucho calefactor más potente. Con este diámetro de entrada y el equipo adecuado, es posible imprimir más rápido (hasta 300 mm/s) que con filamento de 1,75 mm. Además, el diámetro de salida de la boquilla puede llegar a 2 mm sin que se produzcan problemas de subextrusión.

1.2 Bobinas

En el mercado actual de la impresión 3D, hay muchos bobinados fabricados con desbobinadores de plástico. Rara vez son reciclados por los fabricantes. La ventaja de este tipo de bobina es que ofrece una fricción reducida al desenrollarla desde un simple portacarretes. Las bobinas se ofrecen por peso del filamento enrollado en la bobina. Los formatos más habituales son: 200 g, 500 g, 1 kg, 2 kg y 4 kg.

Diferentes tamaños de bobina

Algunas marcas, como DailyFil, ofrecen bobinas de cartón para su enrollado; su ventaja es que la bobina es fácil de reciclar. Sin embargo, en un simple portacarretes, la fricción de la bobina es elevada. Un desbobinador es más adecuado para este tipo de bobina.

1.3 Bobinado manual con MasterSpool

También es posible comprar solo el filamento sin la bobina en algunos minoristas de hilo para impresión 3D. En este caso, los minoristas recomiendan utilizar una MasterSpool, una bobina reutilizable que puede imprimir usted mismo en 3D. Esto reduce el coste del filamento y elimina la necesidad de reciclar la bobina una vez agotado el filamento.

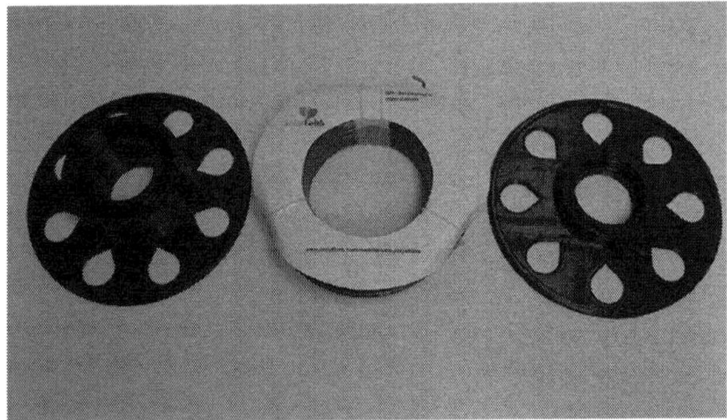

La bobina imprimible está disponible aquí:
https://www.thingiverse.com/thing:2769823 (RichRap)

2. Almacenamiento de las bobinas

El almacenamiento de las bobinas puede convertirse en un problema a largo plazo. En una bobina mal conservada se puede observar cómo se deteriora la calidad de su filamento con el tiempo. Esto puede provocar una subextrusión en nuestras piezas impresas.

Las condiciones de almacenamiento variarán en función del material del filamento. Algunos materiales son muy sensibles a la humedad, como el PVA o el nailon. Otros materiales, como el PLA, tienen una resistencia moderada a la humedad, dependiendo de la exposición a la luz y de la temperatura de almacenamiento. Los filamentos PET, PETG y ASA son poco o nada sensibles a la humedad, los rayos UV y las variaciones de temperatura, lo que los convierte en los filamentos más fáciles de almacenar.

También es importante almacenar las bobinas lejos de cualquier agente biológico o bacteriológico que pueda atacar al PLA (alimentos, compost, etc.). Debe evitar almacenar sus bobinas junto a agentes químicos que puedan provocar reacciones de oxidación o solubilización: por ejemplo, ABS junto a botellas de acetona.

He aquí unas buenas condiciones de almacenamiento para sus bobinas:

- Entorno de baja humedad (40 %).
- Alejada del calor o de cualquier fuente caliente y protegida de las heladas.
- Al abrigo de la luz.
- Lejos de cualquier agente químico o biológico.

Polymaker PolyBox Edición II (Photo Polymaker)

Las condiciones perfectas de almacenamiento son:

- Humedad controlada entre el 10 y el 15 % (alcanzable con un **PolyBox** o **DryBox**).
- Conservación a 20 °C.
- En completa oscuridad.
- En un entorno aséptico, lejos de cualquier producto químico o biológico.

Fabricación de una DryBox (https://pinshape.com/items/56262-3d-printed-6-spool-filament-dry-box-storage-system-with-bowden-tubes)

Observación

Las condiciones de almacenamiento de las bobinas influyen en la calidad del filamento y, por tanto, en la calidad de impresión. Esto puede provocar atascos en las boquillas e infraextrusión.

Algunos proveedores de bobinas y filamentos le suministrarán bolsas con cierre (tipo Ziploc) con un saquito de desecante (gel de sílice). En este caso, guarde la bobina en la bolsa suministrada con el desecante.

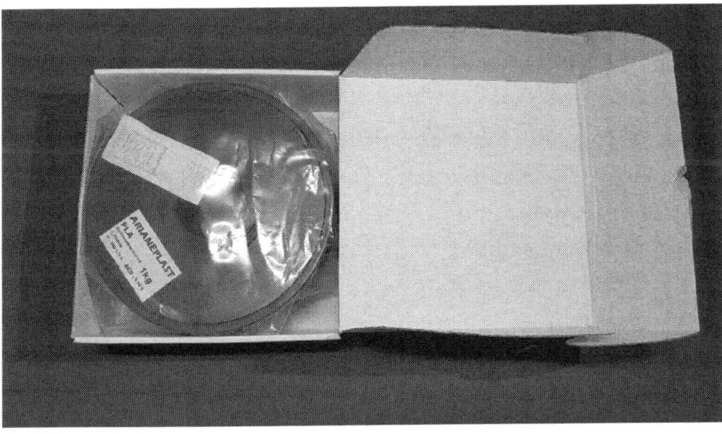

Bobina de filamento de 1 kg **Arianeplast** en bolsa con cierre y con saquito desecante

Otros proveedores le suministrarán las bobinas en una bolsa de vacío. Eso también está bien, porque no importa cuánto tiempo haya estado almacenada la bobina en un almacén; mientras haya permanecido protegida de la luz, no debería degradarse, sino todo lo contrario. Sin embargo, en este caso, le tocará a usted encontrar una solución de almacenamiento (bolsa con cierre hermético o caja hermética con deshidratador o deshumidificador).

Observación

Como método alternativo, puede utilizar una caja hermética provista de varios saquitos de gel de sílice.

Observación

Los saquitos de gel de sílice pueden regenerarse en un horno convencional. Las perlas se regeneran en 15 minutos a 120 °C. Cuidado: si compra las perlas en saquitos, tendrá que regenerar os saquitos en el horno a 70 °C durante 1 hora aproximadamente.

3. Condiciones de impresión

3.1 La bobina en la impresora 3D

Para usar una bobina, tiene que sacarla de su ubicación de almacenamiento. Si está unos días al aire libre, no pasa nada. El filamento no tendrá tiempo de deteriorarse; para que vea alguna diferencia al imprimir, deberían pasar unos meses. No es necesario descargar la bobina después de cada impresión; puede permanecer cargada en frío en la impresora 3D.

Algunos puristas imprimirán desde una **DryBox** o **PolyBox** para mantener la calidad del filamento en todo momento.

3.2 El entorno y la adherencia entre capas

Una pieza correctamente impresa en buenas condiciones de impresión tendrá propiedades mecánicas acordes con el material de impresión: resistencia a la tracción, elongación a la rotura, resistencia al impacto y resistencia al calor.

La adherencia entre capas también viene determinada por las condiciones ambientales de impresión. Este término se refiere a la resistencia a la elongación perpendicular a las líneas de impresión. Si estas líneas, sometidas a una fuerza de tracción baja, se desenganchan, la adhesión entre capas es baja. Si, por el contrario, la fuerza de tracción es elevada, la adherencia entre capas es alta.

Warping + baja adherencia entre capas en una pieza impresa en PC-ABS

A veces puede observarse una débil adherencia entre capas directamente durante la impresión, sobre todo en filamentos como el ABS, donde cualquier corriente de aire que enfríe las capas inferiores puede perturbar la adherencia intercapa.

3.3 La necesidad de ventilación y de una carcasa

Algunos filamentos, como el PLA, requerirán ventilación durante la impresión, ya que es necesario enfriar la capa anterior para mejorar la adhesión entre capas.

En cambio, los filamentos más técnicos, como el ABS, no deben estar expuestos nunca a la más mínima corriente de aire, ya que podría provocar que la capa que se está imprimiendo se desprendiera de la capa anterior. Además, toda la pieza debe mantenerse caliente (entre 30 °C y 120 °C) durante la impresión. Para conseguirlo, es posible construir o comprar una caja o carcasa que aísle la impresora 3D. Esto proporcionará aislamiento térmico, por un lado, y protegerá al usuario de los filamentos más dañinos, por otro.

Observación

Aislar su impresora 3D durante la impresión en PLA o PETG es una mala idea porque, a diferencia del ABS o el ASA, las capas inferiores necesitan enfriarse para garantizar las uniones intercapa.

4. Desbobinadores

Existen desbobinadores (o desenrolladores de bobinas) de diferentes formas y tamaños. A menudo, los desbobinadores suministrados con las impresoras 3D distan mucho de ser los más eficientes. Un buen desbobinador aumentará la vida útil de su sistema de extrusión. El sistema de extrusión ya no utilizará su «fuerza» para tirar del filamento, sino solo para empujarlo hacia la boquilla. Esto reducirá en gran medida el riesgo de obstrucción y subextrusión.

Para mejorar la calidad de las impresiones 3D, es importante minimizar al máximo la fricción entre la bobina y el desbobinador, de modo que el filamento salga lo más fluidamente posible. Para conseguirlo, nada mejor que los desbobinadores de bobina que utilizan rodamientos mecánicos como parte de su sistema. También será necesario dejar una pequeña distancia entre el sistema de extrusión y el desbobinador para tener un poco de margen en caso de retracción del filamento.

4.1 Lista de desbobinadores recomendados

Hay muchas soluciones para imprimir y ensamblar en Internet. He aquí una lista de los desbobinadores recomendados.

Desbobinadores de bobinas en posición vertical

- Desbobinador con rodamientos en los lados de la bobina: este desbobinador puede adaptarse a una amplia gama de tamaños de bobina. Sin embargo, hay que tener cuidado con la estabilidad de la bobina. Muchos profesionales de la impresión 3D recomiendan estos desbobinadores.

Desbobinador con rodamientos en los lados

- Desbobinador con rodillos: suele ser compatible con una amplia gama de tamaños de bobina. Tenga cuidado al pasar el filamento.

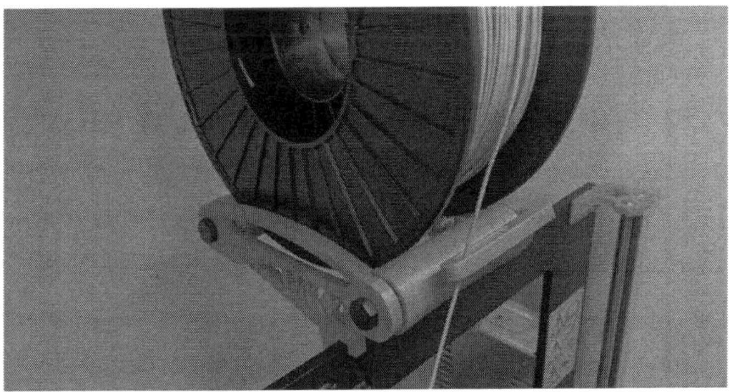

Desbobinador con rodillos montado en el perfil de una impresora 3D

- Desbobinador de pared sencillo: disponible con o sin rodamientos. Los rodamientos reducen la fricción y facilitan el desenrollado de la bobina.

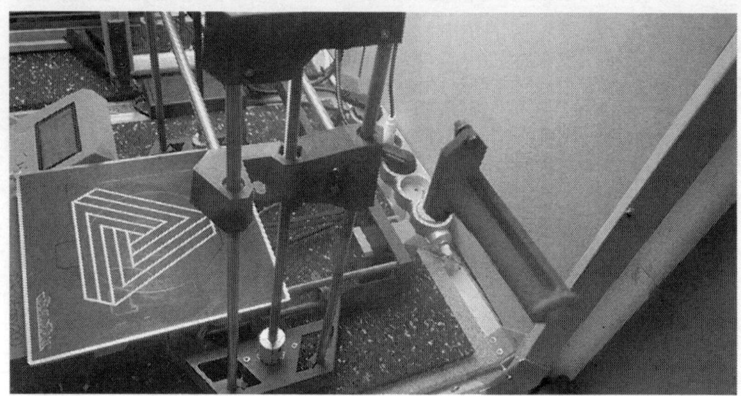

Desbobinador de pared montado sobre una placa de plexiglás

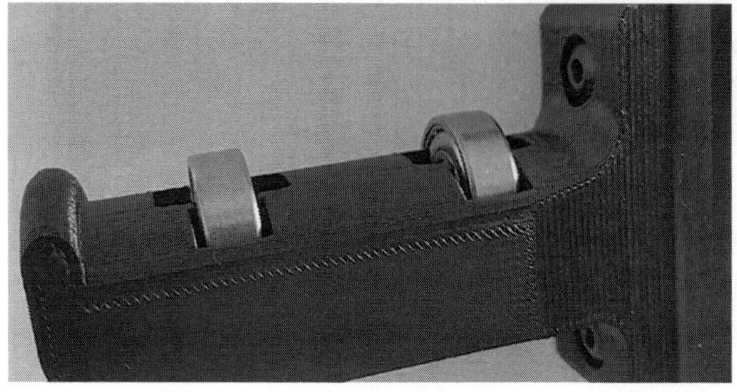

Desbobinador de pared con rodamientos integrados

- Desbobinador montado en el perfil: sigue el mismo principio que el desbobinador sencillo de pared. Mucho más eficiente con rodamientos.

Desbobinador por defecto montado en el **Creality Ender-3**

- Desbobinador Spannerhands: este tipo de desbobinador aísla la bobina durante la impresión, protegiéndola del polvo y la humedad (se puede añadir un saquito de gel de sílice). Estos desbobinadores pueden montarse en la pared o simplemente colocarse o fijarse sobre una mesa. Tenga en cuenta que no todas las bobinas caben en estos desbobinadores.

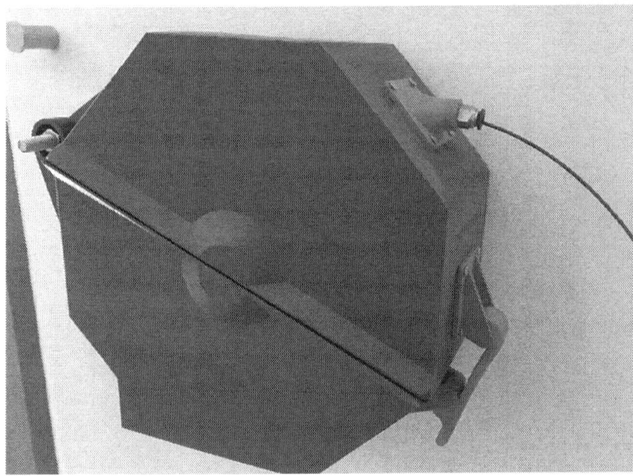

Desbobinador Spannerhands

- Desbobinador de pared con bloqueo de bobina en un eje montado sobre rodamiento, proyecto «Yet Another Low Friction Spool Holder». Su fabricación es compleja. Cambiar la bobina no es un trabajo rápido. Se pueden montar bobinas de 250 g a 4 kg.

Desbobinador «Low Friction»

Dos desbobinadores «Low Friction» sobre una carcasa de impresora

- Desbobinador con resorte de plástico «antirretorno». Este desbobinador es útil para evitar que el filamento salte alrededor de la bobina debido a una retracción excesiva del filamento o a una aceleración de extrusión demasiado grande. Sin embargo, la mecánica de este objeto puede convertirse en una fuente de problemas (atasco repentino de la bobina, rotura del resorte, etc.).

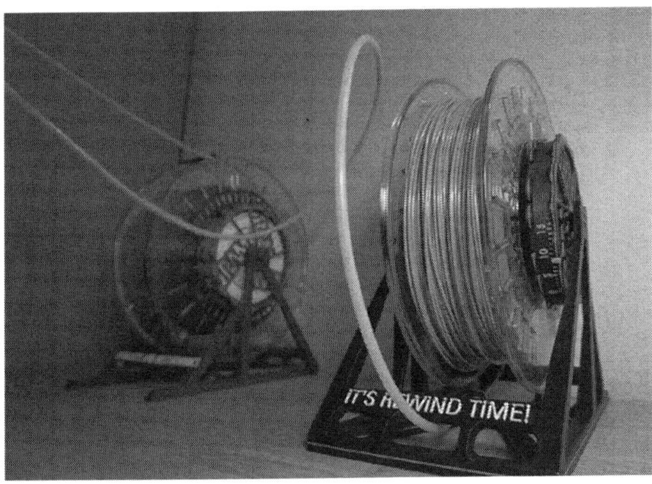

Desbobinador antirretorno

Desbobinadores de bobinas en posición horizontal

- Desbobinador Dagoma: pequeño, práctico y totalmente impreso en 3D sin necesidad de rodamientos. Es muy útil como desbobinador secundario (para imprimir algo rápidamente sin pasar por el desbobinador principal). Este desbobinador también es muy útil en los desplazamientos con las impresoras 3D. Sin embargo, este tipo de desbobinador no se recomienda para un uso a largo plazo.

El dispensador Dagoma

4.2 Optimización del paso de filamento

Elija un desbobinador en función de sus necesidades. Dé preferencia a un desbobinador basado en rodamientos (a menudo, rodamientos 608ZZ).

- Si le gusta la discreción y las soluciones «todo en uno», puede montar un desbobinador directamente en su impresora. Si su impresora es compatible, esto añadirá peso a la estructura de su impresora 3D.
- Si ha establecido un «rincón 3D» en su casa o tiene un taller, probablemente le convenga más un desbobinador montado en la pared, ya que ahorra espacio en la mesa, a la vez que ocupa espacio en la pared o en un armario que no va a utilizar.

En el caso de un cabezal de impresión Direct Drive:

- Debe dirigir el filamento limpiamente sobre el cabezal de impresión.
- El desbobinador debe ubicarse preferiblemente sobre el carro de impresión, como en las Prusa I3 MK3, para que el filamento nunca quede más bajo que el cabezal de impresión.

No obstante, es una buena idea imprimirse un pequeño desbobinador de repuesto, por si necesita trasladar la impresora, por ejemplo. El pequeño desbobinador de Dagoma hará el trabajo a la perfección: es realmente simple de imprimir, consume muy poco PLA y es fácil de guardar. Será justo lo que necesite si surgen problemas.

5. Los principales filamentos rígidos

Son los materiales más utilizados en la impresión 3D por deposición de filamento. Los tres principales son PLA, ABS y PETG.

5.1 PLA

Nombre completo: ácido poliláctico (*PolyLactic Acid* en inglés)

El PLA resulta fácil de imprimir y es el material ideal para iniciarse en la impresión 3D.

Sin embargo, se degrada con el tiempo. El PLA nunca debe exponerse a un calor extremo (evite dejar una pieza de PLA en un coche aparcado a pleno sol, por ejemplo) porque se ablanda a 55 °C-60 °C.

Aplicaciones:

- Piezas de uso decorativo o estético.
- Prototipado y validación de formas sin aplicar restricciones.

Resistencia del material:

- Temperatura: dilatación a partir de 55 °C-60°C.
- Humedad: baja resistencia, muy sensible a la humedad.
- UV: baja resistencia.
- Química: el PLA puro es resistente a todos los disolventes. No hay posibilidad de reacción de oxidación. Sin embargo, el PLA sigue siendo sensible al deterioro por hidrólisis (presencia de agua).
- Biológica: muy sensible a la biodegradación.
- Mecánica: impresiones rígidas y fuertes. Filamento quebradizo.

Seguridad:

- Bajas emisiones de COV.
- Nocividad de la impresión: baja.

Ecología/reciclaje:

- Plástico reciclable por biodegradación (compost, biomasa).
- Posibilidad de fundirse para volver a extruir una bobina.

Impresora 3D:

- Boquilla recomendada: latón para PLA puro o PLA coloreado o rellenado.
- Compatible con Bowden y Direct Drive.
- No requiere una caja cerrada.

Impresión:

- Temperatura de extrusión: de 190 °C a 230°C.
- Temperatura de la cama: entre 0 °C y 60 °C.
- Ventilación: 100 %.
- Velocidad media de impresión: 60-80 mm/s.
- Sensibilidad al warping: de baja a media.
- Adherencia entre capas: muy fuerte.
- Adherencia de la primera capa: fácil.
- Olor: no.
- Sensibilidad a los parámetros de retracción: baja.

Objeto impreso:

- Resistencia a los impactos: media.
- Resistencia al calor: media.
- Sensibilidad a la humedad a largo plazo: media.
- Rigidez: media.
- Durabilidad: media.
- Brillo: según la marca.
- Textura: según la marca.
- Translucidez: opaco o translúcido.
- Precisión de las dimensiones: buena.

Tratamiento posproceso:

- Pulido con papel de lija.
- Pulido con agua.
- Pintura acrílica.
- No se pega fácilmente.
- Las piezas pueden fundirse con un bolígrafo 3D.
- Recupera sus colores al calentar la pieza.

5.2 ABS

Nombre completo: acrilonitrilo butadieno estireno

El ABS es un plástico petroquímico. Se utiliza ampliamente en la industria para fabricar objetos cotidianos (juguetes, carcasas electrónicas, mandos a distancia, interruptores, ordenadores). Este termoplástico se encuentra en todas partes: electrodomésticos, automóviles, aeronáutica, etc.

La impresión 3D en ABS emite compuestos orgánicos volátiles que son tóxicos para nuestro organismo. El ABS es sensible al warping y a la más mínima corriente de aire durante la impresión. Se recomienda imprimir en un recinto cerrado y ventilar bien la zona al finalizar la impresión. Cuanto más grande sea la pieza, más complicado será imprimirla. El ABS es famoso por su solidez y su capacidad para soportar altas temperaturas. Sin embargo, este plástico es sensible a los rayos UV, que suelen provocar la decoloración del objeto.

Aplicaciones:

- Todas las piezas funcionales.

Resistencia del material:

- Temperatura: dilatación a partir de 90 °C-105 °C.
- Humedad: alta resistencia.
- UV: baja resistencia.
- Química: el ABS reacciona con los disolventes, especialmente con la acetona. No es posible la reacción de oxidación.
- Biológica: alta resistencia.
- Mecánica: impresiones rígidas y fuertes cuando se rellenan adecuadamente. Flexibilidad posible con impresiones finas. Buena resistencia a la abrasión. Filamento relativamente flexible.

Seguridad:

- Altas emisiones de COV.
- Nocividad de la impresión: alta.

Ecología/reciclaje:

- Posibilidad de fundirse para volver a extruir una bobina.

Impresora 3D:

- Boquilla recomendada: latón para ABS puro o ABS coloreado.
- Compatible con Bowden y Direct Drive.
- Recinto cerrado muy recomendable.

Impresión:

- Temperatura de extrusión: de 220 °C a 260 °C.
- Temperatura de la cama: entre 90 °C y 120 °C.
- Ventilación: 0 %.
- Velocidad media de impresión: 60-80 mm/s.
- Sensibilidad al warping: de media a alta.
- Adherencia entre capas: media.
- Adherencia de la primera capa: fácil.
- Olor: fuerte.
- Sensibilidad a los parámetros de retracción: baja.

Objeto impreso:

- Resistencia a los impactos: alta.
- Resistencia al calor: alta.
- Sensibilidad a la humedad a largo plazo: baja.
- Rigidez: alta.
- Durabilidad: alta.
- Brillo: según la marca.
- Textura: dependiendo de la marca, suele ser suave.
- Translucidez: opaco o translúcido.
- Precisión de las dimensiones: de buena a muy buena.

Tratamiento posproceso:

- Pulido con vapor de acetona (**proceso peligroso**).
- Se adhiere fácilmente con colas fuertes o acetona.
- Piezas impresas mecanizables.
- Pintura: tras desbastar la superficie con papel de lija, aplicar una o dos capas de imprimación en aerosol y, a continuación, la pintura final en aerosol.

5.3 PETG

Nombre completo: politereftalato de etileno glicolado (*glycolated polyethylene terephthalate* en inglés)

El PETG mantiene un buen equilibrio entre el PLA y el ABS. El PETG emite muy pocas partículas, como el PLA, y tiene propiedades mecánicas similares al ABS, con el añadido de la resistencia a los rayos UV. No obstante, el acabado visual del PETG puede no ser tan atractivo como el del PLA o el ABS.

Aplicaciones:

- Todas las piezas funcionales.

Resistencia del material:

- Temperatura: se vuelve quebradizo a partir de 70 °C-90 °C.
- Humedad: alta resistencia.
- UV: buena resistencia, adecuado para uso en exteriores.
- Química: alta resistencia química.
- Biológica: compatible con el contacto con alimentos (y aprobado por la FDA, Food and Drug Administration, de EE. UU.).
- Mecánica: impresiones fuertes y rígidas.

Seguridad:

- Bajas emisiones de COV.
- Nocividad de la impresión: muy baja.

Ecología/reciclaje:

- Plástico que puede reciclarse en los circuitos convencionales de reciclaje de plástico (como las botellas de plástico).
- Posibilidad de fundirse para volver a extruir una bobina.

Impresora 3D:

- Boquilla recomendada: latón para PETG puro o PETG coloreado.
- Compatible con Bowden y Direct Drive.
- No requiere una caja cerrada.

Impresión:

- Temperatura de extrusión: de 190 °C a 230 °C.
- Temperatura de la cama: entre 0 °C y 80 °C.
- Ventilación
  - Fuerte adherencia entre capas, superficie rugosa: 0 %.
  - Adherencia media entre capas, superficie lisa: 75 %.
- Velocidad media de impresión: 60-80 mm/s.
- Sensibilidad al warping: de baja a media.
- Adherencia entre capas: muy fuerte.
- Adherencia de la primera capa: fácil.
- Olor: no.
- Sensibilidad a los parámetros de retracción: baja.

Objeto impreso:

- Resistencia a los impactos: alta.
- Resistencia al calor: alta.
- Sensibilidad a la humedad a largo plazo: baja.
- Rigidez: alta.
- Durabilidad: fuerte.
- Brillo: según la marca.
- Textura: según la marca.
- Translucidez: opaco o translúcido.
- Precisión de las dimensiones: buena.

Tratamiento posproceso:

- Pulido con papel de lija + pintura acrílica.
- Se adhiere fácilmente.
- Difícil de posprocesar.

6. Filamentos flexibles y semiflexibles

6.1 Valores Shore

La escala de dureza **Shore** mide la dureza de los elastómeros, ciertos plásticos, el cuero y la madera.

Esta escala se creó para medir la dureza de los materiales fuera del laboratorio utilizando un **durómetro Shore**. El valor Shore de un material es, por tanto, un valor aproximado que da una idea de su dureza.

Existen 12 escalas de medición Shore. Cada escala se define mediante una letra. Las más comunes son las escalas A y D, reconocidas por las normas ISO 868 y 48-4:2018, ASTM D 2240 y DIN 53505:

- Shore A: materiales blandos.
- Shore D: materiales duros.

En función de la escala, se utiliza un durómetro diferente. La escala Shore depende del diseño y la geometría del durómetro (durómetro Shore de escala A o D).

Cuando se aplica el durómetro a un material, el dial se gradúa en grados Shore de 0 a 100, de blando a duro.

La flexibilidad de un material impreso en 3D viene determinada por su dureza Shore. Cuanto mayor sea la dureza del material, más rígida será la pieza impresa. Por el contrario, cuanto menor sea la dureza del material, más flexible será la pieza impresa.

Existen dos tipos de filamentos flexibles:

- Filamentos flexibles.
- Filamentos semiflexibles.

NinjaTek, empresa especializada en el desarrollo de filamentos flexibles, distingue claramente estas dos categorías con estos filamentos:

- NinjaFlex : 85A - Filamento flexible.
- SemiFlex: 98A (equivalente a 50D) - Filamento semiflexible.

6.2 Adaptación del sistema de extrusión

El mejor sistema de extrusión para filamentos flexibles y semiflexibles es el sistema Direct Drive, ya que la trayectoria que sigue el filamento es la más directa hasta la boquilla.

La guía de plástico en forma de V en la salida del mecanismo de impulsión impide que el filamento «se escape».

La flexibilidad de los filamentos flexibles y semiflexibles puede provocar problemas de extrusión si la trayectoria que sigue el filamento en el sistema de extrusión deja demasiado espacio, como en los sistemas Bowden. Sin embargo, aún es posible imprimir filamentos semiflexibles siempre que el sistema de extrusión se adapte de manera que el filamento no tenga forma de escapar del sistema. También deberá asegurarse de que la guía del filamento sea inferior a 35 centímetros para garantizar una buena extrusión y retracción del filamento durante la impresión. Como el filamento es elástico, se comprimirá en el tubo durante la extrusión y se descomprimirá durante la retracción.

6.3 Filamentos de TPU

Nombre completo: poliuretano termoplástico

Los filamentos de TPU constituyen la mayoría de los filamentos flexibles disponibles en el mercado de la impresión 3D. Se utilizan principalmente para aplicaciones de piezas flexibles. El TPU es muy útil para fabricar juntas de aceite en sistemas mecánicos. Dependiendo del valor Shore del filamento, del tipo de pieza y de la orientación de la pieza durante la impresión, es posible dotar a la pieza de flexibilidad adicional en una sola dirección.

Aplicaciones:

- Piezas funcionales flexibles.
- Elementos decorativos flexibles.
- Juntas y elementos de estanqueidad.

Resistencia del material:

- Temperatura: se deforma sin memoria de forma a partir de 65 °C; se vuelve quebradizo por debajo de -15 °C.
- Humedad: baja resistencia en el almacenamiento del filamento.
- UV: alta resistencia.
- Química: si bien es resistente a la mayoría de los aceites, el TPU se ve afectado por disolventes, ácidos y combustibles como la gasolina. Si necesita limpiar una impresión, se recomienda una solución jabonosa suave.
- Biológica: insensible.
- Mecánica: impresiones flexibles. La flexibilidad del objeto depende de la orientación de la pieza en la plataforma de impresión. Filamento flexible.

Seguridad:

- Bajas emisiones de COV.
- Nocividad de la impresión: baja.

Ecología/reciclaje:

- Reciclaje complejo.

Impresora 3D:

- Boquilla recomendada: latón para TPU puro o TPU coloreado.
- TPU semiflexibles y algunos TPU flexibles compatibles con Bowden cortos (<35 cm) con un sistema de extrusión adaptado.
- Preferir un sistema Direct Drive.
- No requiere un recinto cerrado.

Impresión:

- Temperatura de extrusión: de 205 °C a 250 °C.
- Temperatura de la cama: entre 0 °C y 60 °C.
- Ventilación: 0 % a 50 %.
- Velocidad media de impresión: 10-30 mm/s, aunque es posible alcanzar hasta 75 mm/s con algunos semiflexibles en Direct-Drive.
- Sensibilidad al warping: de baja a media.
- Adherencia entre capas: fuerte.
- Adherencia de la primera capa: media.
- Olor: no.
- Sensibilidad a los parámetros de retracción: alta.

Objeto impreso:

- Resistencia a los impactos: alta.
- Resistencia al calor: media (flex), alta (semiflex).
- Sensibilidad a la humedad a largo plazo: media.
- Rigidez: flexible.
- Durabilidad: media.
- Brillo: brillante.
- Textura: lisa.
- Translucidez: opaco o translúcido.
- Precisión de las dimensiones: buena.

Tratamiento posproceso:

- Posibilidad de soldadura en caliente utilizando un soldador a la temperatura de extrusión del filamento.

7. Aleaciones y filamentos cargados con polvo o fibras

7.1 Finalidad de los aditivos

Algunos filamentos del mercado de la impresión 3D están formulados con aditivos de fibra o carbono, que a veces se añaden al colorante ya formulado. Estos aditivos pueden tener varias finalidades para el consumidor:

- Mejorar el aspecto estético de la pieza (filamentos metalizados, madera, piedra, cerámica, etc.).
- Mejorar las propiedades mecánicas de la pieza: peso, resistencia a la temperatura, resistencia al impacto, elongación a la rotura, resistencia a la tracción, etc. (enriquecimiento con fibras de carbono, vidrio o aramida, etc.).
- Añadir nuevas propiedades a la pieza, como filamentos conductores de la electricidad o filamentos ESD (antielectrostáticos).
- Facilitar la impresión de filamentos técnicos con aleaciones.

Ejemplo

La aleación PLA-ABS permite imprimir como PLA un plástico con propiedades similares al ABS.

He aquí una lista no exhaustiva de tipos de filamentos cargados y aleaciones que se encuentran con más frecuencia en el mercado de la impresión 3D:

- Filamentos metalizados: polvo de alúmina añadido a una base de PLA.
- Filamentos de bronce, cobre, plata, etc.: polvo de los principales metales. Tenga en cuenta que no siempre se utiliza el metal real.
- Filamentos de madera: adición de microfibras de madera a una base de PLA.
- Filamentos de piedra: adición de polvo de piedra a una base de PLA.
- Filamentos de concha: adición de polvo de concha a una base de PLA. A veces se utiliza en denominaciones comerciales como «Piedra».
- Filamentos cerámicos: adición de polvo cerámico a una base de PLA.
- Filamentos de carbono: adición de fibras de carbono a una base de PLA, ABS, PET o PETG, nailon o incluso PEKK (el PEKK se refiere a la impresión 3D ultraprofesional para hospitales y clínicas especializadas).
- Filamentos enriquecidos con fibra de vidrio: adición de fibra de vidrio a una base de nailon o polipropileno (PP).
- Filamentos de aramida: adición de fibra de aramida a una base de ABS.

- Filamentos conductores: se añaden partículas conductoras de la electricidad (o nanotubos de carbono) a la masa. La resistencia óhmica del filamento depende de la longitud entre los 2 puntos de medición. El valor óhmico por metro debe tenerse en cuenta a la hora de adquirir este tipo de filamento para un proyecto. Este tipo de filamento se fabrica a base de PLA, PETG (también conocido como PCTG) y ABS. NinjaTek también ha desarrollado un TPU conductor.
- Filamentos ESD: aplicaciones ESD destinadas a eliminar toda la electrostática de una carcasa electrónica, por ejemplo. Aquí se suele utilizar ABS como material de base.
- Aleación PLA-ABS: aleación a veces denominada PLA+. Esta aleación permite imprimir como un PLA, pero con piezas que tienen una resistencia al calor más alta que la del PLA. Esta resistencia antes de la dilatación puede alcanzar a veces los 90 °C.
- Aleación PC-ABS: combina las ventajas del ABS con las del policarbonato. Esta aleación facilita la impresión del policarbonato, ya que imprime como el ABS conservando las ventajas mecánicas del policarbonato (muy alta resistencia química, a la temperatura y a la humedad, etc.).
- Aleación PC-PTFE: esta aleación confiere al PTFE las propiedades de acabado del policarbonato, es decir, una superficie exterior extremadamente lisa, perfecta para piezas de fricción y deslizamiento.
- Filamentos de recocido: algunos fabricantes ofrecen «filamentos de recocido». Suelen estar basados en PLA o PETG. Con el fin de aumentar las características mecánicas de la pieza (resistencia al calor, en particular), es necesario recocerla en un horno a una temperatura determinada (a menudo entre 70 °C y 150 °C).

7.2 Compatibilidad con boquillas de impresión 3D

Los filamentos cargados con polvo o fibras suelen requerir un diámetro mínimo de boquilla de 0,4 mm. Si el diámetro de la boquilla es menor, la obstrucción está garantizada.

El riesgo de obstrucción de la boquilla es mayor con filamentos cargados, ya que se puede formar un cúmulo de polvo o fibras en la restricción de diámetro a la salida de la boquilla. Es posible que tenga que utilizar una aguja de acupuntura de vez en cuando para desatascar la boquilla.

Los filamentos cargados tienen propiedades abrasivas. Las partículas son a menudo más duras que el latón. Por eso recomendamos utilizar una boquilla de acero, acero endurecido, cobre o tungsteno si va a imprimir un gran número de filamentos cargados.

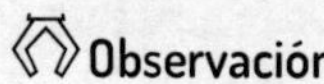
Observación

Si imprime a menudo con una aleación, la boquilla se desgastará prematuramente. Su diámetro será corroído por la abrasión al paso del filamento fundido. Se recomienda cambiar a una boquilla de acero templado o de carburo de tungsteno para tener un coeficiente de dureza suficiente para contrarrestar este fenómeno de abrasión.

8. Filamentos técnicos

8.1 ASA

Nombre completo: acrilonitrilo estireno acrilato

El ASA es un material muy utilizado para plásticos expuestos a la intemperie, sobre todo en la industria del automóvil. El ASA es un plástico muy estable térmicamente (no se deforma en un amplio rango de temperaturas). Es resistente al calor, al frío, al agua, a los productos químicos y a los rayos UV. Además, el ASA es un plástico fácil de mecanizar, como el ABS. El ASA puede parecer el plástico perfecto para imprimir, pero es mucho más caro que el PLA, el PETG o el ABS. El ASA también puede parecer quebradizo si no se imprime lo suficientemente caliente.

Aplicaciones:

- Piezas técnicas para uso en exteriores en cualquier condición meteorológica o en entornos sensibles.

Resistencia del material:

- Temperatura: dilatación a partir de 85 °C-100 °C.
- Humedad: alta resistencia a la humedad.
- UV: resistente a los rayos UV.
- Química: alta resistencia química, como el PETG. Resiste a disolventes como la acetona.
- Biológica: muy resistente a las bacterias, muy difícil de degradar.
- Mecánica: impresiones rígidas y fuertes. Filamento quebradizo.

Seguridad:

- Altas emisiones de COV.
- Nocividad de la impresión: alta.

Ecología/reciclaje:

- Posibilidad de fundirse para volver a extruir una bobina.

Impresora 3D:

- Boquilla recomendada: latón.
- Compatible con Bowden y Direct Drive.
- Se recomienda encarecidamente una caja cerrada.

Impresión:

- Temperatura de extrusión: de 230 °C a 260 °C.
- Temperatura de la cama: entre 80 °C y 110 °C.
- Ventilación: 0 % a 50 %.
- Velocidad media de impresión: 60-80 mm/s.
- Sensibilidad al warping: media.
- Adherencia entre capas: buena.
- Adherencia de la primera capa: de fácil a media.
- Olor: presente.
- Sensibilidad a los parámetros de retracción: baja.

Objeto impreso:

- Resistencia a los impactos: alta.
- Resistencia al calor: alta.
- Sensibilidad a la humedad a largo plazo: baja.
- Rigidez: alta.
- Durabilidad: fuerte.
- Brillo: brillante.
- Textura: lisa.
- Translucidez: opaco.
- Precisión de las dimensiones: muy buena.

Tratamiento posproceso:

- La pieza impresa puede mecanizarse a baja velocidad.
- Posibilidad de alisado con vapor de acetona (proceso peligroso).
- Pintura acrílica o pintura en aerosol directamente sobre la pieza o con una imprimación previa.

8.2 PET

Nombre completo: politereftalato de etileno (polyethylene terephthalate en inglés)

El PET es el plástico utilizado en la industria agroalimentaria. Se encuentra principalmente en la fabricación de botellas de plástico. Fácilmente reciclable, el PET presenta una serie de ventajas: rigidez, resistencia, flexibilidad en las paredes finas y gran resistencia a los rayos UV. Sin embargo, el PET es muy difícil de imprimir; tanto la adhesión de la primera capa como entre capas es difícil. Por eso se prefiere el PETG, que es un PET glicolizado y el glicol facilita mucho la impresión.

Aplicaciones:

- Todas las piezas funcionales.

Resistencia del material:

- Temperatura: quebradizo a partir de 70 °C-90 °C.
- Humedad: alta resistencia.
- UV: buena resistencia, adecuado para uso en exteriores.
- Química: alta resistencia química.
- Biológica: compatible con el contacto alimentario (y aprobado por la FDA, *Food and Drug Administration* en EE. UU.).
- Mecánica: impresiones fuertes y rígidas.

Seguridad:

- Bajas emisiones de COV.
- Nocividad de la impresión: muy baja.

Ecología/reciclaje:

- Plástico reciclable en circuitos convencionales de reciclado de plástico (como las botellas de este material).
- Posibilidad de fundirse para volver a extruir una bobina.

Impresora 3D:

- Boquilla recomendada: latón para PET puro o coloreado.
- Compatible con Bowden y Direct Drive.
- No requiere una caja cerrada.

Impresión:

- Temperatura de extrusión: de 190 °C a 230 °C.
- Temperatura de la cama: entre 0 °C y 80 °C.

Ventilación:

- Fuerte adherencia entre capas, superficie rugosa: 0 %.
- Adherencia media entre capas, superficie lisa: 75 %.
- Velocidad media de impresión: 60-80 mm/s.
- Sensibilidad al warping: de baja a media.
- Adherencia entre capas: de baja a media.
- Adherencia de la primera capa: difícil.
- Olor: no.
- Sensibilidad a los parámetros de retracción: baja.
- **Objeto impreso**:
- Resistencia a los impactos: alta.
- Resistencia al calor: alta.
- Sensibilidad a la humedad a largo plazo: baja.
- Rigidez: alta.
- Durabilidad: fuerte.
- Brillo: según la marca.
- Textura: según la marca.
- Translucidez: opaco o translúcido.
- Precisión de las dimensiones: buena.

Tratamiento posproceso:

- Lijado con papel de lija + pintura acrílica.
- Se adhiere fácilmente.
- Difícil de posprocesar.

8.3 Nailon (nylon)

Nombre completo: Nancy, Yvonne, Louella, Olivia y Nina (nombres de las esposas de los cinco inventores de la poliamida 6-6, más conocida por su nombre comercial: Nylon o PA-6, de poliamida-6).

El nailon tiene excelentes propiedades mecánicas, que combinan flexibilidad y rigidez. Su gran resistencia al calor y su buena capacidad de aislamiento eléctrico lo convierten en un plástico muy utilizado en la industria automovilística y la fotovoltaica. El nailon es muy complicado de imprimir mediante deposición de filamento. Se suele utilizar en la impresión SLS.

Aplicaciones:

- Todas las piezas funcionales.
- Posibilidad de crear piezas flexibles y resistentes.
- Se utiliza en las industrias textil y del automóvil por su resistencia al impacto y a la fricción.
- Se utiliza en la industria fotovoltaica por su buen aislamiento eléctrico.

Resistencia del material:

- Temperatura: resistencia hasta 125 °C.
- Humedad: filamento muy sensible a la humedad. Pieza impresa más resistente a la humedad.
- UV: baja resistencia.
- Química: el nailon reacciona con ácidos y fenoles. El nailon es estable en presencia de acetona, alcohol, grasas o hidrocarburos.
- Biológica: fuerte resistencia.
- Mecánica: impresiones rígidas y fuertes cuando se rellenan. Flexibilidad posible en impresiones finas, buena resistencia a la tracción. Filamento rígido y quebradizo.

Seguridad:

- Emisiones medias de COV.
- Nocividad de la impresión: media.

Ecología/reciclaje:

- Posibilidad de fundirse para volver a extruir una bobina.
- Creación de gránulos de nailon.
- 100 % reciclable.

Impresora 3D:

- Boquilla recomendada: latón.
- Compatible con Bowden y Direct Drive.
- Caja cerrada muy recomendable.

Impresión:

- Temperatura de extrusión: de 220 °C a 260 °C.
- Temperatura de la cama: entre 90 °C y 120 °C.
- Ventilación: 0 % a 50 %.
- Velocidad media de impresión: 40-100 mm/s.
- Sensibilidad al warping: muy alta, se recomienda Dimafix.
- Adherencia entre capas: fuerte.
- Adherencia de la primera capa: muy difícil, se recomienda Dimafix.
- Olor: ausente o débil.
- Sensibilidad a los parámetros de retracción: de media a alta.

Objeto impreso:

- Resistencia a los impactos: alta.
- Resistencia al calor: alta.
- Sensibilidad a la humedad a largo plazo: baja.
- Rigidez: media.
- Durabilidad: fuerte.
- Brillo: brillante.
- Textura: lisa.
- Translucidez: opaco.
- Precisión de las dimensiones: buena.

Tratamiento posproceso:

- Resistente a todos los adhesivos. Existen adhesivos «especiales para nailon».
- Piezas impresas mecanizables.
- Pintura: tras desbastar la superficie con papel de lija, aplicar una o dos capas de imprimación en aerosol y, a continuación, la pintura final en aerosol.

8.4 Polipropileno (PP)

Nombre completo: polipropileno.

El polipropileno tiene todas las ventajas del nailon, pero es más sensible a los rayos UV y más resistente a la humedad y los agentes químicos. También es más fácil de imprimir que el nailon.

Aplicaciones:

- Todas las piezas funcionales.
- Mismas aplicaciones mecánicas que el nailon, si bien el PP es más sensible a los rayos UV y menos sensible a la humedad y a los productos químicos.
- Se utiliza en la fabricación de parachoques y depósitos en la industria del automóvil.
- Se utiliza en equipos de protección individual (EPI) y en determinados envases alimentarios.
- Plástico de baja densidad para la fabricación de objetos ligeros.

Resistencia del material:

- Temperatura: quebradizo en frío (-10 °C) y puede fundirse a partir de 140 °C. Dilatación relativa (en función de los rayos UV y la humedad).
- Humedad: resistencia media.
- UV: baja resistencia, decoloración, el plástico puede volverse quebradizo.
- Química: muy buena resistencia. Químicamente inerte.
- Biológica: resistencia fuerte.
- Mecánica: impresiones fuertes y rígidas. Propiedades hidrófobas. Semirrígida. Alta resistencia a la abrasión.

Seguridad:

- Altas emisiones de COV cuando se utilizan aditivos en los plásticos.
- Nocividad de la impresión: alta si se añaden determinados aditivos (fibra de vidrio, fibra de carbono, etc.).

Ecología/reciclaje:

- Difícil de reciclar.

Impresora 3D:

- Boquilla recomendada: latón.
- Compatible con Bowden y Direct Drive.
- Caja cerrada muy recomendable.

Impresión:

- Temperatura de extrusión: de 230 °C a 260 °C.
- Temperatura de la cama: entre 40 °C y 60 °C.
- Ventilación: 0 % a 50 %.
- Velocidad media de impresión: 60-80 mm/s.
- Sensibilidad al warping: de media a alta.
- Adherencia entre capas: media.
- Adherencia de la primera capa: fácil sobre cinta de polipropileno o láminas de polipropileno.
- Olor: no.
- Sensibilidad a los parámetros de retracción: baja.

Objeto impreso:

- Resistencia a los impactos: alta.
- Resistencia al calor: media.
- Sensibilidad a la humedad a largo plazo: baja.
- Rigidez: media.
- Durabilidad: fuerte.
- Brillo: semimate.
- Textura: lisa.
- Translucidez: ligeramente translúcido.
- Precisión de las dimensiones: buena.

Tratamiento posproceso:

- Alisado por oxifluoración.
- No se adhiere.

8.5 Policarbonato (PC)

Nombre completo: policarbonato.

El policarbonato es el filamento más complicado de imprimir en el segmento de las impresoras 3D domésticas y de escritorio. Este plástico es famoso por su gran resistencia a impactos y golpes.

Aplicaciones:

- El policarbonato se utiliza en la fabricación de CD y DVD.
- También se utiliza en la fabricación de cascos de moto gracias a su gran resistencia a los impactos.

Resistencia del material:

Temperatura: compatible con entornos de hasta 150 °C.

- Humedad: baja resistencia.
- UV: baja resistencia.
- Química: el PC reacciona con los disolventes, especialmente con la acetona. Es sensible al agua a partir de 60 °C.
- Biológica: fuerte resistencia.
- Mecánica: impresiones fuertes y rígidas.

Seguridad:

- Altas emisiones de COV.
- Nocividad de la impresión: alta.

Ecología/reciclaje:

- Posibilidad de fundirse para volver a extruir una bobina.

Impresora 3D:

- Boquilla recomendada: latón.
- Compatible con Bowden y Direct Drive.
- Caja cerrada muy recomendable.

Impresión:

- Temperatura de extrusión: de 260 °C a 300 °C.
- Temperatura de la cama: entre 100 °C y 135 °C.
- Ventilación: 0 %.
- Velocidad media de impresión: 60-80 mm/s.
- Sensibilidad al warping: de media a alta.
- Adherencia entre capas: fuerte.
- Adherencia de la primera capa: difícil, se recomienda Dimafix.
- Olor: fuerte.
- Sensibilidad a los parámetros de retracción: baja.

Objeto impreso:

- Resistencia a los impactos: alta.
- Resistencia al calor: alta.
- Sensibilidad a la humedad a largo plazo: baja.
- Rigidez: alta.
- Durabilidad: fuerte.
- Brillo: brillante.
- Textura: lisa.
- Translucidez: opaco o translúcido.
- Precisión de las dimensiones: de buena a muy buena.

Tratamiento posproceso:

- Utilizar adhesivo especial para policarbonato.
- Fácil de mecanizar.
- Compatible con botes de pintura en aerosol para policarbonatos.

9. Filamentos sacrificiales

Los filamentos sacrificiales se utilizan principalmente en la impresión con doble extrusión separada.

Dos tipos de filamento sacrificial utilizados como soporte (Foto Ultimaker)

Estos filamentos denominados «sacrificiales» o «fundibles» servirán principalmente como soporte de impresión o como interfaz entre la pieza y el soporte de la impresión en curso.

Estos filamentos incluyen:

- PVA (*PolyVinyl Acetate*): soluble en agua tibia y compatible con PLA, PETG, PET, TPU, HIPS, ABS y ASA. El PVA es extremadamente sensible a la humedad, por lo que hay que tener mucho cuidado con las condiciones de almacenamiento.
- BVOH (*Butenediol Vinyl Alcohol Co-polymer*): soluble en agua, compatible con ABS, PLA, PET y PETG. Se disuelve más rápidamente que el PVA. El filamento también es extremadamente sensible a la humedad.
- PVOH (P*olyVinyl Alcohol*): material soluble en agua fría, 100 % biodegradable y compatible con PLA, PET, PETG y TPU. El PVOH es más rígido que el PVA y el BVOH, lo que lo convierte en el mejor candidato para una impresora 3D con sistema de extrusión Bowden.

Disolución del PVA en agua tibia

Los filamentos fusibles incluyen un filamento que puede utilizarse como material de impresión o como material sacrificial:

- HIPS (*High Impact Polystyrene*): su perfil de impresión es similar al del ABS. Las piezas tienen un aspecto liso y son tan resistentes como las de ABS. El aspecto laminado típico de la impresión 3D es menos visible que en otros filamentos.
- El HIPS puede ablandarse con D-limoneno y, por tanto, utilizarse como material de soporte sacrificial en el marco de una doble extrusión. El HIPS se adhiere bien al ABS y a filamentos técnicos como ASA, PET, nailon, PP y PC.

Observación

Estos filamentos tienen una densidad muy diferente a la de otros filamentos. Si está imprimiendo con un cabezal de impresión que le permite mezclar plásticos (como E3D Cyclops o una boquilla de 3 filamentos Diamond, por ejemplo), no funcionará y obstruirá su sistema mezclador.

Capítulo 13

Diagnóstico de piezas defectuosas

1. Introducción

Este capítulo es un excelente punto de partida si está intentando mejorar la calidad de sus piezas impresas en 3D. Aquí encontrará una lista exhaustiva de los problemas de impresión 3D más comunes y de los ajustes de software que puede utilizar para solucionarlos. Además, cada apartado incluye una fotografía del problema en cuestión para que pueda identificarlo rápidamente.

2. Problemas mecánicos

2.1 Cabezal de impresión obstruido

Su impresora 3D tiene que fundir y extruir muchos kilogramos de plástico a lo largo de su vida útil. Para complicar las cosas, todo ese plástico tiene que salir del extrusor a través de un diminuto orificio del tamaño de un grano de arena. Inevitablemente, puede llegar un momento en que el sistema de extrusión ya no pueda empujar el plástico a través de la boquilla. Estos atascos u obstrucciones se deben generalmente a que algo dentro de la boquilla impide que el plástico extruya libremente o a un aumento de la temperatura en la parte fría del filamento. He aquí algunas soluciones:

- **Empuje manualmente el filamento a través del sistema de extrusión**. Una de las primeras cosas que puede intentar es empujar manualmente el filamento a través del cabezal de impresión. Para ello, aumente la temperatura de la boquilla hasta alcanzar la temperatura de impresión de su filamento. Pida a la impresora que realice una extrusión de 10 milímetros a través del control de la impresora o utilizando Cura o Pronterface. Con el motor del extrusor en marcha, use las manos para ayudar a empujar el filamento dentro del cabezal de impresión. En muchos casos, esta fuerza adicional será suficiente para conseguir que el filamento avance más allá de la zona problemática.
- **Vuelva a cargar el filamento**. Si el filamento sigue sin moverse, lo siguiente que hay que hacer es descargar el filamento. Compruebe que el bloque calefactor se ha calentado a la temperatura correcta y, a continuación, utilice los controles de la impresora para extraer el filamento, controlando el motor de extrusión. Como antes, es posible que tenga que aplicar más fuerza si el filamento no se mueve. Una vez retirado el filamento, utilice unas tijeras para cortar la parte fundida o dañada de este. A continuación, vuelva a cargar el filamento y compruebe si puede extruir con la nueva sección de filamento no dañada.

- **Limpie el cabezal de impresión.** Si los métodos anteriores no han funcionado, es preciso realizar una limpieza del cabezal de impresión. Para ello, consulte el capítulo Cuidados y mantenimiento, en el apartado Limpiar y desatascar el cabezal de impresión.

2.2 Filamento de entrada dañado

La mayoría de las impresoras 3D utilizan un pequeño engranaje de tracción o accionamiento que sujeta el filamento y lo presiona contra otro rodamiento. El piñón de accionamiento tiene dientes afilados que le permiten morder el filamento y empujarlo hacia delante o hacia atrás, dependiendo de la dirección en que gire dicho piñón. Si el filamento no puede moverse, pero el engranaje de accionamiento continúa girando, puede triturar suficiente plástico del filamento como para que no quede nada a lo que puedan agarrarse los dientes del engranaje. Si esto ocurre en su impresora, normalmente verá un montón de pequeñas virutas de plástico provenientes del plástico que se ha triturado. También puede notar que el motor del sistema de extrusión gira, pero el filamento no se empuja hacia el cabezal de impresión. Hay varias causas para este problema:

- **El tornillo de sujeción del filamento está demasiado apretado**. En algunos sistemas de extrusión, especialmente en los de doble accionamiento, hay un tornillo para ajustar la sujeción del filamento en el sistema de accionamiento. Si el filamento está demasiado apretado, el doble accionamiento dañará el filamento.
- **Los parámetros de retracción son demasiado agresivos**. Debe comprobar los parámetros de retracción de su sistema de extrusión. Si la velocidad de retracción es demasiado elevada o si está intentando retraer demasiado filamento, esto puede ejercer una presión excesiva sobre la boquilla y el filamento tendrá dificultades para seguir. Como prueba sencilla, puede intentar reducir la velocidad de retracción en un 50 % para ver si el problema desaparece. Si es así, sabrá que tus ajustes de retracción pueden ser parte del problema.

- **Aumente la temperatura del bloque calefactor**. Si sigue experimentando problemas de aplastamiento del filamento, pruebe a aumentar la temperatura de la boquilla entre 5 y 10 grados para que el plástico fluya con más facilidad. El plástico siempre fluirá más fácilmente a mayor temperatura.
- **La impresión es demasiado rápida**. Si sigue experimentando problemas de aplastamiento del filamento, incluso después de aumentar la temperatura, lo siguiente que debe hacer es reducir la velocidad de impresión. Al hacerlo, el motor del sistema de extrusión no tendrá que girar tan rápido, ya que el filamento se extruye durante un período de tiempo más largo. La rotación más lenta del motor de extrusión puede ayudar a evitar que el engranaje dentado de accionamiento dañe el filamento. Por ejemplo, si antes imprimía a 60 mm/s, pruebe a reducir este valor en un 50 % (30 mm/s) para ver si desaparece el aplastamiento del filamento.
- **Su cabezal de impresión está obstruido**. Para desatascarlo, vaya a Problemas mecánicos - Cabezal de impresión obstruido.

2.3 Extrusión no constante a la salida de la boquilla

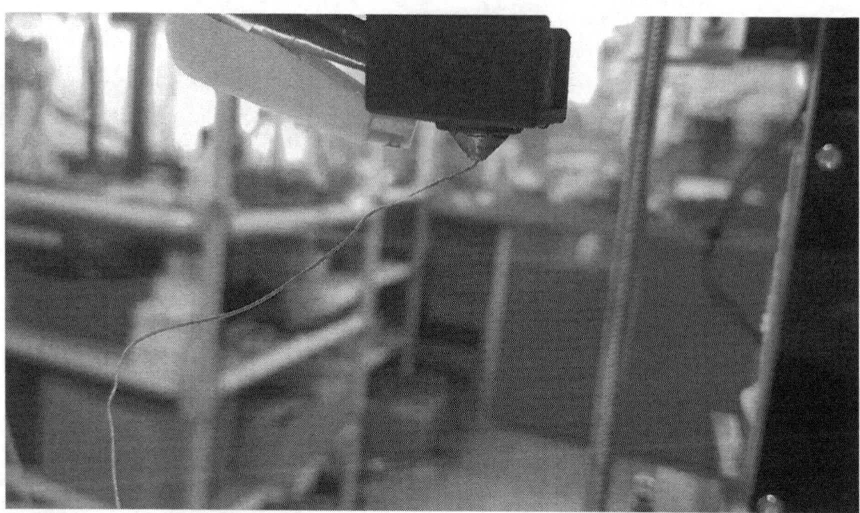

Para que su impresora pueda crear piezas precisas, debe ser capaz de extruir una cantidad muy constante de plástico. Si esta extrusión varía en diferentes partes de la impresión, esto afectará a la calidad final de la impresión. Una extrusión irregular se puede identificar observando atentamente la impresora mientras imprime. Por ejemplo, si la impresora imprime una línea recta de 20 mm de longitud, pero nota que la extrusión parece muy imprecisa o varía de tamaño, probablemente se encuentre con este problema.

- **El filamento se atasca o enreda**. Lo primero que hay que comprobar es la bobina de plástico que alimenta la impresora. Debe asegurarse de que esta bobina puede girar libremente y de que el plástico se desenrolla con facilidad de la bobina (ver capítulo Bobinas y materiales, apartado Desbobinadores). Si el filamento se enreda o si la bobina tiene demasiada resistencia como para girar libremente, esto afectará a la regularidad de la extrusión del filamento a través de la boquilla. Si su impresora incluye un tubo Bowden (un pequeño tubo espacio a través del cual se introduce el filamento), también debe comprobar que el filamento puede pasar fácilmente a través de este tubo sin mucha resistencia. Si hay demasiada resistencia en el tubo, puede intentar limpiarlo o cambiarlo.
- **El cabezal de impresión está obstruido**. Si el filamento no está enredado y se puede tirar y empujar fácilmente en el cabezal de impresión, lo siguiente que hay que comprobar es la propia boquilla. Puede haber pequeños residuos o plástico extraño dentro de la boquilla que impidan una extrusión adecuada. Para más soluciones, consulte la sección Cabezal de impresión obstruido.
- **La altura de la capa es demasiado baja**. Si la altura de la capa es demasiado baja, el filamento tiene dificultades para ser extruido porque no dispone de espacio para salir. En este caso, el motor de extrusión puede tener dificultades para hacer avanzar el filamento, lo que puede provocar el «claqueteo» del motor de extrusión y un filamento entrante de diámetro inconsistente. Para más detalles sobre este problema, consulte la sección Filamento de entrada dañado.
- **El parámetro del diámetro de salida de la boquilla es incorrecto**. Todo el algoritmo de corte de Cura se basa en un parámetro principal: el diámetro de salida de la boquilla. Si este parámetro es incorrecto, puede resultar en una extrusión inconsistente.
- **La boquilla está desgastada**. Si la boquilla está muy desgastada, su diámetro ya no es el mismo. La salida de la boquilla ya no es perfectamente redonda. La cantidad de filamento calibrada por Cura ya no corresponde a este nuevo diámetro de boquilla. En este caso, lo mejor es cambiar la boquilla. Para más detalles, lea el capítulo Cuidados y mantenimiento, apartado Cambiar la boquilla de impresión.
- **El filamento de entrada es de mala calidad**. Un filamento de mala calidad puede contener aditivos adicionales que afectan a la consistencia del plástico. Otros pueden tener un diámetro inconsistente, lo que también dará lugar a una extrusión inconsistente. Por último, muchos plásticos tienden a degradarse con el tiempo. El PLA, por ejemplo, tiende a absorber la humedad del aire y, con el tiempo, la calidad de impresión se degradará. Esta es la razón por la que muchas bobinas de plástico incluyen una bolsa desecante en el embalaje para ayudar a eliminar la humedad de la bobina. Si cree que la culpa puede ser de su filamento, pruebe a sustituir la bobina por una nueva de alta calidad sin abrir para ver si el problema desaparece.

- **Hay un problema con la unidad de alimentación de filamento**. Si ha comprobado todo lo anterior y sigue experimentando una extrusión inconsistente, puede revisar si hay problemas mecánicos con su unidad de alimentación de filamento. Por ejemplo, muchos sistemas de extrusión utilizan un engranaje de transmisión con dientes afilados que sujetan el filamento. Esto permite que el motor mueva el filamento hacia adelante y hacia atrás con facilidad. Estos sistemas a veces incluyen un tornillo de ajuste que cambia la fuerza con la que el engranaje de accionamiento se presiona contra el filamento. Si este ajuste es demasiado flojo, los dientes del engranaje impulsor no sujetan el filamento con suficiente fuerza, lo que afecta a la capacidad del sistema de extrusión para controlar con precisión la posición del filamento. Si, por el contrario, el sistema de accionamiento agarra el filamento con demasiada fuerza, parte del filamento se arrancará y se depositarán virutas en el piñón de accionamiento. Esto reducirá la sujeción, por lo que será necesario limpiar el piñón de arrastre con un cepillo de cerdas duras.

3. Problemas al iniciar la impresión

3.1 Ausencia de extrusión en el arranque

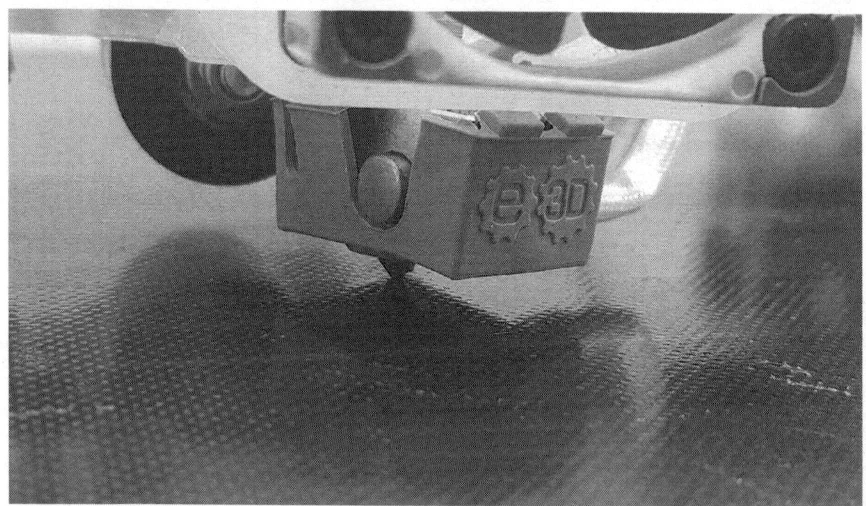

Se trata de un problema muy común para los nuevos propietarios de impresoras 3D, aunque afortunadamente también es muy fácil de solucionar. Si su sistema de extrusión no está extruyendo plástico al inicio de la impresión, hay cuatro posibles causas:

- **El sistema de extrusión no se cebó antes de comenzar la impresión**. La mayoría de los sistemas tienen la mala costumbre de gotear plástico cuando están inactivos a altas temperaturas. El plástico caliente dentro de la boquilla tiende a escurrirse por la punta de la boquilla, creando un vacío dentro de la boquilla por donde se ha escurrido el plástico. Este fenómeno puede ocurrir al principio de una impresión, cuando se calienta por primera vez el bloque calefactor, y también al final, cuando la boquilla se enfría lentamente. Si su sistema de extrusión ha perdido plástico debido a este goteo, la próxima vez que intente extruir probablemente pasarán unos segundos antes de que el plástico empiece a salir de nuevo por la boquilla. Si intenta iniciar una impresión después de que su boquilla haya perdido plástico, es posible que note el mismo retraso en la extrusión. Para solucionar este problema, asegúrese de cebar la boquilla justo antes de empezar a imprimir para que esté llena de plástico y lista para extruir.
- **La boquilla empieza demasiado cerca de la plataforma**. Si la boquilla está demasiado cerca de la superficie de impresión, no habrá espacio suficiente para que el plástico salga de la boquilla. Una forma fácil de reconocer este problema es detectar si la impresión no extruye plástico durante la primera o las dos primeras capas, pero empieza a extruir con normalidad alrededor de la tercera o la cuarta capa, a medida que la boquilla sigue subiendo o la plataforma sigue bajando a lo largo del eje Z. Para solucionar este problema, es necesario ajustar mecánicamente la altura de la plataforma, la posición del sensor de fin de carrera Z y el offset electrónico. La plataforma puede ajustarse mientras se imprime la primera capa. En cuanto esté nivelada, el plástico empezará a salir por la boquilla. Algunas impresoras 3D permiten ajustar el offset electrónico en tiempo real.
- **El filamento se ha desgastado a causa del engranaje de accionamiento**. La mayoría de las impresoras 3D utilizan un pequeño engranaje para empujar el filamento hacia adelante y hacia atrás. Los dientes de este engranaje muerden el filamento y permiten controlar con precisión la posición de este. Sin embargo, si observa muchas virutas de plástico o parece que falte una sección en su filamento, es posible que el engranaje impulsor haya quitado demasiado plástico. Una vez que esto ocurre, el engranaje de arrastre no tiene nada a lo que agarrarse cuando intenta mover el filamento hacia adelante y hacia atrás. Consulte la sección Problemas mecánicos – Filamento de entrada dañado para obtener información sobre cómo resolver este problema.

- **El cabezal de impresión está obstruido.** Si ninguna de las sugerencias anteriores puede resolver el problema, es probable que su cabezal de impresión esté obstruido. Esto puede ocurrir si quedan restos extraños atrapados dentro de la boquilla, cuando el plástico caliente permanece demasiado tiempo dentro del extrusor, o si la refrigeración térmica del extrusor no es suficiente y el filamento empieza a ablandarse fuera de la zona de fusión deseada. La reparación de un extrusor obstruido puede requerir su desmontaje; consulte Problemas mecánicos - Cabezal de impresión obstruido para saber cómo resolver este problema.

3.2 La pieza no se adhiere a la bandeja

Es muy importante que la primera capa de la pieza quede perfectamente adherida a la plataforma de impresión. Si su impresión no se adhiere a la plataforma, consulte los capítulos siguientes en este orden:

- Capítulo Montaje y calibración mecánica
- Capítulo La importancia de la primera capa

Si, a pesar de un buen ajuste mecánico y electrónico del offset, la pieza sigue sin adherirse o es propensa al warping, es necesario activar un borde en su slicer.

4. Problemas durante la impresión

4.1 Subextrusión

La subextrusión se evidencia por la falta de material entre las paredes o en el relleno al 100 %. En una pieza con menos del 100 % de relleno, son las capas superior e inferior las que dan una indicación de la calidad de la extrusión. Si aparecen espacios entre las líneas, su pieza está subextrusionada. Es posible que la subextrusión se produzca durante un cambio de filamento, de marca de filamento o de material. Existen tres soluciones para este problema:

- **Cambie su filamento**. El diámetro de su filamento no es adecuado para su sistema de extrusión. Esto puede deberse a un diámetro de entrada deficiente o a un filamento de mala calidad cuyo diámetro es inconsistente a lo largo del hilo.
- **Aumente la velocidad de alimentación del filamento**. El flujo o caudal se puede ajustar durante la impresión en la mayoría de las impresoras. En Cura, el parámetro de velocidad de flujo se establece en 100 % por defecto. Para la subextrusión, puede ser necesario aumentar la velocidad de flujo al 115 %.
- **Compruebe el diámetro de la boquilla**. Su boquilla puede estar demasiado desgastada y su diámetro, agrandado. En este caso, la presión ya no se mantiene suficientemente en la salida de la boquilla. El caudal de hilo no es suficiente para el diámetro de la boquilla y deberá cambiar la boquilla.

4.2 Sobreextrusión

La sobreextrusión se produce cuando hay demasiado plástico en la impresión. Esto puede provocar errores en el tamaño de la pieza y el deterioro de la superficie de la pared exterior. Existen dos soluciones para este problema:

- **Cambie su filamento**. El diámetro de su filamento no es adecuado para su sistema de extrusión. Esto puede deberse a un diámetro de entrada deficiente o a un filamento de mala calidad cuyo diámetro es inconsistente a lo largo del hilo.
- **Reduzca el flujo de alimentación del filamento**. El flujo se puede ajustar durante la impresión en la mayoría de las impresoras. En Cura, el parámetro flujo está ajustado al 100 % por defecto. En caso de sobreextrusión, puede ser necesario reducir el caudal al 85 %.

4.3 Agujeros en las capas superior e inferior

Para ahorrar plástico, la mayoría de las piezas impresas en 3D se crean con una carcasa sólida que rodea un interior poroso y parcialmente hueco. Por ejemplo, el interior de la pieza puede utilizar un porcentaje de relleno del 30 %, lo que significa que solo el 30 % del interior es plástico sólido, mientras que el resto es aire. Aunque el interior de la pieza sea parcialmente hueco, el objetivo es que el exterior siga siendo sólido. Para conseguirlo, en Cura es posible definir el número de capas superiores e inferiores que serán sólidas para que la pieza sea más robusta. Sin embargo, dependiendo de la configuración que utilice, puede notar que las capas sólidas superior o inferior de su impresión no son completamente sólidas. Es posible que vea agujeros entre las extrusiones que forman estas capas sólidas.

Si se ha encontrado con este problema, aquí tiene algunos parámetros sencillos que puede ajustar para solucionarlo:

- **No hay suficientes capas superiores o inferiores**. En el caso de una pieza que requiera poco relleno, debe centrarse en el número de capas superiores e inferiores que la componen. Esto permitirá una mejor extrusión y sellará esos agujeros. Además, la unión entre las capas inferiores y el relleno interior ayudará a que la pieza sea estanca por dentro.
- **Porcentaje de llenado demasiado bajo**. Otro parámetro que favorece la aparición de estos defectos es un porcentaje de relleno demasiado bajo. Por ejemplo, si utiliza un porcentaje de relleno de solo el 10 %, el 90 % restante del interior de su pieza quedará hueco, creando espacios muy grandes para soportar las capas sólidas que se imprimirán encima. Si ha intentado aumentar el número de capas sólidas superiores y sigue viendo agujeros o espacios en la parte superior de la impresión, puede intentar aumentar el porcentaje de relleno para ver si desaparecen los espacios. Por ejemplo, si antes el porcentaje de relleno era del 30 %, intente utilizar un porcentaje de relleno del 50 %, ya que esto proporcionará una base mucho mejor para las capas sólidas en la parte superior de la impresión.
- **Subextrusión**. La subextrusión puede ser un signo de hundimiento de las capas superiores y de una mala unión de las líneas de las capas inferiores. Para solucionar este problema, consulte la sección Problemas durante la impresión - Subextrusión.

4.4 Stringing/encordado

El encordado se produce cuando quedan pequeños hilos de plástico en un modelo impreso en 3D. Esto suele deberse a que el plástico rezuma de la boquilla cuando el cabezal de impresión se mueve a una nueva ubicación. Afortunadamente, hay varios ajustes en Cura que pueden ayudar a resolver este problema. El ajuste más comúnmente utilizado para combatir el encordado excesivo es la retracción. Si la retracción está activada, cuando el extrusor ha terminado de imprimir una sección de su modelo, el filamento se retrae hacia atrás en la boquilla para actuar como medida preventiva contra el goteo. Cuando llega el momento de empezar a imprimir de nuevo, el filamento es empujado otra vez hacia la boquilla para que el plástico empiece a extruir de nuevo desde la punta. Para asegurarse de que la retracción está activada, active el ajuste **Habilitar la retracción**. Ciertos parámetros, incluidos los de retracción, pueden ayudar a reducir el fenómeno del encordado:

- **Distancia de retracción**. El parámetro de retracción más importante es la distancia de retracción: determina la cantidad de plástico que se retira de la boquilla. En general, cuanto más plástico se retrae de la boquilla, menos probable es que esta rezume al moverse. La mayoría de los sistemas de extrusión de accionamiento directo solo requieren una distancia de retracción de 0,5 a 2 mm, mientras que algunos cabezales de impresión Bowden pueden requerir una distancia de retracción de hasta 10 a 15 mm debido a la mayor distancia entre el engranaje de accionamiento del extrusor y la boquilla calentada. Si usted está experimentando encordado con sus impresiones, trate de aumentar la distancia de retracción en 1 mm y vuelva a probar para ver si el rendimiento mejora.
- **Velocidad de retracción**. El siguiente ajuste de retracción que debe comprobar es la velocidad de retracción. Este ajuste determina la velocidad a la que el filamento se retrae de la boquilla. Si se retrae demasiado despacio, el plástico rezumará lentamente por la boquilla y puede empezar a agotarse antes de que el cabezal de impresión termine de desplazarse a su nueva ubicación. En este caso, el plástico actúa como un chicle que se estira. Algo de plástico permanece en la salida de la boquilla. Si se retrae demasiado rápido, el filamento puede separarse del plástico caliente dentro de la boquilla, o el rápido movimiento del engranaje de accionamiento puede incluso aplastar trozos de filamento. Por lo general, existe un punto óptimo entre 20 mm/s y 100 mm/s en el que la retracción funciona mejor. El valor ideal puede variar dependiendo del material que esté utilizando, así que puede experimentar para ver si las diferentes velocidades reducen la cantidad de encordado que observa.
- **Temperatura demasiado alta**. Una vez comprobados los ajustes de retracción, la segunda causa más común del encordado es la temperatura excesiva del bloque calefactor. Si la temperatura es demasiado alta, el plástico del interior de la boquilla se volverá más viscoso y se derramará de la boquilla con mucha más facilidad. Sin embargo, si la temperatura es demasiado baja, el plástico seguirá siendo un poco sólido y tendrá dificultades para salir de la boquilla. Si cree que tiene los ajustes de retracción correctos, pero sigue experimentando estos problemas, pruebe a reducir la temperatura del bloque calefactor entre 5 y 10 grados. Esto puede tener un impacto significativo en la calidad de impresión final.

- **Desplazamientos largos sobre espacios vacíos**. Como hemos visto anteriormente, el encordado se produce cuando el cabezal de impresión se desplaza entre dos ubicaciones y durante este movimiento el plástico empieza a rezumar por la boquilla. La longitud de este movimiento puede tener un impacto significativo en la cantidad de filtración. Los movimientos cortos pueden ser lo suficientemente rápidos como para que el plástico no tenga tiempo de gotear por la boquilla. Sin embargo, los movimientos largos son mucho más propensos a crear hilos de encordado. En Cura, es posible optimizar los movimientos del cabezal de impresión para reducir la longitud de desplazamiento fuera de la pieza. Así, para ir de una posición a otra, siempre que sea posible, el cabezal de impresión favorecerá una trayectoria dentro del relleno de la pieza. Esta opción de Cura se denomina Modo Peinada.
- **Velocidad de desplazamiento**. Por último, también puede notar que el aumento de la velocidad de desplazamiento de su máquina puede reducir la cantidad de tiempo que la boquilla puede gotear cuando se desplaza entre piezas o entre 2 puntos separados por un espacio vacío. Puede comprobar las velocidades de desplazamiento utilizadas por su máquina haciendo clic en la pestaña Velocidad de los ajustes de impresión en Cura.

4.5 Sobrecalentamiento de la pieza

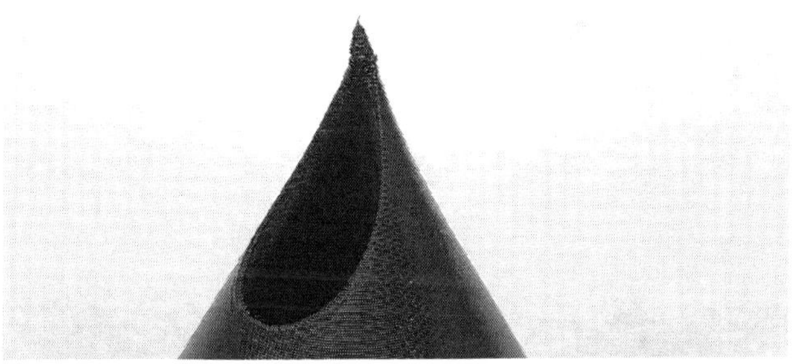

La temperatura del plástico que sale de la boquilla puede variar entre 190 y 310 °C. Mientras el plástico depositado todavía está caliente, sigue siendo flexible y se le pueden dar diferentes formas fácilmente, ya sea retrayéndolo o depositando más filamento caliente encima. Sin embargo, al enfriarse, la capa impresa se solidifica rápidamente y mantiene su forma. Este es el efecto deseado. Cuando la superficie impresa se vuelve demasiado débil, la capa recién depositada no tiene tiempo de enfriarse.

En el caso del filamento PLA o PETG, el enfriamiento se produce mediante un ventilador que sopla sobre la pieza. En el caso del filamento ABS o ASA, la refrigeración natural es suficiente, ya que con un exceso de frío se corre el riesgo de romper la unión entre capas. Para garantizar que las superficies de impresión pequeñas no se deformen, es necesario encontrar el equilibrio adecuado entre la velocidad de impresión y una buena refrigeración. Afortunadamente, existen funciones específicas en Cura para solucionar estos problemas.

- **Refrigeración insuficiente**. La causa más común de sobrecalentamiento es que el plástico no se enfría con suficiente rapidez. Cuando esto ocurre, el plástico caliente puede cambiar de forma mientras se enfría lentamente. Para muchos plásticos, es preferible enfriar las capas rápidamente para evitar que cambien de forma después de la impresión (PLA y PETG, por ejemplo). Si su impresora cuenta con un ventilador de refrigeración, intente aumentar la potencia del ventilador para enfriar el plástico más rápidamente. Puede hacerlo en la pestaña Refrigeración de Cura, haciendo clic en **Activar enfriamiento de impresión** y cambiando la **Velocidad del ventilador**. Este enfriamiento adicional ayudará a que el plástico conserve su forma. Si su impresora no tiene un ventilador de refrigeración incorporado, puede intentar instalar uno de repuesto o utilizar un pequeño ventilador de mano para enfriar las capas más rápidamente. Algunas impresoras también pueden modificarse con sistemas de refrigeración más potentes.
- **Impresión a una temperatura de extrusión demasiado alta**. Si ya está utilizando un ventilador de refrigeración y este problema persiste, puede intentar imprimir a una temperatura más baja. Si el plástico se extruye a una temperatura más baja, podrá solidificarse más rápidamente y conservar su forma. Pruebe a bajar la temperatura de impresión entre 5 y 10° para ver si esto ayuda.
- **Imprimir demasiado rápido**. Si imprime cada capa muy rápido, corre el riesgo de no dejar tiempo suficiente para que la capa anterior se enfríe correctamente antes de intentar depositar la siguiente capa de plástico caliente encima. Esto es especialmente importante en el caso de piezas muy pequeñas, en las que cada capa solo necesita unos segundos para imprimirse. Incluso con un ventilador de refrigeración, es posible que tenga que reducir la velocidad de impresión de estas capas pequeñas para asegurarse de que deja tiempo suficiente para que la capa se solidifique. Afortunadamente, en Cura, es posible definir un tiempo mínimo de impresión para las capas impresas. Esto se hace en el ajuste **Tiempo mínimo de capa**, en la pestaña Refrigeración. Esta opción reduce automáticamente la velocidad de impresión si la duración estimada de la impresión es inferior a la duración mínima especificada. La velocidad se reduce a la **Velocidad mínima** especificada en la misma pestaña. Esta velocidad mínima debe ser suficiente para mantener una presión mínima en la boquilla. Un valor de 10 mm/s suele bastar para una boquilla de 0,4 mm.

4.6 Desplazamiento de las capas

La mayoría de las impresoras 3D utilizan un sistema de control en bucle abierto, por lo que no tienen información sobre la ubicación real del cabezal de impresión. La impresora simplemente intenta mover el cabezal de impresión a una ubicación específica y espera lograrlo. En la mayoría de los casos, esto funciona bien, ya que los motores paso a paso que accionan el carro de impresión son lo suficientemente potentes y no hay ninguna carga significativa que impida que el cabezal de impresión se mueva correctamente. Sin embargo, si algo va mal, la impresora no tiene forma de detectarlo. Por ejemplo, si se da un golpe con la impresora mientras imprime, el cabezal de impresión podría moverse a una nueva posición no deseada. La máquina no tiene retroalimentación para detectarlo, por lo que continuaría imprimiendo como si nada hubiera pasado. Si observa capas desalineadas en su impresión, normalmente se debe a una de las siguientes causas:

- **Área de trabajo desordenada**. Si tiene herramientas, destornilladores o botellas cerca de la impresora y esta realiza movimientos largos que pueden generar vibraciones en el mobiliario, es posible que un elemento extraño interfiera con el movimiento de los ejes al caer sobre la impresora. Esto provoca una carga imprevista en el movimiento del cabezal de impresión o de la plataforma, puede desplazar un movimiento y, por tanto, desplazar la impresión de las siguientes capas.
- **El cabezal de la herramienta se mueve demasiado rápido**. Si está imprimiendo a una velocidad muy alta, los motores de su impresora 3D pueden tener problemas para mantener el ritmo. Si intenta mover la impresora más rápido de lo que los motores pueden soportar, normalmente oirá un clic cuando el motor no alcance la posición deseada. En caso de que esto ocurra, el resto de la impresión estará desalineada con todo lo que se imprimió antes. Si cree que su impresora se está moviendo demasiado rápido, intente reducir la velocidad de impresión en un 50 % para ver si eso ayuda.

- **Problemas mecánicos o eléctricos**.
  - Si la desalineación de capas continúa, incluso después de reducir la velocidad de impresión, es probable que se deba a problemas mecánicos o eléctricos de la impresora. Por ejemplo, la mayoría de las impresoras 3D utilizan correas que permiten a los motores controlar la posición del cabezal de la herramienta. Las correas suelen estar hechas de un material de caucho y reforzadas con algún tipo de fibra para proporcionar resistencia adicional. Con el tiempo, estas correas pueden estirarse, lo que puede repercutir en la tensión de la correa utilizada para posicionar el cabezal de la herramienta. Si la tensión es demasiado baja, la correa puede deslizarse sobre la parte superior de la polea de transmisión, lo que significa que la polea gira, pero la correa no se mueve. Si la correa se instaló inicialmente demasiado tensa, esto también puede causar problemas. Una correa demasiado apretada puede crear una fricción excesiva en los rodamientos que impedirá que los motores giren. El montaje ideal requiere una correa que esté algo tensa para evitar el deslizamiento, pero no demasiado apretada para que el sistema gire. Si empieza a notar problemas de capas desalineadas, debe comprobar que todas las correas tienen la tensión correcta y que ninguna parece demasiado floja o demasiado apretada. Si cree que puede haber algún problema, consulte al fabricante de la impresora sobre cómo ajustar la tensión de las correas.
  - Muchas impresoras 3D también incluyen una serie de correas accionadas por poleas fijadas al eje de un motor paso a paso mediante un pequeño tornillo de fijación (también conocido como tornillo prisionero). Estos tornillos de fijación anclan la polea al eje del motor para que los dos elementos giren juntos. Sin embargo, si el tornillo de fijación se afloja, la polea ya no girará con el eje del motor. Esto significa que el motor gira, pero la polea y las correas no se mueven. En este caso, el cabezal de la herramienta no alcanza la ubicación deseada, lo que puede repercutir en la alineación de todas las capas de impresión futuras. Por lo tanto, si la desalineación de las capas es un problema recurrente, debe comprobar que todas las fijaciones del motor están bien apretadas.
  - También hay otros problemas eléctricos comunes que pueden hacer que los motores pierdan su posición. Por ejemplo, si no llega suficiente corriente eléctrica a los motores, estos no tendrán suficiente potencia para girar. También es posible que los componentes electrónicos del controlador del motor se sobrecalienten, haciendo que los motores dejen de girar temporalmente hasta que los componentes electrónicos se enfríen. Aunque esta lista no es exhaustiva, proporciona algunas ideas de las causas eléctricas y mecánicas comunes que debería comprobar si el desplazamiento de capas es un problema persistente.

4.7 Separación de las capas

Al separar las capas, la adherencia entre capas del plástico extruido es demasiado débil. Esto puede explicarse de diferentes maneras, dependiendo de si está utilizando un filamento con propiedades de adhesión intercapa compleja o no. He aquí algunas posibilidades:

- **La altura de la capa es demasiado grande**. La mayoría de las boquillas de impresión 3D tienen un diámetro de entre 0,3 y 0,5 milímetros. El plástico pasa a través de esta pequeña abertura para crear una extrusión muy fina que puede producir piezas extremadamente detalladas. Sin embargo, estas pequeñas boquillas también limitan la altura de las capas que pueden utilizarse. Cuando se imprime una capa de plástico sobre otra, hay que comprobar que la nueva capa se presiona contra la capa inferior para que las dos capas se unan. Como regla general, debe asegurarse de que la altura de capa que seleccione sea un 20 % menor que el diámetro de su boquilla. Por ejemplo, si tiene una boquilla de 0,4 milímetros, la altura de la capa no debería ser superior a 0,32 milímetros. Por lo tanto, si observa que las capas de sus impresiones se separan y no se pegan, lo primero que debes comprobar es la altura de la capa en relación con el tamaño de la boquilla. Intente reducir la altura de la capa para ver si esto ayuda a que las capas se adhieran mejor entre sí.

- **La temperatura de impresión es demasiado baja**. El plástico caliente siempre se adhiere mucho mejor que el frío. Si observa que las capas no se adhieren entre sí y está seguro de que la altura de la capa no es excesiva, es posible que el filamento deba imprimirse a una temperatura más alta para crear una unión sólida. Por ejemplo, si intenta imprimir plástico ABS a 210 °C, probablemente verá que las capas de su pieza se separan con facilidad. Esto se debe a que el ABS generalmente necesita imprimirse a unos 220 °C-235 °C para crear una unión fuerte entre las capas de la impresión. Así que, si cree que este puede ser el problema, compruebe que está utilizando la temperatura adecuada para el filamento que ha comprado. Pruebe a aumentar la temperatura 10 grados para ver si mejora la adherencia.
- **Enfriamiento demasiado intenso**. Al imprimir filamentos con difícil adhesión entre capas, como ABS, ASA, policarbonato o nailon, es necesario reducir o incluso detener por completo el enfriamiento de la impresión. Hay que dejar que la capa anterior se enfríe de forma natural, ya que ella misma debe estar aún caliente para garantizar una buena adhesión entre capas. Por eso también recomendamos imprimir este tipo de filamento en una caja, para evitar corrientes de aire. Además, una caja aislará térmicamente su impresión, que se mantendrá entre 30 °C y 50 °C en las capas más altas.

4.8 Detener la extrusión durante la impresión

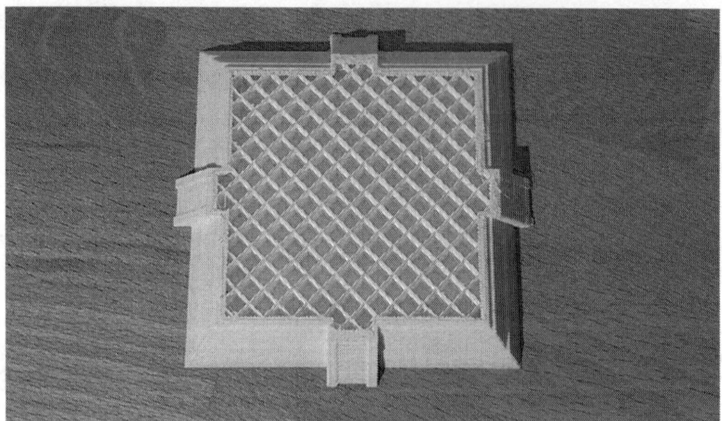

Si su impresora estaba extruyendo correctamente al inicio de su trabajo de impresión, pero de repente dejó de extruir más tarde, normalmente solo hay unas pocas razones que podrían haber causado este problema. Si su impresora experimentó problemas de extrusión al inicio de la impresión, consulte la sección Ausencia de extrusión en el arranque.

- **Falta de filamento**. Este es bastante obvio, pero, antes de valorar los otros problemas, compruebe primero que todavía tiene filamento entrando en la boquilla. Si la bobina se ha agotado, tendrá que cargar una nueva bobina antes de continuar imprimiendo o iniciar un nuevo trabajo de impresión.
- **El filamento se ha deshilachado contra el piñón de tracción**. Durante una impresión, el motor del extrusor gira constantemente intentando empujar el filamento hacia la boquilla para que esta pueda seguir extruyendo el plástico. Si intenta imprimir demasiado rápido o intenta extruir demasiado plástico, el piñón de tracción puede acabar triturando el filamento hasta que no quede nada que agarrar. Si su motor de extrusión está en marcha pero el filamento no se mueve, probablemente esta sea la causa. Consulte el apartado Filamento de entrada dañado para más detalles sobre cómo solucionar el problema.
- **El cabezal de impresión está obstruido**. Si no aplica ninguna de las causas anteriores, es muy probable que el cabezal de impresión esté obstruido. Si esto sucede en medio de la impresión, es posible que desee comprobar y asegurarse de que el filamento está limpio y que no hay polvo en el carrete. Si se ha adherido suficiente polvo al filamento, puede causar una obstrucción, ya que el polvo se acumula dentro de la boquilla. Hay varias otras causas posibles para una boquilla obstruida; consulte el apartado Cabezal de impresión obstruido para más detalles.
- **Sobrecalentamiento del driver del motor**. El motor del sistema de extrusión tiene que trabajar mucho durante la impresión. Está constantemente girando hacia delante y hacia atrás para empujar y sacar el plástico del cabezal de impresión. Este movimiento rápido requiere cierta cantidad de corriente y, si los componentes electrónicos de la impresora no tienen suficiente refrigeración, esto puede causar que la electrónica del driver del motor se sobrecaliente. Por lo general, estos drivers de motor tienen una protección térmica que impide que el motor funcione si la temperatura es demasiado alta. Si esto ocurre, los motores de los ejes X e Y girarán y moverán el cabezal de impresión, pero el motor de extrusión no se moverá en absoluto. La única forma de solucionar este problema es apagar la impresora y dejar que los componentes eléctricos se enfríen. También puede añadir un ventilador de refrigeración adicional si el problema persiste.

4.9 Relleno débil

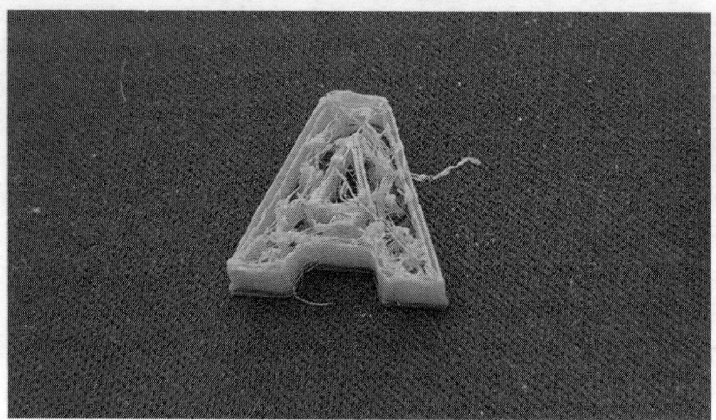

El relleno dentro de su pieza impresa en 3D juega un papel muy importante en la resistencia general de su modelo. El relleno es responsable de conectar las paredes exteriores de su impresión 3D y también debe soportar las superficies superiores que se imprimirán sobre el relleno. Si su relleno parece débil o fibroso, es posible que desee ajustar algunas opciones en el software para añadir fuerza extra a esta sección de su impresión. He aquí algunas soluciones para asegurar un relleno sólido:

- **Pruebe otros patrones de relleno**. Uno de los primeros parámetros que se ha de estudiar es el Patrón de relleno utilizado para su impresión. Puede encontrar este ajuste en la pestaña **Relleno** de Cura. Algunos patrones tienden a ser más fuertes que otros. Por ejemplo, **Rejilla**, **Triángulos** y **Cúbico** son todos patrones de relleno sólidos. Si tiene problemas para producir un relleno sólido y fiable, pruebe con un patrón diferente para ver si hay alguna diferencia.
- **Reduzca la velocidad de impresión**. El relleno se imprime normalmente más rápido que cualquier otra parte de su impresión 3D. Si intenta imprimir el relleno demasiado rápido, el sistema de extrusión no podrá seguir el ritmo y empezará a notar una subextrusión en el interior de la pieza. Esta subextrusión tenderá a crear un relleno débil y fibroso, ya que la boquilla no es capaz de extruir tanto plástico como el software desearía. Si ha probado varios patrones de relleno pero sigue teniendo problemas con un relleno débil, intente reducir la velocidad de impresión. Por ejemplo, si antes imprimía a 60 mm/s, pruebe a reducirla a 45 mm/s para ver si el relleno empieza a ser más fuerte y sólido.

- **Aumente el número de líneas de relleno**. Por defecto, el relleno se realiza con un ancho de extrusión. Por ejemplo, si tiene una boquilla de 0,4 milímetros, el ancho de la línea de relleno será de 0,4 milímetros. Usando el parámetro Multiplicador de línea de relleno de la pestaña Relleno de Cura, puede duplicar o triplicar el ancho de las líneas de relleno. Esto hace que su relleno sea más robusto.

4.10 Distancia entre el relleno y las paredes

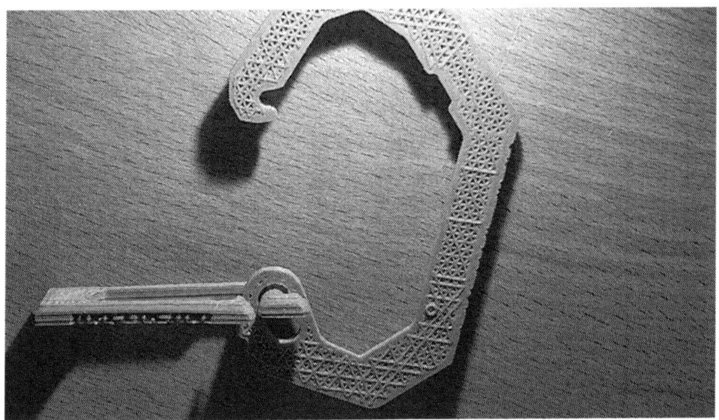

Aquí se observa un sobrellenado en las paredes exteriores, el relleno está optimizado.

Cada capa de su pieza impresa en 3D se crea utilizando una combinación de líneas de contorno y de relleno. Las líneas de contorno trazan la pared de la pieza, creando una pared sólida y precisa. El relleno se imprime dentro de esta pared para formar el resto de la capa. El relleno suele utilizar un patrón de vaivén rápido para permitir velocidades de impresión más rápidas. Debido a que el relleno utiliza un patrón diferente al del contorno de su pieza, es importante que estas dos secciones se fusionen para formar una unión sólida. Si usted nota pequeños espacios entre los bordes de su relleno, hay una serie de parámetros que puede comprobar.

- **Rellene los espacios entre las paredes**. Cuando las paredes individuales están cerca unas de otras, puede conectarlas con un relleno al 100 % utilizando la opción **En todas partes** del parámetro **Rellenar espacios entre paredes** de la pestaña **Paredes** de Cura.
- **Ajuste la superposición de las paredes interiores con la pared exterior.** Se recomienda tener un ligero solapamiento, de alrededor del 5 al 10 %, de las paredes interiores con la capa exterior para mantener mejor la envoltura exterior de la pieza.

- **Ajuste el porcentaje de superposición del relleno con la pared interior**. Al igual que en el punto anterior, aquí es el porcentaje de solapamiento con la pared interior el que definirá la retención del relleno de la pieza. Esta opción se define en el parámetro **Porcentaje de superposición del relleno** en la pestaña **Relleno** de Cura. El porcentaje recomendado es del 10 %. Si hay espacios visibles, el porcentaje de superposición del relleno debe aumentarse. Si el solapamiento es grande, las líneas de relleno pueden marcar la pared exterior de la pieza; en este caso, aumente el **Recuento de líneas de pared** en la pestaña **Paredes**.
- **La impresión va demasiado rápida**. El relleno de su pieza se imprime generalmente mucho más rápido que los contornos. Sin embargo, si el relleno se imprime demasiado rápido, no tendrá tiempo suficiente para adherirse al interior de la pared. Si ha probado a aumentar la superposición del contorno y la superposición del relleno pero sigue viendo espacios entre la pared y el relleno, debería probar a reducir la velocidad de impresión.

4.11 Esquinas curvadas en capas inferiores - Warping

Cuando empiece a imprimir modelos más grandes, puede notar que, aunque las primeras capas de su pieza se han adherido bien a la plataforma de impresión, la pieza, más tarde, comienza a combarse en la parte inferior. Esta deformación puede ser tan grave que puede provocar que parte del modelo se separe de la plataforma y hacer que falle toda la impresión. Este comportamiento es particularmente común cuando se imprimen piezas muy grandes o muy largas utilizando materiales de alta temperatura, como el ABS. La razón principal de este problema radica en que el plástico tiende a contraerse a medida que se enfría. Por ejemplo, si imprime una pieza de ABS a 230 °C y luego la deja enfriar a temperatura ambiente, se contraerá hasta un 1,5 %. Para muchas piezas grandes, esto podría suponer varios milímetros de contracción. A medida que avanza el proceso de impresión, cada capa sucesiva se deforma un poco más hasta que toda la pieza se curva y se separa de la plataforma (ver La importancia de la primera capa, apartado Los fenómenos de warping y curling). He aquí algunas sugerencias para evitar este fenómeno:

- **Utilice una cama calefactada**. Muchas máquinas están equipadas con una cama calefactada, que puede ayudar a mantener calientes las capas inferiores de su pieza durante todo el proceso de impresión. Para materiales como el ABS, es habitual ajustar la temperatura de la cama calefactada entre 100 °C y 120 °C, lo que reducirá significativamente la cantidad de contracción del plástico en estas capas.
- **Desactive o reduzca la refrigeración por ventilador**. La refrigeración puede ser un problema para las piezas que tienden a deformarse. Por este motivo, muchos usuarios prefieren desactivar completamente los ventiladores de refrigeración externos cuando imprimen con materiales como el ABS. Esto permite que todas las capas permanezcan calientes durante más tiempo, aumentando las posibilidades de éxito. Para algunos materiales como el PLA o el PETG, puede reducir la refrigeración en las primeras capas utilizando los ajustes **Velocidad inicial del ventilador**, **Velocidad del ventilador** y **Velocidad normal del ventilador por capa** en la pestaña **Refrigeración** de Cura.
- **Imprima en una caja con aislamiento térmico**. Aunque una cama calefactada puede mantener calientes las capas inferiores de la pieza, puede resultar difícil evitar que las capas superiores se contraigan cuando empiece a imprimir objetos cada vez más grandes. En esta situación, puede ser útil colocar su impresora dentro de una caja que ayude a regular la temperatura de todo el volumen de impresión. Algunas máquinas ya tienen su volumen de impresión aislado térmicamente por esta razón. Si su impresora tiene un volumen de impresión aislado térmicamente, asegúrese de mantener las puertas cerradas durante la impresión, lo que evitará que se escape el calor. Otras impresoras disponen de control de temperatura para el recinto de impresión, de modo que puede imprimir en un entorno de hasta 80 °C.
- **Utilice un borde o un raft para evitar que el plástico se contraiga**. Estos soportes a la adherencia de sus piezas ayudarán a sujetar los bordes. Esto evitará que la pieza se deforme.
- **Mejore la adherencia de sus impresiones**. Para ello, consulte el capítulo Mejorar la adherencia de las impresiones.

4.12 Esquinas curvadas en las capas superiores - Curling

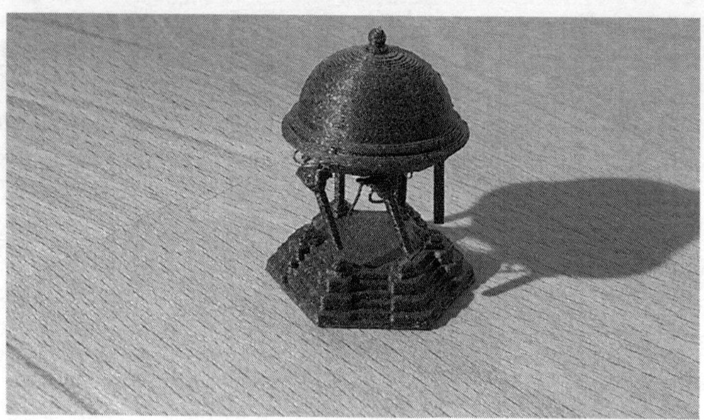

La impresión de los pilares del modelo ha fallado porque los pilares delgados se han curvado en los extremos (curling). La boquilla golpeó los pilares durante la impresión. A pesar de ello, el resultado sigue siendo artístico...

Si observa problemas de curling más adelante en su impresión, esto suele indicar problemas de sobrecalentamiento. El plástico se extruye a una temperatura muy alta y, si no se enfría rápidamente, puede cambiar de forma con el tiempo. El encorvamiento puede evitarse enfriando rápidamente cada capa para que no tenga tiempo de deformarse antes de solidificarse. A veces es útil bajar la temperatura de extrusión para limitar la aparición de curling. Consulte el apartado Sobrecalentamiento de la pieza para una descripción más detallada de este problema y cómo solucionarlo. Para más información sobre el fenómeno del curling, consulte el capítulo La importancia de la primera capa, apartado Los fenómenos de warping y curling.

4.13 Espacios en paredes finas

Dado que su impresora 3D incluye un tamaño de boquilla fijo, puede encontrar problemas al imprimir paredes muy finas que sean unas cuantas veces mayores que el diámetro de la boquilla. Por ejemplo, si está intentando imprimir una pared de 1,0 mm de grosor con una anchura de extrusión de 0,4 mm, es posible que tenga que hacer algunos ajustes para asegurarse de que su impresora crea una pared completamente sólida y no deja un espacio en el medio. Se pueden hacer algunos ajustes para imprimir este tipo de pared en Cura:

- **Active el ajuste Imprimir paredes finas**. Este parámetro se encuentra en la pestaña **Paredes**. Es la solución perfecta al problema de los espacios en paredes finas.
- **Rellene los espacios entre los muros**. Cuando dos muros están muy juntos, es posible conectarlos con un relleno del 100 % utilizando la opción **En todas partes** especificada en el parámetro **Rellenar espacios entre paredes** de la pestaña **Paredes** de Cura. Este parámetro se utiliza para rellenar ciertos espacios que pueden producirse entre dos muros finos.
- **Cambie la boquilla por un diámetro de salida de extrusión más adecuado**. Por ejemplo, si desea imprimir paredes de 1,5 milímetros de grosor, es más adecuado colocar una boquilla con un diámetro de 0,5 milímetros. Esto significa que necesitará exactamente tres líneas de grosor de pared para conseguir exactamente 1,5 milímetros. El **Recuento de líneas de pared** puede modificarse en el parámetro del mismo nombre de la pestaña **Paredes**.

4.14 Partes finas no impresas

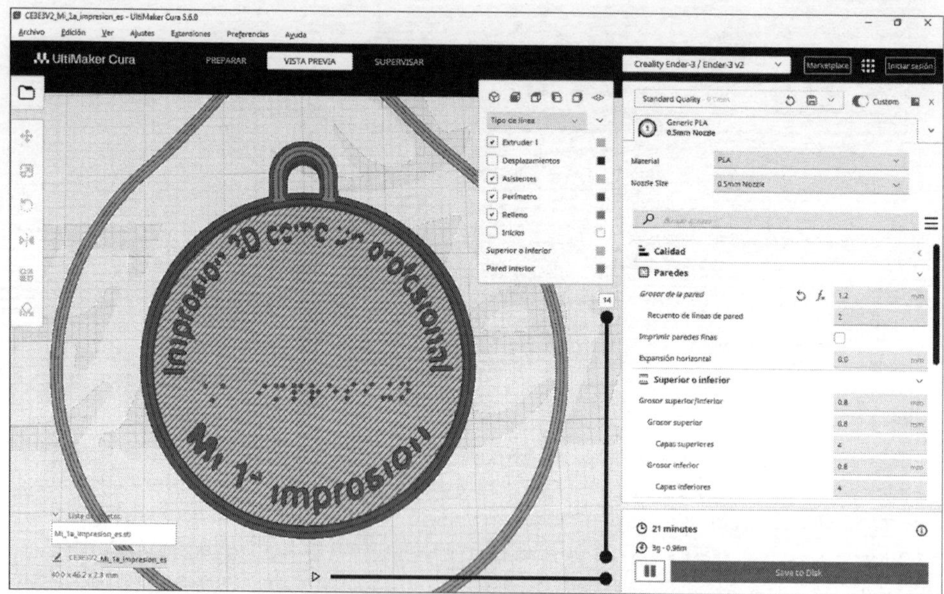

La mayoría de las impresoras 3D tienen un tamaño de boquilla fijo que determina la resolución de la pieza en la dirección XY. Los tamaños de boquilla más comunes son 0,3 mm, 0,4 mm o 0,5 mm de diámetro. Aunque esto funciona bien para la mayoría de las piezas, puede empezar a tener problemas cuando intente imprimir partes extremadamente finas que son más pequeñas que el tamaño de la boquilla. Por ejemplo, si intenta imprimir una pared de 0,2 mm de espesor con una boquilla de 0,4 mm de diámetro, puede observar que esta delgada pared no aparece en la ventana de **VISTA PREVIA** de Cura.

- **Active el ajuste Imprimir paredes finas**. Este ajuste se encuentra en la pestaña **Paredes** y puede utilizarse en determinados casos en los que no se imprimen las partes pequeñas de la pieza. Sin embargo, esta opción tiene ciertas limitaciones. Los detalles más pequeños que el diámetro de la boquilla no pueden imprimirse con precisión.
- **Cambie la boquilla a un diámetro de salida de extrusión más adecuado**. Por ejemplo, si desea imprimir detalles finos de 0,2 milímetros de ancho en un medallón, es más adecuado utilizar una boquilla con un diámetro de 0,2 milímetros.

5. Problemas en el resultado final

5.1 Rebabas en la pared exterior

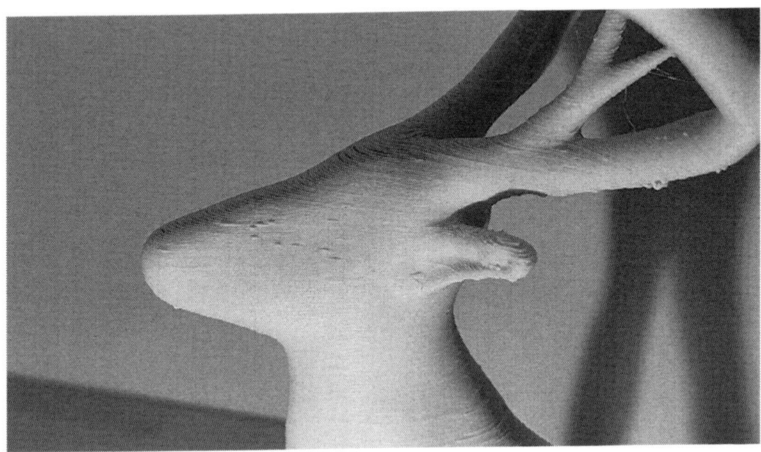

Durante la impresión en 3D, el sistema de extrusión está en constante movimiento cuando el cabezal de impresión se desplaza a diferentes partes de la plataforma. La mayoría de los sistemas de extrusión son muy buenos a la hora de producir una extrusión uniforme durante su funcionamiento. Pero, a veces, las repetidas retracciones y reinicios de la extrusión crean desplazamientos en la extrusión del filamento. Por ejemplo, si observa la cubierta exterior de sus piezas impresas, puede notar una pequeña marca en la superficie que representa el lugar donde el extrusor comenzó a imprimir esa sección de plástico. La impresora debe de haber empezado a imprimir la cubierta exterior de su modelo 3D en este punto específico, y luego eventualmente regresó a este punto cuando se imprimió toda la cubierta. Estas marcas se conocen comúnmente como rebabas o blobs en inglés. Como se puede imaginar, es difícil unir dos piezas de plástico sin dejar una marca, pero hay varias herramientas en Cura que se pueden utilizar para minimizar la aparición de estas imperfecciones en la superficie.

Si empieza a notar pequeños defectos en la superficie de su impresión, la mejor manera de diagnosticar qué los está causando es vigilar de cerca la impresión de cada perímetro de su pieza. ¿Aparece el defecto cuando la boquilla empieza a imprimir la nueva pared? ¿O solo aparece más tarde, cuando la pared está terminada y la boquilla deja de imprimir? Si el defecto aparece inmediatamente al inicio del recorrido, es posible que deba ajustar ligeramente la configuración de la retracción:

- **Aumente la distancia de retracción o reduzca la velocidad de retracción**. Si aparece demasiado plástico al reanudar la extrusión después de una retracción, la distancia de extrusión no era lo suficientemente larga o la velocidad de retracción es demasiado rápida. Ajuste estos parámetros en consecuencia y vuelva a intentarlo.
- **Ajuste el volumen adicional de plástico al inicio**. Si las pruebas anteriores no tuvieron éxito, puede ajustar el parámetro **Volumen adicional al cebar** en la pestaña **Material** de Cura. Si sigue habiendo un exceso de plástico al cebar la boquilla, puede establecer un valor negativo de entre -0,5 y -2,0 mm3. Si, por el contrario, hay escasez de plástico al reanudarse la extrusión, deberá aumentar este valor entre 0,5 y 2 mm3.

Si el fallo aparece al final del recorrido, lo que hay que modificar son los parámetros de costuras en Z. Estas uniones son complicadas de dominar. Siempre habrá una unión visible en el acabado de sus piezas. Sin embargo, las opciones de Cura le permiten ocultar esta unión en cada capa para que sea lo menos visible posible:

- **Ajuste la distancia de pasada de la pared exterior**. El parámetro **Distancia de pasada de la pared exterior** de la pestaña **Paredes** de Cura se utiliza para definir la distancia de impresión a la que el filamento comienza a retraerse antes de finalizar la capa. Por defecto, en un cabezal de impresión **E3DV6**, la distancia de pasada es de 2 milímetros. Puede aumentar o disminuir este valor para mejorar sus acabados de costuras en Z.
- **Alinee las costuras en Z con el ángulo exterior más agudo de su modelo 3D**. Esta opción está disponible en el ajuste **Alineación de costuras en Z** de la pestaña **Paredes** de Cura. De esta forma, en cada capa, la unión exterior se realizará en un hueco de la superficie exterior, en la parte menos visible.
- **Elija las costuras aleatorias**. Si su pieza no tiene ángulos lo suficientemente afilados como para ocultar las costuras en cada capa, puede optar por el posicionamiento aleatorio de las costuras en el ajuste **Alineación de costuras en Z**. De este modo, las costuras se distribuirán aleatoriamente sobre la pieza.

- **Coloque usted mismo la junta**. Si su pieza tiene una parte oculta o quiere facilitar el tratamiento posterior lijando la misma zona, puede especificar la zona donde aparecerá la unión en la pieza. De esta forma, con cada capa, las uniones se solaparán. Para ello, debe escoger la opción **Especificada por el usuario** en el ajuste **Alineación de costuras en Z** y dar la **Posición de costura** con el parámetro del mismo nombre. Para mayor precisión, se pueden mostrar los ajustes **X de la costura Z** e **Y de la costura Z**.

5.2 Arañazos en las superficies superiores

Una de las ventajas de la impresión 3D es que cada pieza se construye capa a capa. Esto significa que, para cada capa individual, la boquilla puede moverse libremente a cualquier parte de su cama de impresión, ya que la pieza siempre está en construcción debajo. Aunque esto permite tiempos de impresión muy rápidos, puede notar que la boquilla deja una marca cuando se mueve sobre una capa previamente impresa. Esto suele ser más visible en las capas sólidas superiores de su pieza. Estas marcas se producen cuando la boquilla intenta desplazarse a una nueva ubicación, pero acaba resbalando sobre el plástico previamente impreso. La sección siguiente explora varias causas posibles y proporciona recomendaciones sobre los parámetros que se pueden ajustar para evitar que esto suceda.

- **Sobreextrusión de plástico**. Una de las primeras cosas que hay que comprobar es que no se está extruyendo demasiado plástico. Si extruye demasiado plástico, cada capa tenderá a ser ligeramente más gruesa de lo esperado. Esto significa que, cuando la boquilla intente desplazarse a través de cada capa, puede deslizarse sobre una parte del plástico sobrante. Antes de examinar otros parámetros, debe asegurarse de que no está extruyendo demasiado plástico. Consulte el apartado Sobreextrusión para más detalles.

- **Active el desplazamiento en Z durante una retracción**. Si sabe que está extruyendo la cantidad correcta de plástico, pero sigue teniendo problemas con el arrastre de la boquilla por la superficie superior, puede que merezca la pena echar un vistazo al parámetro Salto en Z en la retracción en la pestaña **Desplazamiento** de Cura. Si activa esta opción, la boquilla se eleva una distancia definida en el ajuste **Altura del salto en Z** por encima de la capa previamente impresa antes de desplazarse a una nueva ubicación. Cuando llega a su ubicación final, la boquilla baja para prepararse para la impresión. Al desplazarse a una altura superior, se puede evitar que la boquilla raye la superficie superior de la impresión. Atención: esta solución aumenta considerablemente el tiempo de impresión y puede provocar errores si su impresora no es precisa en sus movimientos del eje Z.
- **Utilice un modo de desvío para evitar las piezas impresas durante el desplazamiento**. Esta es la forma más eficaz de evitar rebabas y arañazos en la parte superior de sus piezas. Se trata de un método alternativo al Salto en Z en la retracción. Para ello, ajuste el **Modo Peinada** en la pestaña **Desplazamiento** a **No en la superficie exterior**.
- **Termine sus capas superiores e inferiores eligiendo el patrón superior/inferior**. Utilice para ello el ajuste del mismo nombre en la pestaña **Superior o inferior**. Por defecto, se utiliza un patrón de Líneas, pero a veces un patrón Concéntrico o en Zigzag queda mejor. También puede **Habilitar alisado** utilizando el ajuste del mismo nombre, de nuevo en la pestaña **Superior o inferior**. El alisado suavizará las capas superiores pasando la boquilla caliente sobre la última capa sin extruir filamento.

5.3 Líneas de impresión marcadas en las paredes

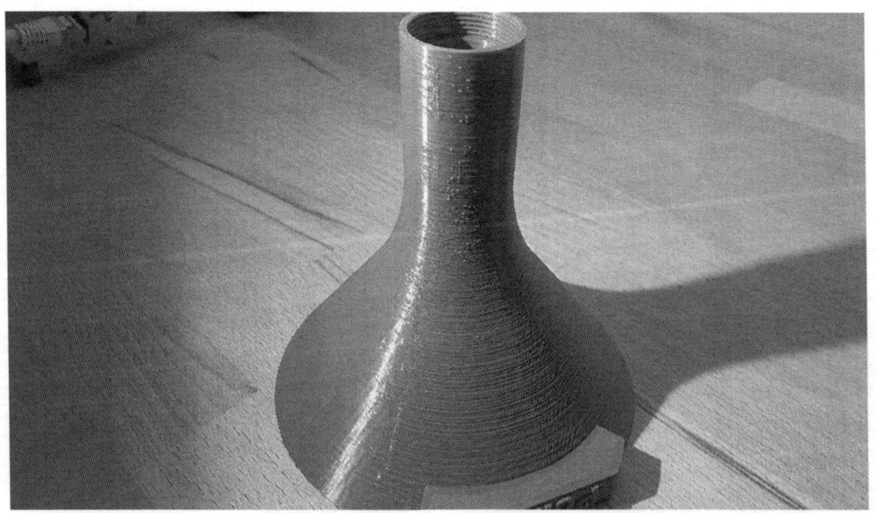

Las caras de su pieza impresa en 3D están formadas por cientos de capas individuales. Si todo funciona correctamente, estas capas parecerán una superficie lisa. Sin embargo, si algo sale mal solo en una de estas capas, el defecto es claramente visible desde el exterior. Estas capas inadecuadas pueden parecer líneas o crestas en los laterales de la pieza. A menudo, estos defectos parecen ser cíclicos, lo que significa que las líneas aparecen según un patrón repetitivo (es decir, una vez cada X capas). Esto puede explicarse de varias maneras:

- **Demasiado juego en el accionamiento del eje Z o una plataforma que vibra durante el descenso**. Esta es una de las causas más comunes de líneas de impresión marcadas. Por ejemplo, si la placa de impresión se tambalea o vibra durante la impresión, la posición de la boquilla puede variar. Esto significa que algunas capas pueden ser ligeramente más gruesas que otras. Estas capas más gruesas producirán crestas en los laterales de la impresión. Otro problema común es una varilla roscada del eje Z que no está colocada correctamente, por ejemplo, debido a problemas de holgura o a ajustes incorrectos de micropasos del controlador del motor. Incluso un pequeño cambio en la posición de la plataforma puede tener un gran impacto en la calidad de cada capa impresa.
- **Extrusión deficiente**. Una de las causas más comunes de este problema es la mala calidad del filamento. Si el filamento no tiene una buena tolerancia de fabricación en cuanto a consistencia de su diámetro, notará esta variación en los laterales de su impresión. Por ejemplo, si el diámetro de su filamento variara solo un 5 % a lo largo de la bobina, la anchura del plástico extruido por la boquilla podría variar hasta 0,05 milímetros. Esta extrusión extra creará una capa más ancha que todas las demás, que acabará pareciendo una línea en el lado de la impresión. Para crear una pared lateral perfectamente lisa, su impresora debe ser capaz de producir una extrusión consistente, lo que requiere plástico de alta calidad. Para otras posibles causas de variación, consulte el apartado Extrusión no constante a la salida de la boquilla.
- **Una variación demasiado grande de la temperatura del bloque calefactor**. La mayoría de las impresoras 3D utilizan un controlador PID para regular la temperatura del extrusor. Si este controlador PID no está ajustado correctamente, la temperatura del extrusor puede fluctuar con el tiempo. Debido a la naturaleza del funcionamiento de los controladores PID, esta fluctuación suele ser cíclica, lo que significa que la temperatura variará siguiendo un patrón sinusoidal. Cuando la temperatura sube, el plástico puede fluir de manera diferente que cuando está más frío. Esto hace que las capas de la impresión se extruyan de manera diferente, creando crestas visibles en los lados de su impresión. Una impresora correctamente configurada debería ser capaz de mantener la temperatura del extrusor a +/- 2 grados. Si esta temperatura no se mantiene, debe rehacer la calibración del PID. Para ello, consulte el capítulo Calibración electrónica de la impresora 3D, apartado Optimización del calentamiento del cabezal de impresión.

5.4 Vibraciones y oscilaciones visibles en las paredes

Este fenómeno se manifiesta como un patrón ondulado que puede aparecer en la superficie exterior de sus impresiones 3D como resultado de vibraciones y oscilaciones excesivas de la boquilla sobre la pieza. Como regla general, esto se nota en lugares donde la boquilla, mientras extruye plástico, realiza un cambio repentino de dirección. Esto suele ocurrir en piezas en las que se extruye texto en relieve en los bordes. La inercia del cabezal de impresión provocará vibraciones que serán visibles en la propia impresión. Para reducir estas vibraciones, se pueden explorar varias vías:

- **Reduzca la velocidad de impresión**. Cuando la impresora cambia de dirección bruscamente, estos movimientos rápidos crean una fuerza adicional que puede causar vibraciones persistentes. Si cree que su impresora se mueve demasiado rápido, pruebe a reducir la velocidad de impresión.
- **Ajuste la aceleración y el jerk por defecto de su impresora 3D**. Reduciendo estos valores, la inercia del cabezal de impresión al aproximarse a los cambios de dirección será menor, lo que repercutirá en una gran reducción de las vibraciones del cabezal de impresión, y por tanto de la boquilla. Para ello, consulte capítulo Calibración electrónica de la impresora 3D, apartados Establecer la aceleración por defecto y Establecer el jerk por defecto.

- **Ajuste la aceleración y el jerk de su impresora 3D en Cura**. Si quiere ajustar la aceleración y el jerk de la impresora para determinadas piezas, puedes hacerlo en Cura. De esta forma, el archivo G-code tomará el control de la aceleración y el jerk de su máquina. Un buen valor de aceleración antivibración es de unos 300 mm/s² y el valor de impresión en jerk puede reducirse a 10 mm/s. Estos ajustes se encuentran en las opciones **Aceleración de la impresión** e **Impulso de impresión** de la pestaña **Velocidad** y solo se mostrarán si los ajustes **Activar control de aceleración** y **Activar control de impulso** están activados.
- **El problema es mecánico**. Si nada más ha podido resolver los problemas de vibración, busque problemas mecánicos que puedan estar causando una vibración excesiva. Por ejemplo, puede haber un tornillo suelto o un soporte roto que permita que se produzca una vibración excesiva. Observe atentamente su impresora cuando esté funcionando e intente identificar de dónde proceden las vibraciones.
- **Añada un Smoother a los controles de los motores X e Y**. Si el fenómeno de la vibración transmitida a la impresión persiste a pesar de la optimización de los parámetros y de la comprobación mecánica anterior, puede añadir una placa electrónica, llamada «Smoother» («suavizador») , al control de sus motores X e Y. Estos circuitos electrónicos suavizarán la corriente enviada a los motores para que se muevan de forma más fluida y menos brusca. La referencia más conocida es el TL_Smoother. Advertencia: las placas Smoother pueden utilizarse en impresoras RepRap y de código abierto. En el caso de impresoras más avanzadas, consulta con el fabricante para resolver el problema.

5.5 Superficies sujetas por soportes de mala calidad

Los soportes sirven para sostener las superficies que, de otra manera, imprimirían en vacío. Estos soportes tienen una densidad inferior a la de la pieza que se imprime. Están diseñados para retirarse fácilmente y sin dejar marcas. Sin embargo, a veces puede resultar difícil retirar los soportes con determinados materiales o con determinadas formas de pieza. En estos casos, la pared exterior de la pieza queda muy marcada por los soportes. En otros casos, los soportes son demasiado fáciles de retirar, dejando una pared exterior hundida y poco lisa. En estas situaciones, es necesario realizar pruebas de soportes con diferentes materiales y optimizar los ajustes de soporte. La generación de interfaces de soporte también puede ser de gran ayuda para resolver este problema. Para más información, consulte el capítulo Gestión de los soportes de impresión.

5.6 Defectos de dimensiones

Los dos agujeros del centro deben ser círculos, no óvalos

La precisión dimensional de sus piezas impresas en 3D puede ser extremadamente importante si está creando grandes ensamblajes o piezas que deben encajar con precisión. Muchos factores comunes pueden afectar a esta precisión, como la sub o sobreextrusión, la contracción térmica, la calidad del filamento e incluso la calidad de la primera capa.

- **La importancia de la primera capa**. Los ajustes de la primera capa pueden influir en la precisión dimensional. Si su boquilla está demasiado alta o demasiado baja para la primera capa de su impresión, esto puede afectar significativamente a las siguientes 20 capas de la pieza. Por ejemplo, si está imprimiendo una capa de 0,2 mm de grosor, pero su boquilla solo está situada a 0,1 mm de la plataforma, este plástico adicional puede crear una primera capa un poco demasiado ancha. Las capas futuras también pueden verse afectadas por el plástico extra de esta capa, creando varias capas sobredimensionadas en la parte inferior de la pieza. Por lo tanto, antes de perder demasiado tiempo intentando perfeccionar la precisión dimensional de sus impresiones, debería comprobar que sus medidas no se vean afectadas por la posición de la primera capa. Para mayor precisión, puede especificar la altura de la primera capa en Cura utilizando el ajuste **Altura de capa inicial** en la pestaña **Calidad**. Para más información sobre la primera capa, consulte el capítulo La importancia de la primera capa.
- **Ajuste el flujo del filamento**. Ahora que sabe que está utilizando mediciones precisas que no se ven afectadas por la posición de la primera capa, el siguiente ajuste que puede comprobar es el flujo de impresión. Este parámetro afecta al rendimiento de toda la impresión. Por defecto, el **Flujo** (pestaña **Material**) se establece en 100 % en Cura. Esto corresponde a la velocidad de extrusión de la mayoría de los PLA. Si el flujo es demasiado bajo, puede empezar a ver espacios entre las líneas de la pared, agujeros en las superficies superiores y piezas que son más pequeñas de lo previsto. Si el flujo de impresión es demasiado alto, puede notar capas superiores que tienden a abombarse hacia arriba y piezas que son más grandes de lo esperado.
- **Error de dimensionamiento constante en los ejes X e Y**. Si este es el caso, tendrá que volver a la fase de calibración de su impresora 3D y comprobar la tensión de sus correas. Para ello, consulte el capítulo Montaje y calibración mecánica, apartado Tercer pilar: la tensión de las correas. Si sus correas están bien tensadas, puede ser necesario realizar una calibración electrónica de los pasos de los motores para corregir el dimensionado incorrecto. Para ello, consulte el capítulo Calibración electrónica de la impresora 3D, apartado Ajuste de la precisión X/Y.

- **Error de dimensionamiento relativo proporcional al tamaño de la pieza**. Este punto solo se aplica si se han resuelto los puntos anteriores con un filamento fácil de imprimir (PLA, por ejemplo). Si nota que el error dimensional tiende a aumentar a medida que imprime piezas más grandes, hay un parámetro diferente que puede ajustar. Por ejemplo, si su impresión resultó 0,1 mm demasiado pequeña para una pieza de 20 mm de ancho, pero este error se convierte en 0,5 mm demasiado pequeño para una impresión de 100 mm de ancho, es probable que el problema se deba a la contracción térmica. Esto puede ser un problema común con materiales de alta temperatura como el ABS, ya que el plástico tiende a contraerse a medida que se enfría. En este caso, para resolver el problema, es necesario determinar el porcentaje de contracción. En el ejemplo anterior, la pieza se contrae 0,1 mm en una impresión de 20 mm, por lo que el porcentaje de contracción es 0,1/20 = 0,5 %. La forma más sencilla de corregir este error es hacer clic en el modelo en la interfaz de Cura y establecer la escala de la pieza en 100,5 %. Esto significa que todas las piezas impresas con este filamento tendrán que ser impresas a esta escala para asegurar la consistencia dimensional con el modelo 3D.

Capítulo 14

Introducción a la multiextrusión

1. Tecnologías de multiextrusión

1.1 Los cabezales de impresión n-1

1.1.1 Multiplexor integrado en el refrigerador

Los cabezales de impresión n-1 son cabezales con varias entradas (n entradas) para 1 salida. Estos cabezales de impresión multimaterial tienen varias guías de filamento a nivel del refrigerador, que se cruzan internamente en una bifurcación del refrigerador.

Ejemplo de cabezal 2-1 de Bigtreetech

Este tipo de cabezal de impresión requiere conocer la longitud de retracción que hay que realizar al cambiar de material para que el primer filamento deje paso al segundo filamento. Esta longitud suele corresponder a la altura del cabezal de impresión, desde la boquilla hasta los conectores del tubo de PTFE.

El cabezal 2-1 diseñado por E3D para Dagoma

La ventaja de este tipo de multiplexor es que minimiza la distancia de retracción del filamento al cambiar de material durante la impresión (esto se ajusta en el **extruder start/end G-code**). El multiplexado tiene lugar en la zona fría del refrigerador, por lo que no hay riesgo de mezcla. Sin embargo, es preciso tener cuidado con que en ningún momento se extruya el segundo filamento mientras la impresora está imprimiendo con el primero.

El principal inconveniente de este tipo de tecnología son los restos de filamento que se desprenden de la boquilla durante la retracción. Si la retracción no es lo suficientemente rápida, parte del filamento restante se queda pegado a la boquilla y en la parte caliente del cabezal de impresión. Cuando se extruye el segundo filamento, este se lleva consigo este material sobrante, por lo que existe riesgo de atasco. Si la velocidad y la distancia de retracción no se controlan en los scripts de **extruder start/end G-code**, el riesgo de fallo puede ser alto.

1.1.2 Montaje de un multiplexor en un solo cabezal

También es posible montar un multiplexor PTFE en un solo cabezal de impresión. Los complementos del multiplexor PTFE 2-1 pueden descargarse de Thingiverse o se pueden comprar a la empresa Trianglelab en el mercado chino.

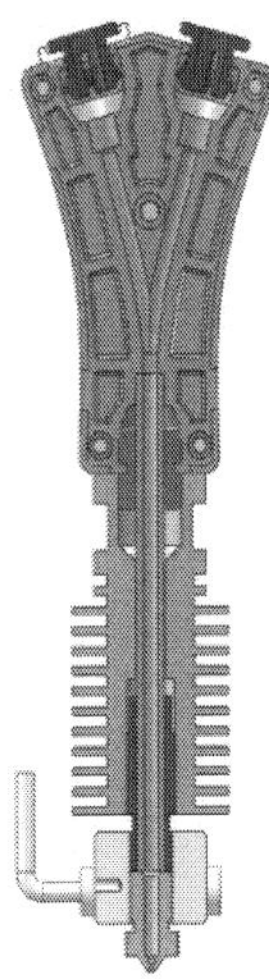

Montaje de una modificación de cabezal para una extrusión de dos entradas a una boquilla

El mismo tipo de modificaciones se pueden encontrar en el cabezal de impresión Creality CR-X, con una «T» de aluminio colocada sobre un cabezal simple.

Despiece del cabezal de impresión Creality CR-X con la «T» en la entrada

En Prusa Research se ha explorado la idea de un multiplexor 4-1 con el kit Upgrade Multi-Material para la Prusa i3 MK2. Se trata de un bloque que puede conectar 4 tubos de PTFE.

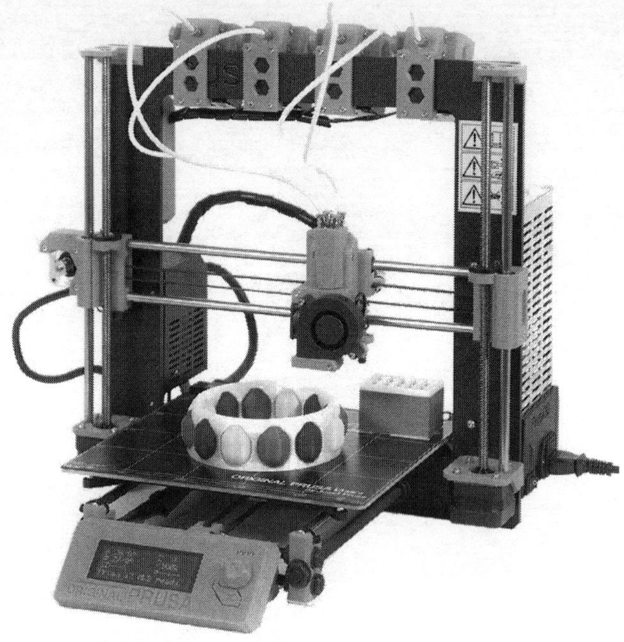

Multiplexor 4-1 de Prusa Research (Foto: Prusa Research)

Este tipo de multiplexor fue descartado por Prusa debido a un gran número de respuestas negativas y al deficiente control de la refrigeración del filamento durante la retracción. Tras este abandono, Prusa Research lanzó el kit MMU.

1.1.3 Multiplexación mediante el sistema Prusa MMU

El sistema MMU, de *Multi-Material Upgrade*, es un sistema de acoplamiento que permite dirigir el filamento de elección al cabezal de impresión. Este sistema de multiplexación se encuentra a mitad de camino del sistema Bowden y puede redirigir hasta 5 filamentos. La ventaja es que el filamento cargado en el cabezal de impresión se corta limpiamente mediante la acción automática de una cuchilla de corte. Además, con este sistema no hay riesgo de que los filamentos se crucen. La selección del filamento se realiza mediante el desplazamiento automático de un selector sobre un tornillo sin fin acoplado a un motor paso a paso. Además, el sistema MMU mantiene el cabezal de impresión en formato Direct Drive, lo que garantiza la impresión 3D con cualquier tipo de material, incluso filamentos flexibles.

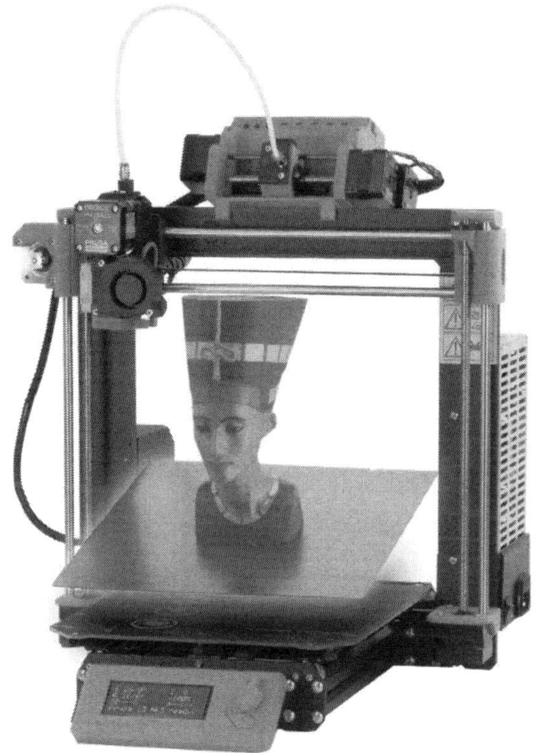

Prusa Research MMU2S montado en Prusa i3 MK3 original (Foto: Prusa Research)

1.1.4 Multiplexación mediante Palette

Una última solución de multiplexación n-1 implica el uso de Palette, desarrollado por Mosaic. Palette es un accesorio que se instala junto a la impresora. Este accesorio adopta la forma de una caja que puede alojar hasta cuatro filamentos de entrada. El objetivo de Palette es producir un único filamento de salida. Palette cortará y fusionará los filamentos según los requisitos de color de la impresora. De este modo, un filamento multicolor sale de la caja y se envía a la impresora. El color se deposita exactamente donde la impresión lo necesita.

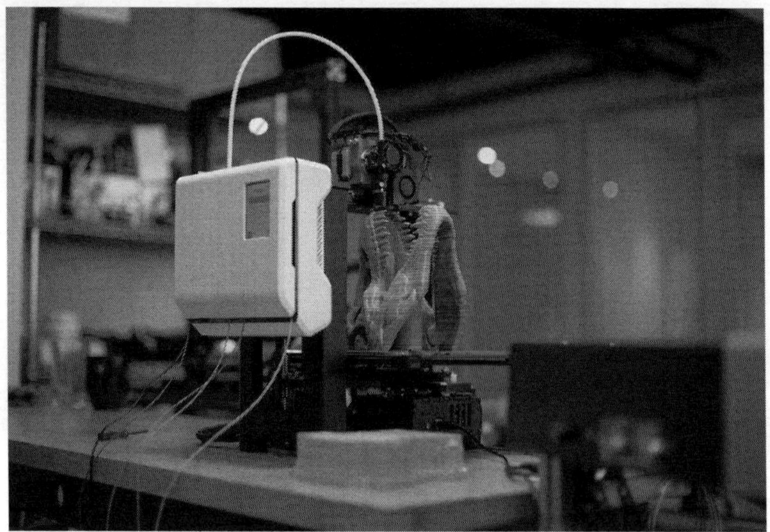

Palette 2 colocado en el lateral de una impresora 3D (Foto: Mosaico)

La ventaja de Palette es que es compatible con la gran mayoría de impresoras 3D. Palette es útil para la impresión 3D multicolor y no requiere purgas para producir impresiones 3D sin rebabas. La desventaja de Palette reside en la incompatibilidad de la fusión entre ciertos materiales para crear un único filamento de salida. La impresión de filamentos ABS sigue siendo imposible y la fusión de filamentos flexibles sigue siendo compleja.

1.2 Los cabezales mezcladores n-1

Los cabezales mezcladores son cabezales de impresión bastante raros en el mercado de la impresión 3D, ya que su uso resulta muy complejo. Las configuraciones más comunes son Cyclops (2 a 1) y Diamond (3 a 1).

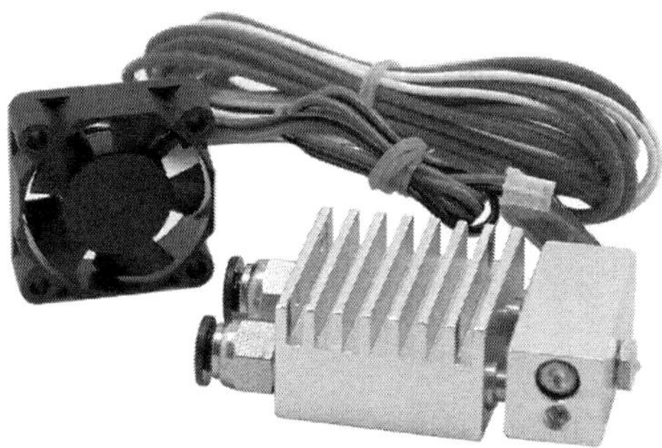

Cabezal de impresión Cyclops

Cabezal de impresión Diamond

Estos cabezales permiten, para un cabezal Cyclops, imprimir en 3D según las siguientes configuraciones:

- Material del sistema de extrusión 1 solamente.
- Material del sistema de extrusión 2 solamente .
- Mezcla de materiales de los sistemas de extrusión 1 y 2. Esta mezcla no es necesariamente homogénea. Es posible extruir un 30 % del filamento 1 mezclado con un 70 % del filamento 2, por ejemplo.

Lo mismo ocurre con un sistema Diamond, con el reparto de las proporciones de mezcla en 3 filamentos.

Para poder imprimir con este tipo de sistema, todos los filamentos deben estar cargados en el cabezal de impresión. Todas las entradas deben estar ocupadas, para evitar que se introduzca otro filamento en una entrada vacía. Además, todos los filamentos utilizados deben tener la misma densidad. De no ser así, se producirán atascos rápidamente. El valor de retracción de los filamentos durante la impresión debe ser bajo (del orden de menos de un milímetro), lo que puede provocar el fenómeno de hilos de encordado en la impresión.

El mantenimiento de los cabezales de impresión Cyclops y Diamond es complejo, al igual que el procedimiento de preparación de las piezas. Solo la limpieza del filamento puede desatascar eficazmente el bloque calefactor y la boquilla. La sustitución de la boquilla también es compleja. La tecnología no está muy extendida, y solo se dispone de boquillas de latón en los cabezales mezcladores.

Esta tecnología de cabezal mezclador no es utilizada actualmente por Ultimaker. Por eso es difícil segmentar piezas con Cura con la posibilidad de realizar mezclas. Estas mezclas pueden definirse previamente en la electrónica de la impresora con algunas placas de 32 bits (la placa Duet3D admite cabezales mezcladores). Algunos slicers más avanzados, como Simplify3D, permiten gestionar perfectamente los cabezales de mezcla en cualquier configuración.

1.3 Los cabezales de impresión n-n

Los cabezales n-n corresponden a cabezales con el mismo número de entradas que de salidas. La ventaja es que cada bloque calefactor puede controlarse de forma independiente. Este tipo de montaje también permite una mayor flexibilidad para la impresión multimaterial.

1.3.1 Montaje de varios cabezales de impresión

Se puede realizar un montaje de multiextrusión n-n utilizando varios cabezales de impresión de extrusión simple montados en un único carro de impresión. Durante el montaje, es importante alinear los cabezales de impresión para que las boquillas estén todas a la misma altura.

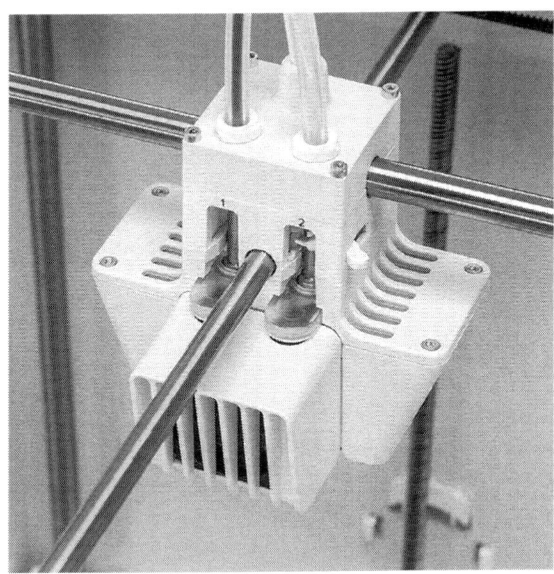

Cabezal de impresión de la impresora Ultimaker S5 con sus 2 cartuchos separados
(Foto: Ultimaker)

Ultimaker utiliza este sistema con cabezales de impresión en forma de cartuchos intercambiables que se pueden colocar en 2 compartimentos del carro de impresión en las impresoras Ultimaker S5.

1.3.2 Ensamblaje de quimeras

Entre los cabezales de impresión multimaterial más utilizados se encuentran los denominados «Chimera» o quimeras. Constan de un bloque de refrigeración con dos entradas y dos salidas (las versiones Kraken también disponen de 4-4). En cada salida se puede conectar un conjunto de bloque calefactor, termistor, resistencia calefactora y boquilla. La ventaja de tener todo montado en un único bloque de refrigeración es que se ahorra espacio en el carro de impresión. Cada bloque calefactor se controla de forma independiente. Compartir el mismo bloque de refrigeración facilita la alineación de las boquillas.

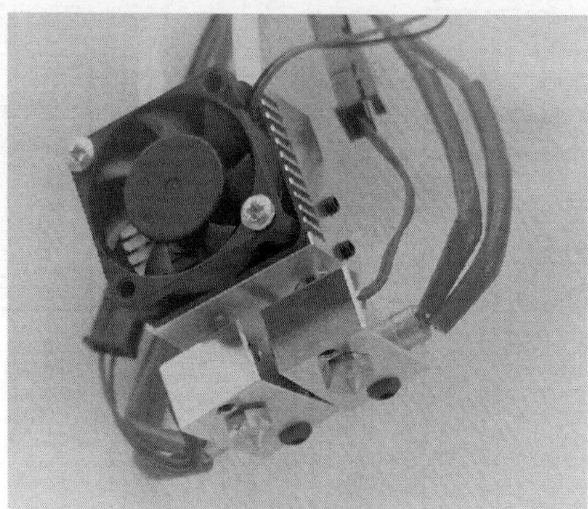

Cabezal de impresión E3D Chimera

1.4 La multiherramienta

Esta última categoría de las tecnologías de multiextrusión aborda el futuro de la impresión 3D y la fabricación automatizada de objetos: se trata de la multiherramienta. Aquí, el carro de impresión seleccionará una herramienta que esté en posición de espera en la parte trasera de la impresora. Esta herramienta puede ser un cabezal de impresión, una fresadora o un grabador láser. Una vez finalizadas las operaciones de fabricación, el carro volverá a depositar la herramienta antes de pasar a la siguiente.

E3D Tool Changer (E3D-Online)

2. Ajustes relativos a la multiextrusión

2.1 Temperaturas de espera y de calentamiento

En una impresión 3D con monofilamento, el ajuste de la temperatura de espera no tiene importancia. Sin embargo, en el caso de una impresión multiextrusión con varios bloques calefactores, la temperatura de espera permite enfriar ligeramente los bloques de extrusión no utilizados para evitar que se enfríen por completo. Esto permite ahorrar tiempo de impresión al evitar que las boquillas se enfríen para luego recalentarse completamente en espera.

2.2 Torre auxiliar

La torre auxiliar, también conocida como torre de purga, de limpieza o prime tower, se utiliza para purgar el filamento restante en la boquilla en el caso de una impresión 3D con una sola boquilla y un sistema de multiplexación aguas arriba. Esta torre permite cebar el nuevo filamento sin que el cambio de filamento afecte al resultado de la impresión.

Una torre auxiliar de 20 x 20 mm

En el slicer, es posible cambiar el tamaño de la torre auxiliar, así como su posición en la bandeja. La desventaja de este tipo de torre es su consumo de filamento.

Con algunos programas de corte (Prusa Slicer, Simplify3D), es posible imprimir una pieza en lugar de la torre auxiliar o utilizar el relleno de la pieza como purga. En este último caso, la densidad de relleno varía en función de la cantidad de filamento que hay que purgar.

Para activar la torre auxiliar en Cura, marque la casilla **Activar la torre auxiliar** en la pestaña **Extrusión doble**.

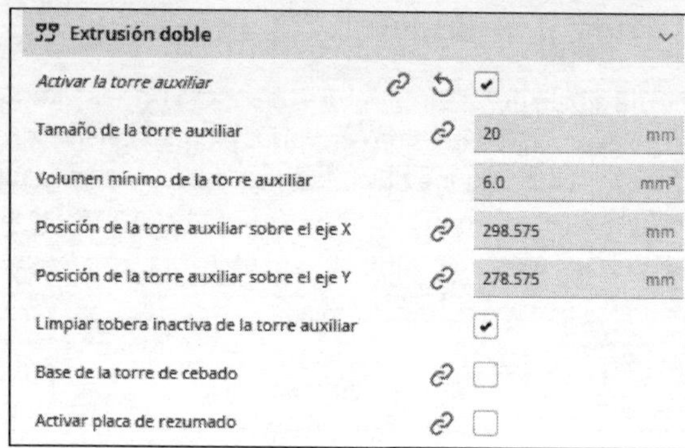

Una vez activado el ajuste, si el resto de los ajustes son visibles, es posible configurar la torre auxiliar

2.3 Limpieza de boquillas con placa de rezumado

Cuando se realiza una extrusión múltiple con varias boquillas, es aconsejable utilizar la placa de rezumado para evitar rebabas de plástico en la impresión. Al trabajar con más de una boquilla, las salidas de extrusión aún calientes seguirán fluyendo por gravedad. Esto puede provocar que los residuos de plástico goteen sobre la pieza que se está imprimiendo.

Para contrarrestarlo, un sistema de placa limpia la boquilla haciendo un círculo alrededor de la impresión. De esta manera, la retracción del filamento en espera se realiza imprimiendo un círculo que limpia la boquilla en 360 grados, y ya no hay residuos que puedan afectar el resultado de la impresión.

La placa de rezumado rodea la parte impresa

La anchura de la placa de rezumado corresponde generalmente al grosor de la pared (este ajuste puede modificarse). La altura de la placa corresponde al número de capas de la pieza que se está imprimiendo. En comparación con el volumen de la pieza impresa, la placa de rezumado consume pocos filamentos. No es necesario imprimir una placa de rezumado en el caso de una doble extrusión con un filamento soluble en la segunda extrusión.

Para activarla en Cura, marque la casilla **Activar placa de rezumado** en la pestaña **Extrusión doble**.

3. Preparación de una pieza para doble extrusión

Para imprimir en doble extrusión, se puede optar por imprimir ciertos tipos de línea con un filamento y otros tipos de línea con un segundo filamento. También es posible imprimir un modelo con un filamento y un segundo modelo con el segundo filamento. Este es el principio en el que se basan los modelos de dos colores. Por supuesto, necesitará un perfil de impresora que tenga dos sistemas de extrusión.

3.1 Modelos bicolor

Los modelos bicolor se diseñan en dos partes, en dos archivos 3D distintos. El primer archivo contendrá los volúmenes que se imprimirán con el primer filamento, y el segundo, los que se imprimirán con el segundo filamento. A veces, algunos modelos se dividen en más de dos partes. En este caso, depende de usted elegir la disposición de los materiales impresos.

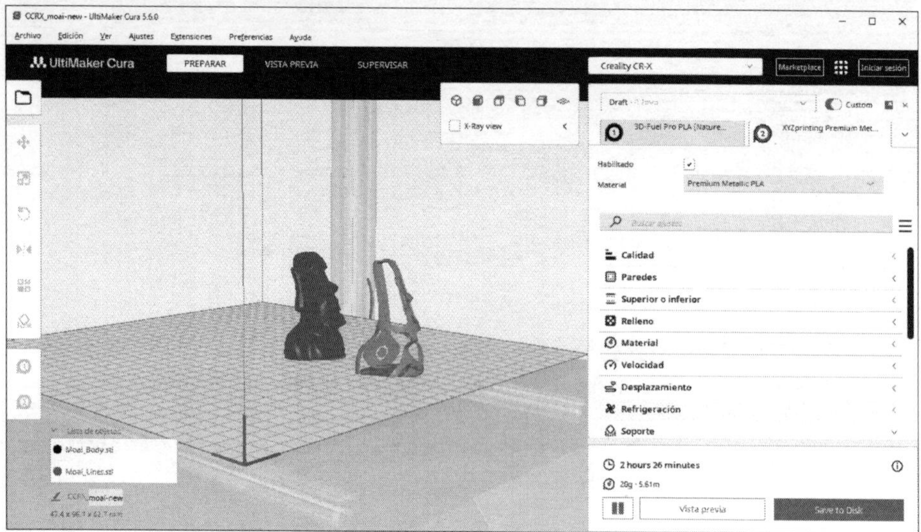

Aquí, el modelo se divide en dos partes: Moai_Body.STL y Moai_Lines.STL

En Cura, es fácil seleccionar el sistema de extrusión para utilizar en su modelo 3D:

- Seleccione el modelo.
- Seleccione el sistema de extrusión que se utilizará para imprimir este modelo usando el selector de sistema de extrusión situado a la izquierda de la pantalla.

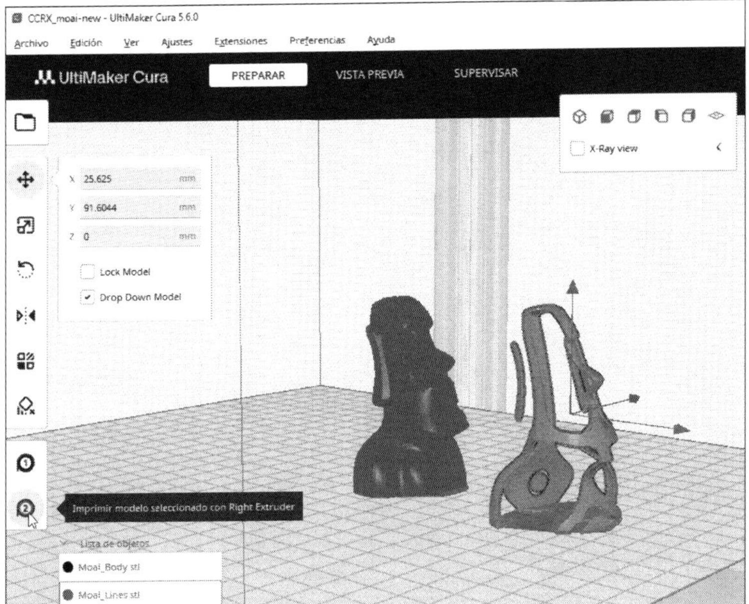

Aquí se selecciona el sistema de extrusión que se desea utilizar

⇉ A veces hay que realinear el modelo para ajustarlo a los volúmenes. De este modo, se recrea la pieza final.

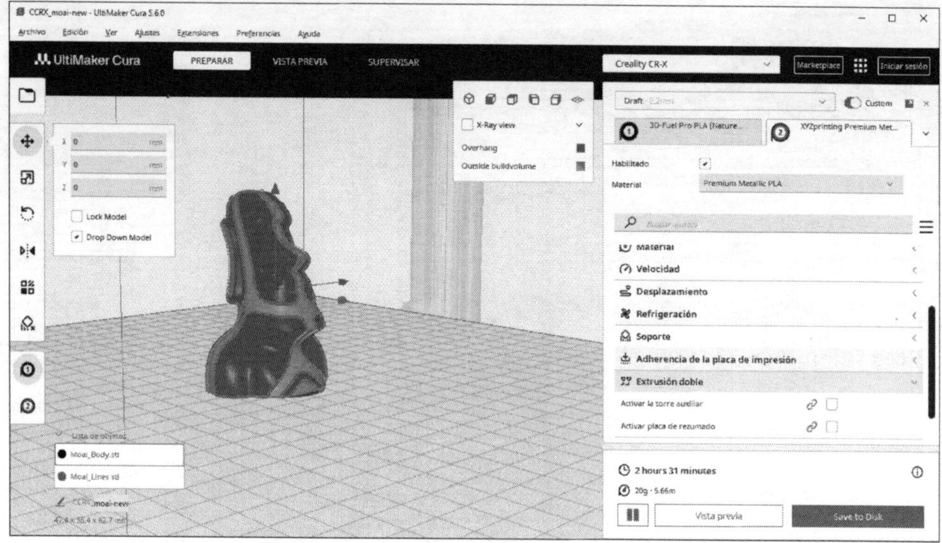

Los dos modelos se alinearon en las posiciones X=0, Y=0 y Z=0.

Pieza impresa con un cabezal de mezcla E3D Cyclops+. La pieza está acompañada de su plaza de rezumado (izquierda) y su torre auxiliar (al fondo).

3.2 Extrusión según el tipo de línea de impresión

La mayoría de las aplicaciones que utilizan esta característica lo hacen por motivos económicos. Por ejemplo, si desea un acabado excelente en las paredes de la habitación, elegirá un filamento de gama alta. Sería una pena utilizar dicho filamento para el relleno, que no es visible. En este caso, es útil montar una bobina de filamento de bajo coste en el segundo sistema de extrusión para poder utilizar este filamento de gama baja solo para el relleno. Esta flexibilidad en la elección de materiales también le permitirá rematar los restos de las bobinas para regular de la mejor forma posible su almacenamiento. Si su impresión requiere soportes, puede hacer lo mismo utilizando el filamento de gama baja en sus soportes.

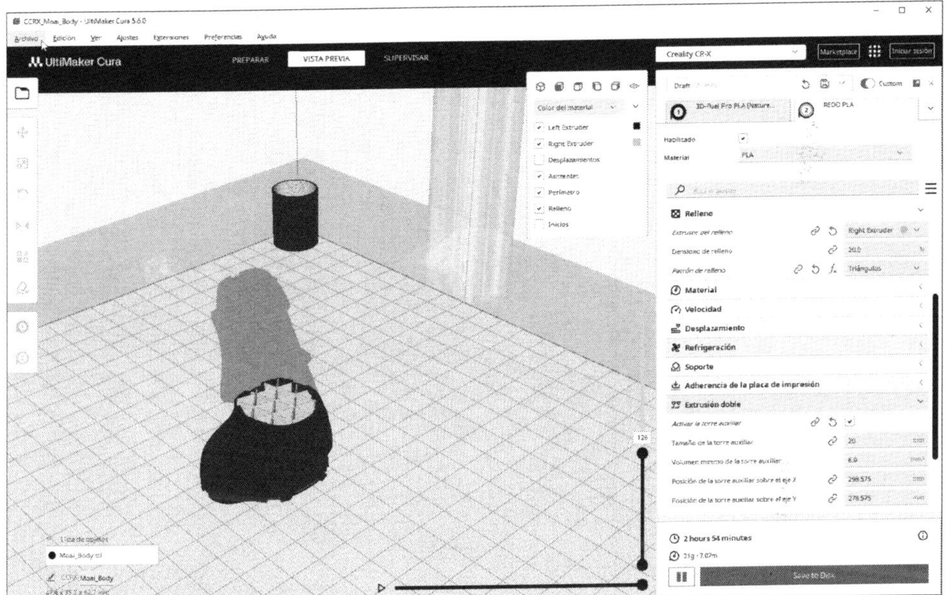

Preparación de una impresión con doble filamento en un único modelo

Cura ofrece la posibilidad de elegir el sistema de extrusión para numerosos tipos de línea: relleno, pared interior, pared exterior, capas superiores, capas inferiores, soportes e interfaces de soporte. Para ello, basta con forzar la impresión con el segundo sistema de extrusión sobrescribiendo la configuración del extrusor para cada tipo de línea.

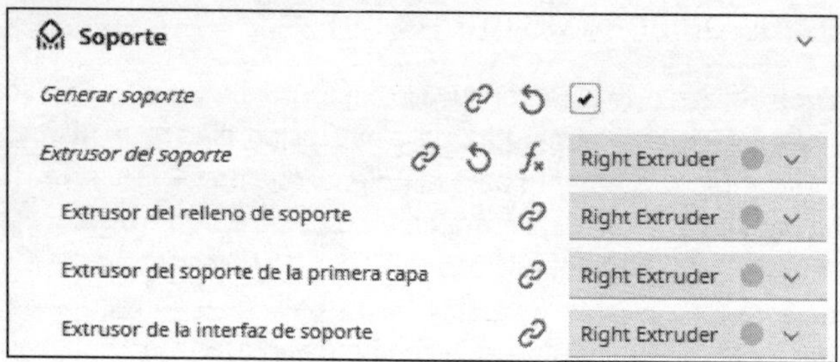

Los ajustes del extrusor para los soportes se sobrescriben con el sistema de extrusión derecho

4. Preparación de una pieza con un soporte soluble

Cuando prepare una pieza con soportes solubles (PVA o HIPS), puede forzar la impresión de los soportes con el segundo sistema de extrusión, donde se cargará el filamento soluble.

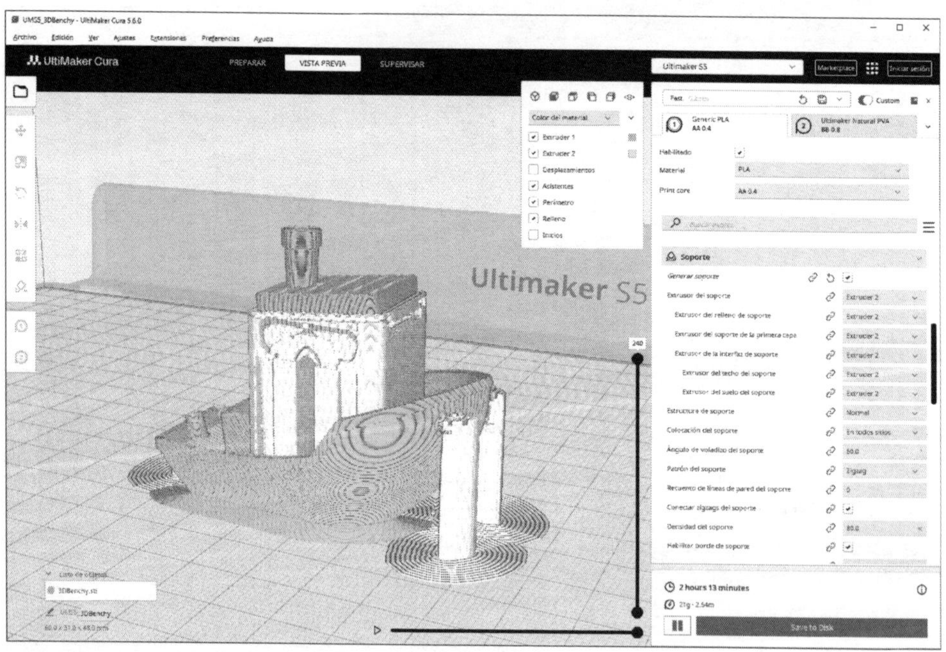

Todos los soportes se imprimen con filamento soluble

Esta opción es muy adecuada para piezas pequeñas que no consuman mucho filamento. En modelos muy detallados que requieran un gran número de soportes, los filamentos solubles pueden resultar muy eficaces con la generación de soportes en árbol (consulte Gestión de soportes de impresión, sección Soporte en árbol).

Sin embargo, en piezas más grandes que requieran mucho material para los soportes, el coste atribuible al material soluble de impresión puede incrementarse muy rápidamente. Esto se debe a que los filamentos solubles son mucho más caros que los filamentos rígidos. Para ahorrar material en este tipo de filamento, es aconsejable utilizar el material que se va a desechar solo en las interfaces de los soportes. De este modo, todos los soportes se imprimirán en plástico rígido y solo las interfaces entre los soportes y la pieza se imprimirán con filamento soluble.

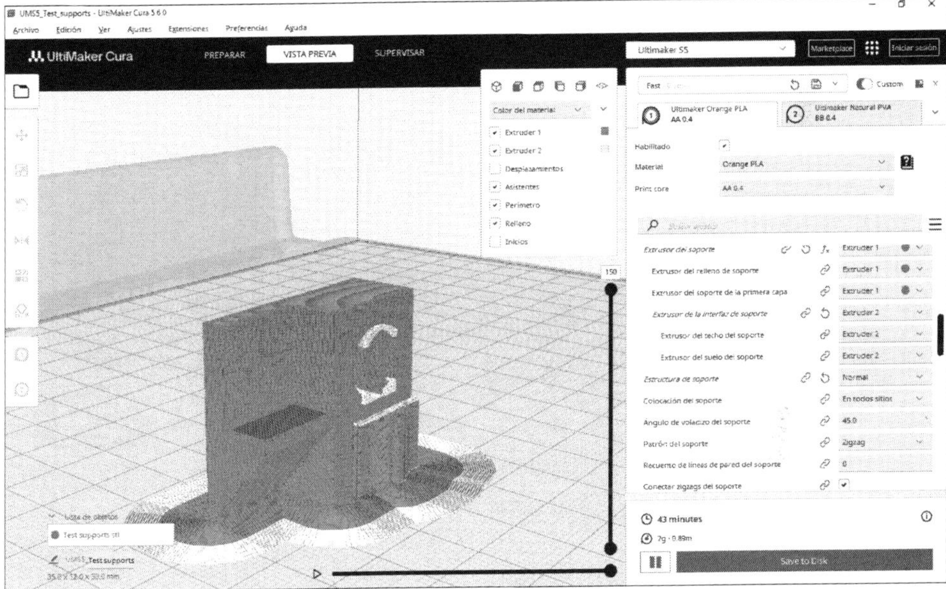

Preparación de una impresión con interfaces de soportes solubles

⇉ Todo lo que tiene que hacer es forzar el extrusor de la interfaz del soporte en el segundo sistema de extrusión y activar las interfaces de soporte.

Ahora ya sabe cómo imprimir una pieza con filamentos «de sacrificio», ahorrando en la cantidad de material de filamento que se va a destruir.

Capítulo 15

Controlar su impresora 3D a distancia con OctoPi

1. Introducción

El objetivo de este capítulo es permitirle iniciar, controlar y supervisar su impresora 3D de forma remota tanto desde su red local como fuera de ella.

Dispone de varias soluciones para ello. Algunas impresoras 3D están equipadas con una tarjeta de red Ethernet o Wi-Fi que permite conectarlas directamente a una red local. Este es el caso, sobre todo, de la mayor parte de las impresoras 3D con una placa base de 32 bits.

La gran mayoría de las impresoras 3D disponibles para el gran público no disponen de interfaz de red, de modo que hay que crear una. La solución más sencilla consiste en conectar la impresora 3D por USB a un ordenador de la red. El ordenador actúa entonces como servidor de impresión 3D.

Basándose en este principio, se han desarrollado soluciones adecuadas para el famoso microordenador Raspberry Pi. Este tiene la ventaja de ser pequeño, estar conectado a la red, consumir poca energía y disponer de puertos USB para controlar una impresora 3D. Además, el Raspberry Pi puede equiparse con una cámara web para ver la pieza que se está imprimiendo.

Como resultado, han surgido distribuciones de Linux dedicadas a Raspberry Pi y a la impresión 3D, como AstroPrint, SimplyPi y OctoPi. Estas soluciones permiten conectar cualquier impresora 3D a una red local o a Internet.

Observación

AstroPrint es una solución todo en uno que contiene un servidor de impresión, un slicer y un gestor de perfiles de impresión. AstroPrint funciona en la nube a través de una cuenta de usuario. La versión gratuita de esta cuenta está sujeta muy rápidamente a limitaciones (espacio disponible, número de usuarios, número de impresoras, etc.). Tendrá que actualizar a una cuenta de pago para aprovechar al máximo las capacidades de AstroPrint. Además, estará sujeto a la política de AstroPrint, recientemente adquirida por BCN3D.

A lo largo de este capítulo, aprenderá acerca de la distribución OctoPi, que es una solución de código abierto con una comunidad muy activa. OctoPi utiliza el servidor de impresión OctoPrint, que puede alojar numerosos plug-ins para mejorar la experiencia del usuario. Todo se actualiza constantemente para garantizar que funciona de forma correcta con cualquier impresora 3D.

2. Hardware

Para crear un servidor OctoPi, necesitará los siguientes elementos:

- Una Raspberry Pi 3B, 3B+, 4B o Zero 2. Se recomiendan las versiones 3B+ y 4B para aprovechar al máximo ciertos plug-ins y las funciones de la cámara web. En cuanto a la memoria RAM, se requiere un mínimo de 1 GB, pero cuanta más, mejor. Puede encontrar distribuidores cerca de usted en el sitio web oficial www.raspberrypi.com
- Una fuente de alimentación para la Raspberry Pi. Suelen estar disponibles en los distribuidores oficiales de Raspberry Pi. Para los modelos 3B+ y 4B, se recomienda una fuente de alimentación capaz de suministrar 2,5 A.
- Una tarjeta microSD Clase 10 UHS-I con una capacidad mínima de 16 GB. Si no tiene una, necesitará un lector de tarjetas SD para su ordenador.
- Todo lo necesario para conectarse a su red local: Wi-Fi a través de su box de Internet o cable Ethernet.
- Un cable USB para conectar su Raspberry Pi y su impresora 3D.
- ¡Una impresora 3D!

3. Instalación de OctoPi

Instalar y preconfigurar **OctoPi** no podría ser más fácil! Solo tiene que utilizar el software **Raspberry Pi Imager** creado por la Raspberry Pi Foundation.

⇉ Para ello, visite https://www.raspberrypi.com/software/

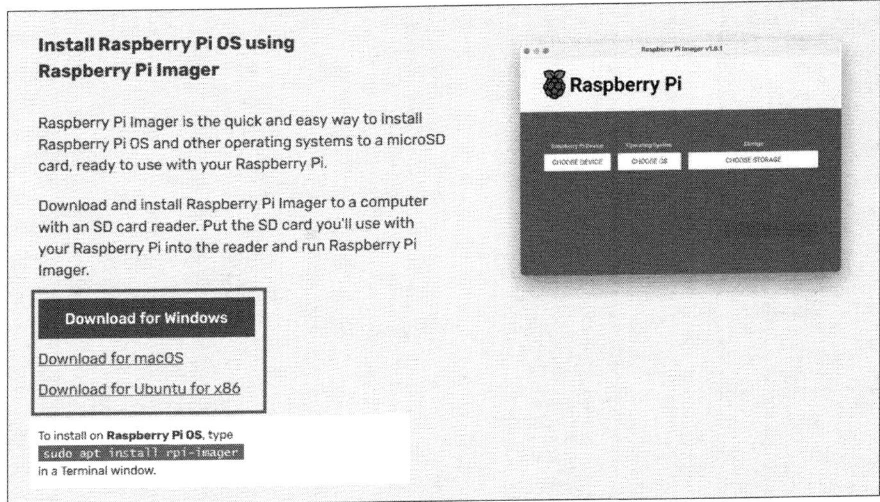

⇉ Descargue **Raspberry Pi Imager** para el sistema operativo de su ordenador.

⇉ Instale **Raspberry Pi Imager** en su ordenador.

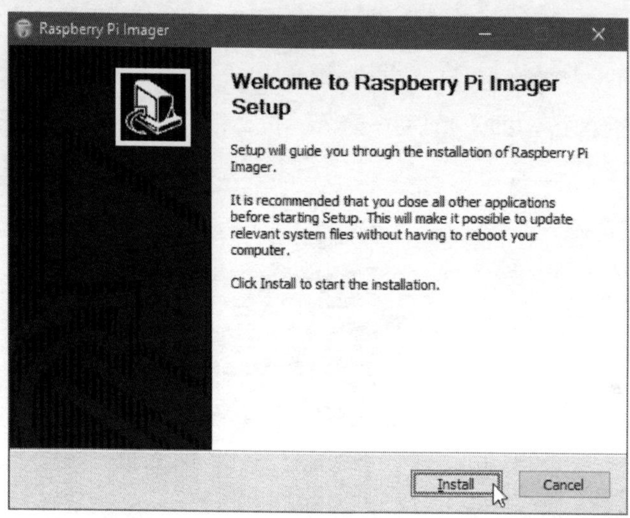

Ventana de instalación en Windows

⇉ Inicie **Raspberry Pi Imager**.

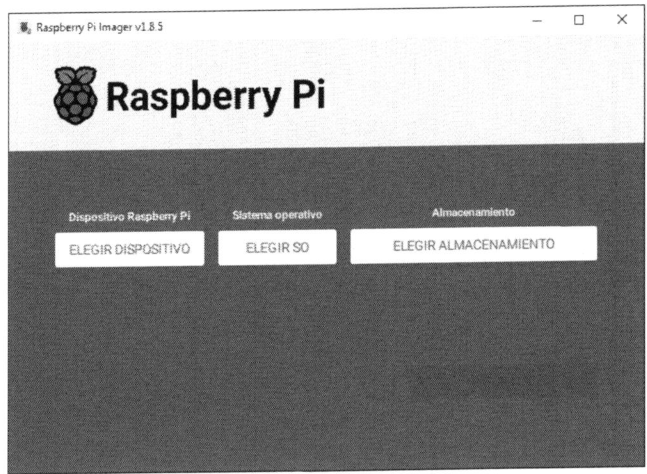

⇉ Inserte la tarjeta SD en el ordenador.

⇉ En Raspberry Pi Imager, haga clic en **ELEGIR** SO y luego en **Erase**.

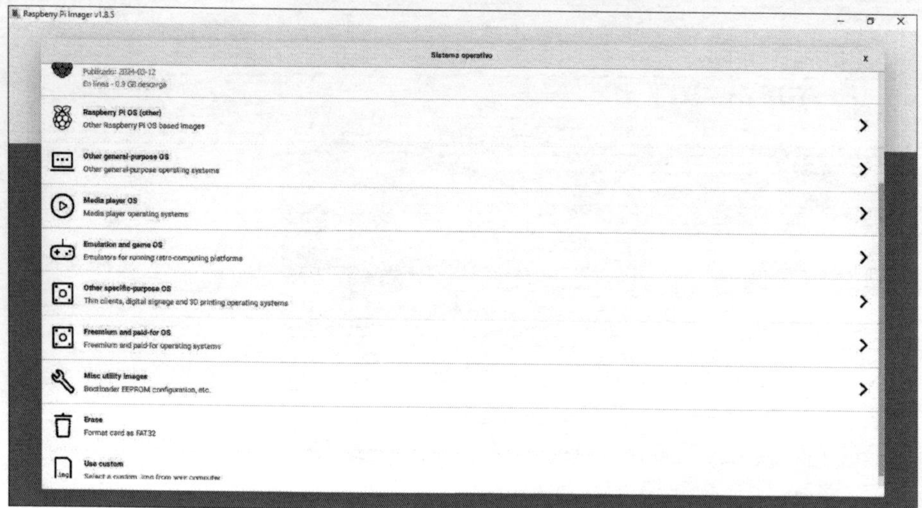

⇉ A continuación, haga clic en **ELEGIR ALMACENAMIENTO** y luego en la tarjeta SD recién insertada.

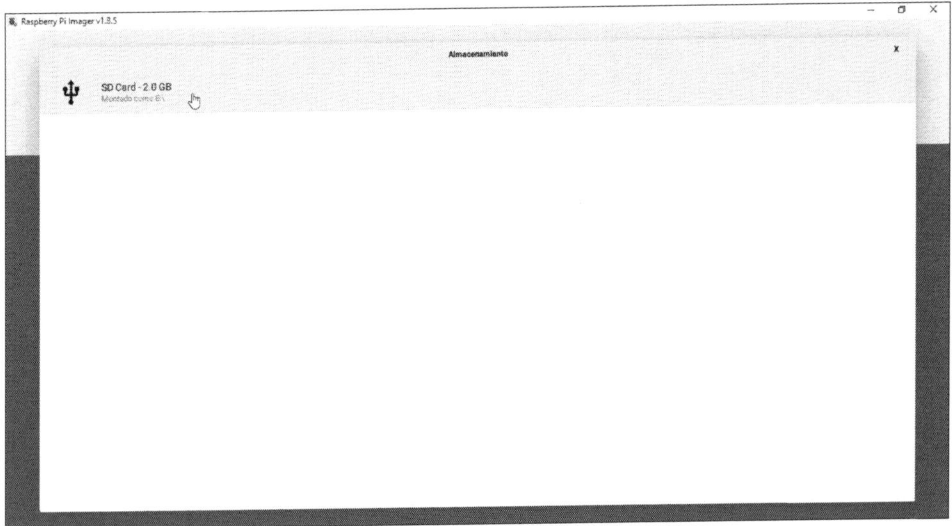

⇉ A continuación, haga clic en **SIGUIENTE**. Aparecerá un mensaje advirtiéndole de que se borrarán todos los datos de la tarjeta SD. Confírmelo haciendo clic en **SÍ**.

⇉ Una vez formateada la tarjeta, haga clic en el recuadro blanco situado bajo **Sistema operativo** y, a continuación, en **Other specific-purpose OS**.

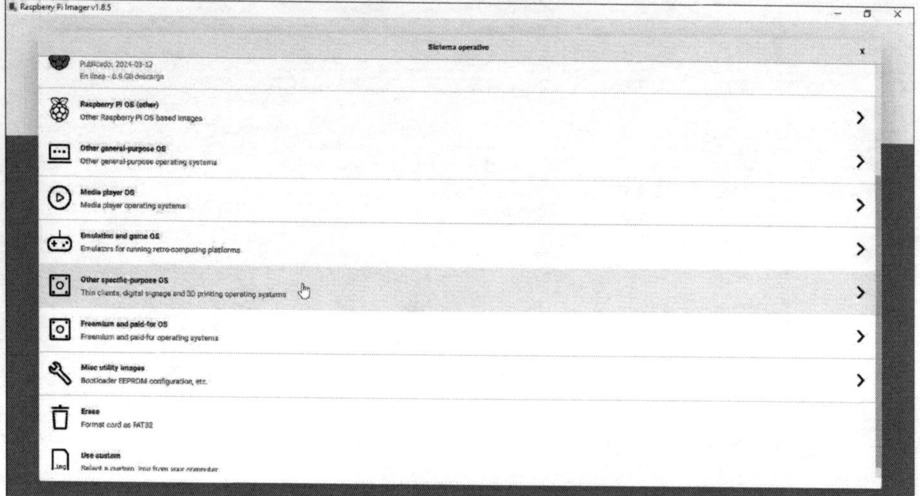

⇉ A continuación, haga clic en **3D Printing**.

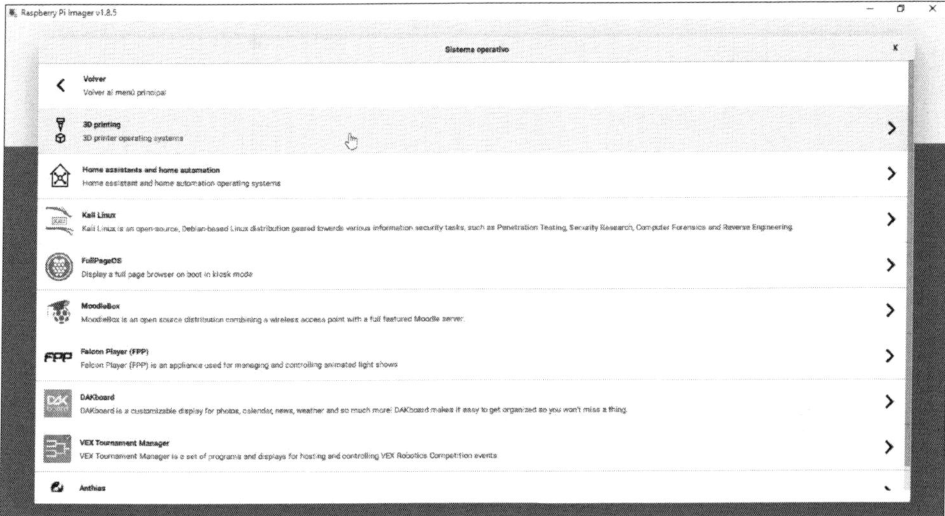

⇉ Seleccione **OctoPi** y luego la última versión estable de este.

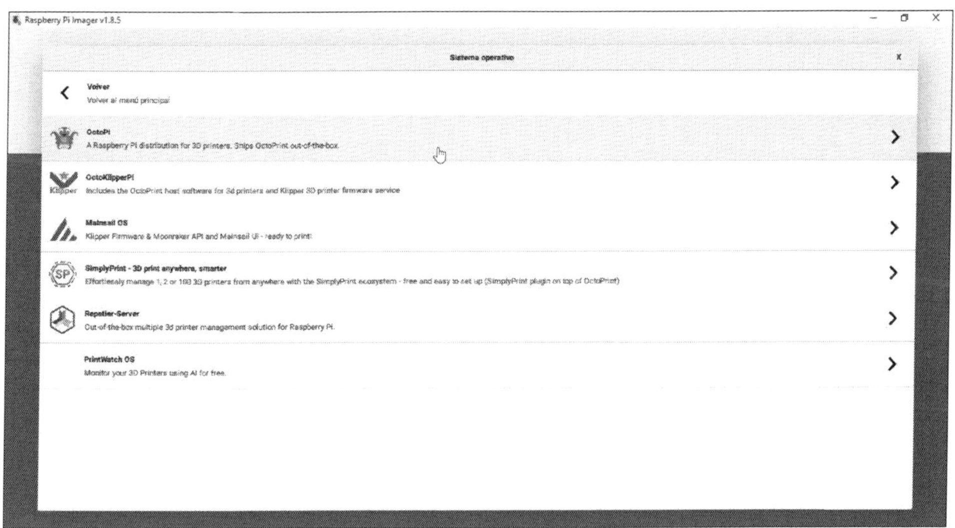

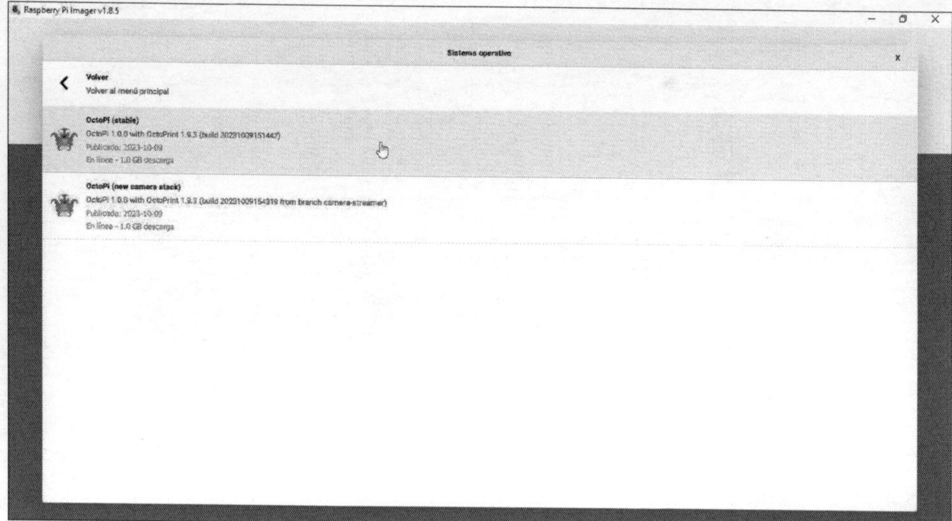

⇉ Una vez que haya seleccionado la versión estable de OctoPi, haga clic en **SIGUIENTE**. En la ventana emergente que se abre, elija **EDITAR AJUSTES**.

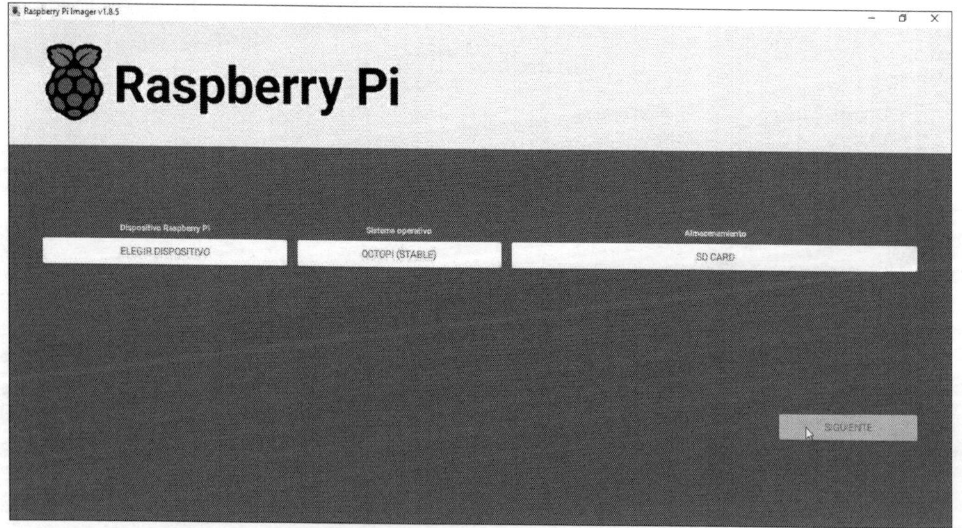

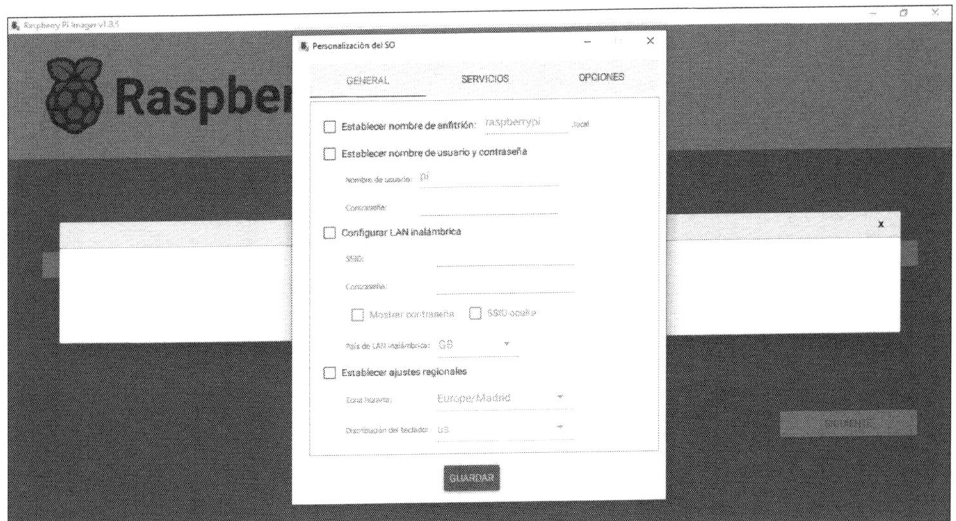

Se abrirá una nueva ventana con las opciones de su distribución OctoPi.

⇉ Rellene las opciones como se indica a continuación:

- **Establecer nombre de anfitrión**: el nombre de su servidor de impresión. Ejemplo: *octopi.local*.
- **Establecer nombre de usuario y contraseña**:
  - **Nombre de usuario**: pi (no cambie este parámetro, deje **pi**).
  - **Contraseña**: la contraseña que desee.
- **Configurar LAN inalámbrica**: activar para conectarse a la red Wi-Fi.
  - **SSID**: el nombre de su red Wi-Fi.
  - **Contraseña**: la contraseña de su red Wi-Fi.
- **Establecer ajustes regionales**:
  - **Zona horaria**: su zona horaria.
  - **Distribución del teclado**: su tipo de teclado (fr para Azerty, us para Qwerty, etc.).

⇒ A continuación, haga clic en **GUARDAR**.

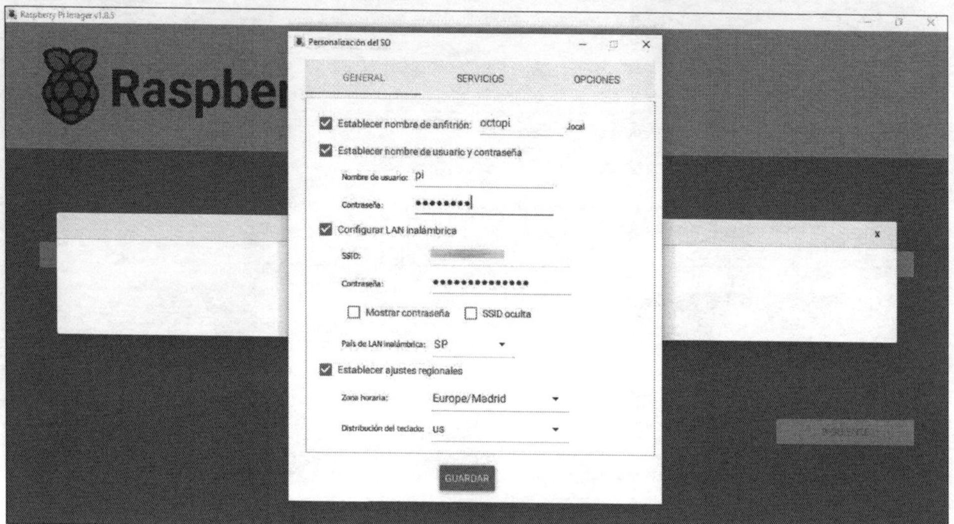

⇒ Una vez configurados los parámetros de distribución, solo tiene que asegurarse de que está seleccionada su tarjeta SD en **ELEGIR ALMACENAMIENTO** y, a continuación, hacer clic en **SIGUIENTE**. Aparecerá una nueva advertencia: haga clic en **SÍ**.

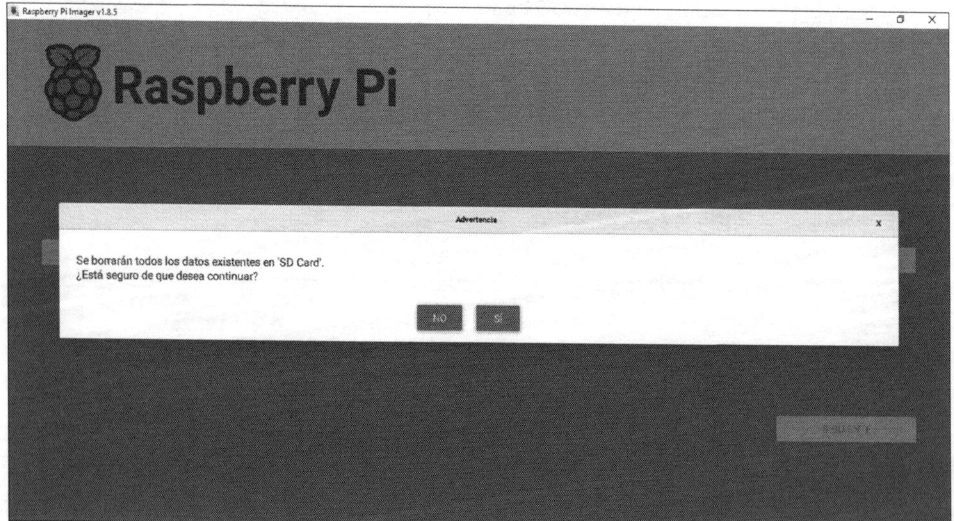

Raspberry Pi Imager descarga la distribución OctoPi, configura la distribución con sus ajustes de red y escribe todo en la tarjeta SD.

⇛ Una vez que esta operación se haya completado con éxito, puede retirar su tarjeta micro-SD del lector y colocarla en su Raspberry Pi.

4. Instalación de hardware

Instalar la Raspberry Pi en una impresora 3D no podría ser más sencillo. Este capítulo utiliza una Raspberry Pi 3B+ en una impresora 3D Dagoma DiscoEasy 200. La tarjeta microSD con OctoPi se inserta en su respectivo puerto en la Raspberry Pi.

⇛ En primer lugar, puede empezar por imprimir una carcasa para su Raspberry Pi. Es muy útil para protegerlo del entorno, el polvo y los falsos contactos.

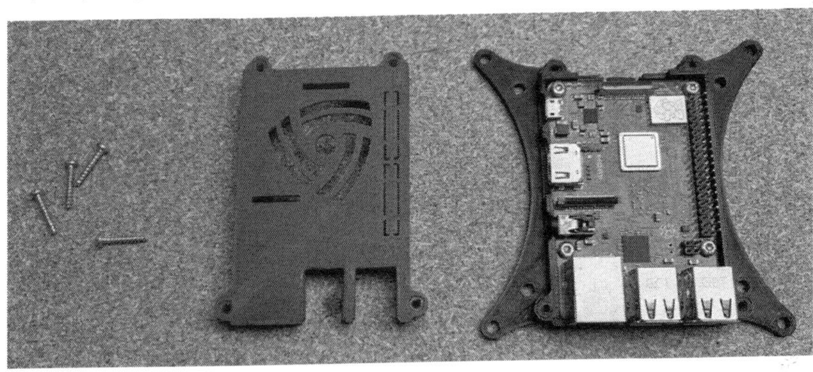

Por ejemplo, aquí puede ver una carcasa encontrada en Thingiverse para la Raspberry Pi 3B+ con soportes VESA para poder instalarla en cualquier sitio, incluso detrás de las pantallas.

⇛ A continuación, necesitará un cable USB para conectar su impresora 3D a uno de los puertos de su Raspberry Pi.

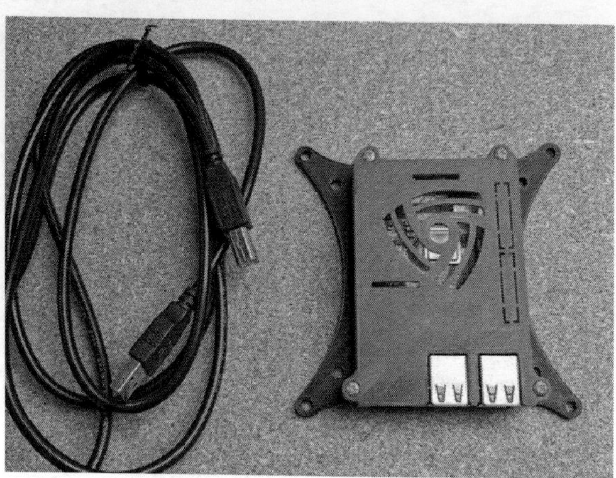

En este caso, con el Dagoma DiscoEasy 200, utilizaremos un cable USB-A 2.0 macho a USB-B macho.

⇛ A continuación, puede encender la impresora 3D y conectar la fuente de alimentación a la Raspberry Pi.

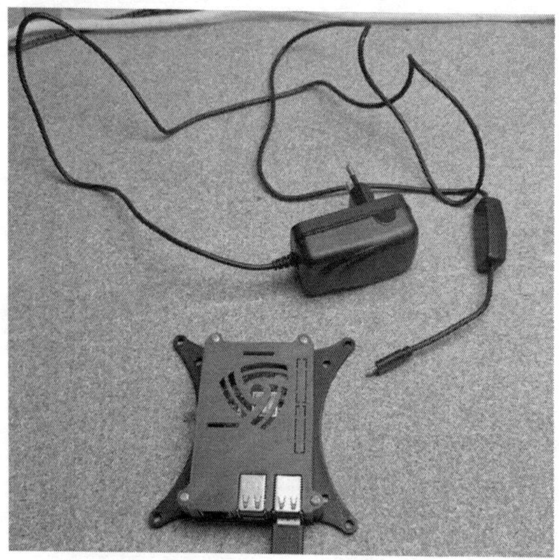

Fuente de alimentación de 3 A con interruptor

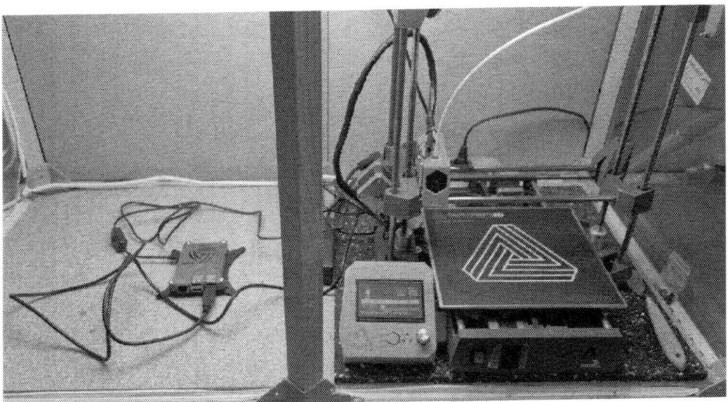

¡Todo está conectado!

Después de unos minutos, OctoPi se iniciará en la Raspberry Pi. ¡OctoPi ya está en la red!

5. Configuración de OctoPrint

Si ha seguido los pasos de las secciones anteriores, su Raspberry Pi con OctoPi está ahora en la red.

Si está en un ordenador macOS o Linux, puede acceder directamente al servidor OctoPrint escribiendo el nombre de su OctoPi seguido de «.local» en su navegador web.

```
octopi.local
```

Si utiliza Windows y ha instalado los servicios «**Bonjour**», también puede hacerlo. En caso contrario, necesitará encontrar la IP de su Raspberry Pi en su red local.

Para ello, puede descargar e instalar **Angry IP Scanner** (https://angryip.org) para escanear su red local (o cualquier otro escáner de red disponible en un ordenador o dispositivo móvil).

⇉ Introduzca la IP obtenida en su navegador web.

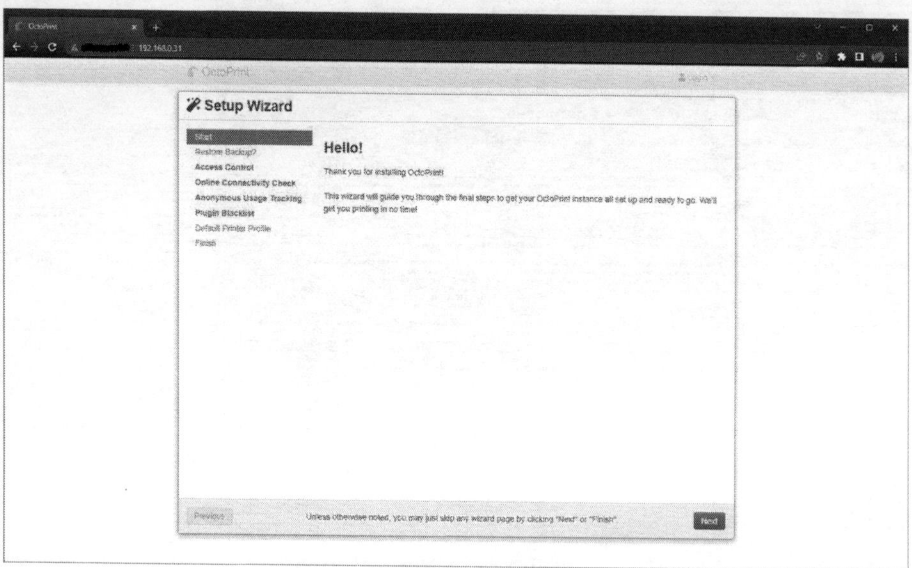

Escribiendo **<hostname>**.local o la dirección IP de su OctoPi irá a su página de configuración inicial.

⇉ Haga clic en **Next**.

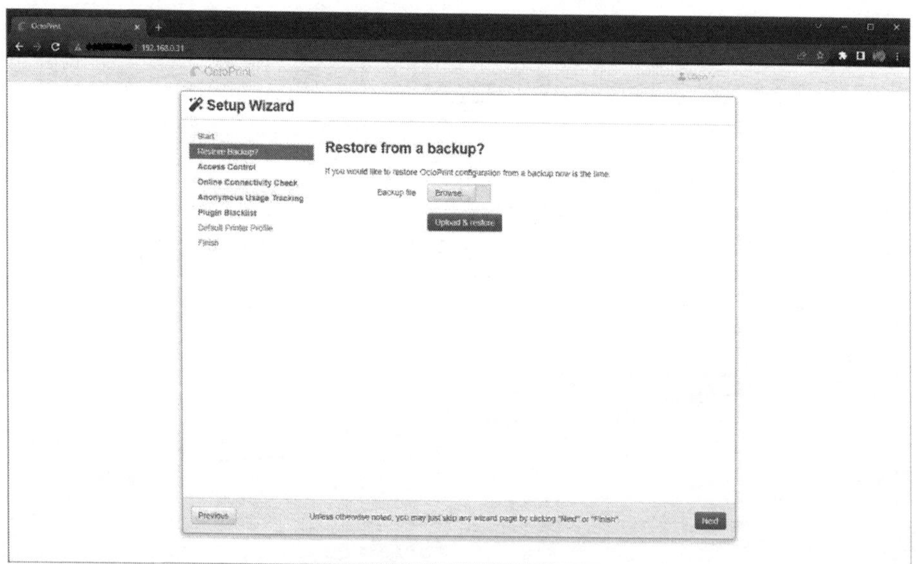

Aquí puede cargar una configuración OctoPrint existente.

⇉ Haga clic en **Next**.

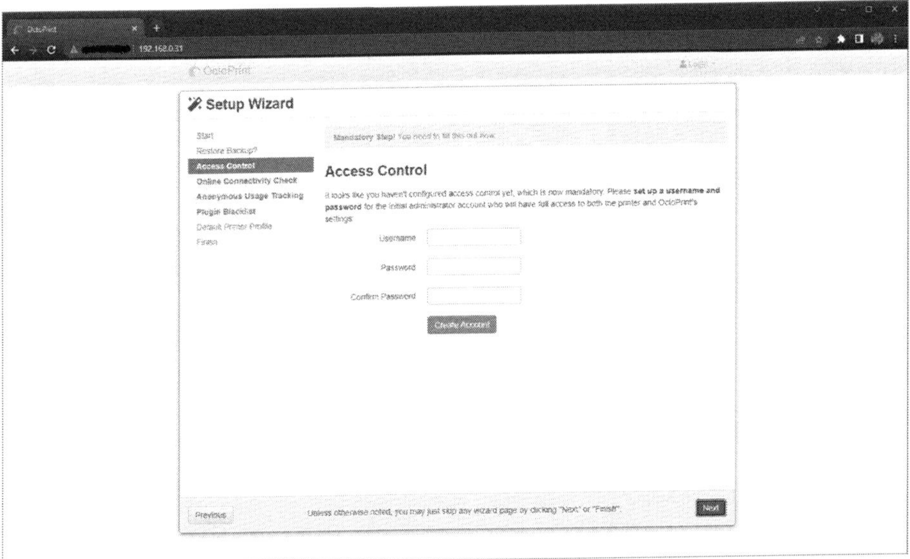

En esta página, necesita crear identificadores para el acceso a OctoPrint. Estos identificadores no tienen nada que ver con los identificadores de su Raspberry Pi.

⇉ Introduzca sus datos de acceso y haga clic en **Create Account**. Debería ver «Login successful».

⇉ Haga clic en **Next**.

Esta página se utiliza para comprobar que OctoPrint está correctamente conectado a Internet. Esto puede ser útil si se pierde la conexión a Internet y ya no puede controlar su impresora desde el exterior.

⇉ En **Host IP**, especifique las DNS de Google 8.8.8.8 y deje los demás valores por defecto.

⇉ Haga clic en **Test host & port y Test name resolution** .

⇉ Si todo está en verde, puede hacer clic en **Enable Connectivity Check** .

⇉ Haga clic en **Next**.

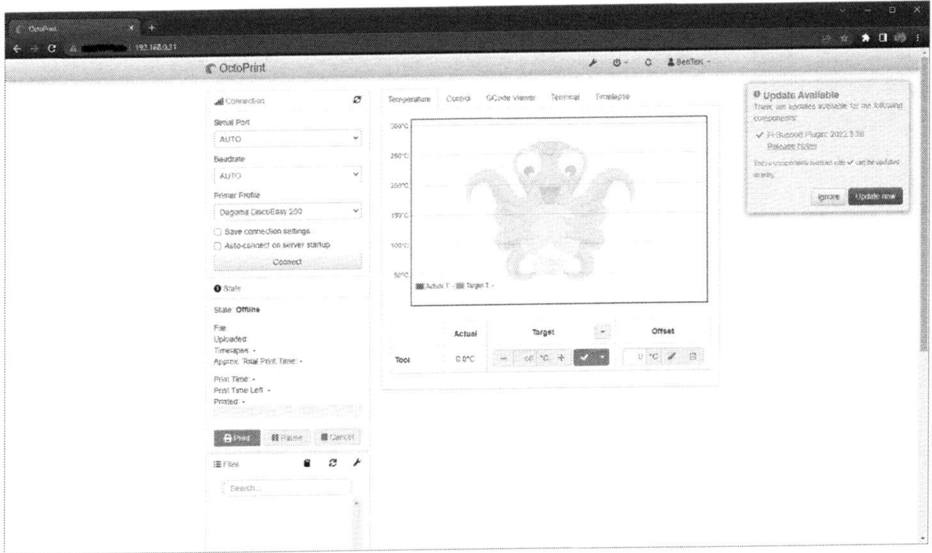

¡OctoPrint está configurado para su primera impresora 3D!

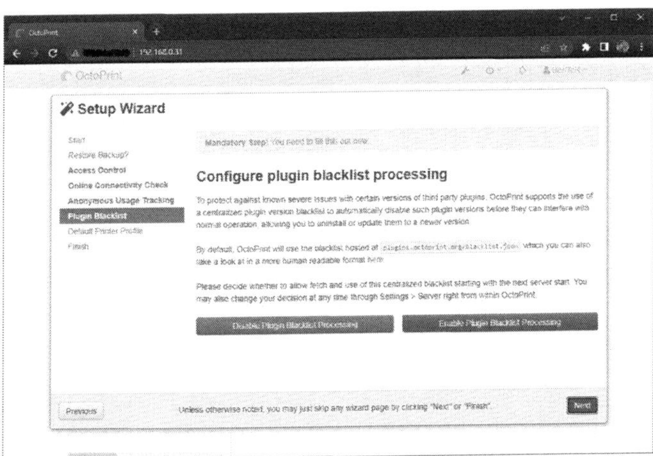

En esta pantalla, puede participar en el intercambio anónimo de sus ajustes y estadísticas. Es libre de activar o no esta función.

⇉ Haga clic en **Next**.

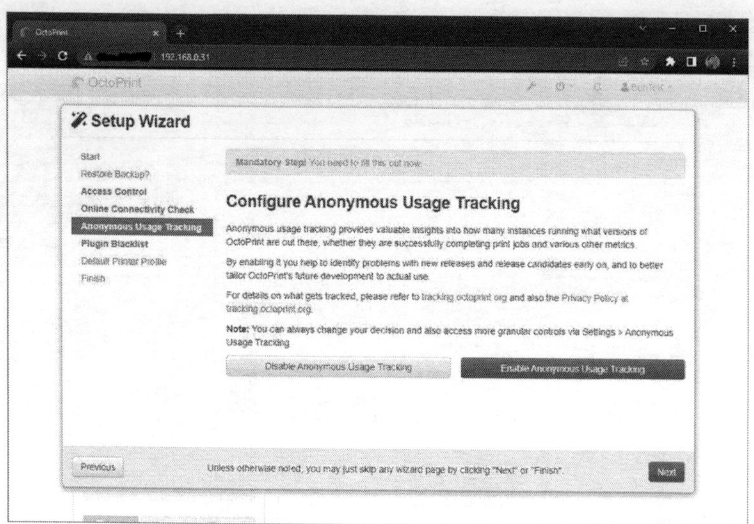

OctoPrint tiene una lista negra de plug-ins no deseados. Dado que OctoPrint es un software de código abierto con una comunidad muy activa, es posible que ciertos plug-ins perjudiquen su experiencia de usuario. Por lo tanto, es aconsejable activar la lista negra de plug-ins.

⇉ Haga clic en **Enable Plugin Blacklist Processing**.

⇉ Haga clic en **Next**.

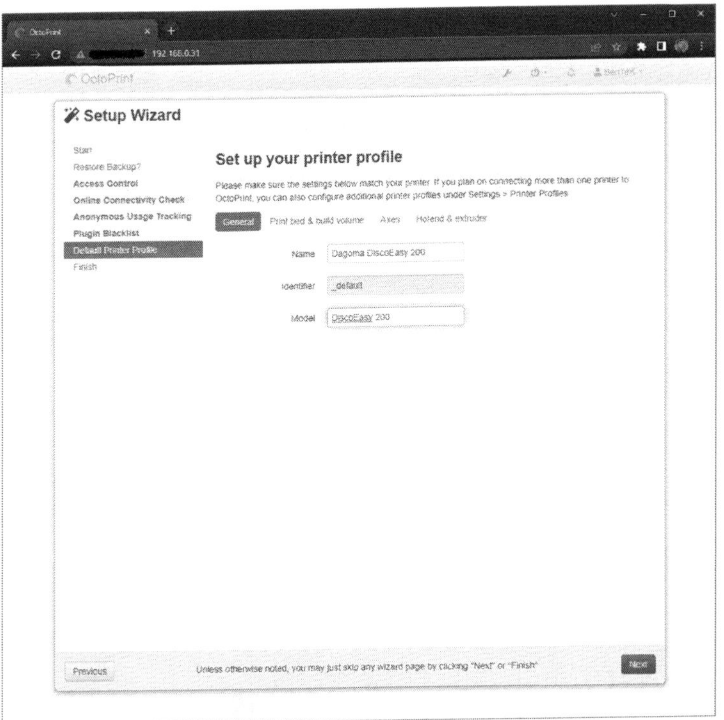

Aquí es donde configura los ajustes de su impresora 3D a través de las cuatro pestañas **General**, **Print bed & build volume**, **Axes**, **Hotend & extruder** .

⇉ Puede transferir la configuración de su perfil de impresora 3D a Ultimaker Cura.

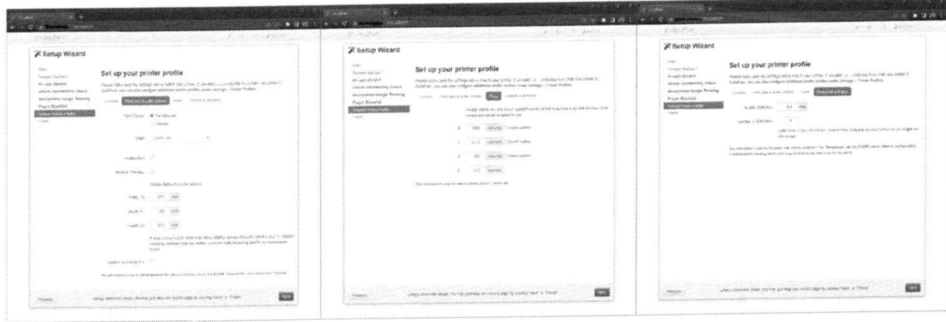

⇉ Haga clic en **Next**.

⇉ Haga clic en **Finish**.

Su impresora 3D ya está configurada con OctoPrint.

6. La interfaz de OctoPrint

6.1 La interfaz principal

La interfaz por defecto de OctoPrint es bastante fácil de entender. En cierto modo, OctoPrint se convierte en una extensión de su impresora 3D, permitiéndole conectarla a la red con funciones adicionales: añadir una cámara web, realizar timelapses, controlar los archivos de la impresora 3D, etc.

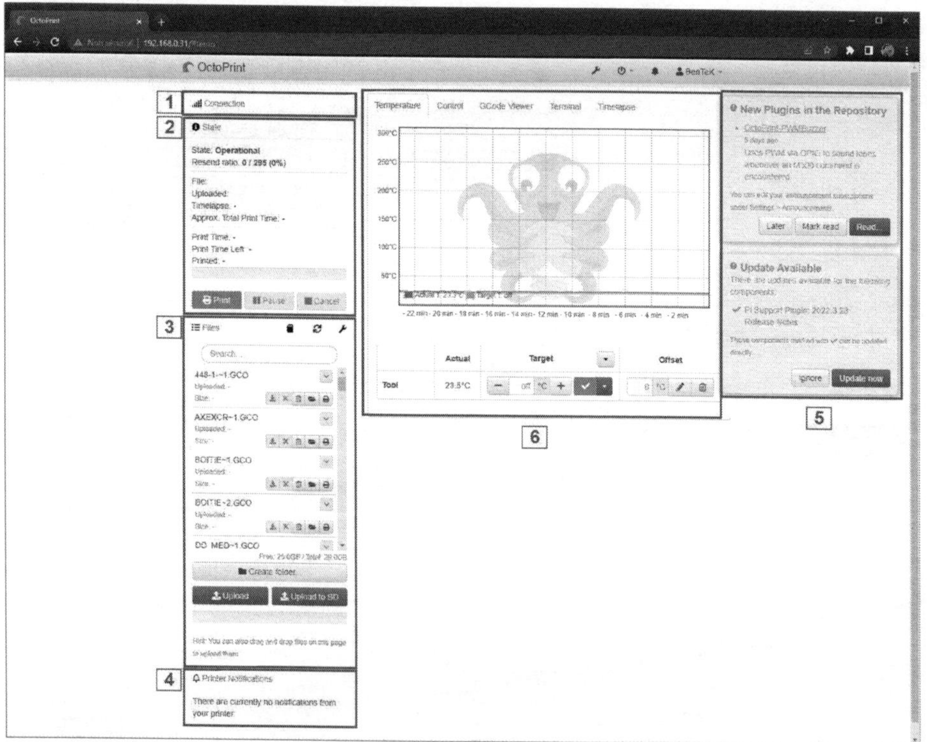

Estos son los diferentes paneles que componen OctoPrint:

1. Panel **Connection**: sirve para configurar los parámetros de conexión a su impresora 3D. Por defecto, la primera impresora conectada se monta en la ubicación **/dev/ttyUSB0**. En cuanto a la velocidad de comunicación, utilice la correspondiente a su impresora 3D. Si no la conoce, déjela en **Auto**.

2. Panel **Estate**: sirve para comprobar el estado de la impresora 3D, el archivo que se está imprimiendo, el tiempo de impresión restante, etc. El parámetro **Resend ratio** se utiliza para comprobar el estado de la comunicación entre la Raspberry Pi y la impresora 3D. Esta es la tasa de pérdida de los datos enviados por la Raspberry Pi a su impresora 3D. La tasa ideal debería ser cercana al 0 %.

3. Panel **Files**: muestra los archivos .gcode ubicados en el almacenamiento de su impresora 3D y de su Raspberry Pi. Desde este panel, puede iniciar la impresión 3D, ya sea desde la Raspberry Pi o desde un archivo presente en el almacenamiento de la impresora 3D.

4. Panel de **Printer Notifications**: se utiliza para recuperar todas las notificaciones de la impresora 3D conectada.

5. **Notificaciones OctoPrint**: estas etiquetas informativas le avisarán de la disponibilidad de actualizaciones para el software y los distintos plug-ins que lo componen. También le notificarán si un nuevo plug-in está disponible en el repositorio oficial de OctoPrint.

6. **Panel de control principal**: dividido en cinco pestañas, permite supervisar la configuración de la impresora y controlarla a distancia.

- Pestaña **Temperature**: muestra un gráfico de la temperatura de las distintas herramientas de la impresora 3D: bloques calefactores, cámara termorregulada o plataforma calefactora, en función de su configuración.

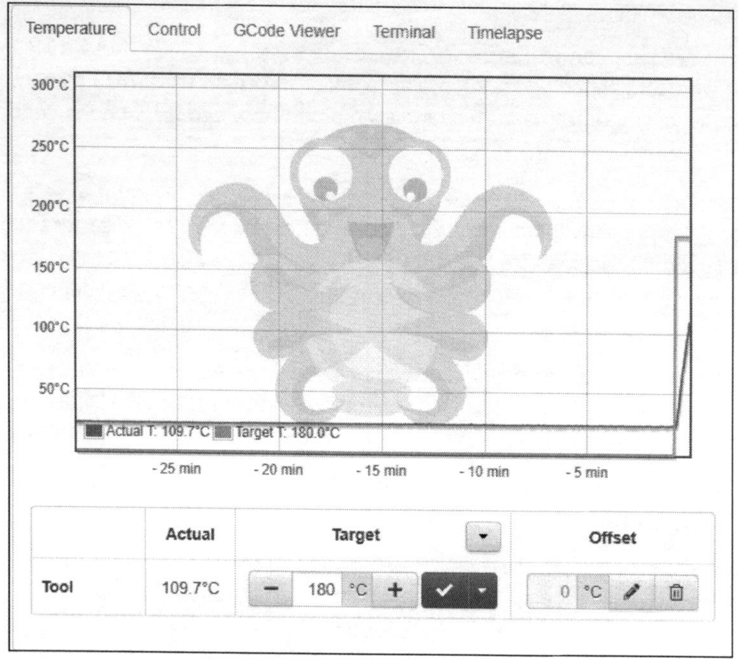

En este caso, se ha requerido una temperatura de 180 °C para el cabezal de impresión principal.

- Pestaña **Control**: sirve para controlar todas las partes móviles de la impresora 3D: los distintos ejes, el motor o motores de extrusión y los ventiladores. También es aquí donde se muestra la cámara web, si hay una conectada a la Raspberry Pi.

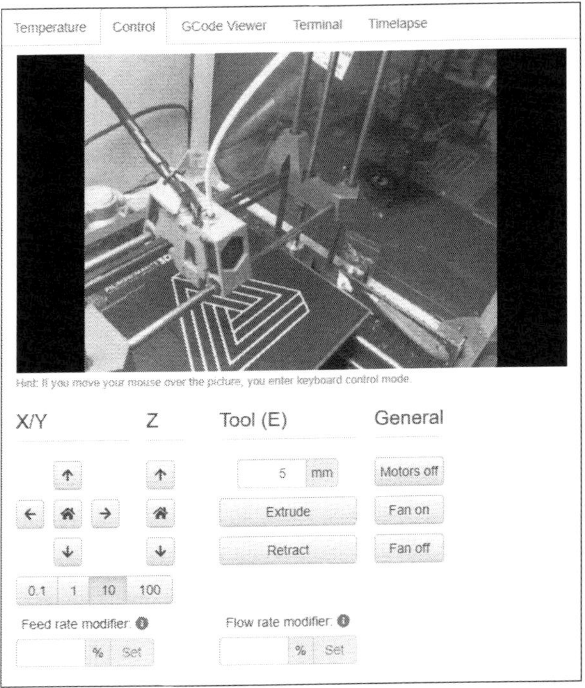

- Pestaña **GCode Viewer**: se utiliza para previsualizar una impresión 3D capa por capa. Para ello, es necesario cargar (load) un archivo .gcode desde la memoria de la Raspberry Pi.
- Pestaña **Terminal**: se utiliza para ver todos los comandos G-Code intercambiados entre OctoPrint y la impresora 3D. Esta pestaña también se puede utilizar para enviar comandos manuales.

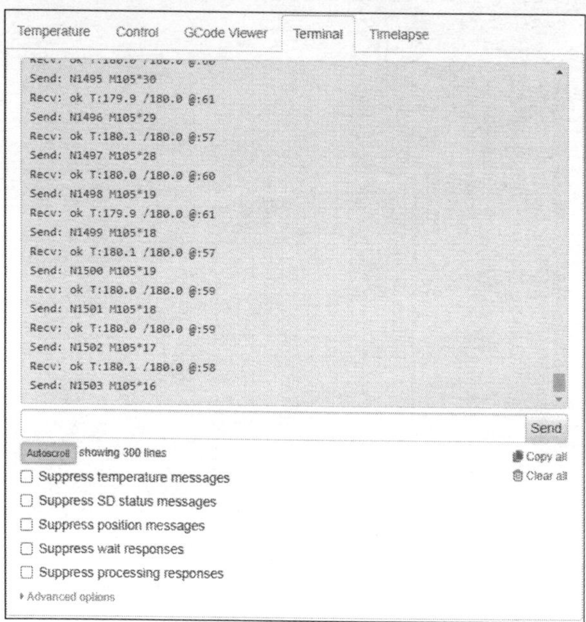

- Pestaña **Timelapse**: permite activar el modo timelapse para que la cámara web tome una foto cada X segundos o cada X capas impresas. Para el modo **On Z Change**, es imprescindible que la impresión comience desde un archivo .gcode presente en la Raspberry Pi. Por defecto, la salida de este timelapse será un vídeo .mp4 codificado en x264. Los timelapses se encuentran por defecto en la carpeta **/home/pi/.octoprint/timelapse**.

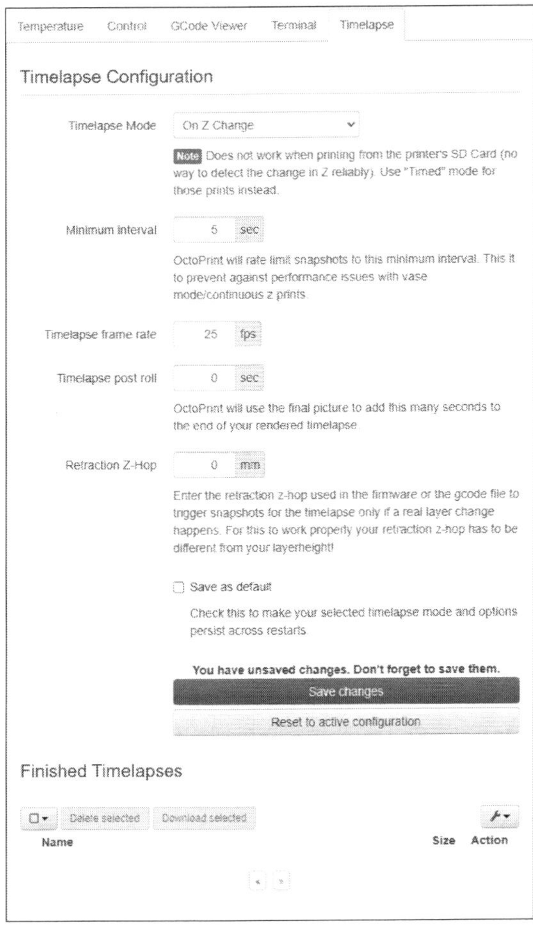

6.2 Los ajustes

Para acceder a todos los ajustes de OctoPrint, haga clic en la llave inglesa situada en la barra superior de la interfaz.

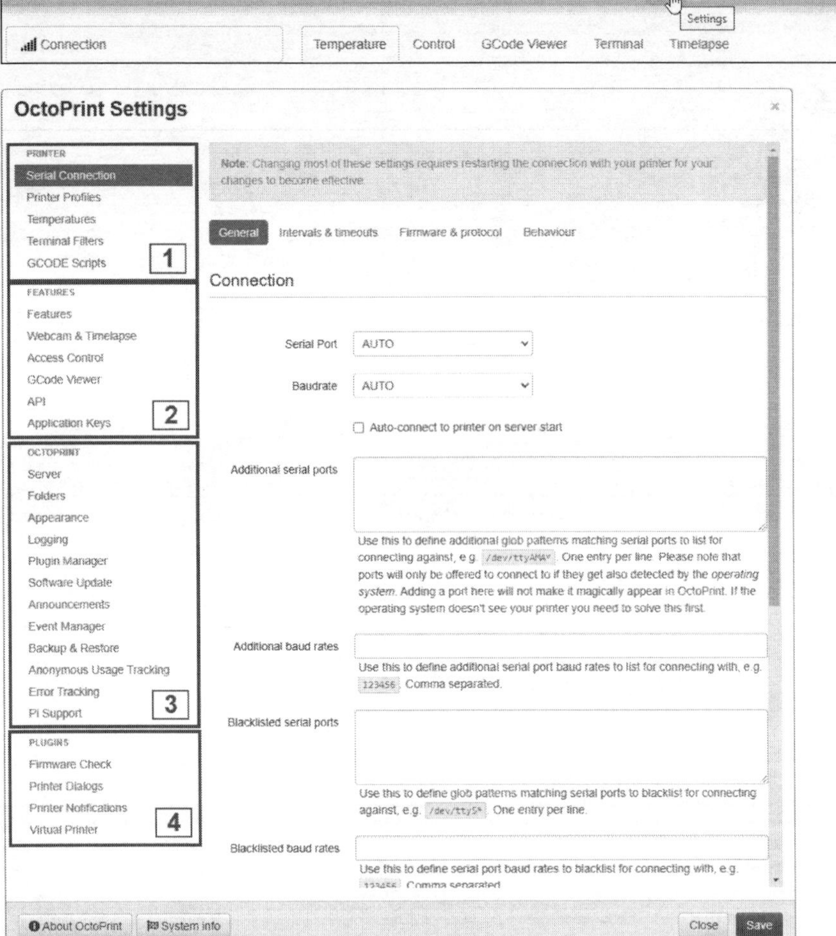

Los ajustes de OctoPrint se dividen en cuatro categorías:

- **Printer**: son todos los parámetros que afectan a las impresoras conectadas a la Raspberry PI: parámetros USB, perfiles de impresora, accesos rápidos a temperaturas preconfiguradas (útiles para las fases de precalentamiento), comunicación .gcode y scripts .gcode que se añadirán a las impresiones.
- **Features**: esta sección contiene la configuración de todas las características adicionales de OctoPrint. Algunas de estas características pueden ser plug-ins oficiales.
- **OctoPrint**: esta sección contiene toda la configuración del servidor OctoPrint: comandos del servidor, carpetas por defecto, apariencia, registros, gestor de plugins, gestor de actualizaciones, copia de seguridad de la configuración, etc.
- **Plugins**: esta sección contiene la configuración de determinados plug-ins integrados en OctoPrint.

7. Parámetros útiles para el día a día

7.1 Actualizaciones

⇒ Si OctoPrint no imprime, puede actualizar sus componentes de OctoPrint en cualquier momento en el menú **Settings - Software Update**; haga clic en el botón **Check for updates** y, a continuación, en **Update all**.

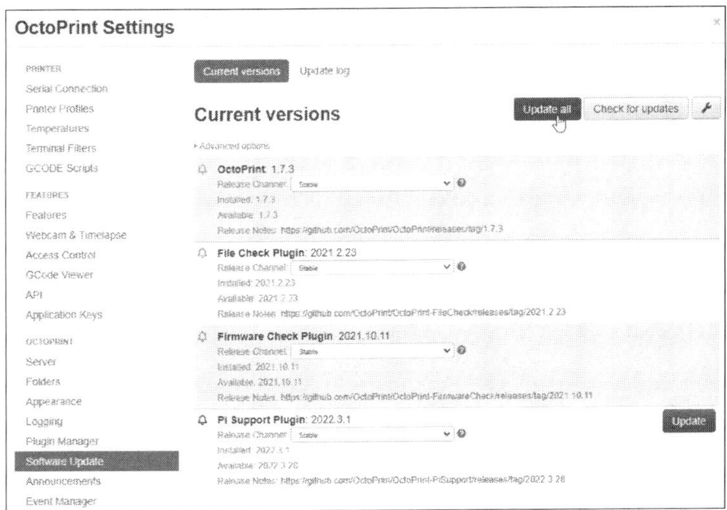

Aparecerá un mensaje de advertencia avisándole de que es peligroso actualizar un componente mientras se está imprimiendo. Como se indica en el párrafo anterior, se recomienda no actualizar OctoPrint cuando la impresión está en curso.

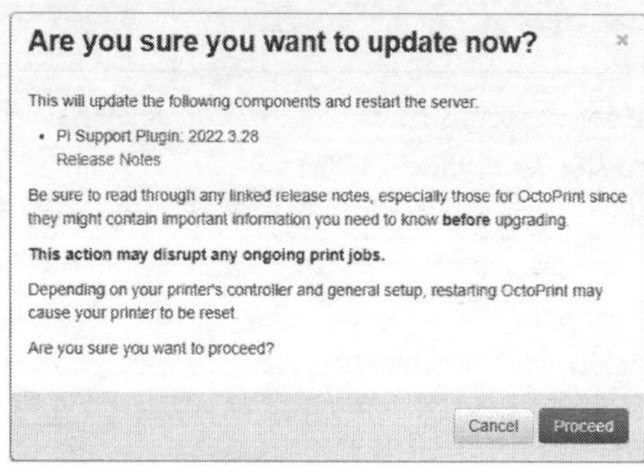

⇉ Haga clic en **Proceed**.

La actualización tardará un poco. Es posible que OctoPrint se reinicie tras la actualización. En ese caso, puede actualizar la página después de unos segundos.

7.2 Gestor de plug-ins

El gestor de plug-ins se encuentra en **Settings - Plugin Manager**. Este gestor permite ver, activar/desactivar, instalar y desinstalar todos los plug-ins presentes en su servidor OctoPrint. En la mayoría de los casos, estos plug-ins mejoran su experiencia con OctoPrint modificando la interfaz, añadiendo funciones útiles, etc.

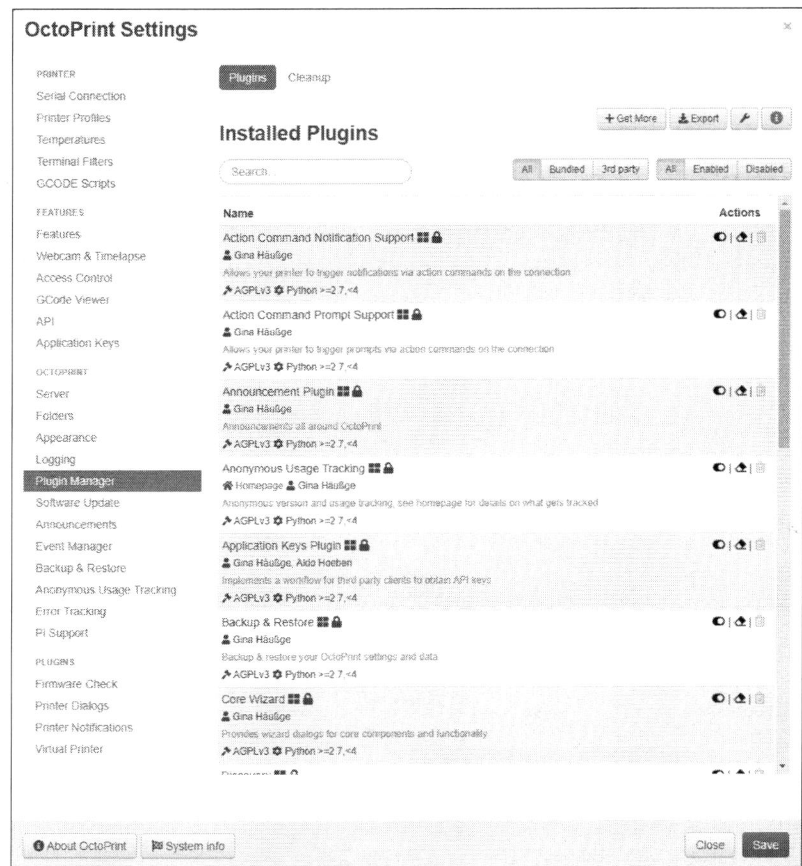

Cada plug-in tiene sus propios datos de configuración y de caché. Estos datos pueden restablecerse para cada plug-in utilizando el botón en forma de borrador **Cleanup Plugin Data**. Se recomienda utilizar esta función antes de eliminar un plug-in.

También es posible activar o desactivar cada plug-in de forma independiente utilizando el botón **Enable - Disable Plugin**. El hecho de desactivar o activar un plug-in puede requerir reiniciar el servidor OctoPrint.

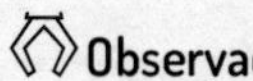
Observación

Los plug-ins instalados por defecto con OctoPrint no pueden desinstalarse. Sin embargo, pueden desactivarse.

7.2.1 Añadir nuevos plug-ins a OctoPrint

⇉ Para descubrir la lista del repositorio oficial de OctoPrint, haga clic en **+ Get More** en el administrador de plug-ins de OctoPrint.

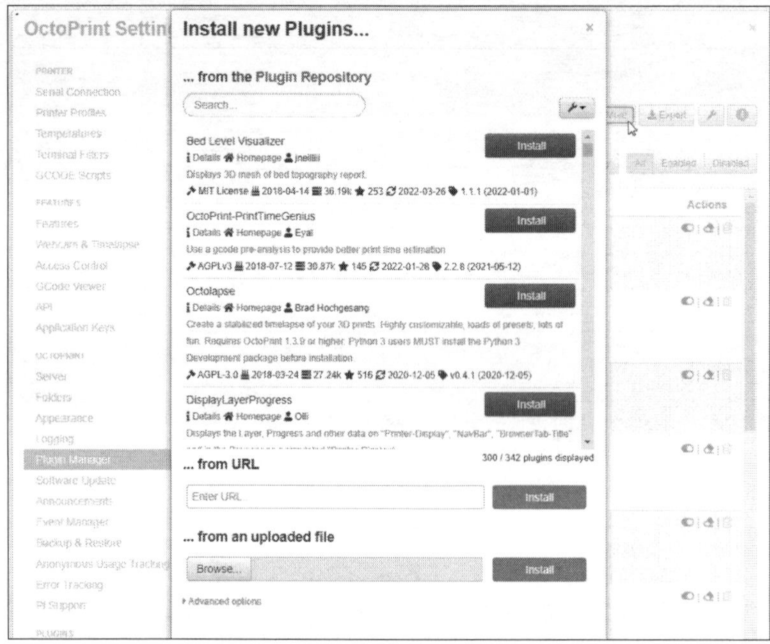

En la nueva ventana que se acaba de abrir, puede añadir un plug-in a través del repositorio oficial de plug-ins de OctoPrint, desde un enlace web o desde un archivo disponible en su ordenador. En este caso, le recomendamos que utilice el repositorio oficial que está presente de forma predeterminada en su configuración de OctoPrint. Por defecto, esta lista de plug-ins está ordenada por número de descargas, de mayor a menor. Esto le da una buena idea de los plug-ins más útiles para su configuración OctoPrint.

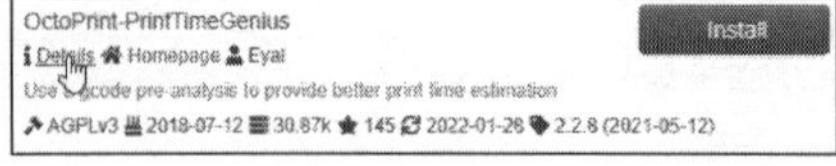

Además, para cada plug-in del repositorio oficial, al hacer clic en **Details** se abrirá la página de presentación del plug-in con sus distintas características.

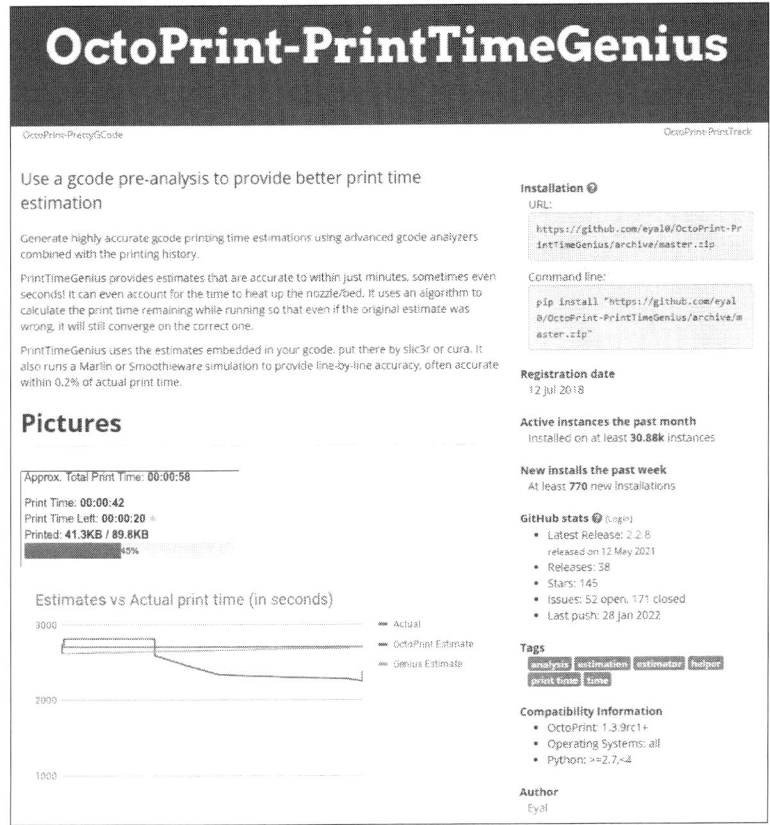

Si le gusta el plug-in, puede instalarlo haciendo clic en el botón **Install** del administrador de plug-ins de OctoPrint (en la ventana **+ Get More**).

7.2.2 Lista de plug-ins útiles

He aquí una lista de plug-ins interesantes para su servidor OctoPrint. Se trata de plug-ins que:

- añaden algo útil para mejorar la experiencia del usuario;
- son fáciles de usar porque el objetivo no es convertir OctoPrint en una plataforma abrumadora;
- cuentan con una amplia base de usuarios, para garantizar su uso a largo plazo;

son gratuitos o económicos. De hecho, aunque la mayoría de los plug-ins disponibles en OctoPrint son gratuitos, algunos de los más avanzados, que requieren más trabajo, están disponibles previo pago.

Simple Emergency Stop

Este plug-in añade un sencillo botón de parada de emergencia a la barra superior de la interfaz de OctoPrint. Como su nombre indica, este botón se utiliza para detener inmediatamente una impresión 3D en curso.

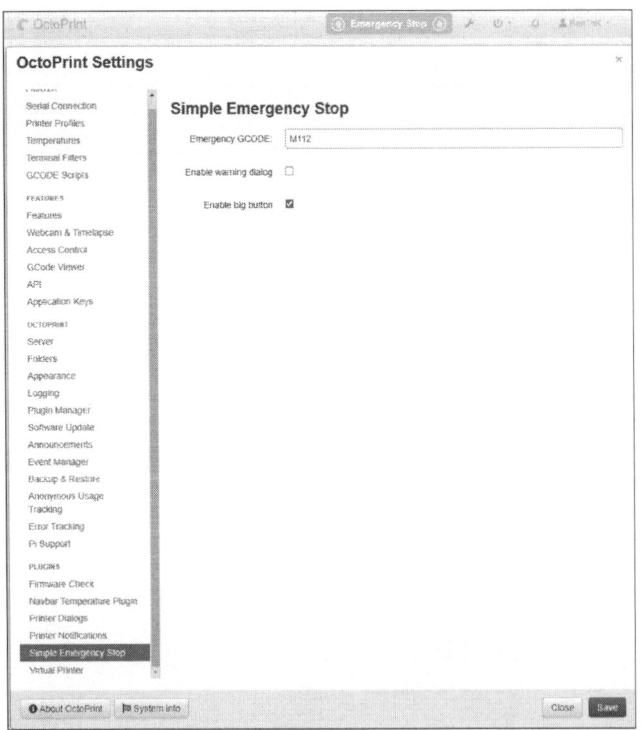

NavBar Temp

Este plug-in simplemente muestra información básica sobre las temperaturas de su instalación directamente en la barra superior de la interfaz de OctoPrint.

OctoPrint-Telegram

Este plug-in notifica el progreso de su impresión a través de mensajes en la aplicación Telegram. También interpreta los comandos enviados a través de Telegram para responder con el estado de la impresión en curso y enviar una foto desde la cámara web. Además, permite cancelar la impresión en curso mediante un comando de Telegram. Este complemento es útil para gestionar su impresión 3D de forma remota a través de su teléfono inteligente.

OctoPrint-FloatingNavBar

Este plug-in asegura que la barra superior esté siempre en la parte superior de la pantalla cuando se desplaza la página. Es bastante práctico si ha instalado **Simple Emergency Stop** y **NavBar Temp**.

OctoPrint-BLTouch

Este plug-in permite añadir botones para controlar el BLTouch de su impresora 3D en la pestaña **Control** del panel principal.

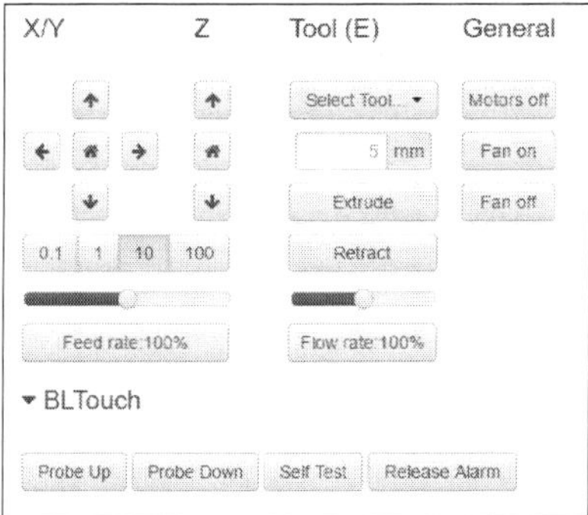

OctoPrintTimeGenius

Este plug-in, desarrollado por Eyal, proporciona una estimación en tiempo real del tiempo de impresión restante más precisa que la estimación efectuada por OctoPrint.

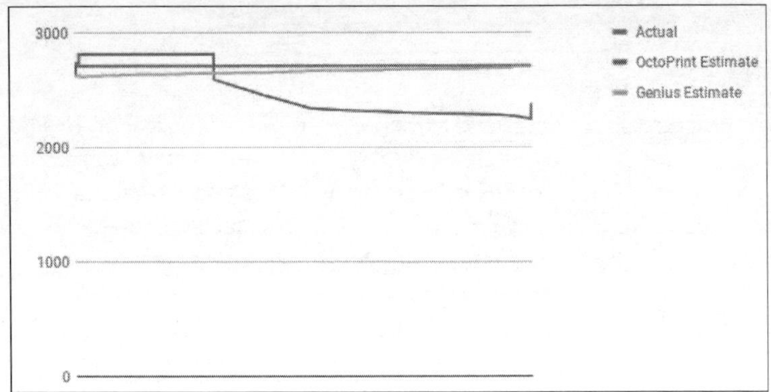

Bed Level Visualizer

Este plug-in, muy útil, permite ver los puntos de muestreo realizados por su sensor de nivelación añadiendo una pestaña extra al panel principal. Esto le permitirá comprobar la planitud de su plataforma de impresión y el paralelismo de su impresora 3D. Por último, tendrá una vista previa de las diferencias de nivel que su matriz de compensación de nivel en el eje Z tendrá que corregir.

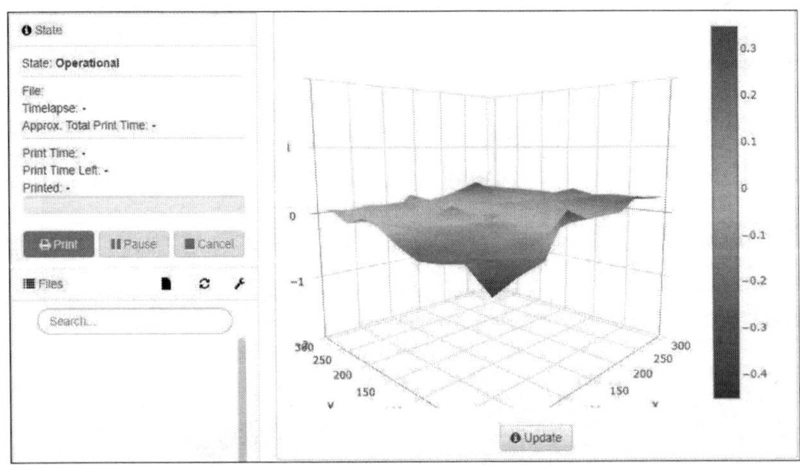

OctoPrint-Dashboard

Este plug-in añade una pestaña **Dashboard** al panel principal cuyo propósito es resumir toda la información importante sobre su impresora 3D, actualizada en tiempo real.

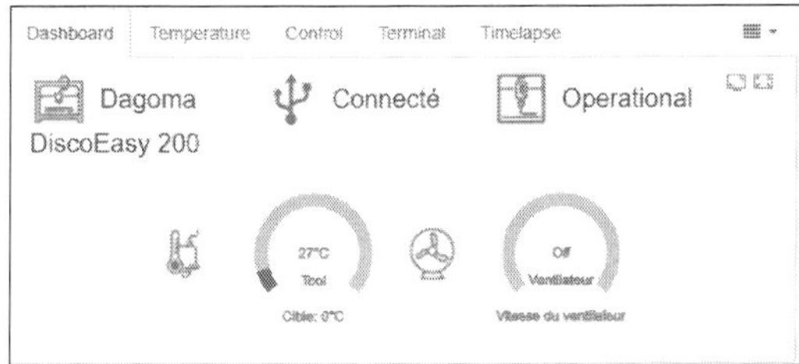

Arc Welder

En todas las impresiones, suele haber muchas curvas implicadas en el diseño del modelo. El plug-in **Arc Welder** ayuda a su máquina a imprimir estas curvas más suavemente y con menos sacudidas al sustituir los comandos estándar G0 y G1 (movimiento rectilíneo) por los comandos G2 y G3, diseñados para curvas. El resultado son superficies curvas más suaves en las impresiones, que hacen que sus modelos se vean más bonitos. Además, en versiones anteriores de Raspberry Pi, este complemento ayudaba a reducir la tasa de errores en los comandos enviados a la impresora.

OctoLapse

Este plug-in permite crear timelapses más bonitos mejorando en gran medida el sistema timelapse por defecto de OctoPrint. De hecho, OctoLapse permite crear vídeos fluidos al capturar una impresión 3D durante todo su proceso sin mostrar el cabezal de impresión. De esta forma, el resultado final produce la sensación de que la pieza se está creando a sí misma, de la nada.

Al menos un perfil de impresora debe estar configurado en OctoLapse antes de que comience la impresión. Si no se configura ningún perfil, no se iniciará la impresión.

Aquí encontrará una guía sobre el uso y la configuración de OctoLapse:
https://github.com/FormerLurker/Octolapse/wiki/V0.4---Getting-Started

TouchUI

TouchUI permite transformar la interfaz cuando la pantalla es menor de 980 píxeles de ancho, de modo que OctoPi se pueda utilizar en una versión táctil. Esto hace posible, por ejemplo, utilizar una pequeña pantalla táctil compatible con Raspberry Pi, que puede montar usted mismo.

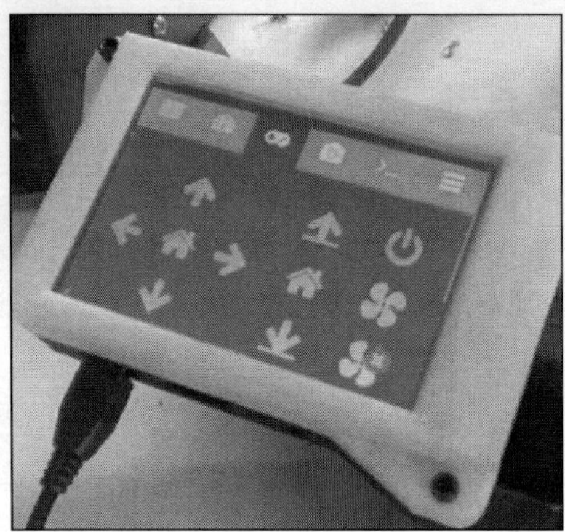

OctoEverywhere

OctoEverywhere es un plug-in que permite controlar la instancia de OctoPi desde un túnel seguro en Internet. Gracias a este túnel, podrá controlar su impresora 3D desde cualquier lugar del mundo siempre que esté conectado a Internet.

OctoEverywhere también es compatible con las siguientes aplicaciones móviles:

- **Printoid** y **OctoApp** en Android.
- **OctoPod** y **Polymer** en iOS.

The Spaghetti Detective

The Spaghetti Detective combina la transmisión mejorada de la cámara web con la detección de fallos de impresión basada en inteligencia artificial. Puede acceder a la señal de la cámara web de su impresora desde cualquier dispositivo, y en el panel de control de **The Spaghetti Detective** podrá ver los timelapses de todas sus impresiones anteriores.

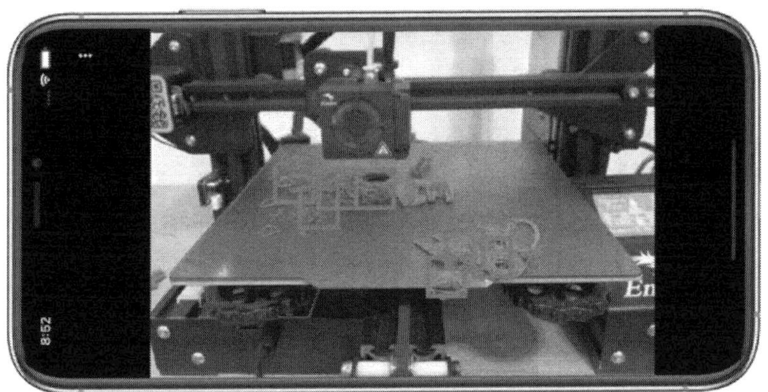

The Spaghetti Detective puede avisarle cuando las cosas van mal o intervenir directamente activando una parada de emergencia.

Además, al igual que OctoEverywhere, **The Spaghetti Detective** le permite acceder a su servidor OctoPrint desde cualquier lugar a través de un túnel seguro que pasa por los servidores del equipo TSD.

The Spaghetti Detective ofrece diferentes planes para controlar una o varias instancias de OctoPi. El plan gratuito le permite controlar una impresora 3D de forma remota e incluye unas horas de uso de la inteligencia artificial al mes. Existen otros planes, de pago, que le permiten añadir impresoras y disponer de un flujo ilimitado a través del túnel seguro.

Themeify

Themeify permite personalizar la apariencia de su servidor OctoPrint. No tiene más utilidad, aparte de hacer su servidor OctoPrint más legible y adaptado a sus necesidades.

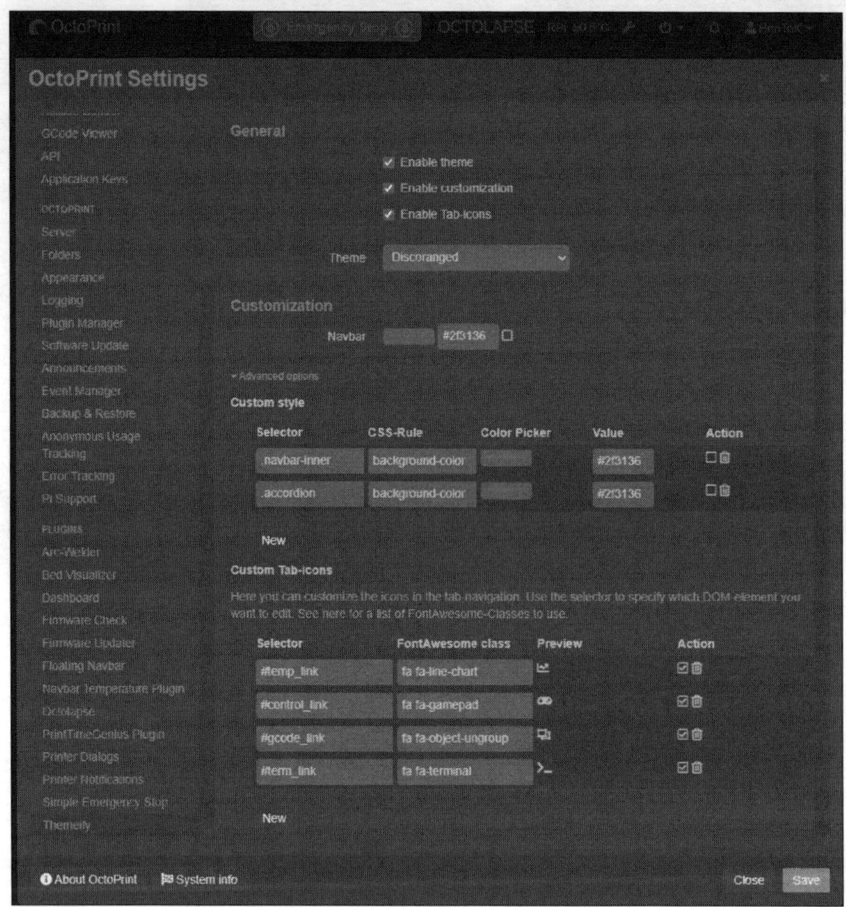

Firmware Updater

Advertencia: este plug-in es útil para personas que tienen un conocimiento muy avanzadode la configuración de impresoras 3D personalizadas.

A través del menú **OctoPrint Settings - Firmware Updater**, este plug-in permite flashear el firmware de la placa base de una impresora 3D directamente desde OctoPrint.

8. Conexión entre Ultimaker Cura y OctoPrint

Una vez que haya instalado su OctoPi en su impresora 3D, aún tendrá que transferir el archivo .gcode de su ordenador a la tarjeta SD de su impresora o de su OctoPi.

Dispone de varios métodos para hacerlo:

- Mover el archivo .gcode a la tarjeta SD o USB de su impresora 3D.
- Cargar el archivo .gcode en su servidor OctoPrint a través de su navegador web haciendo clic en Upload en su interfaz OctoPrint.
- Cargar el archivo .gcode directamente en OctoPrint a través de Cura.

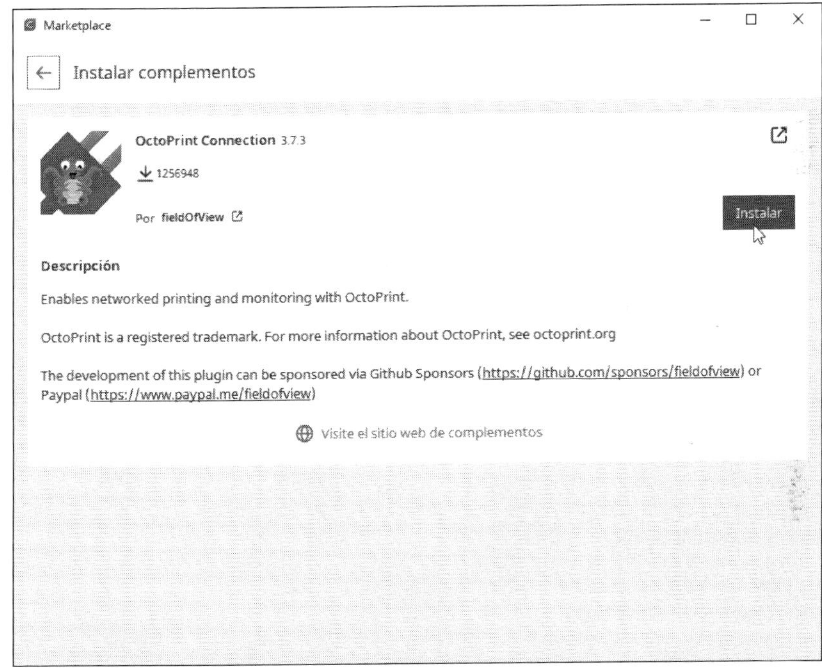

⇉ Para esta última opción, necesita añadir un plug-in a Cura. Para ello, vaya al Marketplace de Cura. Busque e instale el plug-in **OctoPrint Connection**.

⇉ Una vez que Cura se haya reiniciado, vaya a **Preferencias** y luego a **Impresoras** y active el perfil de impresora que está conectado a su OctoPi.

⇉ A continuación, haga clic en **Connect OctoPrint**.

Cura lista las instancias OctoPi que se pueden encontrar en la red.

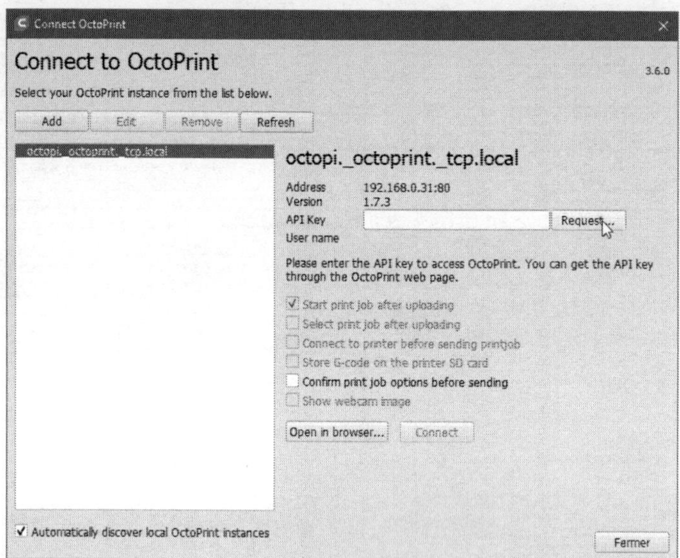

⇉ Seleccione la instancia correspondiente a su impresora y haga clic en **Request...** para que Cura obtenga la clave API de su servidor OctoPrint.

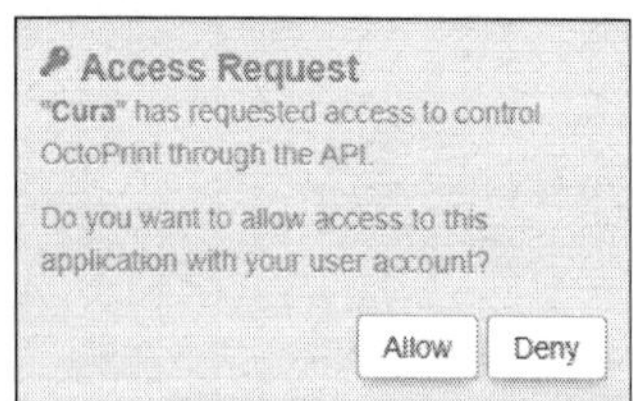

⇉ Si está conectado a su servidor OctoPrint en su navegador, el servidor le pedirá permiso para compartir la clave API con Cura. Haga clic en **Allow**.

⇉ Por último, en Cura, haga clic en **Connect**.

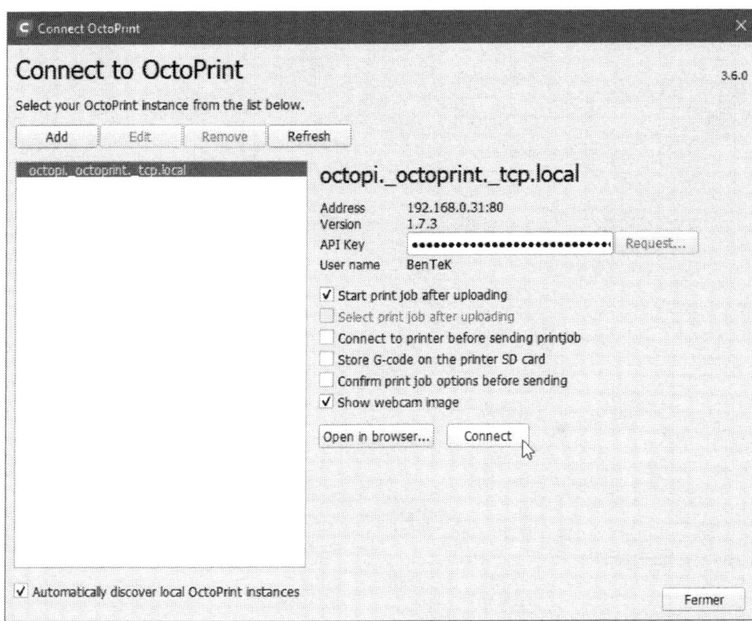

A partir de ahora, una vez segmentada una pieza con Cura, aparecerá la opción **Print with OctoPrint**.

Al hacer clic en ella, el archivo .gcode se envía directamente a su servidor OctoPrint y puede seguir el proceso de impresión desde Ultimaker Cura.

Se puede acceder a la interfaz de OctoPrint durante la impresión haciendo clic en el botón **OctoPrint...** en la parte inferior derecha de la ventana de la Ultimaker Cura.

Capítulo 16

Posprocesado de piezas impresas en 3D

1. Tratamientos para las superficies de las piezas 3D

Este capítulo examina las distintas etapas del posprocesado de una pieza de impresión en bruto. La pieza «en bruto» es la pieza tal y como queda al final del proceso de impresión 3D. El objetivo es, por supuesto, poder ofrecer al final un objeto con un acabado excepcional.

Lo primero que hay que hacer cuando se termina una impresión 3D es retirar los soportes de impresión. Se saca de la bandeja la pieza impresa en bruto y se retira cada soporte. En el caso de una extrusión de soportes de sacrificio, la pieza debe pasarse por agua caliente, o por D-limoneno en el caso de los soportes de HIPS.

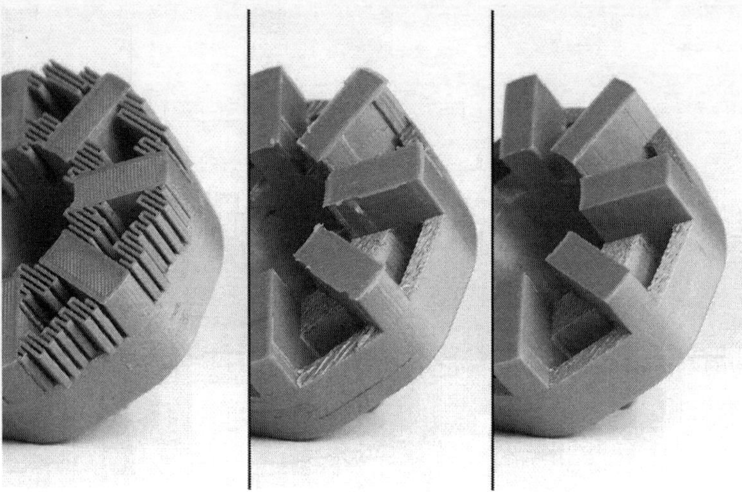

Pasos para retirar el material de impresión (Fuente: Ultimaker)

Si los soportes utilizados son sólidos, pueden retirarse a mano o con unos alicates de punta plana. Esta herramienta es ideal para entrar en pequeños intersticios y agarrar los soportes más finos. Por último, si ha optado por interfaces de soporte a nivel del suelo y del techo, le recomendamos que utilice una cuchilla o un destornillador plano para retirar las interfaces limpiamente. El objetivo es ir despacio para no dañar la pieza.

Aquí, los soportes HIPS se diluyen con D-limomene (Fuente: Simplify3D)

El siguiente paso consiste en utilizar métodos de posprocesado sustractivos o aditivos. El posprocesado sustractivo consiste en eliminar material para suavizar la pieza, mientras que el aditivo consiste en añadir material a la pieza impresa en bruto para conseguir un resultado similar.

1.1 Posprocesado sustractivo

El posprocesado o postratamiento sustractivo consiste en eliminar plástico para alisar la pieza. Esto puede hacerse lijando o mediante determinados tratamientos de la superficie.

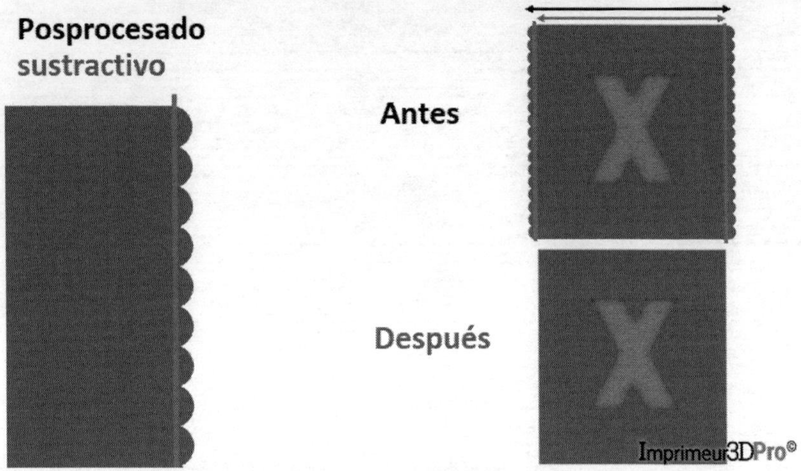

Posprocesado sustractivo (Fuente: Imprimeur3DPro)

Algunos procesos de alisado químico, como el vapor de acetona en ABS o ASA, tienen el efecto de romper los enlaces entre las moléculas petroquímicas para ablandar el plástico, diluyéndolo. Es así como pueden alisarse piezas de ABS o ASA utilizando el vapor de acetona.

1.1.1 Lijado

El lijado es el proceso sustractivo por excelencia para sus impresiones 3D. Requiere al menos tres capas de impresión en la pared exterior para trabajar eficazmente la pieza, sin dañarla. Para el resto, se necesitará papel de lija al agua y un poco de esfuerzo.

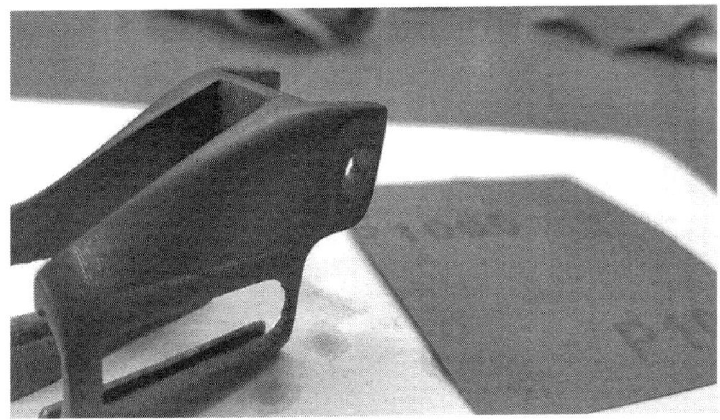

Una pieza lijada hasta el grano 1000

Empiece siempre con el grano más grueso (entre 50 y 150) y termine con un grano 800 o incluso 1000 para un acabado liso. Para ello, utilice papel de lija con base de agua. El objetivo es lijar una pieza de plástico sin fundir el material. Si añade un poco de agua durante el lijado, evitará dañar la pieza mientras se alisa correctamente.

Papel de lija al agua disponible en tiendas de bricolaje

Observación

¡Cuidado con las dimensiones! Sus dimensiones X/Y se reducirán unas décimas de milímetro durante el lijado.

1.1.2 Alisado químico con vapor de acetona (solo ABS y ASA)

Observación

Este proceso es peligroso porque la acetona se inflama con facilidad. Su peligrosidad también radica en que los vapores de acetona son muy volátiles y nocivos para los seres humanos. Por lo tanto, manipule la acetona con cuidado y con conocimiento de causa. Lo mejor es hacerlo al aire libre o en una habitación bien ventilada.

El alisado se puede realizar en frío en un frasco cerrado con un paño humedecido con acetona alrededor de la pieza que se va a postratar. La pieza NO DEBE estar en contacto con la acetona líquida. Espere de 10 a 20 minutos, dependiendo del tamaño de la pieza y de la cantidad de acetona.

Método Maker: recicle un frasco alimentario y cuelgue la pieza sobre la acetona utilizando un alambre.

Una segunda solución consiste en calentar un frasco a 90 °C con un poco de acetona y un pequeño agujero en la parte superior del frasco para liberar la presión (y evitar que explote). La pieza se cuelga dentro del frasco y se deja que el vapor haga su trabajo. El tiempo de cocción es de 5 a 10 minutos, dependiendo del tamaño de la pieza y de la cantidad de acetona.

¡Cuidado con las dimensiones!

Cuanto más tiempo se deje la pieza en tratamiento, más se deformará. Es mejor repetir la operación varias veces durante períodos cortos para continuar el alisado sin dañar la forma de la pieza.

1.2 Posprocesado aditivo

El posprocesado aditivo consiste en añadir una capa de producto alisador, resina, masilla epoxi, imprimación o incluso pintura.

En resumen, el posprocesado aditivo consiste en rellenar las estrías formadas por la impresión 3D.

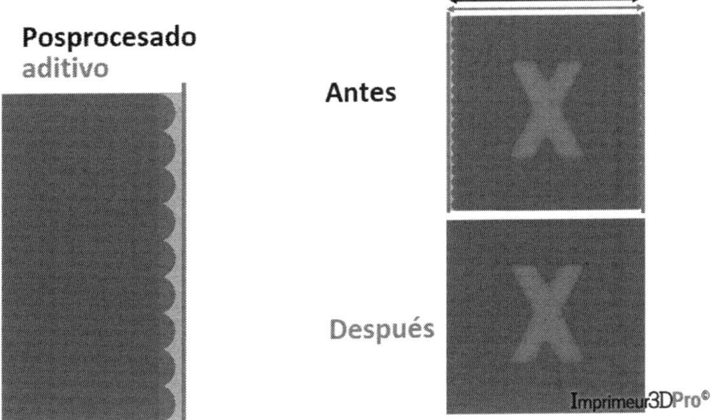

Posprocesado aditivo (Fuente: Imprimeur3DPro)

1.2.1 Alisado con resina o producto alisador

La aplicación de resina a la pieza permite alisarla de forma natural.

Serán necesarias varias capas de resina en proporción a la resolución Z de su impresión para conseguir un acabado brillante y suave al tacto. Recomendamos utilizar una lámpara UV para solidificar la resina aplicada a su pieza.

Pero tenga cuidado: algunas resinas tienden a amarillear con el tiempo. Conviene pintar sobre ellas para evitar este deterioro.

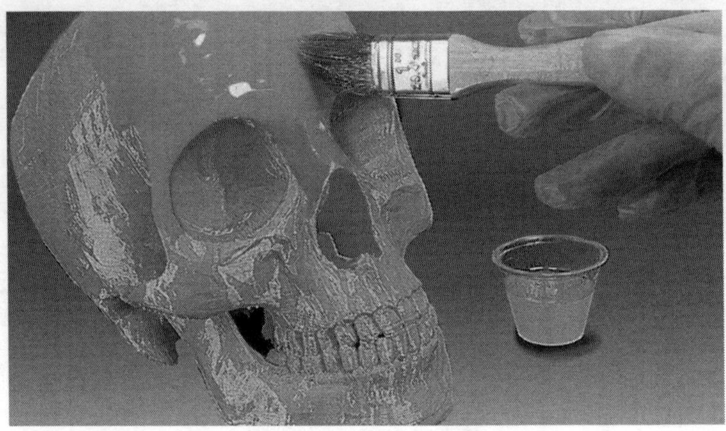

Alisado con producto XTC-3D. Además de alisar, da brillo a las piezas.

1.2.2 Masilla de modelismo

La masilla de modelismo es uno de los mejores métodos de tratar las piezas a posteriori, rellenar agujeros y alisar superficies.

La marca Tamiya, especialista en la materia, lo ha comprendido. Su masilla, en blanco o gris, le permitirá alisar sus piezas limpiamente con una espátula o un cuchillo.

La elección del color de la masilla dependerá de la pintura. La masilla blanca se recomienda para colores brillantes, mientras que la gris se utiliza para colores mates.

Masilla Tamiya para pegar, alisar y posprocesar

 **Observación**

Tamiya es una empresa especializada y reconocida en modelismo.

1.2.3 Uso de imprimación

La imprimación actúa como capa base de la pintura para ayudar a que esta se adhiera bien a la pieza. Algunas imprimaciones cubren más que otras.

Aplicando varias capas de imprimación a su pieza, podrá borrar gradualmente cualquier imperfección. Esta solución puede utilizarse tras un postratamiento con resina o tras la aplicación de masilla para obtener un resultado profesional una vez pintado el objeto.

Ejemplo de imprimación en aerosol

Están disponibles imprimaciones líquidas o en aerosol muy eficaces para la piezas impresas en 3D.

1.3 Aditivo + sustractivo

Cuando se imprimen sistemas mecánicos formados por varias piezas impresas en 3D, puede resultar tentador posprocesar las piezas antes de ensamblarlas. El problema del posprocesado es que se modificarán las dimensiones de la pieza y, por tanto, las «holguras» mecánicas. A veces, incluso en el caso del alisado con acetona de piezas de ABS, la pieza aumenta de volumen y se hincha durante el posprocesado.

Por eso, en este caso concreto, es interesante combinar el posprocesado sustractivo con el aditivo. Si la pieza es de ABS, será posible realizar un posprocesado con vapor de acetona en este punto. De lo contrario, por ejemplo, se podría empezar lijando la pieza antes de aplicar dos o tres capas de imprimación (teniendo cuidado de dejar un tiempo de secado suficiente entre cada capa) y antes de aplicar la capa final de pintura.

El siguiente paso es proteger la pieza con una fina capa de barniz. De esta manera, recuperaremos las holguras perdidas en nuestro sistema. Aquí no hay una dosis perfecta.

A veces tendrá que volver a lijar la pieza antes de volver a pintarla. Pero con el tiempo y la experiencia, podrá producir sistemas mecánicos totalmente posprocesados y funcionales.

Los sistemas de engranajes mecánicos impresos en 3D que reciben un posprocesado adecuado duran más.

2. Pintura y protección de piezas

Estos pasos finales son los que le permitirán embellecer sus objetos impresos en 3D. Tras un buen tratamiento y alisado de la superficie, obtendrá una pieza que casi no parecerá impresa en 3D. Solo faltan los colores, el acabado y la textura al tacto para dar a su objeto un aspecto casi real.

Modelo acabado de un avión de hélice

2.1 Pinturas

2.1.1 Imprimación

Las imprimaciones son capas inferiores de pintura que también funcionan como base. Ayudan a que la pintura se adhiera a la pieza. La ventaja de las imprimaciones, como su nombre indica, es que ya tienen el color adecuado para el «fondo» de la pieza, para las primeras capas de pintura.

Por ejemplo, si pinta a un personaje con el torso desnudo de color «piel» para la piel, utilizará una imprimación de color «piel».

Desde la impresión en bruto hasta los detalles pintados, pasando por la imprimación (Fuente: The Army Painter)

Una vez secas las capas de imprimación, solo queda pintar los detalles con los demás colores. Las imprimaciones tienen tres ventajas:

- Ahorran tiempo de pintura.
- Ahorran pintura.
- También existen imprimaciones compatibles con aerógrafos.

En la misma línea que las imprimaciones de la marca **The Army Painter**, también están las imprimaciones en aerosol de la marca **Citadel**.

2.1.2 Pintura

El plástico impreso en 3D es fácil de pintar cuando se trata de los materiales más comunes. Muchas pinturas, rotuladores y aerosoles acrílicos son compatibles con objetos impresos en PLA, PETG y ABS. Cuanto más alisada esté la pieza de antemano, más necesario será aplicar una capa de imprimación para facilitar que la pintura se adhiera a la pieza.

Para materiales más técnicos, tenga en cuenta algunas especificidades:

- El polipropileno (PP) es prácticamente imposible de pintar.
- La estructura molecular de la poliamida (PA) absorbe la humedad del aire ambiente tanto como la rechaza. Esto tiene un efecto nefasto sobre la pintura, por lo que la pieza debe sellarse antes de pintarla.

No debería tener mayores problemas para pintar ASA, policarbonato (PC) o plástico nailon.

Un diorama fotorrealista realizado en 3D. Aquí, la pintura y la elección de los colores adquieren toda su importancia

Además, tenga cuidado con las piezas impresas «flexibles», como las que tienen paredes deliberadamente finas. Lo mismo se aplica a los plásticos flexibles, como el TPU. Dependiendo de la deformación de sus piezas, la pintura puede agrietarse y estirarse.

2.1.3 Pintura con aerógrafo

La pintura con aerógrafo es una técnica muy utilizada por modelistas y maquetistas. Se utiliza un compresor de aire para enviar aire a presión a través de una «pistola de pintura» conocida como aerógrafo. Este último tiene un pequeño depósito para contener el medio.

El medio es una mezcla de pintura acrílica diluida. El aire inyectado en el aerógrafo proyectará la pintura cuando el usuario abra el flujo de aire. Algunos aerógrafos presentan un doble control «flujo de aire/flujo de pintura», lo que permite conseguir determinados efectos.

Maqueta de tren aerografiada

Controlar un aerógrafo y sus efectos requiere cierta adaptación y un poco de práctica.

2.1.4 Pintura para carrocerías o herrería

¿Por qué no probar la pintura para carrocerías o herrería? Este tipo de pintura, que suele utilizarse en piezas metálicas, como verjas, barandillas de balcones y muchos elementos de exterior, se adhiere muy bien a las impresiones 3D de PLA, PETG y ABS.

Las bombas de pintura metálica añaden un efecto brillante a la pieza

Además, estará protegiendo su pieza porque estas pinturas tienen la capacidad de proteger los artículos impresos contra la humedad, los productos químicos y los rayos UV.

2.2 Protección y acabado

2.2.1 Protección

Una vez pintada su pieza, es posible que desee proteger esa pintura de los estragos del tiempo, la decoloración o simplemente los impactos y posibles deformaciones que pueda sufrir. Dispone de algunas opciones para hacerlo. Las dos principales son:

- La impermeabilización: protege su pieza de la humedad y las inclemencias del tiempo. La empresa inovia ofrece un producto impermeabilizante eficaz: Plastimperm F10.
- El barniz, que añade una película protectora a su pieza dándole un aspecto brillante, nacarado o satinado. Tamiya ofrece una gama de barnices para proteger su pieza y darle el efecto deseado.

2.2.2 Acabado

El acabado en el posprocesado es ese pequeño extra que marca la diferencia entre un objeto anodino y uno hermoso. Algunos artistas llegan a decir que el acabado saca a relucir el alma de su obra. Aquí hablamos del pulido. Las piedras preciosas están bien pulidas... ¿por qué no su creación? Puede utilizar cera de pulir para resaltar su pieza. Tamiya, una marca ya mencionada al principio de este capítulo, dispone de cera y pasta para pulir.

Al igual que con la pintura metalizada de las carrocerías de los automóviles, también puede aplicar pulimento para automóviles. Aplique una cantidad muy pequeña, frotando enérgicamente.

3. Todas las referencias

Puede encontrar todas las referencias citadas en este capítulo directamente en el sitio web del autor, en esta dirección: https://imprimeur3dpro.com/refs

B

C

D

E

F

G

H

I

J

K

L

M

P

R

S

T

U